ISBN 978-0-483-00272-2
PIBN 10390089

English
Français
Deutsche
Italiano
Español
Português

www.forgottenbooks.com

Mythology Photography **Fiction**
Fishing Christianity **Art** Cooking
Essays Buddhism Freemasonry
Medicine **Biology** Music **Ancient
Egypt** Evolution Carpentry Physics
Dance Geology **Mathematics** Fitness
Shakespeare **Folklore** Yoga Marketing
Confidence Immortality Biographies
Poetry **Psychology** Witchcraft
Electronics Chemistry History **Law**
Accounting **Philosophy** Anthropology
Alchemy Drama Quantum Mechanics
Atheism Sexual Health **Ancient History**
Entrepreneurship Languages Sport
Paleontology Needlework Islam
Metaphysics Investment Archaeology
Parenting Statistics Criminology
Motivational

PARIS. — IMPRIMERIE GAUTHIER-VILLARS.

40510   Quai des Grands-Augustins, 55.

LECTURES

DE

MÉCANIQUE

LA MÉCANIQUE

ENSEIGNÉE PAR LES AUTEURS ORIGINAUX,

Par E. JOUGUET,

INGÉNIEUR DES MINES.

PREMIÈRE PARTIE.

LA NAISSANCE DE LA MÉCANIQUE.

PARIS,

GAUTHIER-VILLARS, IMPRIMEUR-LIBRAIRE

DU BUREAU DES LONGITUDES, DE L'ÉCOLE POLYTECHNIQUE,

Quai des Grands-Augustins, 55.

1908

A MES AMIS

GEORGES FRIEDEL,

ALFRED LIÉNARD, LOUIS CRUSSARD,

INGÉNIEURS DES MINES,
PROFESSEURS A L'ÉCOLE DES MINES DE SAINT-ETIENNE.

J'offre ce Livre qui doit tant
à leurs encouragements et à leurs conseils.

PRÉFACE.

Il est fort instructif, pour qui veut bien comprendre la nature des principes et des lois de la Mécanique, d'en suivre l'histoire. On semble s'intéresser beaucoup aujourd'hui à ce genre d'études, qui a donné lieu à de remarquables travaux. Il m'a paru qu'on pouvait faire œuvre utile en réunissant un certain nombre de textes empruntés aux principaux auteurs originaux et en donnant à ces citations des dimensions plus considérables que celles dont on se contente habituellement. C'est ce que j'ai tenté de faire dans le présent Ouvrage. L'idée m'en est venue à la suite de la lecture d'un article où M. Le Chatelier signalait l'intérêt qu'il y aurait à faire commenter aux étudiants de l'enseignement scientifique, comme on le fait faire déjà à ceux de l'enseignement littéraire, les écrits des classiques. J'y ai laissé le plus possible la parole aux maîtres. Toutes les fois que je suis intervenu personnellement, par des Notes ou des éclaircissements, je l'ai signalé par une disposition typographique spéciale (*).

J'ai toujours été guidé, dans la rédaction de mes commen-

(*) Les citations des divers auteurs sont imprimées en caractères plus petits que ma rédaction personnelle. Quand la citation n'est pas textuelle, et qu'il s'agit d'une simple analyse, les caractères sont les mêmes, mais le passage est mis entre crochets [ ]. Mes commentaires sont donnés soit sous forme de notes au bas des pages, soit sous forme de raccords entre les différents morceaux, imprimés en caractères plus forts que les citations.

taires, par le respect des auteurs illustres que je citais. Les
anciens chercheurs avaient parfois des habitudes de penser
qui choquent assez rudement les nôtres. On trouvera, par
exemple, dans plusieurs des textes qui vont suivre, un appareil logique fort lourd et souvent tout à fait illusoire ; on ren-
contrera bien des démonstrations qui, en réalité, ne prouvent
rien ; beaucoup, parmi les fondateurs de la Mécanique, ont
trop perdu de vue le caractère physique de ses lois, et, dans
leur recherche d'une exposition entièrement rationnelle, n'ont
atteint, comme l'a dit M. Mach, qu'une fausse rigueur. Il
faut se garder cependant de considérer leurs raisonnements
comme sans valeur. Que de si grands esprits aient jugé utile
de démontrer telle proposition que nous sommes aujourd'hui
tentés de prendre comme un principe primitif, qu'ils aient,
dans leurs démonstrations, considéré comme évidente telle
affirmation qui ne l'est pas, c'est là certes un fait où il vaut
la peine de remarquer autre chose que les erreurs de logique
pure.

On ne trouvera point ici de recherches historiques origi-
nales ; mon but n'est point de redresser des droits de priorité
et j'accepte l'histoire de la Mécanique telle qu'on la connaît
aujourd'hui. Au début de mon travail, j'avais pris pour
guide les admirables historiques que Lagrange a mis en tête
des diverses parties de sa *Mécanique analytique*. Pendant
que j'y étais occupé, ont paru la traduction française du livre
de M. Mach et les travaux de M. Duhem. J'ai largement
profité, à tous les points de vue (le lecteur pourra s'en convaincre), de ces beaux Ouvrages. Les études de M. Duhem
ont transformé la question des origines de la Mécanique
moderne en faisant mieux connaître les sources profondes
d'où elle découle ; j'ai naturellement tenu compte de ses découvertes.

Malgré tout, la plupart de mes citations sont empruntées
aux auteurs considérés depuis longtemps comme les plus im-

portants. Il me semble que ces auteurs restent toujours les grands noms de la Mécanique. Sans doute on connaît mieux aujourd'hui leurs précurseurs dans la découverte des principes. Mais cette circonstance ne saurait supprimer l'intérêt de leurs écrits et, par suite, des textes rassemblés ici. Le fait même qu'ils ont, de bonne heure, fait oublier leurs prédécesseurs, montre au moins qu'ils sont très représentatifs de l'évolution des idées reçues. Il ne faut pas d'ailleurs que l'étude exclusive des précurseurs fasse oublier les services rendus par ceux qui ont su choisir dans les écrits de ces derniers, où ils sont souvent mêlés à l'erreur, les principes corrects, s'y attacher avec fermeté, les énoncer avec précision et en montrer la fécondité par les applications qu'ils en ont faites. Lagrange n'a apporté aucun principe nouveau : son œuvre n'en est pas moins une des plus considérables de la Mécanique.

Je me contenterai donc, en ce qui concerne les précurseurs des grands classiques, de quelques brèves citations et de quelques Notes. Toutefois, pour être aussi exact que possible sur cette question des origines, je crois utile de donner, dès le début, quelques indications sur les idées d'Aristote touchant l'équilibre et le mouvement. Ces idées péripatéticiennes ont constitué une véritable Mécanique qui a précédé la Mécanique moderne, et c'est précisément un des principaux résultats des recherches de M. Duhem que d'avoir mis en évidence leur influence sur les premiers classiques. Je les expose donc sommairement dans une petite Introduction générale qui marque, pour ainsi dire, le point de départ du présent Ouvrage. Comment s'est développée, à partir de là, la Mécanique moderne, tel est l'objet que je voudrais étudier par l'analyse et le commentaire des auteurs originaux.

Ce que j'ai en vue d'ailleurs, c'est le côté physique des choses. Je me bornerai donc aux principes fondamentaux et aux lois essentielles, dont je voudrais essayer, par cette étude historique, d'éclairer autant que possible l'origine, la nature et la portée. J'arrêterai par conséquent mon histoire au moment où, ces principes et ces lois étant formulés dans un langage précis, il n'y a plus qu'à en tirer les conséquences logiques. Ou, plus exactement, car ce moment ne vient jamais, car on ne peut jamais déclarer close l'ère des recherches sur les principes, j'exclurai de mon étude les travaux qui présentent le caractère de simples développements mathématiques (*).   E. J.

(*) Je tiens à remercier M. G. de Montauzan, professeur de l'Université, qui a bien voulu m'aider de ses conseils pour quelques traductions.

LECTURES

DE

MÉCANIQUE.

INTRODUCTION.

UN MOT SUR LA MÉCANIQUE PÉRIPATÉTICIENNE.

Comme il est bien naturel, la pensée d'Aristote n'est pas toujours précise et unique sur les diverses questions de la Mécanique, et ses nombreux commentateurs de l'antiquité et du moyen âge n'ont pas tous été d'accord sur l'interprétation à en donner ou sur les compléments à lui ajouter. La Mécanique péripatéticienne offre donc sur bien des points des affirmations variées. Voici cependant quelques propositions fondamentales généralement adoptées dans l'École.

Sous le nom de *mouvement,* Aristote comprenait, non seulement, comme nous le faisons aujourd'hui, le changement de lieu, le *mouvement local,* mais encore le changement de qualité, ce que nous appelons les modifications physiques ou chimiques des corps. Nous ne nous occuperons ici que du mouvement local.

A tout élément correspond un lieu naturel, où la forme substantielle de cet élément acquiert sa perfection; si un élément est hors de son lieu naturel, il tend à s'y placer. Sans entrer dans les nombreuses discussions qui se sont élevées entre les divers péripatéticiens sur la définition du lieu de la terre, de l'eau, de l'air, qu'il nous suffise de savoir

J.-I.

qu'Aristote voyait dans la chute des corps graves et dans l'ascension des corps légers une manifestation de cette tendance des éléments vers leur lieu naturel, un exemple de *mouvement naturel des corps.* Au mouvement naturel s'oppose le *mouvement violent* qui n'est pas dirigé vers le lieu naturel du corps, celui des projectiles par exemple. Tout mouvement violent est essentiellement périssable.

La production de tout mouvement rencontre une résistance. Aussi, pour entretenir un mouvement, faut-il un moteur; tout corps mû l'est par une force ou puissance. Cette force est d'ailleurs proportionnelle à la vitesse et à la masse du corps mû, avec cette restriction qu'une petite force ne peut pas mouvoir du tout un corps trop gros.

Soient donc ([1]) A le moteur, B le mobile et C la quantité dont il est mû. Le temps durant lequel le mouvement a eu lieu sera représenté par D. Dans un temps égal, la puissance égale représentée par A fera faire à la moitié de B ([2]) un mouvement qui sera le double de C et il fera parcourir la distance C dans la moitié du temps D; car ce sera là la proportion.

Si, dans tel temps donné, la même puissance meut le même mobile de telle quantité, il produira la moitié de ce mouvement dans un temps moitié moindre. La moitié de la force produira la moitié du mouvement dans un temps égal sur un mobile égal. Par exemple soit la puissance E moitié de la puissance A et F moitié de B. Les rapports restent les mêmes et la force est en proportion avec le poids à mouvoir. Par conséquent ces deux forces produiront le même mouvement dans un temps égal.

Si E meut F d'un mouvement C dans le temps D, il n'en résulte pas nécessairement que, dans un temps égal, E puisse mouvoir le double de F de la moitié de C.

Si A meut le mobile B dans le temps D d'une quantité égale à C, la moitié de A représentée par E ne pourra pas mouvoir B dans le temps D. Elle ne pourra pas non plus faire parcourir au mobile une partie de C ou telle partie proportionnelle qui serait à C tout entier comme A est à E; car, ce cas posé, il n'y aura pas

---

([1]) *Physique,* Livre VII, Chap. VI. Traduction Barthélemy Saint-Hilaire.
([2]) La notion de masse n'est naturellement pas très bien dégagée par Aristote.

du tout de mouvement (³). S'il faut en effet la force tout entière pour mouvoir telle quantité, la moitié de la force ne pourra la mettre en mouvement ni d'une certaine distance, ni dans une proportion de temps quelconque; car alors il suffirait d'un homme tout seul pour mettre un navire en mouvement.

Quel est le moteur dans les mouvements naturels et dans les mouvements violents ?

Dans le mouvement naturel, dans la chute des graves par exemple, la force est la qualité de la pesanteur par laquelle le grave tend vers son lieu naturel. La chute des graves est accélérée : c'est donc que la force de la pesanteur va en croissant au fur et à mesure que le grave se rapproche de son lieu. Dans le mouvement violent, dans celui des projectiles par exemple, le moteur qui développe la force, c'est l'air, traversé par le projectile, ébranlé par lui et qui le tire à l'avant ou le pousse à l'arrière. Il est remarquable que cette opinion conduise à faire une distinction capitale entre la nature des solides et celle de l'air; Aristote, en effet, considère comme indispensable d'expliquer pourquoi un solide persiste dans son mouvement, et il trouve son explication dans l'hypothèse que cette persistance est toute naturelle pour l'air, qui conserve spontanément l'ébranlement qu'il a reçu du projectile et peut même, par là, devenir moteur. Aussi Averroès a-t-il considéré les fluides comme des êtres intermédiaires entre les âmes et les corps.

Le rôle ainsi attribué par Aristote au milieu est donc assez peu clair. D'ailleurs les idées du philosophe sur ce point manquaient certainement de précision. Dans le Chapitre même où il fait intervenir l'air pour entretenir le mouvement des projectiles (*Physique*, Livre IV, Chap. XI), il considère cet air comme une cause de résistance.

Il y a deux causes possibles pour qu'un même poids, un même corps, reçoive un mouvement plus rapide : ou c'est parce que

---

(³) Cette affirmation est en contradiction avec une des propositions qui précèdent. Manifestement il faut sous-entendre ici la restriction que la moitié de A est une force très petite.

le milieu qu'il traverse est différent, selon que ce corps se meut
dans l'eau, dans la terre ou dans l'air; ou c'est parce que le corps
qui est en mouvement est différent lui-même et que, toutes choses
égales d'ailleurs, il a plus de pesanteur ou de légèreté. Le milieu
que le corps traverse est une cause d'empêchement la plus forte
possible quand ce milieu a un mouvement en sens contraire
et ensuite quand ce milieu est immobile. Cette résistance est
d'autant plus puissante que le milieu est moins facile à diviser,
et il résiste d'autant plus qu'il est plus dense.

[Et, comme conséquence, Aristote admet que les vitesses dans
les mouvements naturels d'un corps sont en raison inverse des
densités des milieux traversés.]

Les principes de la Mécanique péripatéticienne sont, pour
la plupart, à l'opposé des idées modernes. Ils ont néanmoins
une base expérimentale solide. Qu'il faille de la force pour
faire marcher une voiture à vitesse constante, qu'il en faille
davantage pour faire marcher une voiture plus lourde à la
même vitesse ou la même voiture à une vitesse plus grande,
qu'une force trop petite soit incapable de mouvoir si peu que
ce soit une voiture trop lourde, ce sont des affirmations de
sens commun. Que les mouvements violents soient destinés à
périr, c'est ce que montrent sans conteste tous les phénomènes d'amortissement. En somme la Mécanique d'Aristote
est une Mécanique qui ne fait pas abstraction des résistances
passives, et l'on sait que la considération de ces résistances
sera précisément prise par Clausius pour un des fondements
de la Thermodynamique. Il n'est d'ailleurs pas impossible de
trouver dans Aristote des idées analogues à celles qu'énonce
notre moderne principe de l'inertie. Dans la dissertation par
laquelle il cherche à prouver l'impossibilité du vide (¹), le
Stagyrite fait remarquer que, dans le vide, la tendance vers
un lieu, c'est-à-dire le mouvement naturel, serait impossible.
Et il ajoute :

Il serait encore bien impossible de dire pourquoi, dans le vide,
un corps mis une fois en mouvement pourrait jamais s'arrêter

(¹) *Physique,* Livre IV, Chap. XI.

quelque part. Pourquoi, en effet, s'arrêterait-il ici plutôt que là? Par conséquent, ou il restera nécessairement en repos, ou nécessairement, s'il est en mouvement, ce mouvement sera infini, si quelque obstacle plus fort ne vient à l'empêcher.

C'est là exactement le procédé de raisonnement par lequel les auteurs du xviii⁰ siècle justifient le principe de l'inertie. Seulement, tandis que les auteurs modernes considèrent comme intéressant pour la Mécanique réelle d'étudier ce qui se passerait dans le vide, Aristote, proclamant l'impossibilité du vide, n'y cherche pas une approximation de la réalité. Nous reviendrons d'ailleurs sur ce sujet à propos du principe de l'inertie.

Nous terminerons en disant que la Mécanique péripatéticienne a connu la loi de l'équilibre du levier, à savoir que deux poids se font équilibre sur un levier quand ils sont en raison inverse de leurs bras de levier. Dans les *Problèmes mécaniques,* la théorie du levier est exposée d'une manière assez compliquée. Mais certains commentateurs de la pensée d'Aristote, sinon Aristote lui-même, ont rattaché la loi du levier au principe fondamental de la Mécanique péripatéticienne, à la proportionnalité des forces au produit de la masse par la vitesse : dans un levier, en effet, si les deux poids sont en équilibre, le produit de chaque poids par la vitesse qu'il peut prendre dans une rotation du levier est le même pour les deux poids. C'est là la première apparition du principe du travail virtuel. Et il faut ajouter qu'Aristote a au moins entrevu la généralité de ce principe, car il a écrit (*Problèmes mécaniques*) :

« La plupart des autres particularités offertes par les mouvements des mécaniques se ramènent aux propriétés du levier. »

LIVRE I.

ÉTUDES DE STATIQUE.

———◆———

CHAPITRE I.

LE LEVIER.

———

§ 1. — Le principe du levier.

Les premières recherches de la Mécanique moderne sur l'équilibre ont fait un grand usage du principe du levier que l'on doit à Archimède.

Nous citerons ici le début du *Traité de l'équilibre des plans ou de leurs centres de gravité* (Περὶ ἐπιπέδων ἰσορρο-πικῶν ἢ κέντρα βαρῶν ἐπιπέδων) où le géomètre de Syracuse a exposé ce principe (⁵).

Demandes (⁶). — 1º Des graves égaux suspendus à des longueurs égales sont en équilibre (⁷);

2" Des graves égaux suspendus à des longueurs inégales ne

———————

(¹) Archimède vivait de 287 à 212 avant J.-C. Nous citons la traduction de Peyrard (Paris, 1807).

(⁶) Ces demandes sont des postulats d'origine expérimentale.

(⁷) Archimède parle des graves égaux sans les définir. Nous rencontrerons bien souvent une manière de faire analogue. C'est donc ici le lieu de présenter

sont point en équilibre; et celui qui est suspendu à la plus grande
longueur est porté en bas;

 3° Si des graves suspendus à de certaines longueurs sont en

---

quelques considérations générales sur les procédés par lesquels l'esprit humain
constitue une science physique.

Au début, l'esprit conçoit un certain nombre d'idées vagues, qui lui sont fournies par l'observation et l'expérience, dont il élabore plus ou moins les résultats.
Ces idées vagues sont donc à la fois des produits de la nature des choses et de la
nature de l'esprit. D'ailleurs, l'esprit humain ayant été façonné par les choses,
une partie de l'apport de l'esprit peut, en dernière analyse, remonter également
au monde extérieur. Mais il peut, et même il doit, aussi y avoir, dans ces idées,
quelque chose de propre à l'esprit et à ses formes. C'est aux philosophes criti-
cistes à faire le départ. Pour nous, il nous suffit, pour affirmer la double influence
du monde extérieur et de l'esprit humain, que les idées vagues conçues par l'intelligence à propos d'un objet extérieur aient leur origine non seulement dans des
expériences portant directement sur ledit objet mais encore dans les conceptions
de l'esprit, que ces conceptions de l'esprit soient *a priori* ou qu'elles découlent
d'expériences faites sur d'autres objets. Dans le cas particulier qui nous occupe
ici, l'idée vague conçue par Archimède est l'idée de *graves égaux*.

On admet, dans la science moderne, que ces idées vagues doivent être reconstruites avec précision par des *définitions*. En matière physique, les meilleures
définitions sont celles qui reposent sur des expériences. Il faut imaginer des
expériences, vérifier ce qu'elles donnent et traduire leurs résultats par des définitions et des lois. Ici, par exemple, voici comment on peut modifier le mode
d'exposition d'Archimède. On lira les demandes et les propositions I et II en
ayant dans l'esprit qu'Archimède étudie, selon la remarque de Peyrard, des surfaces ou des solides remplis d'une même matière homogène, dont la gravité par
conséquent se mesure naturellement par leur aire ou par leur volume. Cela fait, on
imaginera, après la proposition II, la *définition* suivante : « Pour les graves hétérogènes, nous dirons qu'ils sont égaux si, suspendus à des longueurs égales, ils
sont en équilibre, inégaux si, suspendus à des longueurs égales, ils ne sont pas
en équilibre. » Pour que cette définition soit acceptable, il faut que soient rem-
plies les conditions suivantes : 1° Deux graves quelconques en équilibre ou non
en équilibre sur un levier à bras égaux sont encore en équilibre ou non en équilibre sur un levier à bras plus longs; 2° Deux graves équilibrant un troisième
s'équilibrent entre eux. (C'est là une condition imposée par l'esprit à la notion
d'égalité.) 3° Si deux graves s'équilibrent, en enlevant une partie du premier, ils
ne s'équilibrent plus et le second s'abaisse. On admettra ces trois propositions
comme une extension expérimentale des demandes.

Quand l'esprit suit cette voie, nous dirons qu'il adopte le *procédé expérimental*.

La nécessité des définitions est une idée moderne, une idée de science avancée.
Les premiers chercheurs ne la voyaient pas aussi nettement que nous. Encore
aujourd'hui, il n'est pas rare de la voir sacrifiée, au début d'une science nouvelle. L'esprit humain procède alors comme ici Archimède. L'idée vague de
graves égaux, il l'adopte comme claire sans la préciser par une définition, et il
raisonne avec elle. Si cette idée a été bien choisie, si elle est bien conforme à la
nature des choses, les raisonnements ainsi conduits ont beau, au point de vue
logique, pécher par la base : ils sont exacts et utiles. Le mérite du savant a
résidé dans le choix heureux de sa notion primordiale. Une telle adoption d'une

équilibre, et si l'on ajoute quelque chose à l'un de ces graves, ils ne sont plus en équilibre; et celui auquel on ajoute quelque chose est porté en bas;

---

idée vague comme idée précise est favorisée par la tendance *réaliste* de l'esprit. Le savant a donné un nom à son idée vague; et tout de suite, sous ce nom, il voit une réalité, nous dirions presque une substance. Aussi appellerons-nous ce procédé de l'esprit le *procédé métaphysique*.

La reconstruction précise d'une notion vague par une série d'expériences *directes* est parfois impossible. On peut néanmoins conserver cette notion sans avoir recours au procédé métaphysique, en employant ce que nous appellerons le *procédé formel* On remplace la notion physique vague par un être abstrait, défini *more geometrico :* c'est une reconstruction logique et non plus expérimentale. Entre les êtres abstraits ainsi créés, on pose, par convention, des relations qui sont une expression plus ou moins approchée, plus ou moins dénaturée, des idées vagues qu'on se fait des choses, mais qui sont logiquement arbitraires : ces relations sont ce que M. Poincaré appelle des *Principes.* On constitue ainsi un langage logique, un moule qui, s'il est habilement construit, pourra servir à représenter les faits. Ici, par exemple, on pourrait interpréter comme suit les développements d'Archimède : « Je fais correspondre à chaque grave un nombre λ que j'appelle *grandeur de ce grave*, et je pose en principe que deux graves ayant même λ sont en équilibre aux extrémités des bras égaux d'un levier, que deux graves, au contraire, ayant des λ différents, ne sont pas en équilibre dans ces conditions, le grave de plus petit λ s'abaissant. » Le procédé expérimental pur s'interdirait de parler du nombre λ avant d'avoir montré comment on peut l'obtenir par des expériences. Le procédé formel accepte de tirer quelques conséquences logiques des conventions précédentes, de constituer une théorie des graves et des leviers *abstraits,* avant de vérifier par l'expérience que cette théorie peut servir à représenter les propriétés des leviers *réels :* il recule la vérification expérimentale.

L'analyse des notions de force et de masse nous montrera plus clairement que l'exemple actuel de la théorie du levier ces divers procédés de l'esprit.

Une science achevée ne peut admettre comme valables que le procédé expérimental et le procédé formel. Le procédé métaphysique doit en être éliminé. Il n'est pas douteux toutefois que, bien souvent encore, le savant l'emploie involontairement et il peut être utile comme moyen de découverte.

Remarquons d'ailleurs que l'esprit mélange en général ces divers procédés de raisonnement; nous ne les avons distingués que par une analyse un peu artificielle. Il arrive souvent qu'on reconstruit expérimentalement une notion vague, au début d'une théorie, en imaginant des expériences simples, assurément possibles, mais au fond difficiles à exécuter, qui n'ont jamais été exécutées en fait et dont on postule les résultats : on réserve la vérification expérimentale réelle pour des conséquences plus ou moins lointaines de la théorie. C'est ainsi que la loi de l'égalité de l'accélération de la pesanteur pour tous les corps ne se vérifie guère directement; mais on en vérifie une conséquence, l'indépendance de la durée d'oscillation des pendules vis-à-vis de la matière constituant ces pendules. Une semblable manière de faire est intermédiaire entre le procédé expérimental et le procédé formel. A la vérité, il paraît impossible, dans une science quelconque, de ne pas mélanger ces deux procédés.

Nous rencontrerons fréquemment chez les premiers mécaniciens l'emploi du procédé métaphysique. Il suffira souvent d'ajouter à leurs raisonnements des définitions logiques ou expérimentales pour en faire une théorie moderne.

4° Semblablement, si l'on retranche quelque chose d'un de ces graves, ils ne sont plus en équilibre; et celui dont on n'a rien retranché est porté en bas;

5° Si deux figures planes semblables sont appliquées exactement l'une sur l'autre, leurs centres de gravité seront placés l'un sur l'autre (⁸);

6° Les centres de gravité des figures inégales et semblables sont semblablement placés....

7° Si des grandeurs suspendues à de certaines longueurs sont en équilibre, des grandeurs égales aux premières suspendues aux mêmes longueurs seront encore en équilibre;

8° Le centre de gravité d'une figure quelconque dont le contour est concave du même côté, se trouve nécessairement en dedans de la figure (⁹).

———————

(⁸) Il est probable qu'Archimède avait défini le centre de gravité dans un Traité qui ne nous est pas parvenu. L'Alexandrin Pappus est le seul auteur ancien dont nous ayons une définition du centre de gravité. Celle d'Archimède devait sans doute être analogue. Pappus suspend un corps par un axe αβ, et fait remarquer que le plan vertical passant par αβ coupe le corps « en deux parties équilibres, qui se tiendront en quelque sorte suspendues de part et d'autre du plan, étant égales entre elles par le poids ». Si l'on suspend ensuite le corps par un autre axe α'β', le plan vertical de α'β' coupera le précédent; s'il lui était parallèle, en effet, « chacun des deux plans diviserait le corps en deux parties qui seraient à la fois de poids égal et de poids inégal, ce qui est absurde ». Suspendons maintenant le corps successivement par deux points γ et γ' : les deux verticales correspondantes γδ et γ'δ' se coupent, sinon on pourrait, par chacune d'elles, faire passer un plan coupant le corps en deux parties équilibres, ces deux plans étant parallèles, ce qui est impossible. C'est le point de concours de toutes les lignes telles que γδ, lesquelles doivent se couper deux à deux, qui est le centre de gravité.

Nous savons bien aujourd'hui que deux parties du corps « équilibres » ne sont pas égales en poids. Mais Pappus n'évite pas toujours cette confusion. On peut se demander d'ailleurs si la notion de parties équilibres ne présuppose pas celle de levier. Assurément ces deux notions sont les mêmes. Il n'y a pourtant pas cercle vicieux à parler du centre de gravité au début d'un traité du levier. On peut présenter ainsi les choses : « L'expérience (aidée plus ou moins par les considérations de Pappus) nous montre ou tend à nous montrer qu'il y a dans un corps quelconque un point tel que, si l'on suspend le corps par ce point, il reste en équilibre en quelque position qu'on le place (c'est ainsi que Guido Ubaldo, Stevin et Galilée définiront plus tard le centre de gravité). Admettons que ce point existe en effet; s'il existe, on peut le trouver par les raisonnements d'Archimède, qui ramènent les cas compliqués aux cas simples. »

(⁹) Archimède n'énonce nulle part la restriction que les verticales doivent être traitées comme parallèles. Elle est cependant indispensable, nous le savons aujourd'hui, pour que le centre de gravité existe. Mais, chez Archimède, la notion de ce centre est *expérimentale* et il n'est pas étonnant qu'il n'ait pas vu la nécessité de la restriction ci-dessus. On peut remarquer, avec M. Duhem, que, dans

Cela posé, je procède ainsi qu'il suit :

Proposition I. — Lorsque des graves suspendus à des longueurs égales sont en équilibre, ces graves sont égaux entre eux.

Car s'ils étaient inégaux, après avoir ôté du plus grand son excès, les graves restants ne seraient pas en équilibre, puisque l'on aurait ôté quelque chose d'un des graves qui sont en équilibre (Dᴇᴍ., 4°). Donc, lorsque des graves suspendus à des longueurs égales sont en équilibre, ces graves sont égaux entre eux.

Proposition II. — Des graves inégaux suspendus à des longueurs égales ne sont pas en équilibre; et le grave qui est le plus grand est porté en bas.

Car ayant ôté l'excès, ces graves seront en équilibre, parce que des graves égaux suspendus à des longueurs égales sont en équilibre (Dᴇᴍ., 1°). Donc, si l'on ajoute ensuite ce qui a été ôté, le plus grand des deux graves sera porté en bas, car on aura ajouté quelque chose à un des graves qui sont en équilibre (Dᴇᴍ., 3°).

Proposition III. — Des graves inégaux suspendus à des longueurs inégales peuvent être en équilibre ([10]), et alors le plus grand sera suspendu à la plus petite longueur.

Que A, B soient des graves inégaux, et que A soit le plus grand. Que ces graves, suspendus aux longueurs AΓ, ΓB, soient en équi-

Fig. 1.

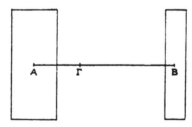

libre. Il faut démontrer que la longueur AΓ est plus petite que la longueur ΓB.

Que la longueur AΓ ne soit pas la plus petite. Retranchons l'excès de A sur B. Puisque l'on a ôté quelque chose d'un des

son *Traité des corps flottants,* Archimède a parlé de la convergence des verticales sans voir qu'elle rendait inexacts quelques-uns de ses énoncés.

([10]) Ce point n'est pas démontré dans ce qui suit. C'est une conséquence de l'existence du centre de gravité admise comme postulat expérimental.

graves qui sont en équilibre, le grave B sera porté en bas (Dem.. 4°).
Mais ce grave ne sera point porté en bas ; car si ΓA est égal à ΓB,
il y aura équilibre (Dem., 1°); et si ΓA est plus grand que ΓB, ce
sera au contraire le grave A qui sera porté en bas ; puisque des
graves égaux suspendus à des longueurs inégales ne restent point
en équilibre, et que le grave suspendu à la plus grande longueur
est porté en bas (Dem., 2°). Donc ΓA est plus petit que ΓB. Donc,
si des graves suspendus à des longueurs inégales sont en équilibre,
il est évident que ces graves seront inégaux, et que le plus grand
sera suspendu à la plus petite longueur.

Proposition IV. — Si deux grandeurs égales n'ont pas le même
centre de gravité, le centre de gravité de la grandeur composée de
ces deux grandeurs est le point placé au milieu de la droite qui
joint les centres de gravité de ces deux grandeurs.

Que le point A soit le centre de gravité de la grandeur A, et le
point B le centre de gravité de la grandeur B. Ayant mené la

Fig. 2.

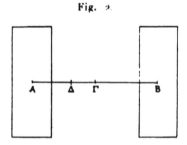

droite AB, partageons cette droite en deux parties égales au point Γ.
Je dis que le centre de gravité de la grandeur composée des deux
grandeurs A, B est le point Γ.

Car, si le point Γ n'est pas le centre de gravité de la grandeur
qui est composée des deux grandeurs A, B, supposons, si cela est
possible, que ce soit le point Δ. Il est démontré que le centre
de gravité est dans la droite AB ([1]). Puisque le point Δ est le
centre de gravité de la grandeur composée des deux grandeurs A,
B, le point Δ étant soutenu, les grandeurs A, B seront en équilibre.
Donc les grandeurs A, B, suspendues aux longueurs AΔ, ΔB sont
en équilibre. Ce qui ne peut être, car des grandeurs égales sus-

---

([1]) Cette proposition n'est démontrée nulle part dans les Ouvrages qui nous
restent d'Archimède.

pendues à des longueurs inégales ne sont point en équilibre (Dem., 2°). Il est donc évident que le point Γ est le centre de gravité de la grandeur qui est composée des grandeurs A, B.

Proposition V. — Si les centres de gravité de trois grandeurs sont placés dans une même droite; si ces grandeurs ont la même pesanteur, et si les droites placées entre les centres de gravité sont égales, le centre de gravité de la grandeur composée de toutes ces grandeurs sera le point qui est le centre de gravité de la grandeur du milieu.

[C'est une conséquence de ce qui précède moyennant le postulat, tacitement admis, de la note 12.]

Il suit évidemment de là que, si les centres de gravité de tant de grandeurs que l'on voudra et d'un nombre impair, sont dans la même droite, si celles qui sont également éloignées de celle qui est au milieu ont la même pesanteur, et si les droites comprises entre les centres de gravité sont égales, le centre de gravité de la grandeur composée de toutes les grandeurs sera le point qui est le centre de gravité de la grandeur du milieu.

Si ces grandeurs sont d'un nombre pair, si leurs centres de gravité sont dans la même droite, si celles du milieu et celles qui sont également éloignées de part et d'autre des grandeurs du milieu ont la même pesanteur, et si les droites placées entre les centres de gravité sont égales, le centre de gravité de la grandeur composée de toutes ces grandeurs sera le point placé au milieu de la droite qui joint les centres de gravité.

Proposition VI. — Des grandeurs commensurables sont en équilibre, lorsqu'elles sont réciproquement proportionnelles aux longueurs auxquelles ces grandeurs sont suspendues.

Soient les grandeurs commensurables A, B; que leurs centres de gravité soient les points A, B; soit une certaine longueur EΔ, et que la grandeur A soit à la grandeur B comme la longueur ΔΓ est à la longueur ΓE. Il faut démontrer que le centre de gravité de la grandeur composée des deux grandeurs A, B est le point Γ.

Puisque A est à B comme ΔΓ est à ΓE, et que les grandeurs A, B sont commensurables, les droites ΓΔ, ΓE seront aussi commensurables. .... Donc les droites EΓ, ΓΔ ont une commune mesure. Que cette commune mesure soit N. Supposons que chacune des droites ΔH, ΔK soit égale à la droite EΓ et que la droite EΔ soit égale à la droite ΔΓ. Puisque la droite ΔH est égale à la droite ΓE,

la droite ΔΓ sera égale à la droite EH, et la droite ΛE égale à la
droite EH. Donc la droite ΛH est double de la droite ΔΓ, et la
droite HK double de la droite ΓE. Donc la droite N mesure chacune des droites ΛH, HK, puisqu'elle mesure leurs moitiés. Mais
A est à B comme la droite ΔΓ est à la droite EΓ, ... Donc A est
à B comme ΛH est à HK. Que Λ soit autant de fois multiple de Z
que ΛH l'est de N. La droite ΛH sera à la droite N comme A est

Fig. 3.

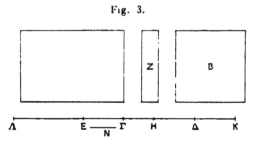

à Z. Mais KH est à ΛH comme B est à A. Donc, par raison d'égalité, la droite KH est à la droite N comme B est à Z. Donc autant
de fois KH est multiple de N, autant de fois B l'est de Z. Mais on
a démontré que A est aussi un multiple de Z. Donc Z est la commune mesure de A et de B. Donc si ΛH est partagé dans des segments égaux chacun à N, et A dans des segments égaux chacun
à Z, les segments égaux chacun à N, qui sont dans ΛH, seront en
même nombre que les segments égaux chacun à Z qui sont dans A.
Donc si, à chacun des segments de ΛH, on applique une grandeur
égale à Z, qui ait son centre de gravité dans le milieu de chacun
des segments, toutes ces grandeurs seront égales à A, et le centre
de gravité de la grandeur composée de toutes ces grandeurs sera
le point E, car elles sont en nombre pair, attendu que ΛE est égal
à HE (proposition V). On démontrera semblablement que si à
chacun des segments de KH, on applique une grandeur égale à Z,
qui ait son centre de gravité au milieu de chacun de ces segments,
toutes ces grandeurs seront égales à B, et que le centre de gravité
de la grandeur composée de toutes ces grandeurs sera le point Δ.
Mais la grandeur A est appliquée au point E et la grandeur B au
point Δ. Donc certaines grandeurs égales entre elles sont placées
sur une droite; leurs centres de gravité ont entre eux le même
intervalle, et ces grandeurs sont en nombre pair. Il est donc évident que le centre de gravité de la grandeur composée de toutes
ces grandeurs est le point placé au milieu de la droite sur laquelle

sont les centres de gravité des grandeurs moyennes (proposition V). Mais la droite ΛE est égale à la droite ΓΔ et la droite EΓ est égale à la droite ΔK; donc la droite entière ΛΓ est égale à la droite entière ΓK. Donc le centre de gravité de la grandeur composée de toutes ces grandeurs est le point Γ. Donc la grandeur A étant appliquée au point E, et la grandeur B au point Δ, ces grandeurs seront en équilibre autour du point Γ ([12]).

[Par la méthode d'exhaustion, Archimède étend ce théorème aux grandeurs incommensurables ([13]).]

Les Ouvrages d'Archimède sont les plus importants, mais ne sont pas les seuls restes qui nous soient parvenus de la Mécanique des Grecs. Nous possédons un certain nombre de textes représentant la science alexandrine sur ce sujet, textes dont le moyen âge occidental a connu quelques-uns ([14]). Il convient de signaler que, dans certains de ces écrits, on voit des tentatives pour tenir compte, dans la Théorie du levier, du poids du levier lui-même.

§ 2. — Commentaires sur le principe du levier.

Le Traité d'Archimède a un but plutôt mathématique que mécanique : son objet principal est la recherche des centres de gravité des figures planes. Il convient de voir maintenant ce que les modernes ont tiré de l'Ouvrage du géomètre grec pour la constitution de leur Science mécanique. Nous ne pouvons mieux faire pour cela que de citer le très instructif commentaire que Lagrange ([15]) a donné du *Principe du*

([12]) On suppose dans cette démonstration que, pour rechercher le centre de gravité de plusieurs grandeurs, toutes ces grandeurs Z étant uniformément réparties sur ΛK, on peut remplacer d'une manière quelconque quelques-unes de ces grandeurs par leur centre de gravité. Voir les observations de Lagrange dans la citation qui suit : elles sont une excellente analyse de la présente démonstration.

([13]) Le second Livre du Traité est consacré à la recherche des centres de gravité de diverses figures planes.

([14]) *Voir* DUHEM, *Les origines de la Statique*, t. I, chap. V.

([15]) LAGRANGE, mathématicien français (1736-1813). *La Mécanique analytique* a paru pour la première fois en 1788. Nous citons la 4ᵉ édition publiée en 1888 par M. G. DARBOUX.

levier dans la première section de sa *Mécanique analytique.*

1. Archimède... est l'auteur du principe du levier, lequel consiste, comme le savent tous les mécaniciens, en ce que, si un levier
droit est chargé de deux poids quelconques placés de part et d'autre
du point d'appui, à des distances de ce point réciproquement proportionnelles aux mêmes poids, ce levier sera en équilibre, et son
appui sera chargé de la somme des deux poids. Archimède prend
ce principe, dans le cas des poids égaux placés à des distances
égales du point d'appui, pour un axiome de mécanique évident
de soi-même, ou du moins pour un principe d'expérience ([16]); et
il ramène à ce cas simple et primitif celui des poids inégaux, en
imaginant ces poids, lorsqu'ils sont commensurables, divisées en
plusieurs parties toutes égales entre elles, et en supposant que les
parties de chaque poids soient séparées et transportées, de part et
d'autre, sur le même levier, à des distances égales, en sorte que
le levier se trouve chargé de plusieurs petits poids égaux et placés
à des distances égales, autour du point d'appui. Ensuite, il démontre la vérité du même théorème pour les poids incommensurables à l'aide de la méthode d'exhaustion, en faisant voir qu'il
ne saurait y avoir équilibre entre ces poids, à moins qu'ils ne soient
en raison inverse de leurs distances au point d'appui.

Quelques auteurs modernes, comme Stevin, dans sa *Statique*,
et Galilée, dans ses *Dialogues sur le mouvement*, ont rendu la
démonstration d'Archimède plus simple, en supposant que les
poids attachés au levier soient deux parallélépipèdes horizontaux
pendus par le milieu, et dont les largeurs et les hauteurs soient
égales, mais dont les longueurs soient doubles des bras de levier
qui leur répondent inversement. Car, de cette manière, les deux
parallélépipèdes sont en raison inverse de leurs bras de levier, et
en même temps ils se trouvent placés bout à bout, en sorte qu'ils
n'en forment plus qu'un seul, dont le point du milieu répond précisément au point d'appui du levier ([17]). Archimède avait déjà

([16]) Le postulat que l'appui est chargé de la somme des deux poids n'est pas
énoncé explicitement par Archimède (*voir* plus haut). Il est indispensable pourtant dans la démonstration de la proposition VI, quand Archimède remplace l'action d'un certain nombre de grandeurs Z sur le levier par celle de la grandeur A.
([17]) On verra plus loin (§ 4) le raisonnement de Galilée. Voici, en résumé,
celui de Stevin :
Qu'on se figure le prisme homogène ABCD suspendu par son centre de gra-

employé une considération semblable pour déterminer le centre de gravité d'une grandeur composée de deux surfaces paraboliques, dans la première proposition du second Livre de l'*Équilibre des plans.*

D'autres auteurs, au contraire, ont cru trouver des défauts dans la démonstration d'Archimède, et ils l'ont tournée de différentes façons pour la rendre plus rigoureuse; mais il faut convenir qu'en altérant la simplicité de cette démonstration, ils n'y ont presque rien ajouté du côté de l'exactitude.

Cependant, parmi ceux qui ont cherché à suppléer à la démonstration d'Archimède sur l'équilibre du levier, on doit distinguer Huygens, dont on a un petit écrit intitulé : *Demonstratio æquilibri bilancis* et imprimé en 1693 dans le *Recueil des anciens Mémoires de l'Académie des Sciences.*

Huygens observe qu'Archimède suppose tacitement que, si plusieurs poids égaux sont appliqués à un levier horizontal, à distances égales les uns des autres, ils exercent la même force pour incliner le levier, soit qu'ils se trouvent tous du même côté du point d'appui; soit qu'ils soient les uns d'un côté et les autres de l'autre côté du point d'appui; et, pour éviter cette supposition précaire, au lieu de distribuer, comme Archimède, les parties aliquotes des deux poids commensurables sur le même levier, de part et d'autre des points où les poids entiers sont censés appliqués, il

---

vité G; il est en équilibre. Supposons ensuite ce prisme coupé suivant la section droite HIK, les deux parties AHKC, HBDK étant reliées par la tige rigide et sans masse EF; l'équilibre n'est pas rompu. Or, ces deux parties sont des

Fig. 4.

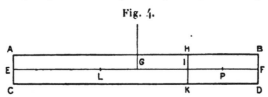

poids qu'on peut considérer comme appliqués sur le levier EF en leurs centres de gravité L, P. Et il est facile de voir que les volumes des prismes AHKC, HBDK sont inversement proportionnels aux bras GL, GP.

Les difficultés de ce mode de démonstration sont les suivantes. Peut-on, sans troubler l'équilibre, couper le prisme en HK et supposer les deux prismes partiels soutenus par la tige EF uniquement en leurs centres de gravité ?

Ce sont évidemment les mêmes difficultés que celles qui se trouvent dans la démonstration d'Archimède ; mais il faut avouer, à notre avis, que, présentées ainsi, elles sont atténuées et qu'on accepte mieux l'appel à l'expérience qu'elles exigent.

J.-I.

les distribue de la même manière, mais sur deux autres leviers
horizontaux et placés perpendiculairement aux extrémités du
levier principal, en forme de T; de cette manière, on a un plan
horizontal chargé de plusieurs poids égaux, et qui est évidemment
en équilibre sur la ligne du premier levier, parce que les poids se
trouvent distribués également et symétriquement des deux côtés
de cette ligne. Mais Huygens démontre que ce plan est aussi en
équilibre sur une droite inclinée à celle-là, et passant par le point
qui divise le levier primitif en parties réciproquement proportionnelles aux poids dont il est supposé chargé, parce qu'il fait voir
que les petits poids se trouvent aussi placés à distances égales de
part et d'autre de la même droite; d'où il conclut que le plan et
par conséquent le levier proposé doivent être en équilibre sur le
même point.

Cette démonstration est ingénieuse, mais elle ne supplée pas
entièrement à ce qu'on peut, en effet, désirer dans celle d'Archimède.

2. L'équilibre d'un levier droit et horizontal, dont les extrémités sont chargées de poids égaux et dont le point d'appui est
au milieu du levier, est une vérité évidente par elle-même, parce
qu'il n'y a pas de raison pour que l'un des poids l'emporte sur
l'autre, tout étant égal de part et d'autre du point d'appui ([18]). Il
n'en est pas de même de la supposition que la charge de l'appui
soit égale à la somme des deux poids. Il paraît que tous les mécaniciens l'ont prise comme un résultat de l'expérience journalière,
qui apprend que le poids d'un corps ne dépend que de sa masse
totale, et nullement de sa figure ([19]). On peut néanmoins déduire

---

([18]) Ainsi que le fait remarquer M. Mach, cette affirmation suppose une grande
quantité d'expériences négatives, d'où l'on a déduit, par exemple, que la couleur
des bras de levier, la forme des poids, la position du spectateur, etc., sont sans
influence.

([19]) *Cf.* note 16. — D'Alembert est, je crois, le premier qui ait cherché à démontrer cette proposition ; mais la démonstration qu'il en a donnée dans les
Mémoires de l'Académie des Sciences de 1769 n'est pas entièrement satisfaisante. Celle que Fourier a donnée depuis dans le V° Cahier du *Journal de
l'École Polytechnique* est rigoureuse et très ingénieuse; mais elle n'est pas tirée
de la nature du levier (*Note de Lagrange*).

Voici cette démonstration de Fourier :

« Je remarque d'abord que trois forces égales ... et dirigées suivant les
trois rayons qui divisent le cercle en trois secteurs égaux se font manifestement
équilibre. Maintenant, par chacun des points A et B d'une horizontale AB, je mène

cette vérité de la première en considérant, comme Huygens, l'équilibre d'un plan sur une ligne.

Pour cela, il n'y a qu'à imaginer un plan triangulaire chargé de deux poids égaux aux deux extrémités de sa base, et d'un poids double à son sommet. Ce plan sera évidemment en équilibre, étant appuyé sur une ligne droite ou axe fixe, qui passe par le milieu des deux côtés du triangle; car on peut regarder chacun de ces côtés comme un levier chargé dans ses deux extrémités de deux poids égaux et qui a son point d'appui sur l'axe qui passe par son milieu ([20]). Maintenant on peut envisager cet équilibre d'une autre manière, en regardant la base même du triangle comme un levier dont les extrémités sont chargées de deux poids égaux, et en imaginant un levier transversal qui joigne le sommet du triangle et le milieu de sa base en forme de T, dont une des extrémités soit chargée du poids double placé au sommet, et l'autre serve de point d'appui au levier qui forme la base. Il est évident que ce dernier levier sera en équilibre sur le levier transversal qui le soutient dans son milieu, et que celui-ci sera, par conséquent, en équilibre sur l'axe sur lequel le plan est déjà en

---

deux lignes qui font avec AB, et des deux côtés, des angles équivalents au tiers d'un droit : j'applique à chacun des points A, B, C, D trois forces qui se font équilibre séparément et sont toutes égales entre elles. De plus, je suppose

Fig. 5.

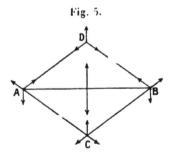

le milieu de la ligne sollicité par deux forces doubles des précédentes et opposées entre elles. Si la figure est regardée comme un plan matériel et la disposition des forces telle qu'on le voit dans la planche, il est clair que toutes ces forces se détruisent, excepté celles qui doivent se faire équilibre conformément à la proposition à démontrer. »

([20]) Il faut envisager chacun de ces deux leviers séparément; ils sont en équilibre. On les relie ensuite entre eux d'une manière rigide par l'intermédiaire du plan que l'on suppose sans masse et l'on admet que *cette solidification, cette introduction de liaisons nouvelles ne trouble pas l'équilibre.* C'est là un postulat qui joue un grand rôle en Mécanique. On peut le considérer comme suffisamment évident, c'est-à-dire comme résultant assez directement de l'expérience.

équilibre (²¹). Or, comme l'axe passe par le milieu des deux côtés
du triangle, il passera aussi nécessairement par le milieu de la
droite menée du sommet du triangle au milieu de sa base ; donc le
levier transversal aura son point d'appui dans le point du milieu
et devra, par conséquent, être chargé également aux deux bouts ;
donc la charge que supporte le point d'appui du levier qui fait la
base du triangle, et qui est chargé à ses deux extrémités de poids
égaux, sera égale au poids double du sommet et, par conséquent,
égale à la somme des deux poids.

3. Cette proposition une fois établie, il est clair qu'on peut,
ainsi qu'Archimède le fait, substituer à un poids en équilibre sur
un levier deux poids égaux chacun à la moitié de ce poids et
placés sur le même levier, à distances égales de part et d'autre du
point où le poids est attaché ; car l'action de ce poids est la même
que celle d'un levier suspendu par son milieu au même point et
chargé, à ses deux bouts, de deux poids égaux chacun à la moitié
du même poids ; et il est évident que rien n'empêche d'approcher
ce dernier levier du premier, de manière qu'il en fasse partie. Ou
bien, ce qui est peut-être plus rigoureux, il n'y a qu'à regarder ce
dernier levier comme étant tenu en équilibre par une force appliquée à son point de milieu, dirigée de bas en haut, et égale au
poids dont les deux moitiés sont censées appliquées à ses extrémités ; alors, en appliquant ce levier en équilibre sur le premier
levier qui est supposé en équilibre sur son point d'appui (²²),
l'équilibre total subsistera toujours et, si l'application se fait de
manière que le milieu du second levier coïncide avec l'extrémité

(²¹) Il faut avouer que l'expérience ne nous donne pas cette évidence d'une
façon très nette. Ici, en somme, au lieu de considérer la solidification d'un système en équilibre, comme dans la note précédente, nous raisonnons au contraire
en disjoignant les liaisons d'un tel système ; le plan étant supposé en équilibre,
nous détruisons sa rigidité pour rendre plus ou moins indépendants les leviers
formés respectivement par la base et par la médiane du triangle ; on ne voit pas
très bien ce qui va se passer.

Mais on peut invoquer ici la superposition des équilibres, dont il sera question
plus loin. Imaginons un levier identique à celui que forme la base du triangle,
avec cette seule différence que les forces qui le chargent à ses extrémités soient
dirigées de bas en haut. Superposons ce levier au plan en équilibre, d'une
manière analogue à ce qui sera fait plus loin. On parvient ainsi à l'équilibre du
levier transversal.

(²²) Et en solidifiant, par le principe de la note 20, l'ensemble des deux leviers.

d'un des bras du premier levier, la force qui soutient le second levier pourra être censée appliquée au poids même dont ce bras est chargé et qui, étant soutenu, n'aura plus d'action sur le levier, mais se trouvera ainsi remplacé par deux poids égaux chacun à sa moitié et placés de part et d'autre de ce poids sur le premier levier prolongé. Cette superposition d'équilibres est, en Mécanique, un principe aussi fécond que l'est, en Géométrie, la superposition des figures ([23]).

Les déductions d'Archimède, comme celles de tous les géomètres grecs, présentent une certaine lourdeur, qui s'atténue notablement dans les écrits de ses successeurs (Galilée, Stevin, Huygens, Lagrange), mais ne disparaît pas complètement. Il est incontestable que sa méthode n'est pas une méthode de découverte; certainement ce n'est pas par elle, mais plutôt par l'intuition expérimentale, que l'esprit humain est parvenu à reconnaître, dans le produit PL du grave par le bras de levier, ce que M. Mach appelle la *déterminante de l'équilibre*.

Examinons maintenant la valeur démonstrative de ces déductions.

Ainsi qu'on l'a vu, tous les raisonnements rappelés dans ce qui précède invoquent, outre les *demandes* explicitement énoncées par Archimède, certaines intuitions expérimentales. Archimède suppose qu'il peut, dans la recherche d'un centre de gravité, remplacer quelques-unes des grandeurs qu'il compose par leur centre de gravité partiel (*voir* note 12). Galilée et Stevin admettent qu'ils peuvent sectionner leur prisme sans troubler l'équilibre; Lagrange invoque le principe de la solidification et de la superposition des équilibres. Cela était nécessaire. Du simple fait de l'équilibre de poids égaux à des distances égales du point d'appui, il est manifeste qu'on ne

---

([23]) Il faut rattacher cette *superposition des équilibres* aux trois *notions communes* énoncées par Guido Ubaldo au début de sa *Statique* (*cf.* § 3). La manière de Lagrange est moins métaphysique que celle de Guido Ubaldo. lequel pose un peu *a priori*, sans justification, la notion de grandeurs équilibres. Lagrange superpose des corps et les attache les uns aux autres ; c'est très concret.

peut pas déduire logiquement la proportion inverse des bras
de levier.

A la vérité, Archimède et tous ses successeurs, dit M. Mach [24],
firent un usage tacite et plus ou moins dissimulé de l'hypothèse
que l'effet d'une force P appliquée à une distance L d'un axe est
mesuré par le produit PL. Il est d'une évidence immédiate que,
dans le cas d'une disposition parfaitement symétrique, l'équilibre
subsiste quelle que soit la loi $Pf(L)$ d'après laquelle la déterminante de la rupture d'équilibre dépend de L; il est par conséquent
impossible de déduire, de la persistance de l'équilibre dans ce cas,
la forme déterminée PL de cette loi. La base fondamentale de la
démonstration doit donc se trouver dans la transformation que
l'on a en vue et s'y trouve en effet. Considérons un poids appliqué
d'un côté de l'axe de rotation; partageons-le en deux parties égales
que nous déplaçons symétriquement par rapport au point de suspension primitif; une de ces parties se rapproche de l'axe de rotation exactement de la même quantité dont l'autre s'en éloigne.
Faire maintenant l'hypothèse que dans ce déplacement l'action
reste la même, c'est avoir déjà décidé de la forme de la loi qui
fait dépendre le moment de la distance L.

Il y a donc, forcément, dans toute théorie du levier, une
hypothèse plus ou moins explicite déterminant la forme de la
fonction $f(L)$.

Cette hypothèse est précisément faite sur la forme très
apparente qu'indique M. Mach dans un écrit attribué à Euclide, signalé en 1851 par le Dr Woepcke qui l'a traduit de
l'arabe et publié dans le *Journal asiatique* [25] sous le titre :
Le Livre d'Euclide sur la balance. Cet écrit n'est pas sûrement d'Euclide, mais il est peut-être en effet antérieur à
Archimède.

Dans les travaux d'Archimède, Stevin. Galilée, Lagrange,
l'hypothèse éclate moins aux yeux. L'idée que $f(L)$ se réduit
à L doit s'introduire certainement quelque part dans leurs
raisonnements, puisqu' n la trouve au bout. Mais elle s'in-

---

[24] *La Mécanique. Exposé historique et critique de son développement*, par
E. Mach (traduction Bertrand). Paris, 1904.
[25] 4e série, t. XVIII, 1851, p. 217.

troduit d'une façon plus dissimulée. Est-ce un défaut? Non
certes. Je dirais presque, sous une forme paradoxale et qui
dépasse un peu ma pensée, que, dans les démonstrations qui
sont à la base des théories physiques, le fait qu'une idée
s'introduit d'une façon dissimulée est excellent, car c'est une
preuve qu'on y fait appel à des notions que nous impose d'une
manière invincible notre intuition expérimentale. Le tout est
de voir si, dans l'exemple qui nous occupe, les affirmations
que l'on invoque peuvent être considérées comme résultant
suffisamment de notre expérience journalière. Or, il me
semble difficile de refuser ce caractère à la considération du
prisme et surtout à la superposition des leviers de Lagrange.
On remarquera que ce ou ces leviers superposés sont une
manière de rendre *concrète* la démonstration de la proposition VI d'Archimède, et par suite de la rattacher aux faits
d'observation.

Enfin, laissons même de côté la valeur *démonstrative* des
considérations d'Archimède et de ses successeurs. Dans les
raisonnements relatifs aux principes qui sont à la base d'une
science physique, il faut voir moins des démonstrations que
des analyses logiques, où l'on cherche à scruter diverses notions, à les rattacher les unes aux autres ou à les distinguer
entre elles. A ce point de vue, les déductions d'Archimède
qui « montrent la similitude du simple et du compliqué et
établissent une même conception pour tous les cas » (Mach)
présentent une grande valeur. Au même point de vue, il est
important d'établir un lien, comme le fait Lagrange, entre
la loi du levier et les principes de solidification et de superposition des équilibres : si l'on peut prétendre qu'il est
aussi difficile d'admettre *a priori* ces principes que la loi
du levier elle-même, il est fort intéressant de rattacher
celle-ci à ceux-là, parce que ceux-là sont très généraux et
servent dans beaucoup d'autres questions de Mécanique; on
sait, en effet, que la solidification est une méthode générale,
encore en usage aujourd'hui, pour démontrer certaines conditions nécessaires d'équilibre.

§ 3. — Extension du principe du levier.
Notion générale de moment.

Continuons la citation de Lagrange donnée dans le paragraphe précédent.

4. On peut donc regarder l'équilibre d'un levier droit et horizontal, chargé de deux poids en raison inverse de leurs distances au point d'appui du levier, comme une vérité rigoureusement démontrée ; et, par le principe de la superposition, il est facile de l'étendre à un levier angulaire quelconque, dont le point d'appui serait dans l'angle et dont les bras seraient tirés en sens contraire par des forces perpendiculaires à leurs directions. En effet, il est évident qu'un levier angulaire à bras égaux, et mobile autour du sommet de l'angle, sera tenu en équilibre par deux forces égales appliquées perpendiculairement aux extrémités des deux bras et tendant à les faire tourner en sens contraire. Si donc on a un levier droit en équilibre, dont l'un des bras soit égal à ceux du levier angulaire et soit chargé à son extrémité d'un poids équivalent à chacune des puissances appliquées au levier angulaire, l'autre bras étant chargé du poids nécessaire pour l'équilibre, et qu'on superpose ces leviers de manière que le sommet de l'angle de l'un tombe sur le point d'appui de l'autre, et que les bras égaux de l'un et de l'autre coïncident et n'en forment plus qu'un, la puissance appliquée au bras du levier angulaire soutiendra le poids suspendu au bras égal du levier droit, de manière qu'on pourra faire abstraction de l'un et de l'autre et supposer le bras formé de la réunion de ces deux-ci anéanti. L'équilibre subsistera donc encore entre les deux autres bras formant un levier angulaire tiré à ses extrémités par des forces perpendiculaires et en raison inverse de la longueur des bras, comme dans le levier droit.

Or une force peut être censée appliquée à tel point que l'on veut de sa direction. Donc deux forces, appliquées à des points quelconques d'un plan retenu par un point fixe et dirigées comme on voudra dans ce plan, sont en équilibre lorsqu'elles sont entre elles en raison inverse des perpendiculaires abaissées de ce point sur leurs directions ; car on peut regarder ces perpendiculaires comme formant un levier angulaire dont le point d'appui est le point fixe du plan : c'est ce qu'on appelle maintenant le *principe des moments*, en entendant par *moment* le produit d'une force par le bras du levier par lequel elle agit.

Ce principe général suffit pour résoudre tous les problèmes de la Statique. La considération du treuil l'avait fait apercevoir dès les premiers pas que l'on a faits, après Archimède, dans la théorie des machines simples, comme on le voit par l'Ouvrage de Guido Ubaldo, intitulé : *Mechanicorum liber,* qui a paru à Pesaro, en 1577 ; mais cet auteur n'a pas su l'appliquer au plan incliné, ni aux autres machines qui en dépendent, comme le coin et la vis dont il n'a donné qu'une théorie peu exacte ([20]).

Il convient de rectifier ces indications historiques de Lagrange d'après les résultats de la critique moderne.

Les Alexandrins connaissaient certainement la notion de moment dans le cas du levier oblique. On en trouve une vague indication dans Pappus, à propos du plan incliné. Elle est formulée nettement par Héron (*Les Mécaniques* ou *l'Élévateur*). Mais la partie de l'Ouvrage de Héron où elle se trouve n'a été connue des modernes occidentaux que par la publication faite, d'après la version arabe, par M. Carra de Vaux, en 1894.

Au XIIIᵉ siècle, un mathématicien inconnu a retrouvé la notion générale de moment dans le problème du levier angulaire soumis, à ses deux extrémités, à des forces parallèles, à des poids. Mais sa démonstration n'est pas fondée sur le levier; elle se rattache au principe des travaux virtuels et nous en parlerons plus loin (Chap. III, § 3).

Les manuscrits de Léonard de Vinci (1451-1519) montrent qu'il avait de la façon la plus nette la notion de moment dans le cas général d'un corps solide tournant autour d'un axe fixe et soumis à des forces perpendiculaires à cet axe. Léonard appelait un tel corps un *circonvolubile*.

En quelque partie que soit liée la corde *nc* de la partie *ac*, cela

---

([20]) Guido Ubaldo ramène bien la vis au plan incliné; mais il adopte la loi du plan incliné qui se trouve dans Pappus (*voir* note 45) et qui est inexacte.

ne fait pas de différence, parce que toujours on emploie une ligne
qui tombe perpendiculairement du centre de la balance à la ligne
de la corde, c'est-à-dire la ligne *mf*.

Fig. 6.

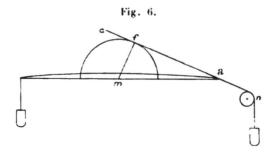

[Cette ligne *mf* est ce que Léonard de Vinci appelle en un
autre endroit le *bras spirituel* ou le *bras potentiel* de la balance.]

Nous citons ci-après un passage de Guido Ubaldo (1545-
1607). Après lui, Benedetti (1530-1590) a exposé très nettement, plus nettement même que Guido Ubaldo, la notion
de moment [*Diversarum speculationum mathematicarum
et physicarum liber* (1585)] : il se pourrait qu'il ait subi
l'influence de Vinci ([21]).

[Au début de son *Mechanicorum liber* (1577) Guido Ubaldo
admet comme évidentes les affirmations suivantes.]

Notions communes. — I. Si, à des grandeurs équilibres ([28])
on enlève des grandeurs équilibres, ce qui reste est équilibre.

II. Si à des grandeurs équilibres on ajoute des grandeurs équilibres, l'ensemble est équilibre.

III. Deux grandeurs équilibres à une troisième sont équilibres
entre elles.

[Nous nous contenterons de citer ici la démonstration que
donne Guido Ubaldo de l'équilibre du levier de deuxième espèce.
C'est un cas particulier du levier angulaire, et le raisonnement

---

([21]) *Voir* DUHEM, *Les Origines de la Statique*, t. I, 1905, p. 226.

([28]) Je traduis *æquiponderantia* par *grandeurs équilibres*. J'aime mieux
ajouter au texte latin le mot *grandeurs* que le mot *forces*. Il serait préférable,
si c'était possible, de ne rien ajouter du tout et de laisser le neutre du latin. --
Cf. note 23.

ressemble beaucoup à celui qu'a développé Lagrange : il invoque les *notions communes* précédentes, c'est-à-dire le principe de la superposition des équilibres (*voir* note 23).]

Soient un levier AB, B son point d'appui, C un point où est suspendu le poids E, et soit une force (*vis*) appliquée en A et soutenant le poids E. Je dis que la puissance en A est au poids E comme BC à BA.

Prolongeons AB en D tel que BD = BC, et, en D, accrochons un poids F égal au poids E. En A accrochons un poids G qui soit à F dans le rapport de BD à BA : les poids F et G seront

Fig. 7.

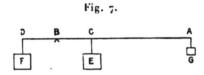

équilibres. Mais, CB et BD étant égaux, F et E sont aussi équilibres. D'ailleurs, les poids F, E, G ne sont pas équilibres sur le levier DBA, dont l'appui est B; ils tendent à s'abaisser du côté de A. Supposons donc en A une force telle qu'elle équilibre les poids F, E, G. Cette puissance sera égale au poids G, puisque F et E sont équilibres, et n'aura qu'à soutenir le poids G pour qu'il ne descende pas. Les poids F, E, G étant en équilibre avec la force en A, si l'on enlève F et G qui sont équilibres, le reste est encore en équilibre; c'est-à-dire que la force en A équilibre le poids E. Or, la force en A est égale au poids G, et E est égal à F; par suite, le rapport de la force en A au poids E sera le même que celui de BD (ou BC) à BA.

Ce qu'il fallait démontrer.

§ 4. — Usage du principe du levier.

Il y a eu au moyen âge une véritable école de Statique, celle de Jordanus de Nemore. Les principes dont elle a fait usage se rattachent à notre principe de travail virtuel; aussi en parlerons-nous dans le Chapitre III; elle ne paraît pas avoir connu les travaux d'Archimède. A l'époque de la Renaissance, la lecture des Ouvrages du géomètre de Syracuse a provoqué une réaction contre cette école de Jordanus; les

esprits se sont épris de la rigueur grecque. Sans doute, en
Mécanique, cette tendance a souvent conduit à une rigueur
fictive. Il faut reconnaître, toutefois, nous le verrons, qu'un
des postulats fondamentaux de Jordanus, qui n'est qu'une
expression particulière du principe du travail virtuel, pouvait,
à bon droit, passer pour exiger une démonstration. Il est donc
assez naturel qu'une autre méthode se soit constituée. Cette
nouvelle méthode a consisté à faire la théorie des machines
simples en se servant du principe du levier (²⁹). On la trouve
exposée dans le *Mechanicorum liber* de Guido Ubaldo, mar-
quis del Monte (1545-1607), Traité qui a paru en 1577 et a eu
un fort grand succès (³⁰) et dans les Ouvrages de Benedetti
(1530-1590) (*Diversarum speculationum mathematicarum
et physicarum liber*, 1585). Sans doute, elle repose sur un
principe moins fécond que la méthode de Jordanus; mais elle
a rendu un service immense précisément en permettant de
justifier le principe du travail virtuel dans le cas des machines
simples et en montrant par là son importance.

Comme exemple de cette méthode nous citerons *Les Méchaniques de Galilée, florentin, ingénieur et mathématicien du duc de Florence,* Ouvrage publié pour la première
fois en français par le Père Mersenne (Paris, chez Guenon,
1634) (Galilée a vécu de 1564 à 1642).

A cette époque, on désignait sous le nom de *mécaniques*
les machines. La science mécanique était la science de l'équilibre des machines; le mot *mécanique* ne s'appliquait pas,
comme aujourd'hui, à l'étude du mouvement.

CHAPITRE I.

DANS LEQUEL ON VOIT LA PRÉFACE QUI MONTRE L'UTILITÉ DES MACHINES.

Avant que d'entreprendre la spéculation des instruments de la
Mécanique, il faut remarquer, en général, les commodités et les

---

(²⁹) On peut, à ce propos, rappeler qu'Aristote avait déjà dit : « La plupart
des particularités offertes par les mouvements des mécaniques se ramènent aux propriétés du levier. » (*Cf.* Introduction.)

(³⁰) *Voir* § 3.

profits que l'on en peut tirer, afin que les artisans ne croyent pas qu'ils puissent servir aux opérations dont ils ne sont pas capables et que l'on puisse lever de grands fardeaux avec peu de force : car la nature ne peut être trompée ni céder à ses droits...

Il faut donc ici considérer quatre choses, à savoir : le fardeau que l'on veut transporter d'un lieu à un autre ; la force qui le doit mouvoir ; la distance par laquelle se fait le mouvement et le temps dudit mouvement, parce qu'il sert pour en déterminer la vitesse, puisqu'elle est d'autant plus grande que le corps mobile, ou le fardeau, passe par une plus grande distance en même temps : de sorte que si l'on suppose telle résistance, telle force, et telle distance déterminée que l'on voudra, il n'y a nul doute que la force requise conduira le fardeau à la distance donnée, quoique ladite force soit très petite, pourvu que l'on divise le fardeau en tant de parties que la force en puisse mouvoir une (^{31}), car elle les transportera toutes les unes après les autres ; d'où il s'ensuit que la moindre force du monde peut transporter tel poids que l'on voudra.

Mais l'on ne peut dire à la fin du transport que l'on ait remué un grand fardeau avec peu de force, puisqu'elle a toujours été égale à chaque partie du fardeau : de manière que l'on ne gagne rien avec les instruments, d'autant que si l'on applique une petite force à un grand fardeau, il faut beaucoup de temps et que si l'on veut le transporter en peu de temps, il faut une grande force. D'où l'on peut conclure qu'il est impossible qu'une petite force transporte un grand poids dans moins de temps qu'une plus grande force.

Néanmoins, les machines sont utiles pour manœuvrer de grands fardeaux tout d'un coup sans les diviser, parce que l'on a souvent beaucoup de temps et peu de force ; c'est pourquoi la longueur du temps récompense le peu de force : mais celui-là se tromperait qui voudrait abréger le temps en n'usant que d'une petite force et montrerait qu'il n'entend pas la nature des machines ni la raison de leurs effets (^{32})...

(^{31}) Faut-il voir, dans cette rédaction, un souvenir de l'idée d'Aristote qu'une force trop petite ne peut pas déplacer un corps trop lourd?

(^{32}) Ces considérations se rattachent à ce que nous appelons aujourd'hui le *principe du travail virtuel*. Nous y reviendrons dans le Chapitre III. Nous les avons laissées subsister dans la présente citation pour donner une idée complète du Traité de Galilée.

CHAPITRE II.

DES DÉFINITIONS NÉCESSAIRES POUR LA SCIENCE DES MÉCANIQUES.

Première définition. — La *pesanteur* d'un corps est l'inclination naturelle qu'il a pour se mouvoir et se porter en bas vers le centre de la terre...

Deuxième définition. — Le *moment* est l'inclination du même corps, lorsqu'elle n'est pas seulement considérée dans ledit corps, mais conjointement avec la situation qu'il a sur le bras d'un levier ou d'une balance, et cette situation fait qu'il contrepèse souvent à raison de sa plus grande distance d'avec le centre de la balance... Cette inclination est composée de la pesanteur absolue du corps et de l'éloignement du centre de la balance. Nous appellerons donc toujours cette inclination composée *moment*, qui répond au ῥοπή des Grecs ([33]).

Troisième définition. — Le centre de pesanteur de chaque corps est le point autour duquel toutes les parties dudit corps sont également balancées ou équipondérantes : de sorte que, si l'on imagine que le corps soit soutenu ou suspendu par ledit point, les parties qui sont à main droite contrepèsent à celles de la gauche, celles de derrière à celles de devant, et celles d'en haut à celles d'en bas, et se tiendront tellement en équilibre que le corps ne s'inclinera ni d'un côté ni d'un autre, quelque situation qu'on lui puisse donner, et qu'il demeurera toujours en cet état ([34]). Or, le centre de pesanteur est le point du corps qui s'unirait au centre des choses pesantes, c'est-à-dire au centre de la terre, s'il y pouvait descendre.

CHAPITRE III.

DES SUPPOSITIONS DE CES ARTS.

Première supposition. — Tout corps pesant se meut tellement

([33]) Le *moment* de Galilée est une notion physique et non une conception purement mathématique comme notre *moment* actuel. Cette notion est à rapprocher de celle de gravité *secundum situm* de Jordanus de Nemore (*voir* note 68) et elle pourrait être appliquée à toute machine aussi bien qu'au levier. Dans son Chapitre IV, Galilée va montrer que, pour le levier, son *moment* se mesure par le *moment* moderne. — A remarquer la manière *métaphysique* (note 7) dont la notion de *moment* est posée ici.

([34]) L'existence d'un tel point est admise comme fait d'expérience (*voir* la note 8).

en bas que le centre de sa pesanteur ne soit jamais hors de la
ligne droite qui est décrite ou imaginée depuis ledit centre de
pesanteur jusqu'à celui de la terre. Ce qui est supposé avec raison,
car, puisque le centre de pesanteur de chaque corps doit aller
s'unir au centre commun des choses pesantes, il est nécessaire
qu'il y aille par le chemin le plus court, c'est-à-dire par la ligne
droite, s'il n'y a point d'empêchement (^{35}).

Deuxième supposition. — Chaque corps pèse principalement
sur le centre de sa pesanteur dans lequel il ramasse et unit toute
son impétuosité et sa pesanteur.

Troisième supposition. — Le centre de la pesanteur de deux
corps également pesants est au milieu de la ligne droite qui con-
joint les centres de pesanteur desdits corps ; c'est-à-dire que deux
corps également pesants et également éloignés de l'appui de la balance ont le point de leur équilibre au milieu de la commune
conjonction de leurs éloignements égaux ; par exemple, la dis-

Fig. 8.

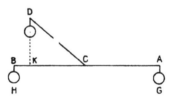

tance CA étant égale à la distance CB et les deux poids égaux G
et H étant suspendus aux points A et B, il n'y a nulle raison pour
laquelle ils doivent plutôt s'incliner d'un côté que de l'autre (^{36}).

Mais il faut remarquer que la distance des poids ou des corps
pesants d'avec l'appui doit se mesurer par les lignes perpendiculaires qui tombent des points de suspension ou des centres de la
pesanteur de chaque corps jusqu'au centre de la terre. De là vient

---

(^{35}) On suppose, bien entendu, que le grave est abandonné sans vitesse initiale pour dire qu'il ne quitte pas la verticale en tombant. Toutefois il est
remarquable que Galilée, même après ses études sur le mouvement des projectiles,
ait cru que les projectiles eux-mêmes, quoique ne tombant pas en ligne droite,
doivent se diriger vers le centre de la Terre (*cf.* note 124). L'idée d'une attraction centrale ne produisant pas la chute du corps attiré sur le corps attirant
a été une des difficultés qu'a rencontrées, au début, la conception newtonienne
du monde. Sur les propriétés attribuées ici au centre de gravité, *voir* Chap. III,
§ 2.
. (^{36}) C'est une des *demandes* d'Archimède.

que, la distance BC étant transportée en CD, le poids D ne contrepèsera plus au poids A, parce que la ligne tirée du point de suspension ou du centre de pesanteur du poids D jusqu'au centre de la terre sera plus proche de l'appui C que l'autre ligne tirée du point de la suspension de B ou du centre de pesanteur du poids H. Il est donc nécessaire que les poids égaux soient tellement suspendus de distances égales que les lignes perpendiculaires tirées par les centres de leurs pesanteurs au centre de la terre se trouvent également éloignées de l'appui C lorsqu'elles passeront vis-à-vis d'icelui (³⁷).

CHAPITRE IV.

DANS LEQUEL L'UN DES PRINCIPES GÉNÉRAUX DES MÉCANIQUES EST EXPLIQUÉ.

Après avoir expliqué les suppositions, il faut établir un principe général qui sert pour démontrer ce qui arrive à toutes sortes de machines, à savoir que les poids inégaux suspendus à des distances inégales pèsent également et sont en équilibre quand lesdites distances ont même proportion entre elles que les poids. Ce qu'il faut démontrer par la troisième supposition...

Ce qui se démontre par cette figure, dans laquelle DECF représente un cylindre homogène, ou de même nature en toutes ses

Fig. 9.

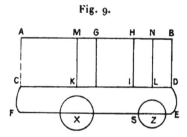

parties, lequel est attaché par ses deux bouts C et D aux points A, B, de sorte que la ligne AB est égale à la hauteur du cylindre CF.

Il est certain que, si on l'attache par le milieu au point G, il sera en équilibre, parce que, si l'on tirait une ligne droite du

---

(³⁷) Dans une addition ajoutée au texte de Galilée, le P. Mersenne précise ceci en faisant remarquer que le poids suspendu en D peut être considéré comme attaché en K. Cette possibilité du déplacement d'une force sur sa direction se trouve déjà dans Léonard de Vinci (*voir* plus haut, § 3), dans Benedetti, etc.

point G au centre de la terre, elle passerait par le centre de la pesanteur EF et, par conséquent, toutes les parties qui sont à l'entour de ce centre seraient en équilibre, par la troisième définition, car c'est la même chose que si l'on attachait les deux moitiés du cylindre aux deux points A et B.

Supposons maintenant que le cylindre soit coupé en deux parties inégales par les points ou par la ligne SI; il est certain qu'elles ne seront pas équilibres, et conséquemment qu'elles ne demeureront pas en la situation précédente, n'ayant point d'autre soutien qu'aux points A et B. Mais si l'on attache une corde au point H pour soutenir le poids par le point I, G sera encore le centre de l'équilibre, parce que l'on n'a pas changé la pesanteur ni la situation des parties du cylindre.

D'où il s'ensuit que, n'y ayant point de changement aux parties du poids, ni dans leur situation à l'égard de la ligne AB, le même point G demeurera le centre de l'équilibre, comme il l'a été dès le commencement, car, puisque la partie FS retiendra toujours la même disposition que la ligne AH, à laquelle elle sera parallèle, si l'on y ajoute le lien NL pour soutenir SD par son centre de pesanteur et si l'on ajoute semblablement le lien MK pour soutenir la partie du cylindre CS disjointe d'avec SD, il n'y a nul doute que ces deux parties demeureront encore en équilibre au point G. Par où l'on voit que ces deux parties étant ainsi suspendues et attachées ont un moment égal, lequel est l'origine et la source de l'équilibre du point G, en faisant que la distance GN soit d'autant plus grande que la distance GM que la partie du cylindre FS est plus grande que la partie SD ([38]).

[Il est en effet facile de voir que le rapport de GM à GN est égal à celui de DI à CI et, par conséquent, il faut conclure] que ces deux corps CI et DS ne pèsent pas seulement également quand leurs distances d'avec l'appui..... sont en raison réciproque de leurs pesanteurs, mais aussi que c'est une même chose que si l'on attachait des poids égaux à des distances égales; de sorte que la pesanteur de CS s'étend et se communique en quelque manière

---

([36]) La ligne AB est un levier dont l'appui est au point G. Galilée y suspend le cylindre CD par les divers fils AC, MK, HI, BD. Le nœud de la démonstration est dans les hypothèses suivantes. Le cylindre étant suspendu par AC, HI et BD, on peut, sans troubler l'équilibre, le sectionner en SI, le fil HI continuant à supporter en I les deux morceaux. Puis, la partie CI, par exemple, étant soutenue par AC et par HI, on peut remplacer ces deux soutiens par le seul fil MK.

virtuellement par delà le soutien G, duquel la pesanteur ID
s'éloigne et se retire, comme l'on peut comprendre par ce
discours. Ce qui arrivera semblablement si ces corps cylindriques
sont réduits et changés aux sphères X et Z ou en telles figures que
l'on voudra, car l'on aura toujours le même équilibre, la figure
n'étant qu'une qualité, laquelle n'a pas la puissance de la pesanteur, qui dérive de la seule quantité.

Il faut donc conclure que les poids inégaux pèsent également et
produisent l'équilibre lorsqu'ils sont suspendus de distances
inégales qui sont en raison réciproque desdits poids.

CHAPITRE V.
OU L'ON VOIT QUELQUES AVERTISSEMENTS SUR LE DISCOURS PRÉCÉDENT.

Après avoir démontré que les moments ([39]) des poids inégaux
sont égaux quand ils sont attachés à des points dont les distances
d'avec l'appui ont même proportion que les poids, il faut encore
remarquer une autre propriété qui confirme la vérité précédente,
car, si l'on considère la balance BD divisée en parties inégales par
le point C et que les poids suspendus aux points B et D soient en
raison réciproque des distances BC et CD, ..., il est certain que

Fig. 10.

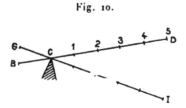

l'un contrepèsera l'autre et qu'ils seront en équilibre ; et que, si
l'on ajoute quelque chose à l'un, par exemple au poids D, qu'il
descendra en bas en I et conséquemment qu'il élèvera les poids B
en G. Mais si l'on considère le mouvement du poids D et du
poids B, l'on trouvera que le mouvement de D descendant en I
surpasse autant le mouvement de B en G comme la distance DC
surpasse la distance CB ou CG, car les deux angles GCB et DCI
sont égaux et conséquemment les deux parties de cercle décrites
par D et par B sont semblables et ont même proportion entre

([39]) Le texte porte, par erreur, *mouvements*.

elles que leurs semi-diamètres BC et CD par lesquels elles ont été décrites.

D'où il s'ensuit que la vitesse du poids D qui descend en I surpasse autant celle du poids B qui monte en G que la pesanteur de B est plus grande que celle de D....

Or, il est aisé de conclure, par tout ce discours, la grande force qu'apporte la vitesse du mouvement pour accroître la puissance du mobile, laquelle est d'autant plus grande que le mouvement est plus vite ([40]). Mais avant de passer outre, il faut remarquer que les distances qui sont entre les bras de la balance et l'appui doivent être mesurées par la distance horizontale [d'une manière analogue à ce qui a été expliqué plus haut].

CHAPITRE VI.

DE LA ROMAINE, DE LA BALANCE ET DU LEVIER.

[Ce Chapitre n'est que l'application directe de ce qui précède ([41]).]

CHAPITRE VII.

DU TOUR, DE LA ROUE, DE LA GRUE, DU GUINDAX ET DES AUTRES INSTRUMENTS SEMBLABLES.

[Galilée fait remarquer que le tour est la répétition d'une série d'actions de levier qui se succèdent. Le poids soulevé est G, le poids

---

([40]) *Voir* Chapitre III, § 1.

([41]) Dans une addition, Mersenne expose ici une idée qui remonte à Aristote (*voir* Chap. III. § 3). Sur un levier ABF, un poids placé en F pèse plus que s'il était placé en C. On peut se rendre compte ainsi qu'il suit de la raison de ce

Fig. 11.

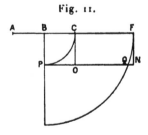

phénomène. Le poids tend à tomber suivant la verticale. Pour une même descente verticale FN = CO, le poids est moins *contraint* dans la position F que dans la position C, puisque, dans le deuxième cas, il s'éloigne de la verticale de la quantité PO et, dans le premier, de la quantité QN seulement.

moteur I. On peut aussi appliquer l'action motrice en F, non pas
en faisant pendre verticalement la corde en F, car alors le poids
ne tirerait que comme s'il était pendu en N, mais en appliquant

Fig. 12.

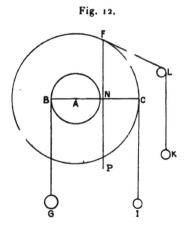

un moteur animé ou bien en tendant la corde suivant FL grâce à
une poulie de renvoi. Les rapports des forces sont les rapports
inverses des diamètres.]

Mais la nature n'est pas trompée ni surmontée, et l'on ne gagne
rien parce que, si le fardeau a dix fois plus de résistance que la
force (appliquée en F), la distance FA doit être nécessairement
décuple de AB, de sorte que le poids ne fera que la dixième partie
du chemin de la circonférence FCP; par conséquent, si l'on divi-
sait le fardeau en 10 parties, chacune répondrait à la dixième
partie du mouvement et de la force F; c'est pourquoi si l'on por-
tait en dix voyages chaque dixième partie autour de l'axe, on ne
chemineront pas davantage que si l'on faisait une fois le tour FCP
et l'on conduirait le fardeau en même temps à la même distance.

CHAPITRE VIII.

DE LA FORCE ET DE L'USAGE DES POULIES.

Après avoir considéré les instruments qui se réduisent aux
contrepoids et à l'équilibre comme à leur principe et à leur fondement, il faut parler d'une autre sorte de levier pour entendre la
nature des poulies.... Or, le levier dont nous avons parlé suppose
que le poids soit à une de ses extrémités et la force à l'autre, de
sorte que son soutien doit être entre ses deux extrémités. Mais, si

l'on met le soutien à l'extrémité A du levier et la force à l'autre
extrémité C, et que le poids D soit attaché à quelque point du
milieu, par exemple au point B, il est certain que, si le poids est

Fig. 13.

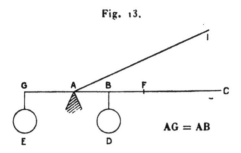

AG = AB

également éloigné des deux extrêmes, comme quand il est au
point F, la force qui le soutient en F sera également divisée, et
par conséquent la moitié du poids est soutenue par C et l'autre
moitié par A.

S'il arrive que le fardeau soit attaché ailleurs, par exemple en B,
la force C soutiendra le fardeau en B quand il aura même proportion avec ladite force que la distance AC à la distance BA.
Mais pour comprendre ceci, il faut s'imaginer que la ligne BA soit
prolongée en G et que les distances BA, AG soient égales et que
le fardeau E soit attaché au point G et qu'il soit égal au poids D;
il est certain qu'à cause de l'égalité des poids E, D et des distances AG et BA, le moment du poids D suffira pour le soutenir;
donc la force du moment égal à celui du poids E, lequel le
pourra soutenir, suffira encore pour soutenir le poids D. Mais si
l'on veut soutenir E au point C, la force doit être à E comme GA
à CA, donc la même force pourra soutenir le poids D égal à E. Or
la proportion qui est de GA à CA est aussi de BA à CA, GA étant
égal à BA. Et parce que les poids E, D sont égaux, chacun d'eux
aura la même proportion à la force mise en C. D'où l'on conclut
que la force C est égale au moment D lorsqu'il a même proportion
que la distance AB à CA (42).

<hr />

(42) C'est la démonstration de Guido Ubaldo (*voir* § 3). Mais la rédaction de
Guido Ubaldo, et surtout celle de Lagrange pour le levier angulaire dont on
traite ici un cas particulier, est préférable à celle de Galilée. A prendre le texte
de Galilée à la lettre, il y a une lacune logique dans son raisonnement. L'étude
du levier de première espèce, sur laquelle il appuie sa démonstration, ne donne
l'équivalence de deux forces ayant même moment (au sens moderne) que quand

Or il est très aisé de conclure de tout ce discours que l'on perd autant de vitesse comme l'on acquiert de force tant avec le levier ordinaire qu'avec celui-ci.

[La poulie ordinaire est rapportée par Galilée au levier ordinaire; la poulie mobile au levier que l'on vient d'étudier : B étant l'appui,

Fig. 14.

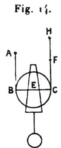

H la force qui soutient, E le point de suspension du poids G. On voit ainsi que, dans la poulie mobile, la force H vaut $\frac{1}{2}$ G.]

Mais en récompense le chemin que fait la force est double du chemin que fait le fardeau ([43]).

[Galilée passe ensuite aux moufles et trouve le même rapport inverse des forces et des chemins.]

---

ces deux forces sont appliquées de part et d'autre du point de suspension. Une force $E \times \dfrac{GA}{CA}$ appliquée en C équilibre la force E placée en G; une force $D = E$ placée en B équilibre de même la force E en G; les forces $E \times \dfrac{GA}{CA}$ et D sont ainsi équivalentes *pour équilibrer la force* E *en* G: il n'est pas évident qu'elles seront équivalentes à un autre point de vue, ni *a fortiori* qu'en changeant l'une de sens elle équilibrera l'autre. On ne peut l'affirmer que si l'on a dans l'idée à l'avance que le produit de la force par le bras de levier est la *déterminante de l'équilibre* (Mach); et même, avant tout, il faut avoir dans l'idée qu'il y a une même déterminante de l'équilibre pour tous les cas.

Au fond, Galilée use ici du procédé métaphysique. Il attribue *a priori* une réalité objective à ce qu'il appelle le *moment*, à ce que M. Mach appelle *la déterminante de l'équilibre*.

Les raisonnements de Guido Ubaldo et surtout ceux de Lagrange (*voir* § 3) montrent comment on peut éliminer de la question le procédé métaphysique. D'ailleurs le texte de Galilée, même pris à la lettre, n'est pas sans intérêt. Il apprend quelque chose de plus que la simple affirmation que l'expérience conduit à admettre le rôle du produit de la force par le bras du levier; en effet, il montre qu'il suffit d'admettre ce rôle dans le cas simple des moments égaux; il facilite certainement ainsi l'adhésion de l'esprit.

([43]) *Voir* Chap. III, § 1.

CHAPITRE IX.

DE LA VIS.

[Il y a lieu d'abord de démontrer un lemme.]

Je dis donc que tous les corps pesants ont une inclination vers le centre de la terre, non seulement quand ils peuvent descendre perpendiculairement, mais aussi quand ils y peuvent arriver par une ligne oblique ou par un plan incliné....

Si l'on prend une balle parfaitement ronde et polie... qu'on la mette aussi sur un plan incliné qui soit aussi parfaitement uni et poli que la glace d'un miroir, elle descendra sur ledit plan, se mouvra perpétuellement et tandis qu'elle trouvera la moindre inclination que l'on puisse imaginer : de sorte qu'elle ne s'arrêtera point jusqu'à ce qu'elle rencontre une surface qui soit à niveau ou équidistante de l'horizon comme est celle d'un lac ou d'un étang glacé, sur laquelle la balle se tiendrait ferme et immobile, mais avec telle condition que la moindre force l'ébranlerait et que, le plan s'inclinant de la largeur d'un cheveu, elle commencerait incontinent à se mouvoir et à descendre vers la partie inclinée et qu'au contraire elle ne pourrait être mue sans violence vers la partie du plan qui monte. Or il est nécessaire que la boule s'arrête sur une surface parfaitement équilibre et qu'elle demeure comme indifférente entre le mouvement et le repos : de sorte que la moindre force du monde suffise pour la mouvoir, comme la moindre force que l'on peut s'imaginer dans l'air suffit pour la retenir.

D'où l'on peut tirer cette conclusion, que tout corps pesant, tous les empêchements extérieurs étant ôtés, peut être mû sur un plan horizontal par la moindre force que ce soit et qu'il faut d'autant plus de force pour le mouvoir sur un plan incliné qu'il a plus d'inclination au mouvement contraire ([44]).

Ce qui sera plus intelligible par cette figure, dans laquelle AB soit le plan parallèle à l'horizon sur lequel la boule est indifférente au mouvement et au repos; de sorte que le vent ou la moindre force la peut faire mouvoir; mais il faut une plus grande force pour la faire mouvoir du point A au point C sur le plan incliné AC et encore une plus grande pour la mouvoir sur les

---

([44]) Nous reviendrons sur ce texte à propos du principe de l'inertie.

plans AD et AE et finalement on ne peut la lever sur le plan perpendiculaire AF que par une force égale à tout le poids G.

Or, l'on saura combien il faut moins de force pour lever le
fardeau sur les plans AE, AD, etc., si l'on tire les lignes perpendiculaires à l'horizon CH, DI et EK, car il y aura même propor-

Fig. 5.

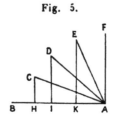

tion des forces nécessaires pour élever le fardeau sur chaque plan
audit fardeau, que des lignes perpendiculaires aux lignes de leurs
plans. Ce que Pappus Alexandrin s'est efforcé de démontrer
dans le 8e Livre de ses *Collections,* mais il s'est trompé, à mon avis,
en ce qu'il a supposé une force donnée pour mouvoir le poids sur
le plan horizontal, ce qui est faux.... ([45]).

Soit le cercle AIC dont le diamètre est ABC et le centre B, et
qu'il y ait deux forces égales aux points A et C qui représentent
une balance mobile autour du centre B, il est certain que le poids C
sera soutenu par la force A. Mais si l'on s'imagine que le bras de
la balance BC tombe en BF, de sorte qu'il demeure toujours continué avec le bras AB et qu'ils aient tous deux leur point fixe ou
leur appui en B, le moment F ne sera pas égal au moment A parce
que la distance du point ou du poids F d'avec la ligne de direction BI n'est pas égale à la distance de la force ou du poids A
d'avec la même ligne de direction, comme l'on démontre par la
perpendiculaire KF qui détermine la distance du point F avec B

([45]) A la vérité, Pappus, partant de cette hypothèse. ·   a loi exacte
du plan incliné.
    On   remarquera d'ailleurs que l'hypothèse ·'   aux idées
d'Aristote, et que, pour la rejeter, il faut fai·   passives
qui cependant apparaissent dans toute·   n'a pas
fallu à Galilée une force d'esprit mé·'
    La démonstration de Pappus r   nt
sur un plan incliné, boule que '   t
d'appui au point de con!
de Léonard de Vinci
plan incliné obter   ..·
de la Statiqv

ou I, de sorte que le moment ou le poids de C porté en F est
diminué de la distance KC et qu'il n'a plus que le moment BK;

Fig. 16.

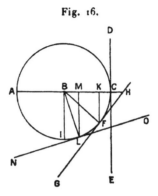

c'est pourquoi il faut conclure que le moment de A surpasse celui
de F de KC. Il faut dire la même chose du poids C transporté au
point L ou en tel autre point du cercle que l'on voudra....

Par ce où l'on voit que le poids C diminue son moment et son
inclination d'aller en bas selon les différentes inclinations des
plans FB, LB, etc., de sorte que l'on peut s'imaginer la descente
de C par tous les points du quart de cercle CI, lequel contient un
plan qui s'incline perpétuellement de plus en plus et que la pesanteur du poids en C est totale et entière et conséquemment qu'il se
porte de toute son inclination à descendre, parce qu'il n'est nullement empêché par la circonférence lorsqu'il se rencontre sur la
tangente DCE.

Mais quand il est en F, il est en partie soutenu par le plan circulaire et sa pente, ou l'inclination qu'il a vers le centre de la
terre est d'autant diminuée que BC surpasse BK : de manière qu'il
se tient élevé sur ce plan de même que s'il était appuyé sur la
tangente GFH, d'autant que le point d'inclination F de la circonférence CI ne diffère point de l'inclination de la tangente GFH que
par l'angle insensible de contact.

Il faut dire la même chose du point L, lequel est incliné comme
s'il était sur le plan de la tangente NLO, car il diminue sa pente
et son inclination qu'il a en C en même proportion que BK est
à BC, puisqu'il est constant, par la similitude des triangles KBF
et KFH, qu'il y a même raison de FK à FH que de KB à BF.
D'où nous concluons que la proportion du moment total et absolu
du mobile dans la perpendiculaire de l'horizon avec le moment

qu'il a sur le plan incliné HF est la même que la proportion de FH
à FK.

Ce qui se voit plus distinctement dans le triangle ABC, car le
moment du mobile sur le plan AC est d'autant moindre que le moment qu'il a dans la perpendiculaire CB, que CB est moindre que
CA. Et parce qu'il suffit pour mouvoir le fardeau que la force sur-

Fig. 17.

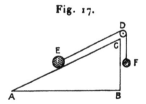

passe insensiblement celle qui le soutient.... nous faisons ici
cette proposition universelle : *que, sur le plan incliné, la force
a même proportion au poids que la perpendiculaire tirée de
l'extrémité du plan sur l'horizon à la longueur dudit plan,
c'est-à-dire que la tangente à la sécante* (⁴⁶)....

[Galilée considère ensuite la vis comme dépendant du plan
incliné.]

CHAPITRE X.
DE LA VIS D'ARCHIMÈDE POUR ÉLEVER LES EAUX.

[C'est une étude purement cinématique. Galilée ne calcule pas
la force nécessaire pour faire marcher l'appareil.]

CHAPITRE XI.

[Ce Chapitre est consacré à la percussion.]

.... Cet effet vient de la même source que les autres effets mécaniques, à savoir que la force, la résistance et l'espace par lequel
se font les mouvements ont une telle correspondance et proportion
entre eux que la force répond seulement à une résistance qui lui
est égale et qu'elle la meut seulement par un espace égal ou d'une

---

(⁴⁶) Bien que la rédaction de ce passage soit fort mauvaise, l'idée en est claire.
Pour Galilée, le fait, pour un poids, d'être soutenu par le plan GFH est équivalent au fait d'être porté par le levier ABF, et la force a appliquer en A perpendiculairement à AB est celle qu'il faudrait exercer parallèlement au plan pour
retenir F sur le plan. Galilée considère donc comme équivalentes deux liaisons
qui assurent la même mobilité infinitésimale.

égale vitesse dont elle se meut elle-même. Semblablement quand la force est moindre de moitié que la résistance, elle la peut mouvoir, si elle-même se meut d'une double impétuosité, et si elle fait deux fois autant de chemin. . . .

Il faut remarquer combien la force qui a été imprimée au marteau le portera loin si l'on suppose qu'il ne frappe point, comme il arriverait si le marteau sortait de la main avec la même impétuosité dont il doit frapper une enclume. . . . et qu'il ne rencontrât aucun empêchement en son chemin. Et puis il faut considérer quelle résistance fait le corps qui est frappé et combien il est poussé par une telle percussion. . . . [Par exemple], le marteau qui a 4 degrés de résistance est poussé d'une telle force que, ne trouvant nulle résistance qui l'arrête, il aille jusqu'à 10 pas; . . . . on lui oppose une poutre qui a 4000 degrés de résistance et qui est 1000 fois plus grande que la force du marteau; . . . . si elle est frappée, elle ira seulement en avant la millième partie de 10 pas ([47]).

Dans le Chapitre IX du Traité que nous venons de citer, Galilée n'a trouvé la loi de la puissance qui retient un grave sur un plan incliné que lorsque cette puissance est parallèle au plan.

Il eût été facile ([48]) à Galilée de résoudre aussi le cas où la puissance qui retient le poids a une direction oblique au plan; mais ce nouveau pas n'a été fait que quelque temps après, par Roberval, dans un *Traité de Mécanique* imprimé, en 1636, dans l'*Harmonie universelle* de Mersenne.

Roberval regarde aussi le poids appuyé sur le plan incliné comme attaché au bras d'un levier perpendiculairement au plan ([49]), et il considère la puissance comme une force appliquée au même bras, suivant une direction donnée; il a ainsi un levier à un seul

---

([47]) Ce Chapitre, dont nous ne citons que des fragments, manque de précision. Il semble même que, en l'écrivant, Galilée n'avait pas encore une notion nette du principe de l'inertie.

On remarquera l'emploi du procédé métaphysique (*voir* note 7) en ce qui concerne le *degré de résistance* d'une poutre, notion adoptée par Galilée sans définition. Nous avons vu que Galilée avait fait de même pour la notion de *moment*. Mais la notion de moment était bien choisie, tandis que celle de *degré de résistance* l'était mal. Aussi Galilée n'a-t-il rien tiré de cette dernière.

([48]) LAGRANGE, *Mécanique analytique*, 1ʳᵉ Partie, Section I.

([49]) C'est encore le principe de l'équivalence des liaisons (*voir* note 46).

bras, dont une extrémité est fixe, et dont l'autre extrémité est tirée par deux forces, celle du poids et celle de la puissance qui le retient. Il substitue ensuite à ce levier un levier angulaire à deux bras perpendiculaires aux directions des deux forces et ayant le même point fixe pour point d'appui, et il suppose les deux forces appliquées aux bras de ce levier suivant leurs propres directions, ce qui lui donne, pour l'équilibre, le rapport du poids à la puissance en raison inverse des deux bras du levier angulaire, c'est-à-dire des perpendiculaires menées du point fixe sur les directions du poids et de la puissance.

De là, Roberval déduit l'équilibre d'un poids soutenu par deux cordes qui font entre elles un angle quelconque (50).

Ces quelques citations suffisent pour montrer l'usage qui a été fait du principe du levier dans les premières études de Statique. On voit que cet usage met en évidence un principe important : celui de l'*équivalence des liaisons,* quand elles donnent la même mobilité (notes 46 et 49). Nous aurons à discuter à fond ce principe (2ᵉ Partie, Livre II, Chap. II).

---

(50) Nous revenons au Chapitre suivant sur ce problème qui a conduit Roberval à la loi du parallélogramme des forces.

CHAPITRE II.
LE PARALLÉLOGRAMME DES FORCES.

————

L'idée de la composition des forces paraît être apparue pour la première fois, d'une manière vague, à propos du levier. Il y a longtemps qu'Aristote a remarqué qu'un poids qui se déplace à l'extrémité d'un bras de levier est soumis à l'action de la pesanteur et à celle du bras qui le retient et l'empêche de suivre la verticale (*voir* Chap. III, § 3). Guido Ubaldo a de même signalé cette double action dans les leviers à bras inclinés sur l'horizon. Mais c'est à propos du problème du poids suspendu à deux cordes que la règle de la composition des forces a été découverte.

§ 1. — Le parallélogramme des forces tiré du plan incliné.
Stevin.

La Statique du Hollandais Stevin (1548-1620) repose, comme on va le voir, sur deux principes fondamentaux : d'abord le principe du levier, ensuite celui du plan incliné, posé et justifié d'une manière tout à fait indépendante. C'est dans cette Statique que Stevin a énoncé et partiellement démontré la loi du parallélogramme des forces. Le plan incliné joue un rôle essentiel dans sa démonstration.

Son Ouvrage, paru d'abord en 1586, complété en 1605, comprend cinq Livres : les éléments de Statique, l'Invention du centre de gravité, la Statique pratique, les Éléments d'Hydrostatique, la Pratique de l'Hydrostatique, plus quelques additions. Nos citations sont empruntées au premier Livre et à une des additions. Les œuvres de Stevin ont paru réunies sous le titre *Hypomnemata mathematica* (Leyde, 1608). Nous citons la traduction faite par Albert Girard et parue à Leyde en 1634.

Définition I. — Statique est une science qui déclare les raisons, proportions et qualités des poids et pesanteurs des corps.

Définition II. — La pesanteur d'un corps, c'est la puissance qu'il a de descendre au lieu proposé.

Définition III. — Pesanteur connue est celle de laquelle le poids se peut exprimer certainement.

Définition IV. — Centre de gravité est celui auquel si on imagine le solide être suspendu, il se tiendra en toutes les positions qu'on peut lui donner ([31]).

. . . .

[Stevin commence par traiter de ce qu'il appelle les *pesanteurs directes :* ce sont les forces verticales. Il expose là la théorie du levier avec ses conséquences. On a vu plus haut comment Stevin présente la démonstration d'Archimède relative au levier ([32]). Il parvient, dans cette partie de son Ouvrage, à résoudre, par exemple, les problèmes suivants : Une poutre repose sur deux appuis : quelle est la réaction de chaque appui (*fig.* 18)? Une

Fig. 18.   Fig. 19.

poutre repose sur un appui et est soutenue, d'autre part, par une force : quelle est cette force (*fig.* 19)?]

Jusqu'ici ont été déclarées les propriétés des pesanteurs directes ; suivent les propriétés et qualités des obliques, desquelles le fondement général est compris au théorème suivant :

THÉORÈME XI. PROPOSITION XIX. — *Si un triangle a son*

_____

([31]) *Voir* notes 8 et 34.
([32]) *Voir* note 17.

*plan perpendiculaire à l'horizon et sa base parallèle à icelui,
et sur un chacun des côtés un poids sphérique, de pesanteur
égale, comme le côté dextre du triangle au senestre, ainsi la
puissance du poids senestre au poids dextre* ([52]).

Le donné. — Soit ABC un triangle ayant son plan perpendiculaire à l'horizon et sa base AC parallèle à icelui horizon, et soit
sur le côté AB (qui est double à BC) un poids en globe D et sur
BC un autre E, égaux en pesanteur et grandeur.

Le requis. — Il faut démontrer que comme le côté AB 2 au
côté BC 1, ainsi la puissance ou pouvoir du poids E à celle de D.

Préparation. — Soit accommodé, à l'entour du triangle, un
entour de 14 globes égaux en pesanteur, en grandeur et équidistants, comme D, E, F, G, H, I, K, L, M, N, O, P, Q, R, enfilés
d'une ligne passant par leurs centres, ainsi qu'ils puissent tourner
sur leurs susdits centres et qu'il y puisse avoir 2 globes sur le
côté BC et 4 sur BA, alors comme ligne à ligne, ainsi le nombre
des globes au nombre des globes; qu'aussi en S, T, V soient trois
points fermes dessus lesquels la ligne ou le filet puisse couler et
que les deux parties au-dessus du triangle soient parallèles aux
côtés d'icelui AB, BC tellement que le tout puisse tourner librement et sans accrochement sur lesdits côtés ABC.

Démonstration. — Si le pouvoir des poids D, R, Q, P n'était
égal au pouvoir des deux globes E, F, l'un côté sera plus pesant
que l'autre; donc (s'il est possible) que les quatre D, R, Q, P
soient plus pesants que les deux E, F; mais les quatre O, N, M, L
sont *égaux* aux quatre G, H, I, K, par quoi le côté des 8 globes
D, R, Q, P, O, N, M, L sera plus pesant selon leur disposition,
que non pas les six E, F, G, H, I, K et, puisque la partie plus
pesante emporte la plus légère, les 8 globes descendront et les
autres 6 monteront. Qu'il soit ainsi donc et que D vienne où O
est présentement, et ainsi des autres : voire que E, F, G, H
viennent où sont maintenant P, Q, R, D, aussi I, K où sont maintenant E, F. Ce néanmoins l'action des globes aura la même dis-

---

([52]) C'est ici la proposition fondamentale de Stevin, démontrée, comme on va le
voir, en invoquant l'impossibilité du mouvement perpétuel. L'impossibilité du
mouvement perpétuel est une idée sur laquelle Léonard de Vinci et Cardan avaient
beaucoup insisté avant Stevin.

position qu'auparavant et par même raison les 8 globes auront le
dessus en pesanteur et en tombant feront revenir 8 autres en leurs
places et ainsi ce mouvement n'aurait aucune fin, ce qui est
absurde. Et de même sera la démonstration de l'autre côté. La

Fig. 20.

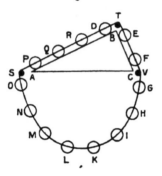

partie donc de l'entour DRQPONML sera en équilibre avec la
partie E, F, G, H, I, K. Que si l'on ôte des deux côtés les pesanteurs égales et qui ont même disposition, comme sont les 4 globes
O, N, M, L d'une part et les quatre G, H, I, K d'autre part, les
quatre restants D, R, Q, P seront et demeureront en équilibre
avec les deux E, F ; par quoi E aura un pouvoir double au pouvoir
de D ; comme donc le côté BA 2 au côté BC 1, ainsi le pouvoir de
E au pouvoir de D (^{54}).

[Dans les corollaires I, II, III, IV de cette proposition, Stevin
déduit de ce qui précède l'estimation des poids qui peuvent rete-

Fig. 21.

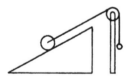

nir sur un plan incliné soit une boule (*fig.* 21), soit une colonne

---

(^{54}) La démonstration est plus claire, comme l'a indiqué Lagrange, en substituant une chaîne homogène à la file de poids de Stevin.
    On remarquera que la démonstration suppose essentiellement que la file de
poids pend de telle sorte que ONML est bien symétrique de GHIK. Ce fait n'est
peut-être pas tout à fait évident. Cette objection a été présentée au XVIIe siècle
par Lamy.

normale au plan et retenue par son centre de gravité (*fig.* 22).
Il continue ensuite] :

Fig. 22.

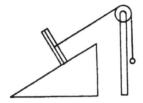

Corollaire V. — Soit ici menée une perpendiculaire par le
centre de la colonne D, comme DK, coupant le côté d'icelle en L;
alors le triangle LDI sera semblable au triangle ABC, ... par quoi
comme AB à BC, ainsi LD à DI. Mais comme AB à BC, ainsi la
colonne au poids E, par le quatrième corollaire; donc comme LD
à DI, ainsi la colonne à E. Que si en KD on applique un élevant

Fig. 23.

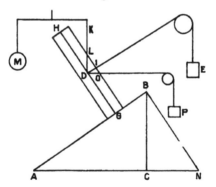

direct M, équilibre avec la colonne, il sera égal en pesanteur à
icelle, par la quatrième proposition. Et finalement, comme LD à
DI, ainsi M à E.

Corollaire VI. — Soit menée BN, coupant AC prolongée en N et
de même DO coupant LI prolongée en O, tellement que l'angle IDO
soit égal à l'angle CBN, puis soit appliqué l'élevant direct P à DO
tenant la colonne en telle disposition (ayant ôté les poids M, E);
alors d'autant que LD est homologue à BA au triangle BAC et DI
avec BC, il s'ensuit que, puisque BA à BC est comme le poids sur
BA au poids sur BC, qu'ainsi DL à DI, ainsi le poids appartenant
à DL à celui de DI, c'est comme M à E : semblablement les trois
lignes LD, DI, DO étant homologues aux trois AB, BC, BN;

alors BA à BN étant comme les pesanteurs y appartenant, qu'aussi LD et DO seront comme les pesanteurs y appartenant, c'est-à-dire comme M à P. Et de même serait, si BN était de l'autre côté de la perpendiculaire BC, à savoir entre AB, BC et semblablement DO entre DL et DI : car cette proportion n'est pas seulement lorsque l'élévation, comme DI, est perpendiculaire à l'axe, mais en toutes sortes d'angles ([33]).

Ce que dessus peut aussi être entendu d'un globe sur la ligne AB, comme ici joignant; là où nous dirons comme devant : que

Fig. 24.

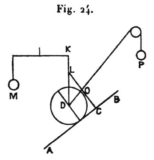

comme LD à DO, ainsi M à P (pourvu que CL soit à angles droits sur AB).

. . . .

Mais d'autant que le triangle ABN du sixième corollaire ne cause aucun changement en cette proposition, ôtons-le dorénavant, prenant G pour point ferme de la colonne reposant comme ici joignant (*fig.* 25) sur la pointe au sommet d'une pyramide et dira-t-on encore comme devant que comme LD à DO ainsi M à P ([36]).

. . . .

([33]) Il est impossible de considérer cette démonstration comme satisfaisante. Par ses principes, Stevin n'a le droit de considérer que des fils obliques parallèles au plan incliné, c'est-à-dire normaux à DG. Le résultat énoncé est exact et il est intéressant de remarquer que Stevin a aperçu la vérité générale, mais il ne faut pas oublier que seul le cas du corollaire V est valablement démontré. Les mêmes restrictions sont naturellement a présenter pour les conséquences qui vont être déduites de la présente proposition; en particulier on doit dire avec Lagrange que, si Stevin a aperçu la généralité de la loi du parallélogramme des forces, il ne l'a démontrée que lorsque deux des forces font un angle droit. La démonstration générale est due à Léonard de Vinci et à Roberval.

([36]) C'est une application de l'idée d'*equivalence des liaisons,* dans des conditions qui ne sont peut-être pas des plus satisfaisantes.

Théorème XII. Proposition XX. — *S'il y a dans l'axe de la colonne un point ferme et un mouvant auquel il puisse être*

Fig. 25.

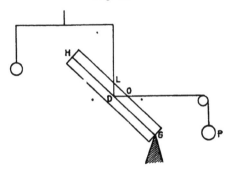

tenu en quelque disposition par le moyen d'un élevant direct : comme la ligne d'élévation droite à la ligne d'élévation oblique, ainsi l'élevant direct à l'élevant oblique.

Fig. 26.

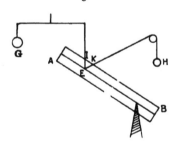

C'est-à-dire que G est à H comme EI à EK ([37]) (*fig.* 26).

. . . .

Théorème XVIII. Proposition XXVII. — *Si une colonne est pendue en équilibre à deux élevants obliques, comme la ligne d'élévation oblique à la ligne d'élévation droite, ainsi chaque élevant oblique à son élevant direct.*

([37]) Stevin considère cette proposition comme évidente par ce qui précède. Il y a cependant une difficulté à ce changement du point de suspension qui cesse ici d'être le centre de gravité. L'élevant direct n'est plus ici égal au poids du corps que l'élevant oblique maintient sur un plan incliné. Manifestement Stevin admet une extension de ses principes : il considère que les propositions précédentes lui permettent de comparer une pesanteur oblique et une pesanteur directe produisant le même effet, quel que soit cet effet.

... Prenons F pour point ferme, E pour mouvant : alors par la vingtième proposition, comme LE à EN, ainsi G à I. Prenons maintenant E pour point ferme et F pour mouvant; et par ladite vingtième proposition comme MF à FO ainsi H à K.

Fig. 27.

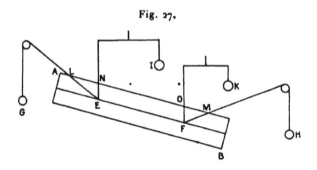

[Stevin montre ensuite que toutes ces règles, démontrées pour les colonnes, sont bonnes quelle que soit la figure des corps. La droite qui joint le point de suspension au point d'appui (ou celle qui joint les deux points de suspension) doit être supposée passer par le centre de gravité : c'est un *diamètre de gravité*. Pour déterminer les segments analogues à EN, EL, FO, FM de la figure 27, segments que Stevin appelle *élévations droites ou obliques*, il faut couper les élevants par une parallèle à ce diamètre de gravité.]

[Enfin, dans une adjonction à sa Statique, qui porte le titre de *Spartostatique ou de l'apondéraire par cordages* et qui est consacrée aux polygones funiculaires, Stévin utilise les résultats précédents pour démontrer la loi du parallélogramme des forces ([58])].

Or, pour venir à la déclaration de la qualité des pesanteurs suspendues par cordages, soit AB une colonne, de laquelle C soit le centre, suspendue à deux lignes CD, CE (venant dudit centre C) ès-points fermes D, E, lesquelles seront diamètres de gravité; par quoi prenant HI entre DC, CI, parallèle à CE, alors CI sera élévation droite, CH oblique; tellement que, comme CI à CH, ainsi cet élevant direct à l'élevant oblique. Mais l'élevant direct de CI est

---

([58]) Ne pas oublier la réserve de la note 55; mais remarquer que l'observation de la note 57 est sans portée ici, le corps étant suspendu par son centre de gravité. Pour suivre le raisonnement, on appliquera deux fois la proposition XX et la définition précédente des diamètres de gravité, en considérant C comme un point mouvant et successivement D et E comme fermes.

égal au poids de la colonne. Donc, comme CI à CH, ainsi le poids de la colonne entière au poids qui avient en D, et de même manière trouvera-t-on le poids qui avient en E en menant de I

Fig. 28.

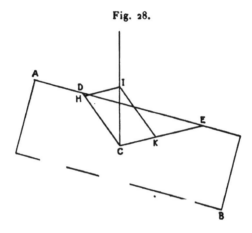

jusqu'à CE la ligne IK parallèle à DC et disant : comme l'élévation droite CI à l'élévation oblique CK, ainsi le poids de la colonne au poids qui avient sur E (*fig.* 28).

§ 2. — Le parallélogramme des forces tiré du levier.

Il paraît probable que Léonard de Vinci a eu, avant Stevin, l'idée nette de la loi de la composition des forces sous la forme suivante : « Par rapport à un point pris sur une des composantes, le moment de l'autre est égal au moment de la résultante ([19]) ». On trouve en effet, dans ses Notes, les dessins ci-dessous relatifs au problème d'un poids suspendu par deux cordes, accompagnés des commentaires suivants :

Première. — A est le pôle de la balance angulaire AD et AF, et leurs appendices sont DN et FC (*fig.* 29).

Seconde. — Plus grossit l'angle de la corde qui, au milieu de

---

([19]) Duhem, *Léonard de Vinci et la composition des forces concourantes* (*Bibliotheca mathematica*, 3. Folge, IV. Band., 4. Heft, 16 février 1904). *Les Origines de la Statique*, t. II, Note O.

sa longueur, soutient le poids N (*fig.* 3o), d'autant plus diminue son levier potentiel et croît le contre-levier potentiel qui soutient le poids.

Fig. 29.

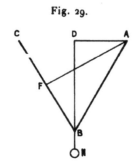

[La figure 3o est faite de sorte que AB = 4AC, et Léonard marque 1 sur N et 4 sur la corde DF.]

Fig. 3o.

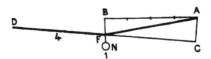

Cette figure (*fig.* 31) représente la précédente ABC potentielle; mais parce que la réelle pèse et la potentielle non, j'y ajoute le bras MN pour le contre-poids du bras O.

Fig. 31.

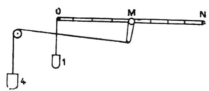

Ces citations montrent non seulement que Léonard de Vinci a connu le théorème énoncé plus haut, mais encore qu'il y est arrivé par le levier angulaire et la notion générale de moment.

Dans le Traité de Mécanique dont il a été question plus haut (Chap. I, § 4), Roberval donne la démonstration générale de la loi du parallélogramme des forces. Sa démonstration fait intervenir le plan incliné, mais d'une manière tout à fait accessoire. De là la place que nous donnons à cette citation dans le présent paragraphe.

[Après avoir étudié l'équilibre d'un grave sur un plan incliné, Roberval aborde le problème d'un poids suspendu par deux cordes. Il fait remarquer que ce problème comprend plusieurs cas particuliers, suivant que le poids peut ou non coulisser sur les cordes, et suivant que le poids est attaché aux deux cordes en deux points différents ou au même point. Bornons-nous ici au cas où le poids, ne coulissant pas sur les cordes, est attaché en un seul point. Roberval annonce, mais ne démontre pas dans ce Traité, qu'on peut ramener les autres cas à celui-là.]

Par la deuxième proposition, nous avons vu que, si CA est le bras d'une balance sur lequel le poids A est retenu par la corde CA ([60]), qu'il ne glisse le long du bras CA et que, comme CB est à CF ([61]), ainsi soit le poids A à la puissance Q ou E tirant par la corde QA, cette puissance Q ou E tiendra la balance CA en équilibre, et, la corde QA étant attachée au centre

Fig. 32.

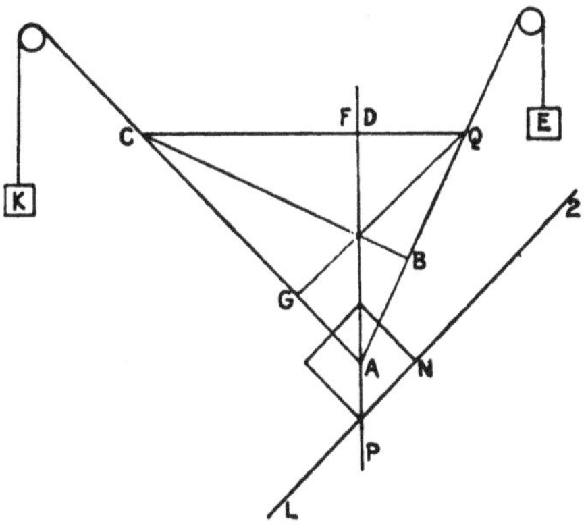

du poids A, la balance demeurera déchargée et le poids A sera soutenu partie par la puissance Q ou E, partie par le plan LN2 perpendiculaire à la balance CA, ou en la place du plan LN2 par la corde CA, par la scholie du quatrième axiome ([62]). Donc, par

---

([60]) Roberval, dans ce qui précède, a considéré des poids pouvant coulisser sur des leviers et retenus par des cordes tendues le long des bras des leviers.

([61]) CB est perpendiculaire à AQ et CF à la verticale AD.

([62]) La deuxième proposition, à laquelle renvoie Roberval, est celle qui donne (*voir* le passage signalé par les notes 48, 49) l'évaluation de la puissance qui

ce moyen, la puissance Q ou E est trouvée. Par même moyen...,
si QA est pris pour bras d'une balance sur lequel soit posé le
poids A retenu par la corde QA, qu'il ne glisse sur le bras QA et
que, comme GQ est à QD, ainsi le poids A soit à la puissance C
ou K, cette puissance C ou K, tirant par la corde CA, tiendra la
balance QA en équilibre, et, la corde CA étant attachée au centre
du poids A, la balance QA demeurera déchargée et le poids A sera
soutenu partie par la puissance C ou K tirant par la corde CA,
et partie par la corde QA. Or, d'autant que $\widehat{GAQ}$ est donné et
les cordes AQ et AC avec les angles $\widehat{CAF}$, $\widehat{QAD}$, les perpendiculaires CB, QG, CF, QD sont données et leurs raisons aussi
données, et partant les raisons du poids donné A aux puissances Q
ou E et C ou K, lesquelles puissances, par conséquent, sont
données, et elles soutiennent le poids A par les cordes QA et CA.

. . . .

Corollaire. — On remarquera donc qu'en tous les cas on tire
de chaque puissance deux perpendiculaires, l'une sur la direction
du poids, l'autre sur la corde de l'autre puissance, et que, dans
les raisons du poids aux puissances, le poids est homologue aux
perpendiculaires tombant sur les cordes des puissances, et les
puissances sont homologues aux perpendiculaires tombant sur la
ligne de direction du poids.

[Il suffit maintenant de considérations purement géométriques
pour démontrer] :

Que si, de quelque point pris en la ligne de direction du poids,
on mène la ligne parallèle à l'une des cordes jusqu'à l'autre corde,
[les côtés du triangle ainsi formé] seront homologues au poids et
aux deux puissances.

---

retient un poids sur un plan incliné. Roberval l'a démontrée (*voir* note 49) en
remplaçant le plan incliné LN 2 par un levier perpendiculaire CA. C'est de là que
vient l'intervention du plan LN2 dans le présent raisonnement. En réalité, cette
intervention est tout à fait inutile et il est plus simple de considérer directement,
sans l'intermédiaire du plan incliné, la corde CA comme un levier. Qaant à la
scholie du quatrième axiome, il n'est pas nécessaire de la connaître pour comprendre la présente citation.

CHAPITRE III.

LE PRINCIPE DU TRAVAIL VIRTUEL.

----

§ 1. — Poids et vitesse.

Nous avons dit, dans l'Introduction, qu'Aristote avait eu, à propos du levier, une première idée du principe du travail virtuel.

Il paraît probable que cette idée s'est rattachée plus ou moins étroitement, dans sa pensée ou au moins dans celle de plusieurs de ses disciples, au principe fondamental de la Dynamique péripatéticienne qu'il faut, pour mouvoir un corps avec une certaine vitesse, une puissance (ἰσχύς ou δύναμις) proportionnelle à la grandeur du corps et à sa vitesse. Voici, en effet, ce que dit le géomètre arabe Thâbit ibn Kurrah dans le Commentaire qu'il a donné d'un Ouvrage grec, aujourd'hui perdu, appelé *Liber Charastonis* dans la traduction latine de l'écrit arabe.

Si deux mobiles parcourent deux espaces différents en un même temps, le rapport de l'un de ces espaces à l'autre est le même que le rapport de la puissance qui meut (*virtus motiva*) le premier mobile à la puissance qui meut le second. [Et, passant au levier :] La vertu motrice de l'extrémité B du levier est donc à la vertu motrice de l'extrémité A comme les deux chemins que ces points décrivent en un même temps, c'est-à-dire comme l'arc BD est à l'arc AF.

Cette conception du principe du travail virtuel se rencontre chez plusieurs auteurs du moyen âge et de la Renaissance.

On la trouve nettement formulée dans les Notes de Léonard de Vinci.

Première. — Si une puissance meut un corps quelque temps et quelque espace, la même puissance mouvra la moitié de ce corps, dans le même temps, deux fois cet espace.

Deuxième. — Ou bien la même vertu mouvra la moitié de ce corps, en tout cet espace, en la moitié de ce temps.

Troisième. — Et la moitié de cette vertu mouvra la moitié de ce corps, en tout cet espace, pendant le même temps.

Quatrième. — Et cette vertu mouvra deux fois ce mobile, en tout cet espace, en deux fois ce temps, et mille fois ce mobile, en mille pareils temps, en tout cet espace....

[Toutefois Léonard apporte à ces énoncés un correctif; quand la puissance est trop petite, il admet qu'elle ne peut pas déplacer un corps très lourd. On sait que cette restriction avait été posée déjà par Aristote.]

... Plus une force s'étend de roue en roue, de levier en levier ou de vis en vis, plus elle est puissante et lente....

Dans les moufles, les puissances que les cordes interposées entre les parties reçoivent de leur moteur sont entre elles dans la même proportion que celle qu'il y a entre les vitesses de leurs mouvements.

La proportion qu'a le mouvement du moteur des poulies avec le mouvement du poids élevé par les poulies sera celle qu'a le poids élevé par ces poulies avec le poids du moteur.

Il est probable ([63]) que Cardan (1501-1576) a eu connaissance des Notes manuscrites de Léonard de Vinci. Dans son *De Subtilitate* (1551) et dans son *Opus novum de proportionibus* (1570), il reproduit les remarques précédentes à propos des moufles et applique des considérations analogues à la vis et au vérin.

La manière dont Galilée (1564-1642) conçoit le principe du travail virtuel semble se rattacher au point de vue qui

---

([63]) *Voir* Duhem, *Les origines de la Statique*, t. I.

nous occupe ici. Que l'on se reporte à la citation des *Mécha-niques* (Chap. I, § 4). La notion de *moment* a quelque rapport avec l'ἰσχύς ou la δύναμις d'Aristote. Galilée parle en général de la compensation qui s'établit entre la force et la vitesse, et ce n'est qu'exceptionnellement (*voir* le passage signalé par la Note 43) qu'il considère la force et le chemin. Il n'est pas nécessaire de faire ressortir la parenté des déve-loppements du Chapitre V des *Méchaniques,* notamment de la phrase qui précède la note 40, avec la citation donnée plus haut de Thâbit ibn Kurrah. Il est d'ailleurs permis de penser que, dans ce Chapitre, Galilée ne dégage pas très exactement la notion du travail virtuel, notamment qu'il est insuffisam-ment explicite sur la nécessité de considérer les déplace-ments *dans la direction des forces.*

Toutefois ses idées sur ce point n'étaient pas inexactes, car ce défaut n'existe plus dans son Traité postérieur intitulé : *Discorsi intorno a due nuove scienze* (*voir* le passage qui suit la note 114). Mais, même là, il semble bien (*voir* la phrase qui précède la note 117) qu'il établisse encore la cor-respondance plutôt entre force et vitesse qu'entre force et chemin.

On remarquera que Galilée n'a pas pris le principe du travail virtuel pour fondement de sa théorie des *Mécha-niques;* il se contente de faire voir en lui un corollaire im-portant des lois de l'équilibre.

§ 2. — Les propriétés du centre de gravité ([44]).

Encore ici, il faut partir d'une opinion d'Aristote, qui se rattache à la théorie du mouvement naturel des corps. Dans son *Traité du Ciel,* Aristote déclare que tout corps grave se porte vers le centre de l'Univers, lequel coïncide avec celui de la Terre, et qu'il ne s'arrête que lorsque son *milieu* vient se placer en ce centre.

([44]) *Voir* DUHEM, *Les origines de la Statique,* t. II

De cette affirmation et du rapprochement entre ce *milieu* des graves et le centre de gravité, dont les anciens avaient la notion expérimentale (*voir* Chap. I), est née une doctrine dont le principal artisan a été Albert de Saxe (xive siècle). Cet auteur a développé sa théorie à propos de diverses questions de philosophie naturelle, notamment de la forme de la Terre. Pour lui c'est le centre de gravité, ce point où toute la pesanteur du corps est comme concentrée et qui ne coïncide pas toujours avec le centre de figure, qui tend à se placer au centre du monde. Cette théorie a eu un grand succès. Elle a continué à être en vogue même après les recherches de Copernic : on s'est contenté alors de remplacer le centre de l'Univers par le centre de la Terre et d'une manière générale par le centre de l'astre à la surface duquel se trouvent les graves. On en voit la trace dans les travaux de Galilée; que l'on se reporte aux *Méchaniques,* citées plus haut (note 35) et au passage des *Discorsi* où le célèbre Florentin affirme que le centre de gravité d'un système de graves ne peut s'écarter naturellement du centre commun des choses pesantes (notes 115 et 116).

La considération du centre de gravité peut servir de principe à l'étude de la Statique. Dans ses Notes, Léonard de Vinci énonce et utilise le théorème que, si un corps est en équilibre, la verticale de son centre de gravité tombe dans le polygone de sustentation. Cardan (*Opus novum* et *De subtilitate*) et Bernardino Baldi (*Exercices sur les questions mécaniques d'Aristote,* 1621) se servent plus ou moins heureusement des propriétés du centre de gravité sous une forme qui les rattache davantage à la théorie d'Albert de Saxe : un corps est en équilibre quand son centre de gravité ne peut pas descendre. Il paraît probable d'ailleurs que ces deux auteurs ont dû emprunter cet énoncé à quelque manuscrit de Léonard. Guido Ubaldo, au début de sa Statique, utilise des considérations analogues.

Il est fort remarquable que la notion de centre de gravité ne soit valable qu'avec des verticales parallèles, et que, cependant, elle se soit développée dans des écrits (notamment dans ceux que nous venons de citer) où l'on tient compte essentiellement de la convergence des verticales vers le centre de la Terre; la notion de centre de gravité a été, au début, purement expérimentale. De là, dans le développement de la doctrine, des contradictions, des erreurs qu'on n'est arrivé que peu à peu à débrouiller. La lumière définitive a été faite sur ce point par la discussion qu'ont soutenue, en 1636, Étienne Pascal et Roberval contre Fermat, lequel voulait conserver la notion de centre de gravité malgré la convergence des verticales, et par la Note envoyée en 1638 par Descartes à Mersenne et intitulée : *Examen de la question : savoir si un corps pèse plus ou moins, étant proche du centre de la Terre qu'en étant éloigné* ([45]).

Torricelli (1608-1647), disciple de Galilée, avait appris de son maître l'importance du fait que le centre de gravité d'un ensemble de graves ne peut s'écarter naturellement du centre commun des choses pesantes. Il eut l'idée d'en faire un principe fondamental de la Statique. Il énonça ainsi le premier avec précision, et *en spécifiant que les verticales devaient être considérées comme parallèles,* le principe utilisé déjà par Cardan et Baldi. Voici comment il s'exprime (*De Motu gravium naturaliter descendentium et projectorum libri duo,* 1644) (traduction de M. Duhem).

Nous poserons en principe que deux graves, liés ensemble, ne peuvent se mouvoir d'eux-mêmes, à moins que leur commun centre de gravité ne descende.

En effet, lorsque deux graves sont liés ensemble de telle sorte que le mouvement de l'un entraîne celui de l'autre, que cette liaison soit produite par l'intermédiaire de la balance ou de la poulie ou de tout autre mécanisme, ces deux graves se comporteront comme un grave unique formé de deux parties; mais un tel grave

---

([45]) Cette question n'est autre chose que la question de la convergence des verticales. Quand on tient compte de cette convergence, les règles de la composition des forces montrent que le poids total d'un corps est plus fort quand il est loin du centre de la Terre que quand il en est près (en supposant que chaque partie du corps conserve la même gravité). Cette remarque avait été faite par Blaise de Parme, un auteur du xv° siècle qui se rattache à l'école de Jordanus.

ne se mettra jamais en mouvement, à moins que son centre de gravité ne descende. Or donc, quand il sera constitué de telle sorte que son centre de gravité ne puisse descendre en aucune manière, le grave demeurera assurément en repos dans la position qu'il occupe; par ailleurs, en effet, il se mouvrait en vain, car il prendrait un mouvement horizontal qui ne tend nullement vers le bas....

Si deux graves sont placés sur deux plans inégalement inclinés, mais ayant même élévation, et si les poids de ces graves sont entre eux comme les longueurs de ces plans, ces deux graves auront même moment.

Nous montrerons, en effet, que leur commun centre de gravité ne peut descendre, car, quelque mouvement que l'on impose aux deux graves, il se trouve toujours sur la même ligne horizontale. Ainsi deux graves attachés l'un à l'autre se mouvraient et leur commun centre de gravité ne descendrait pas. Cela serait contraire à la loi d'équilibre que nous avons posée en principe.

§ 3. — Notion générale du travail virtuel.

Dans les *Questions mécaniques*, Aristote parvient à la loi du levier par des considérations assez obscures, où il y a lieu de remarquer l'idée suivante. Si l'on considère un poids suspendu à l'extrémité du bras d'un levier, lorsque ce bras s'incline, le poids décrit à la fois un mouvement naturel vertical sous l'action de la pesanteur, et un mouvement forcé, horizontal, produit par la traction du levier. Plus le levier est long, moins, pour une même chute, le mouvement naturel est troublé. Il est donc naturel qu'un poids ait plus de puissance à l'extrémité d'un long levier que d'un court (*Voir* note 41).

On peut rattacher à cette conception les considérations présentées au XIIIᵉ siècle par Jordanus de Nemore et son école sur la *gravité de situation* et son évaluation par *ce qu'un trajet prend du direct*. Nous empruntons à M. Duhem ([66]),

---

([66]) *Les origines de la Statique*, t. I.

les citations et les analyses suivantes de Jordanus [*Elementa Jordani super demonstrationem ponderis* (**⁶⁷**)].

Le mouvement de tout corps pesant se fait vers le centre et sa vertu est la puissance qu'il a de tendre vers le bas et de résister à un mouvement contraire ....

Le mobile qui descend a une gravité d'autant plus grande que son mouvement vers le centre est plus direct.

Un corps est d'autant plus grave en raison de sa situation (*secundum situm*) (**⁶⁸**) que, dans cette situation, sa descente est moins oblique.

Une descente plus oblique est celle qui, pour une même longueur de chemin, prend moins du direct (*minus capere de directo*).

[Il suit de là qu'un poids attaché à un levier Ob a une gravité *secundum situm* moindre qu'un poids égal attaché au levier horizontal Oa : en effet, si l'on compte deux petits arcs égaux bc, ad à partir de b et de a, l'arc bc prend moins du direct que

Fig. 33.

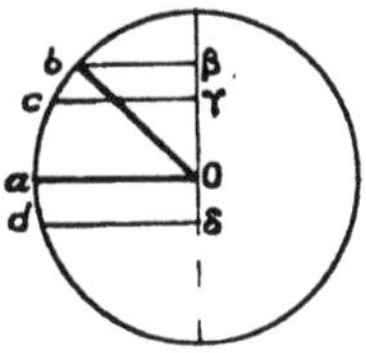

l'arc ad, c'est-à-dire que sa projection sur la verticale est plus petite que celle de ad.]

[Cette conception de la gravité *secundum situm* conduit parfois Jordanus à des erreurs. Par exemple, Jordanus étudie le levier coudé acf (*fig.* 34), dont le bras ac est horizontal et le bras cf incliné. En a et f sont des poids égaux dont les distances horizontales à la verticale de c sont égales ($ac = fe$). Jordanus compte des arcs égaux al, fm sur les trajectoires possibles de a et de f, remarque que al prend davantage du direct que fm et en déduit

---

(**⁶⁷**) Manuscrit de la Bibliothèque nationale, exhumé par M. Duhem.

(**⁶⁸**) Cette notion de la gravité *secundum situm* est à rapprocher de la notion de *moment* de Galilée (*voir* note 33). La manière dont elle est mesurée introduit en somme le *travail virtuel*.

que *a* l'emportera et descendra. On sait aujourd'hui que cette conclusion est erronée.

C'est que l'auteur, ayant entrevu la notion de travail virtuel,

Fig. 34.

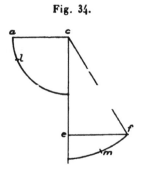

n'a pas compris, dans cette démonstration, que l'on doit considérer les travaux des forces dans des déplacements *simultanément possibles* eu égard aux liaisons. Cette idée, toutefois, Jordanus l'a eue dans sa démonstration de la loi du levier droit qu'il faut citer :]

Soient *acb* le fléau, *a* et *b* les poids qu'il porte et supposons que le rapport de *b* à *a* soit celui de *ca* à *cb*. Je dis que la règle

Fig. 35.

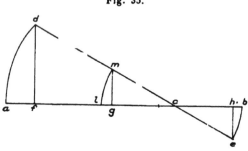

ne changera pas de place. Mettons, en effet, qu'elle descende du côté *b* et prenne la position oblique *dce*; *b* descendra de la hauteur verticale *he* et *a* montera de la hauteur verticale *fd*.

Si l'on plaçait en *l*, à la distance $cl = cb$, un poids égal au poids *b*, il monterait, dans ce mouvement, de $gm = he$. Mais il est évident que *df* est à *gm* comme le poids *l* au poids *a*. Dès lors, ce qui suffit à amener le poids *a* en *d* suffirait à amener le poids *l* en *m*. Donc le poids *b* suffirait à amener *l* en *m*. Or, c'est impossible, car on sait que *b* et *l* sont en équilibre.

Cette démonstration repose sur un postulat, qui est celui qu'admettra Descartes : « Ce qui suffit à élever un poids 1 d'une hauteur l suffit aussi pour élever un poids k d'une hauteur $\frac{l}{k}$. » Admettre ce postulat revient à admettre comme principe fondamental celui du travail virtuel. Il y a donc là une vue assez profonde des choses.

Mais il faut reconnaître, ainsi que le dit Lagrange, que le principe du travail virtuel n'est pas assez évident par lui-même pour pouvoir être érigé en principe primitif. C'est précisément la considération des machines simples et particulièrement du levier qui a conduit l'esprit humain à penser que ce qui suffit à élever le poids 1 de la hauteur l suffit à élever le poids k de $\frac{l}{k}$; prendre cette affirmation comme fondement de la théorie des machines simples est un peu un cercle vicieux. Il n'en faut pas conclure que les développements de l'école de Jordanus et ceux de Descartes sont sans valeur, loin de là ; dans une Science physique comme la Mécanique, il n'y a pas à proprement parler de *démonstrations;* l'important est de relier des objets divers à des principes généraux. Mais il ne faut pas s'étonner si l'on a jugé utile, au XVIᵉ siècle, de justifier par une autre voie les lois des machines simples.

Un disciple inconnu de Jordanus a fait, de sa méthode, l'application suivante qui l'a conduit à la notion générale de *moment d'une force autour d'un point.*

Une balance ([69]) a deux bras inégaux ca, cb qui font entre eux un certain angle ; les deux points a, b sont équidistants de la verticale qui passe par le point d'appui c : ils portent des poids égaux ; la balance est-elle ou n'est-elle pas en équilibre?

[Nous avons vu que Jordanus avait donné une réponse erronée à cette question. Voici, au contraire, comment la traite son disciple.]

De part et d'autre du bras ca, il trace deux rayons cx, cl faisant avec ca des angles égaux ; de même, de part et d'autre du bras cb,

---

([69]) Citation de M. Duhem (*Les origines de la Statique*, t. I, p. 141).

J.-I. 5

il mène deux rayons *ch*, *cm* faisant avec *cb* des angles égaux entre eux et égaux aux précédents.

Cela posé, il se demande si le poids *a* pourra l'emporter sur le poids *b*, et il déclare que cela ne se pourra pas; car alors les bras *ca*, *cb* du levier viendraient respectivement en *cx*, *cm*; le poids *a*, descendant de la hauteur *tx*, ferait monter le poids *b*, qui lui est égal, d'une hauteur *pm* supérieure à *tx*. De même, le poids *b*

Fig. 36

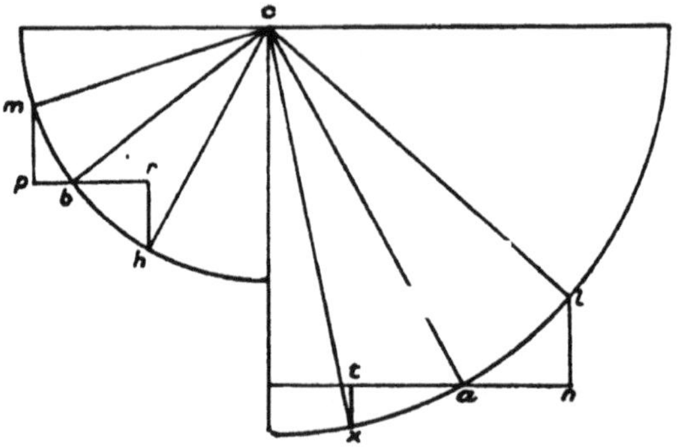

ne saurait l'emporter sur le poids *a*, car le bras *cb* viendrait en *ch* tandis que le bras *ca* viendrait en *cl*; et le poids *b*, s'abaissant de la longueur *rh*, élèverait le poids égal *a* d'une longueur *nl* supérieure à *rh*.

Cette démonstration offre une parenté évidente avec celle que Jordanus a donnée pour la loi de l'équilibre du levier; mais cette nouvelle application de la méthode des déplacements virtuels présentait certaines difficultés que la première ne rencontrait pas; en effet, dans le cas du levier droit, l'équilibre est indifférent, en sorte que tout déplacement virtuel fini correspond à un travail de la puissance exactement égal au travail de la résistance; dans le cas du levier coudé, l'équilibre est stable; l'égalité entre le travail moteur et le travail résistant n'a plus lieu, sauf pour les déplacements infiniment petits qu'un géomètre du xiiie siècle n'aurait su traiter; ces difficultés, le précurseur de Léonard de Vinci ([10]) a su les surmonter de la manière la plus heureuse.

En combinant la démonstration que nous venons de rapporter avec ce principe : « ce qui suffit à élever un certain poids à une

([10]) C'est le nom que M. Duhem donne à l'auteur inconnu dont nous parlons ici.

certaine hauteur suffit aussi à élever un poids n fois moindre à une hauteur n fois plus grande », principe implicitement admis dans la démonstration que Jordanus avait donnée de la loi de l'équilibre du levier droit, on obtient sans peine la condition d'équilibre d'un levier coudé quelconque dont les bras portent des poids quelconques. [Le géomètre qui nous occupe parvient ainsi explicitement à la notion de moment d'une force autour d'un point.

La mesure de la gravité *secundum situm* par ce qu'un trajet donné *prend du direct* s'applique d'une manière particulièrement facile à la comparaison des forces qui peuvent retenir un poids donné sur des plans diversement inclinés. Et, en effet, le géomètre dont nous venons de parler a tiré de cette méthode une démonstration de la loi du plan incliné, démonstration que le lecteur pourra facilement reconstituer et qu'il est inutile de citer.]

Les écrits de l'école de Jordanus ont eu une influence certaine sur Léonard de Vinci, sur Tartaglia et sur Cardan (xve et xvie siècles).

Au xviie siècle, Roberval a connu la loi du travail virtuel sous une forme analogue. Dans le *Traité de Mécanique* où il a trouvé la condition d'équilibre d'un poids suspendu à deux cordes (1636), il fait, après sa démonstration, la remarque suivante :

Si, au-dessous du poids A (voir *fig.* 32) dans sa ligne de direction, on prend quelque ligne comme AP, il arrivera que si le poids A descend jusqu'à P, tirant avec soi les cordes et faisant remonter les puissances K, E, il y aura réciproquement plus grande raison du chemin que les puissances feront en montant ([11]) au chemin que le poids fait en descendant, que du même poids aux deux puissances prises ensemble ; ainsi les puissances monteraient plus à proportion que le poids ne descendrait en les emportant, ce qui est contre l'ordre commun.

[Même remarque si le poids A montait ([12]).]

([11]) Il s'agit évidemment du chemin moyen décrit par le centre de gravité des corps K et E.

([12]) Cette démonstration, remarque M. Duhem, est à rapprocher de celle qu'a donnée, pour le levier coudé, le disciple de Jordanus cité plus haut. Dans les

La notion générale du principe du travail virtuel a été
exposée par Descartes (1596-1650) dans un petit écrit qu'il
a envoyé le 5 octobre 1637 à Constantin Huygens (père du
célèbre Christian Huygens) et qui porte le titre suivant :
*Explication des engins par l'aide desquels on peut, avec
une petite force, lever un fardeau fort pesant.* Descartes
prend comme fondement de sa théorie le même principe que
Jordanus. Il se sépare ainsi nettement de son contemporain
Galilée qui considérait plutôt le principe du travail virtuel
comme une conséquence des lois de l'équilibre. Nous avons
dit plus haut, à propos de Jordanus, ce que nous pensions
de cette manière de faire qui est très propre à montrer la
généralité du principe, mais où la question est peut-être prise
un peu à l'envers. Descartes se sépare aussi de Galilée en ce
qu'il considère le travail et non le produit de la force par la
vitesse.

Il convient de faire une citation importante de son écrit :

L'invention de tous ces engins n'est fondée que sur un seul
principe, qui est que la même force ([73]) qui peut lever un poids,
par exemple de 100 livres, à la hauteur de 2 pieds, en peut aussi
lever un de 200 livres à la hauteur de 1 pied, ou un de 400 à la
hauteur d'un $\frac{1}{2}$ pied, et ainsi des autres, si tant est qu'elle lui soit
appliquée.

Et ce principe ne peut manquer d'être reçu, si l'on considère
que l'effet doit toujours être proportionné à l'action qui est nécessaire pour le produire ; de façon que, s'il est nécessaire d'employer l'action par laquelle on peut lever un poids de 100 livres à
la hauteur de 2 pieds pour en lever un à la hauteur de 1 pied seulement, celui-ci doit peser 200 livres. Car c'est le même de lever
100 livres à la hauteur de 1 pied et derechef encore 100 à la hau-

---

deux cas, le procédé est le même pour tourner la difficulté provenant du fait que
l'égalité des travaux virtuels n'est vraie que dans un déplacement infiniment
petit.

([73]) Descartes prend ici le mot *force* dans le sens du mot moderne *travail*. Il
ne faisait certainement pas de confusion entre cette force et la force assimilable
à un poids ; ses idées étaient fort nettes à ce sujet ; dans une lettre au P. Mersenne (12 septembre 1638), il fait remarquer que ce qu'il appelle *force* dans cette
question *a deux dimensions.* Mais le langage qu'il a employé prête à l'ambiguïté.
Voir la note 76.

teur de 1 pied que d'en lever 200 à la hauteur de 1 pied et le même aussi que d'en lever 100 à la hauteur de 2 pieds ([14]).

Or les engins qui servent à faire cette application d'une force qui agit par un grand espace à un poids qu'elle fait lever par un moindre sont la poulie, le plan incliné, le coin, le tour ou la roue, la vis, le levier et quelques autres....

La poulie. — Soit ABC une corde passée autour de la poulie D, à laquelle poulie soit attachée le poids E. Et premièrement sup-

. Fig. 37.

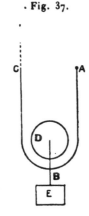

posant que deux hommes soutiennent ou haussent également chacun un des bouts de cette corde, il est évident que si ce poids pèse 200 livres, chacun de ces hommes n'emploiera, pour le soutenir ou le soulever, que la force qu'il faut pour soutenir ou soulever 100 livres; car chacun n'en porte que la moitié ([15]). Faisons après cela que A, l'un des bouts de cette corde, étant attaché ferme à quelque chose, l'autre C soit derechef soutenu par un

---

([14]) Descartes essaie ici de justifier son postulat fondamental. Il en décompose les idées d'une manière assurément intéressante. Il est certain que, lorsque l'esprit envisage, à la manière indiquée par Descartes, l'élévation de 100 livres à 2 pieds et l'élévation de 200 livres à 1 pied, il aperçoit une parenté entre ces deux élévations. Mais cette parenté n'est peut-être que dans l'opération de l'esprit, et rien ne dit qu'elle soit dans la nature. La confusion d'ailleurs est naturelle chez Descartes qui a « mis la pensée hors de pair et trouvé en elle seule le principe de la certitude » (Boutroux).

Le meilleur moyen de justifier le postulat fondamental de Descartes serait de le rattacher au principe de Torricelli. C'est en somme ce que fera Lagrange.

([15]) Il est remarquable qu'ici Descartes démontre directement la loi de l'équilibre de la poulie sans passer par son principe fondamental, lequel apparaît alors comme une conséquence.

homme ; et il est évident que cet homme, en C, n'aura besoin,
non plus que devant, pour soutenir le poids E, que de la force
qu'il faut pour soutenir 100 livres ; à cause que le clou qui est
vers A y fait le même office que l'homme que nous y supposions
auparavant. Enfin, posons que cet homme qui est vers C tire la
corde pour faire hausser le poids E ; et il est évident que, s'il y
emploie la force qu'il faut pour lever 100 livres à la hauteur de
2 pieds, il fera hausser ce poids E, qui en pèse 200, de la hauteur
de 1 pied ; car la corde ABC étant doublée comme elle l'est, on
la doit tirer de 2 pieds par le bout C pour faire autant hausser le
poids E que si deux hommes la tiraient, l'un par le bout A et
l'autre par le bout C, chacun de la longueur de 1 pied seulement.

Il y a toutefois une chose qui empêche que ce calcul ne soit
exact, à savoir la pesanteur de la poulie et la difficulté qu'on peut
avoir à faire couler la corde et à la porter. Mais, cela est fort
peu, à comparaison de ce qu'on lève, et ne peut être estimé qu'à
peu près....

On doit aussi remarquer qu'il faut toujours un peu plus de
force pour lever un poids que pour le soutenir, ce qui est cause
que j'ai parlé ici séparément de l'un et de l'autre.

Le plan incliné. — Si, n'ayant qu'assez de force (¹⁶) pour
lever 100 livres, on veut néanmoins lever le corps F, qui en
pèse 200, à la hauteur de la ligne BA, il ne faut que le tirer ou

Fig. 38.

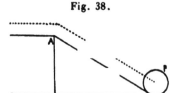

le rouler le long du plan incliné CA, que je suppose deux fois
aussi long que la ligne AB ; car, par ce trajet, pour le faire parvenir au point A, on y emploiera la force qui est requise pour
faire monter 100 livres deux fois aussi haut....

Mais il y a encore à rabattre de ce calcul la difficulté qu'il y

---

(¹⁶) Ici, il s'agit d'une force assimilable à un poids et non du travail, *de la
force à deux dimensions.* Cet emploi d'un même mot pour désigner deux choses
différentes prête à l'ambiguïté.

aurait à mouvoir le corps F le long du plan AC, si ce plan était couché sur la ligne BC dont je suppose toutes les parties également distantes du centre de la Terre. Il est vrai que, cet empêchement étant d'autant moindre que le plan est plus dur, plus égal et plus poli, il ne peut derechef être estimé qu'à peu près et n'est pas fort considérable. On n'a pas besoin non plus de considérer que, la ligne BC étant une partie de cercle qui a même centre que la Terre, le plan AC doit être tant soit peu voûté,... car cela n'est nullement sensible.

Le coin. — La puissance du coin s'entend aisément en suite de ce qui vient d'être dit du plan incliné....

La roue ou le tour. — On voit aussi fort aisément que la force dont on tourne la roue A ou les chevilles B qui font mouvoir le tour du cylindre C, sur lequel se roule une corde à laquelle le

Fig. 39.

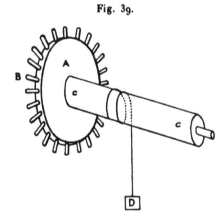

poids D qu'on veut lever est attaché, doit avoir même proportion avec ce poids que la circonférence avec la circonférence de cercle que décrit cette force ou, ce qui est le même, que le diamètre de l'un avec le diamètre de l'autre....

La vis. — Lorsqu'on sait la puissance du tour et du plan incliné, celle de la vis est aisée à connaître et à calculer, car elle n'est composée que d'un plan fort incliné qui tournoie sur un cylindre. Et si ce plan est tellement incliné que le cylindre doive faire, par exemple, dix tours pour s'avancer de la longueur d'un pied dans l'écrou, et que la grandeur de la circonférence du cercle que décrit la force qui le tourne soit de 10 pieds, à cause que

10 fois 10 font 100, un homme seul pourra presser aussi fort avec
cette vis que 100 pourraient faire sans elle, pourvu seulement
qu'on en rabatte la force qu'il faut à la tourner.

Le levier. — [Descartes considère le levier COH où CO = 3 OH.
On exerce une force en C *perpendiculairement au bras* pour
soulever un *poids* en H. Descartes fait remarquer que la force à
appliquer en C sera différente suivant la position du levier.]

Fig. 4o.

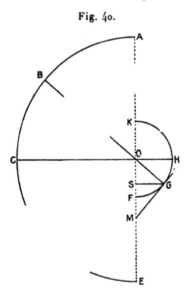

Et pour mesurer exactement quelle doit être cette force en
chaque point de la ligne courbe ABCE, il faut savoir qu'elle y
agit tout de même que si elle traînait le poids sur un plan circulai-
rement incliné, et que l'inclinaison de chacun des points de ce
plan circulaire se doit mesurer par celle de la ligne droite qui
touche le cercle en ce point ([77]). Comme par exemple quand la
force est au point B, pour trouver la proportion qu'elle doit avoir
avec la pesanteur du poids qui est alors au point G, il faut tirer
la contingente GM et penser que la pesanteur de ce poids est, à la
force qui est requise pour le traîner sur ce plan et par conséquent
aussi pour le hausser suivant le cercle FGH, comme la ligne GM
est à SM. Puis, à cause que BO est triple de OG, la force en B n'a
besoin d'être à ce poids en G que comme le tiers de la ligne SM
est à la toute GM.

([77]) C'est l'idée de l'équivalence des liaisons (notes 46 et 49).

Il est intéressant d'ajouter à cette citation la remarque que Descartes est le premier qui ait nettement vu et explicitement énoncé le caractère infinitésimal du principe du travail virtuel. Il marque nettement, dans une lettre à Mersenne, que ce qu'il faut considérer, c'est le *commencement du mouvement* des poids. Galilée ne s'était pas rendu compte de cette nécessité ; aussi certains raisonnements de lui, dans un Ouvrage consacré à l'Hydrostatique, laissent-ils beaucoup à désirer.

A la suite de Descartes, le géomètre anglais Wallis (1616-1703) a, dans son traité *De Motu* (1669-1671), donné pour base à la Statique le principe du travail virtuel énoncé sous une forme voisine de celle du philosophe français. On trouvera, dans le Livre II (Chap. II), ce qu'il a écrit sur ce sujet. Bien que la dynamique de Wallis ait des liens étroits avec la dynamique d'Aristote, sa manière de considérer le travail virtuel est plus voisine de celle de Descartes que de celle de Galilée : il envisage le produit de la force par le chemin, non celui de la force par la vitesse.

Il faut citer enfin la lettre écrite en 1717 par Jean Bernouilli à Varignon et insérée par celui-ci en tête de la 9ᵉ section de sa *Nouvelle Mécanique*. Cette lettre vaut à Jean Bernouilli, depuis ce qu'a écrit Lagrange, d'être considéré comme l'auteur du premier énoncé général du principe du travail virtuel. Il y a lieu cependant de faire une réserve sur cette affirmation, comme on le verra par la note 78 ci-après.

Bernouilli n'a pas démontré le principe qu'il a énoncé. La 9ᵉ section de la *Mécanique* de Varignon est consacrée à montrer qu'il est effectivement vérifié dans les machines simples dont l'équilibre a été étudié dans les autres sections de l'Ouvrage par une autre méthode. Varignon, et peut-être aussi Bernouilli, considéraient donc ce principe comme un corollaire des lois de l'équilibre.

Concevez plusieurs forces différentes qui agissent suivant différentes tendances ou directions pour tenir en équilibre un point, une ligne, une surface ou un corps ; concevez aussi que l'on imprime à tout le système de ces forces un petit mouvement, soit parallèle à soi-même suivant une direction quelconque, soit autour

d'un point fixe quelconque (¹⁸) : il vous sera aisé de comprendre
que par ce mouvement chacune de ces forces avancera ou reculera
dans sa direction, à moins que quelqu'une ou plusieurs des forces
n'aient leurs tendances perpendiculaires à la direction du petit
mouvement; auxquels cas cette force ou ces forces n'avanceraient
ni ne reculeraient de rien : car ces avancements ou reculements,
qui sont ce que j'appelle *vitesses virtuelles,* ne sont autre chose
que ce dont chaque ligne de tendance augmente ou diminue par
le petit mouvement; et ces augmentations ou diminutions se
trouvent si l'on tire une perpendiculaire à l'extrémité de la ligne
de tendance de quelque force, laquelle perpendiculaire retranchera
de la même ligne de tendance, mise dans la situation voisine par
le petit mouvement, une petite partie qui sera la mesure de la
vitesse virtuelle de cette force.

Soient, par exemple, P un point quelconque dans le système qui

Fig. 41.

se soutienne en équilibre; F une de ces forces, qui pousse ou qui
tire le point P suivant la direction FP ou PF; P*p* une petite ligne
droite que décrit le point P par un petit mouvement, par lequel
la tendance FP prend la situation *fp*, qui sera ou exactement parallèle à FP, si le petit mouvement du système se fait en tous ses

---

(¹⁸) Bernouilli ne considère donc que des déplacements virtuels compatibles
avec la solidité du système. Or ces déplacements ne sont pas toujours tous compatibles avec les liaisons et ils ne sont pas toujours tous les déplacements compatibles avec les liaisons.

Bernouilli n'a donc peut-être pas vu, et en tous cas n'a pas marqué, l'importance du principe pour éliminer les forces de liaison. Et, en effet, dans les démonstrations que donne Varignon, celui-ci considère parfois des déplacements
incompatibles avec les liaisons et fait figurer le travail des réactions.

On voit donc que l'énoncé général de Bernouilli a encore besoin d'être précisé.

points parallèlement à une droite donnée de position; ou elle fera, étant prolongée, avec FP un angle infiniment petit, si le petit mouvement du système se fait autour d'un point fixe. Tirez donc PC perpendiculaire sur *fp* et vous aurez C*p* pour la *vitesse virtuelle* de la force F, en sorte que F × C*p* fait ce que j'appelle *énergie*. Remarquez que C*p* est ou *affirmatif* ou *négatif* par rapport aux autres : il est *affirmatif* si le point P est poussé par la force F et que l'angle FP*p* soit obtus; il est *négatif* si l'angle FP*p* est aigu; mais au contraire si le point P est tiré, C*p* sera *négatif* lorsque l'angle FP*p* est obtus et *affirmatif* lorsqu'il est aigu. Tout cela étant bien entendu, je forme cette proposition générale :

En tout équilibre de forces quelconques, en quelque manière qu'elles soient appliquées, et suivant quelques directions qu'elles agissent les unes sur les autres, ou médiatement ou immédiatement, la somme des énergies affirmatives sera égale à la somme des énergies négatives prises affirmativement.

Nous terminerons en mentionnant, au xviiie siècle, comme se rattachant au principe du travail virtuel, le principe proposé par Maupertuis sous le nom de *Loi de repos* (*Mémoires de l'Académie des Sciences de Paris,* 1740), utilisé ensuite et rendu plus général par Euler (*Mémoires de l'Académie de Berlin,* 1751), et le principe donné par Courtivron (*Mémoires de l'Académie des Sciences de Paris,* 1748 et 1749). Nous reviendrons plus tard sur l'énoncé de Courtivron ([19]), qui se relie à la question des forces vives. Voici la Loi de repos de Maupertuis, où apparaît, dans un cas particulier, la notion de *potentiel*.

Soit un système de corps qui pèsent ou qui sont tirés vers des centres par des forces qui agissent chacun sur chacune comme une puissance *n* de leurs distances aux centres; pour que tous ces corps demeurent en repos, il faut que la somme des produits de chaque masse par l'intensité de sa force ([20]) et par la puissance

---

([19]) *Voir* note 210.
([20]) La force est prise de la forme fmr^n. Le coefficient f est ce que Maupertuis appelle *l'intensité de la force.*

$n + 1$ de sa distance au centre de sa force (qu'on peut appeler la
somme des forces au repos) fasse un maximum ou un minimum.

[Maupertuis démontre cette loi par les théorèmes de la Statique
élémentaire (règle du parallélogramme, moments autour d'un
point) seulement dans des cas particuliers simples. Il fait remarquer que le principe de Torricelli (*voir* § 2) rentre dans le sien.]

§ 4. -- Résumé.

En résumé, le principe du travail virtuel a été d'abord
aperçu dans des cas simples. Peu à peu sa généralité s'est
manifestée; d'où l'idée de le prendre comme principe primitif de la Statique; c'est ce qu'a proposé Descartes. Mais il
faut convenir que ses énoncés généraux, s'ils sont plus féconds,
deviennent aussi moins évidents en ce sens qu'ils s'éloignent
davantage de notre expérience journalière. Il reste encore
à présenter le principe d'une manière qui concilie l'évidence
et la fécondité. Ce sera l'œuvre des organisateurs de la Mécanique.

LIVRE II.

ÉTUDES DE DYNAMIQUE.

---•---

CHAPITRE I.

LES PREMIÈRES RECHERCHES SUR LE MOUVEMENT.

---

§ 1er. — **La force des corps en mouvement** ([81]).

Aristote pensait ([82]) que, pour entretenir un mouvement, il fallait un moteur. C'est ainsi que, selon lui, la persistance du mouvement d'une flèche lancée était due à l'action de l'air qui, d'abord ébranlé par le mobile, l'entraînait à son tour dans son ébranlement. Cette conception exigeait qu'Aristote attribuât à l'air le pouvoir, qu'il refusait à la flèche, de continuer à se mouvoir seul sans moteur, par une sorte de conservation du mouvement acquis.

Il était naturel que l'idée vînt de renoncer à cette différence entre les solides et les fluides, et d'attribuer le maintien

---

([81]) *Cf.* E. Wohlwill, *Die Entdeckung des Beharrungsgesetzes* (*Zeitsch. für Völkerpsychologie und Sprachwissenschaft*, 1883-1884, Bd XIV, p. 365, et Bd XV, p. 70 et 337). — P. Duhem, *De l'accélération produite par une force constante* (Extrait des *Comptes rendus du deuxième Congrès international de Philosophie*. Genève, septembre 1904).

([82]) *Cf.* Introduction.

du mouvement des projectiles à la conservation d'une certaine *virtus impressa,* d'un certain *impetus,* provenant du
moteur primitif. Cette idée se trouve, en effet, chez Nicolas
de Cusa (1401-1464) et dans les Notes de Léonard de Vinci.
Toutefois, Léonard de Vinci admet que l'*impetus* ne se conserve pas indéfiniment. Pour lui, un projectile se meut d'abord
d'un mouvement violent sous l'action de l'*impetus;* puis,
l'*impetus* s'affaiblissant progressivement, la gravité finit par
l'emporter et produit un mouvement naturel. Des considérations analogues ont été présentées par Tartaglia et par Cardan ([83]).

Cet affaiblissement de l'*impetus* est une manifestation de
l'*impossibilité du mouvement perpétuel,* une des idées fondamentales de Léonard de Vinci et de Cardan.

Il convient de remarquer que l'impossibilité du mouvement
perpétuel peut s'entendre de deux manières. On peut considérer comme impossible l'existence d'un mobile perpétuellement en mouvement; on peut admettre seulement qu'il ne
peut y avoir de moteur produisant indéfiniment du travail ([84]). Léonard et Cardan croyaient, non seulement à l'impossibilité du perpétuel moteur, mais à celle du perpétuel
mobile ; c'est qu'ils ne faisaient pas abstraction des résistances passives que l'on rencontre en effet toujours dans la
nature.

Au XVIᵉ et au XVIIᵉ siècle s'est fait jour l'idée toute différente
de l'*indestructibilité du mouvement.* (On sait que cette idée
s'est maintenue dans la science moderne qui la concilie, d'ailleurs, avec celle de l'impossibilité du perpétuel mobile en
considérant les résistances passives comme des causes étrangères susceptibles de modifier le mouvement. C'est là un

---

([83]) Il n'est pas sans intérêt de signaler la manière dont Tartaglia se représen-
tait la trajectoire d'un projectile. Pour lui, cette trajectoire se composait d'une
droite inclinée, parcourue, au début, par le projectile animé d'un mouvement violent, et d'une verticale parcourue, a la fin, d'un mouvement naturel, ces deux
parties étant raccordées par un arc de cercle. Cardan avait des idées analogues.
Au contraire, Vinci dessine des trajectoires s'incurvant régulièrement.

([84]) S. CARNOT, *Réflexions sur la puissance motrice du feu.* Note de la page 22
(réimpression fac-simile, Hermann, 1903). — P. DUHEM, préface à la *Thermodynamique* de M. Marchis. Grenoble, 1904.

point sur lequel nous reviendrons dans le Chapitre II du Livre I de la IIe Partie de cet Ouvrage.) Elle a pris corps à propos de la chute accélérée des graves. Aristote avait expliqué l'accélération des corps pesants par un accroissement de leur qualité de pesanteur, au fur et à mesure qu'ils s'approchent de leur lieu naturel. Simplicius nous apprend que quelques auteurs postérieurs à Aristote en ont vu la raison dans le fait que, plus le mobile est bas, moins est épaisse et, par suite, moins est difficile à fendre la couche d'air qui le sépare du sol. Au moyen âge, on a fait intervenir, pour rendre compte de ladite accélération, la même cause qu'Aristote avait invoquée pour expliquer la persistance du mouvement d'une flèche, je veux dire l'action de l'ébranlement de l'air sur le corps tombant. C'est cette dernière opinion qu'ont adoptée Léonard de Vinci (lequel connaissait la loi suivant laquelle varie la vitesse au cours de la chute) et, après lui, Tartaglia et Cardan. Au xvie siècle apparaît une nouvelle explication ; reprenant la considération de l'*impetus* que Vinci avait développée, ainsi que nous venons de le voir, à propos d'un autre sujet (mouvement des projectiles), on envisage cet *impetus* comme se conservant indéfiniment, et la vitesse croissante du grave est alors produite par l'accumulation des *impetus* produits par l'action constante de la gravité.

Cette théorie se trouve surtout chez Jules-César Scaliger (*Exotericarum exercitationum libri XV*, Lutetiæ, 1557) et chez Benedetti (*Diversarum speculationum mathematicarum et physicarum liber*. Taurini, 1585 ; *Disputationes de quibusdam placitis Aristotelis*).

Les corps pesants, une pierre par exemple, dit Scaliger (**). n'ont rien qui favorise la mise en mouvement ; ils y sont, au contraire, tout à fait opposés…. Pourquoi donc la pierre se meut-elle plus aisément après que le mouvement a commencé ? Parce que, conformément à ce que nous avons dit ci-dessus au sujet du mouvement des projectiles, la pierre a déjà reçu l'impression du mouvement. A une première part du mouvement en succède une se-

---

(**) *Exercitatio* 77. Traduction de M. Duhem.

conde ; et, toutefois, la première demeure. En sorte que, bien qu'un seul moteur exerce son action, les mouvements qu'il imprime en cette succession continue sont multiples. Car la première impulsion est gardée par la seconde et la seconde par la troisième.

L'écrit de Benedetti intitulé *Disputationes de quibusdam placitis Aristotelis,* bien que consacré à réfuter certaines opinions d'Aristote, est encore imprégné des idées péripatéticiennes.

[Il pose comme une vérité évidente et fondamentale que, pour des corps semblables, les vitesses dont ils sont animés dans leur mouvement naturel sont proportionnelles aux poids de ces corps dans le milieu où ils se trouvent, et inversement proportionnelles aux résistances qu'ils éprouvent. Ces résistances sont d'ailleurs proportionnelles aux surfaces, et le poids d'un corps dans le milieu est, comme on le sait depuis Archimède, la différence entre le poids du corps et le poids du milieu déplacé. Partant de là, Benedetti montre, par exemple, que les vitesses d'un même corps dans l'eau et dans l'air ne sont pas forcément dans le rapport inverse des densités de l'eau et de l'air, comme le pensait Aristote ([86]), etc. Voici ce qu'il dit ([87]) sur la question du mouvement des projectiles et sur celle du mouvement des graves.]

Aristote pense qu'un corps mû par force et séparé de son premier moteur se meut ou a été mû pendant quelque temps par l'air ou par l'eau qui le suivent. Cela ne peut être. Au contraire, l'air qui, par horreur du vide, vient occuper l'espace abandonné par le corps, loin de pousser ce corps, empêche plutôt son mouvement ; l'air, en effet, est tiré par force en arrière du corps et, fendu par la partie antérieure du corps, il résiste aussi. Autant l'air est condensé à l'avant, autant il se raréfie à l'arrière, et, se raréfiant par force, il ne permet pas que le corps fuie avec la vitesse qu'il aurait sans cela, parce que tout agent souffre dans son action. C'est pour cela que, l'air subissant une action violente de la part du corps, le corps lui-même en subit une de la part de l'air. D'ailleurs, une telle raréfaction de l'air n'est pas naturelle, mais

([86]) *Cf.* Introduction.
([87]) Chapitre XXIV.

violente; il s'ensuit qu'elle résiste et tire vers soi, la nature ne souffrant pas que le vide se trouve entre les corps ; c'est pourquoi ceux-ci sont toujours contigus, et le corps mobile, ne pouvant se séparer de l'air, a sa vitesse entravée. Donc la vitesse d'un tel corps séparé de son premier moteur provient d'une certaine impression naturelle, d'une impétuosité reçue par ledit mobile, impression et impétuosité qui croissent continuellement dans les mouvements rectilignes naturels, puisque le corps a perpétuellement en lui-même sa cause mouvante, qui est la propension à se rendre au lieu qui lui est assigné par la nature. Aristote n'aurait pas dû déclarer, au Chapitre VIII du Livre I du *De Cœlo*, que le corps est d'autant plus rapide qu'il s'approche davantage du but où il tend ; il aurait dû dire plutôt qu'il est d'autant plus rapide qu'il est plus loin du point d'où il est parti. Car l'impression est d'autant plus grande que le corps se meut plus longtemps de son mouvement naturel, recevant continuellement une nouvelle impulsion ; en effet, il a en lui-même la cause de son mouvement qui est sa tendance à aller en son lieu, hors duquel il se trouve placé par violence.

Cette théorie de l'accélération des graves a été développée et précisée par Descartes et Beeckmann, qui discutèrent ensemble sur ce sujet, à l'époque du premier séjour de Descartes en Hollande (1617-1619). Nous ne connaissons, d'ailleurs, ces travaux que par les lettres écrites en 1629 et 1630 par Descartes à Mersenne. Voici ce qu'on lit dans une de ces lettres.

Premièrement, je suppose que le mouvement qui est une fois imprimé en quelque corps y demeure perpétuellement, s'il n'en est ôté par quelque autre cause, c'est-à-dire (**) que ce qui a commencé à se mouvoir dans le vide se meut indéfiniment avec la même vitesse. Supposons donc qu'un poids placé en A soit poussé par sa gravité vers C. Je dis que, si sa gravité l'abandonnait aussitôt qu'il a commencé de se mouvoir, il n'en conserverait pas moins le même mouvement jusqu'à ce qu'il parvienne en C ; mais alors il ne descendrait ni plus lentement, ni plus vite de A en B que de B en C. Mais il n'en est pas ainsi ; ce corps est soumis à sa gravité

(**) A partir d'ici, le texte est en latin.

qui le pousse vers le bas et qui, à chaque instant (*singulis momentis*), lui donne de nouvelles forces pour descendre (*vires ad descendendum*); de là suit qu'il parcourt l'espace BC beaucoup

Fig. 42.

plus vite que AB, parce que, en le parcourant, il conserve tout l'*impetus* avec lequel il se mouvait suivant AB et qu'à celui-ci s'en ajoute un autre provenant de la gravité qui le presse de nouveau à chaque instant.

Descartes déduit de là la proportionnalité des vitesses aux temps. Il cherche ensuite à déterminer la loi des espaces parcourus, mais, par suite d'une inadvertance, il fait une erreur de raisonnement et ne trouve pas la loi exacte du carré du temps. Il n'a jamais eu l'occasion de corriger son erreur, parce qu'il n'est jamais revenu sérieusement sur ce sujet, ayant été conduit à rejeter l'impossibilité du vide ([20]).

On peut dire que la lettre précédente contient le premier énoncé précis qui ait été donné du *principe de l'inertie*. La loi de l'indestructibilité du mouvement a été ainsi posée d'une façon très nette par Descartes. Elle a été affirmée solennellement et utilisée par lui dans bien d'autres circonstances.

Voici par exemple ce qu'il dit dans sa *Dioptrique* (1637) sur la réflexion de la lumière, qu'il assimile à celle d'une balle sur le sol.

Prenons qu'une balle étant poussée de A vers B rencontre au

([20]) Observations de P. Tannery à propos de la lettre qui nous occupe. (Édition des *Œuvres de Descartes,* par Adam et Tannery.)

point B la superficie de la terre CBE qui, l'empêchant de passer outre, est cause qu'elle se détourne, et voyons de quel côté. Mais afin de ne pas nous embarrasser par de nouvelles difficultés, supposons que la terre est parfaitement plate et dure, et que la balle va toujours d'égale vitesse, tant en descendant qu'en remontant, sans nous enquérir en aucune façon de la puissance qui continue de la mouvoir (⁹⁰), après qu'elle n'est plus touchée de la raquette, ni considérer aucun effet de sa pesanteur ni de sa grosseur, ni de sa figure; car il n'est pas ici question d'y regarder de si près et il n'y a aucune de ces choses qui ait lieu en l'action de la lumière, à laquelle ceci doit se rapporter. Seulement faut-il remarquer que la puissance, telle qu'elle soit, qui fait continuer le mouvement de cette balle est différente de celle qui la détermine à se mouvoir plutôt vers un côté que vers un autre, ainsi qu'il est très aisé à connaître de ce que c'est la force dont elle a été poussée par la raquette, de qui dépend son mouvement, et que cette force aurait pu la faire mouvoir vers tout autre côté aussi facilement que vers B; au lieu que c'est la situation de cette raquette qui la détermine à tendre vers B et qui aurait pu l'y déterminer en même façon, encore qu'une autre force l'aurait mue; ce qui montre déjà qu'il n'est pas impossible que cette balle soit détournée par la rencontre de la terre, et ainsi que la détermination qu'elle avait à tendre vers B soit changée, sans qu'il y ait rien pour cela de changé en la force de son mouvement, puisque ce sont deux choses diverses (⁹¹), et par conséquent qu'on ne doit pas imaginer qu'il soit nécessaire qu'elle s'arrête quelque moment au point B avant que de retourner vers F, ainsi que font plusieurs de nos philosophes; car, si son mouvement était une fois interrompu par cet arrêt, il ne se trouverait aucune cause qui le fît peu après recommencer (⁹²). De plus, il faut remarquer que la détermination à se mouvoir vers quelque côté peut, aussi bien que le mouvement et, généralement, que toute autre sorte de quantité, être divisée en toutes les parties desquelles on peut imaginer qu'elle est composée, et qu'on peut aisément imaginer que celle de la balle qui se

---

(⁹⁰) Cette puissance qui continue à mouvoir la balle, c'est, dans l'esprit de Descartes, la force de son mouvement.

(⁹¹) C'est ici qu'apparaît la *force du mouvement* du corps. On voit que, pour Descartes, il y a des actions, s'exerçant sur les corps en mouvement, qui ne modifient pas la *force* de ces corps.

(⁹²) Le mouvement ne peut naître de lui-même.

meut de A vers B est composée de deux autres, dont l'une la fait
descendre de la ligne AF vers la ligne CE, et l'autre en même
temps la fait aller de la gauche AC vers la droite FE, en sorte que
ces deux jointes ensemble la conduisent jusques à B suivant la ligne
droite AB. Et ensuite, il est aisé à entendre que la rencontre de la

Fig. 43.

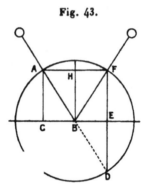

terre ne peut empêcher que l'une de ces deux déterminations et
non point l'autre en aucune façon ; car elle doit bien empêcher
celle qui faisait descendre la balle de AF vers CE, à cause qu'elle
occupe tout l'espace qui est au-dessous de CE ; mais pourquoi
empêcherait-elle l'autre qui la faisait avancer vers la main droite,
vu qu'elle ne lui est aucunement opposée en ce sens-là (⁹³). Pour
trouver donc justement vers quel côté cette balle doit retourner,
décrivons un cercle du centre B, qui passe par le point A, et disons
qu'en autant de temps qu'elle aura mis à se mouvoir depuis A
jusques à B, elle doit infailliblement retourner depuis B jusques à
quelque point de la circonférence de ce cercle, d'autant que tous
les points qui sont aussi distants de celui-ci B qu'en est A se
trouvent en cette circonférence et que nous supposons le mouvement de cette balle être toujours également vite (⁹⁴). Puis, afin
de savoir précisément auquel de tous les points de cette circonfé-

---

(⁹³) Il y a deux choses dans ces raisonnements : d'abord l'idée qu'il faut une
cause étrangère pour modifier un mouvement (c'est l'indestructibilité du mouvement), ensuite une première idée de *l'independance des effets des forces.* Il
n'est pas besoin d'insister sur le fait que ces affirmations ne sont nullement évidentes, comme Descartes semble le dire.

(⁹⁴) Parce que la *force du mouvement,* étant indestructible, n'est pas changée
par le choc et que seule est changée sa détermination à tendre vers tel ou tel
point.

rence elle doit retourner, tirons trois lignes droites AC, HB et FE, perpendiculaires sur CE, et en telle sorte qu'il n'y ait ni plus ni moins de distance entre AC et HB qu'entre HB et FE, et disons qu'en autant de temps que la balle a mis à s'avancer vers le côté droit, depuis A, l'un des points de la ligne AC, jusques à B, l'un de ceux de la ligne HB, elle doit aussi s'avancer depuis la ligne HB jusques à quelque point de la ligne FE ; car tous les points de cette ligne FE sont autant éloignés de HB en ce sens-là l'un comme l'autre et autant que ceux de la ligne AC, et elle est aussi déterminée à avancer vers ce côté-là qu'elle a été auparavant. Or est-il qu'elle ne peut arriver en même temps en quelque point de la ligne FE et ensemble à quelque point de la circonférence du cercle AFD, si ce n'est au point D ou au point F, si bien que, la terre l'empêchant de pousser vers D, il faut conclure qu'elle doit aller infailliblement vers F.

Le principal intérêt du passage que nous venons de citer nous semble être dans l'apparition du principe de l'indépendance des effets des forces et de la composition des mouvements que Descartes nous paraît avoir aperçu aussi bien que Galilée, et dans l'idée que certaines causes modifiant le mouvement sont sans action sur la *force* de ce mouvement (note 91). Sur l'indestructibilité du mouvement, les passages suivants des *Principes* sont plus caractéristiques (**).

Si, au lieu de nous arrêter à ce qui n'a point d'autre fondement que l'usage ordinaire, nous désirons savoir ce que c'est que le Mouvement selon la vérité, nous dirons, afin de lui attribuer une nature qui soit déterminée, qu'il est le transport d'une partie de la matière ou d'un corps du voisinage de ceux qui le touchent immédiatement, et que nous considérons comme en repos, dans le voisinage de quelques autres.

. . . .

J'ai dit que le transport du corps se fait du voisinage de ceux qui le touchent dans le voisinage de quelques autres, et non pas d'un lieu dans un autre, parce que le lieu peut être pris en plu-

(**) Les *Principes* ont été publiés par Descartes en latin, en 1644. Ils ont été traduits, du vivant même de Descartes, en 1647 par l'abbé Picot. C'est cette traduction, revue plus tard par Clerselier, que nous citons.

sieurs façons qui dépendent de notre pensée.... Mais quand nous prenons le mouvement pour le transport d'un corps qui quitte le voisinage de ceux qui le touchent, il est certain que nous ne saurions attribuer à un même mobile plus d'un mouvement, à cause qu'il n'y a qu'une certaine quantité de corps qui le puissent toucher en même temps.

....

Nous ne saurions concevoir que le corps AB soit transporté du voisinage du corps CD, que nous ne sachions aussi que le corps CD est transporté du voisinage du corps AB.... Nous ne ferons pas de difficulté de dire qu'il y a tout autant de mouvement en l'un comme en l'autre.

....

Mais encore que chaque corps en particulier n'ait qu'un seul mouvement qui lui soit propre, à cause qu'il n'y a qu'une certaine quantité de corps qui le touchent et qui soient en repos à son égard; toutefois, il peut participer à une infinité d'autres mouvements, en tant qu'il fait partie de quelques autres corps qui se meuvent diversement. Par exemple, si un marinier se promenant dans son vaisseau porte sur soi une montre, bien que les roues de la montre n'aient qu'un mouvement unique qui leur soit propre, il est certain qu'elles participent aussi à celui du marinier qui se promène..., à celui du vaisseau et même à celui de la mer..., et à celui de la Terre, et bien qu'il soit vrai que tous ces mouvements sont dans les roues de la montre, néanmoins..., il suffira que nous considérions en chaque corps celui qui est unique et duquel nous pouvons avoir une connaissance certaine.

....

Dieu, par sa toute puissance, a créé la matière avec le mouvement et le repos de ses parties, et conserve maintenant en l'uninivers, par son concours ordinaire..., autant de mouvement et de repos qu'il a mis en le créant.... Lorsqu'une partie de la matière se meut deux fois plus vite qu'une autre et que cette autre est deux fois plus grande que la première, nous devons penser qu'il y a tout autant de mouvement dans la plus petite que dans la plus grande, et que, toutes fois et quantes que le mouvement d'une partie diminue, celui de quelque autre partie augmente à proportion (**).

....

_____

(**) Cette mesure du mouvement coïncide, autant qu'il est possible pour une

[Comme application de cette loi, Descartes indique le fait que le mouvement d'un corps est rectiligne uniforme s'il n'est troublé par aucune cause étrangère et les règles qui président, selon lui, au choc des corps (⁹⁷)].

De cela aussi que Dieu n'est point sujet à changer et qu'il agit toujours de même sorte, nous pouvons parvenir à la connaissance de certaines règles que je nomme les *lois de la nature*.... La première est que chaque chose en particulier continue d'être en même état autant qu'il se peut et que jamais elle ne le change que par la rencontre des autres. Ainsi nous voyons tous les jours que lorsque quelque partie de cette matière est carrée, elle demeure toujours carrée s'il n'arrive rien d'ailleurs qui change sa figure, et que, si elle est en repos, elle ne commence point à se mouvoir de soi-même : mais lorsqu'elle a commencé une fois de se mouvoir, nous n'avons aussi aucune raison de penser qu'elle doive jamais cesser

---

époque où la notion de masse n'était pas très précise, avec ce que nous appelons la *quantité de mouvement*.

Quant à la manière dont Descartes pose *a priori* la conservation de la quantité de mouvement, elle est sans doute fort peu scientifique, mais elle est pourtant intéressante. Au fond, il faut y voir l'affirmation qu'il existe *des lois*. S'il existe seulement une loi s'exprimant par une équation mathématique, il y a quelque chose qui demeure constant dans le mouvement, car cette équation peut toujours s'écrire en mettant une constante dans le second membre. L'affirmation de Descartes nous paraît donc devoir être rapprochée, si différente qu'elle en soit dans la forme, d'un passage célèbre de M. Poincaré, relatif au principe de la conservation de l'énergie. Pour ce savant, le seul énoncé général du principe de la conservation de l'énergie est celui-ci : « Il y a quelque chose qui demeure constant. » Mais, dans l'hypothèse déterministe, le cours de l'univers est défini par des équations différentielles ; toute intégrale de ces équations donne une expression qui reste constante ; « si nous disons alors qu'il y a quelque chose qui demeure constant, nous ne faisons qu'énoncer une tautologie » (*Thermodynamique*, Préface).

Maintenant il est certain que c'est tout à fait arbitrairement, et inexactement, que Descartes prend pour ce quelque chose la quantité de mouvement.

(⁹⁷) Descartes a très bien mis en lumière, dans le passage cité, la relativité de la notion de mouvement. Mais alors comment faut-il entendre sa loi de l'indestructibilité du mouvement? Pour être logique, il faudrait, semble-t-il, l'appliquer à ce qu'il a appelé plus haut le *mouvement propre* des corps. Or, non seulement cela paraît difficile, mais encore ce n'est pas ce qu'il fait lui-même : l'usage qu'il en fait pour affirmer que le mouvement d'un corps est rectiligne et uniforme en l'absence de toute perturbation étrangère suppose, en effet, la notion de mouvement absolu.

Les idées de Descartes manquaient donc ici de précision. On remarquera aussi que ses règles sur le choc, qu'il prétend tirer rigoureusement de ses principes, non seulement sont en général fausses, mais encore ne sont nullement une conséquence obligée desdits principes.

de se mouvoir de même force pendant qu'elle ne rencontre rien
qui retarde ou qui arrête son mouvement; de façon que si un corps
a commencé une fois de se mouvoir, nous devons conclure qu'il
continue peu après de se mouvoir et que jamais il ne s'arrête de
soi-même....

La seconde loi que je remarque en la nature est que chaque
partie de la matière en son particulier ne tend jamais à se mouvoir
suivant des lignes courbes, mais suivant des lignes droites....
Cette règle, comme la précédente, dépend de ce que Dieu est
immuable et qu'il conserve le mouvement en la matière pour une
opération très simple; car il ne le conserve pas comme il a pu être
quelque temps auparavant, mais comme il est précisément au
même instant qu'il le conserve (**). Et, bien qu'il soit vrai que le
mouvement ne se fait pas en un instant, néanmoins il est évident
que tout corps qui se meut est déterminé à se mouvoir suivant une
ligne droite, et non pas suivant une circulaire; car lorsque la
pierre A tourne dans la fronde EA suivant le cercle ABF, dans

Fig. 44.

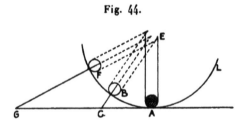

l'instant même qu'elle est au point A, elle est déterminée à se mouvoir vers quelque côté, à savoir vers C, suivant la ligne droite AC,
si l'on suppose que c'est celle-là qui touche le cercle; mais on ne
saurait feindre qu'elle soit déterminée à se mouvoir circulaire-
ment, parce que, encore qu'elle soit venue de L vers A suivant
une ligne courbe, nous ne concevons point qu'il y ait aucune
partie de cette courbure en cette pierre lorsqu'elle est au point A;
et nous en sommes assurés par l'expérience, parce que cette pierre
avance tout droit vers C lorsqu'elle sort de la fronde et ne tend,
en aucune façon, à se mouvoir vers B : ce qui nous fait voir manifestement que tout corps qui est mû en rond tend sans cesse à
s'éloigner du centre du cercle qu'il décrit; et nous le pouvons

(**) A rapprocher du passage de Galilée, signalé par la note 106.

même sentir de la main pendant que nous faisons tourner cette pierre dans cette fronde, car elle tire et fait tendre la corde pour s'éloigner directement de notre main.

[Sur le choc des corps, Descartes donne sept règles. A titre d'exemples, en voici trois.

Le corps B et le corps C, égaux, allant dans le même sens, B un peu plus vite que C, aux termes de la troisième règle, B et C, après le choc, iront ensemble avec une vitesse égale à la moyenne des vitesses avant le choc (⁹⁹).

La quatrième règle est relative au choc d'un corps C en repos par un corps B plus petit que lui : C restera immobile et B rejaillira.

Voici enfin la sixième : si le corps C est en repos et est choqué par un corps B qui lui est égal, B pousse C et en même temps C le fait rejaillir; si B a une vitesse 4, il donne une vitesse 1 à C et avec la vitesse 3 il retourne en arrière.] Car, étant nécessaire ou que B pousse C sans rejaillir et qu'ainsi il lui transfère deux degrés de son mouvement, ou bien qu'il rejaillisse sans le pousser, et que, par conséquent, il retienne ces deux degrés de vitesse avec les deux autres qui ne peuvent lui être ôtés, ou bien qu'il rejaillise en retenant une partie de ces deux degrés et qu'il le pousse en lui transférant l'autre partie, il est évident que, puisqu'ils sont égaux et ainsi qu'il n'y a pas plus de raison pourquoi il doive rejaillir que pousser C, ces deux effets doivent être également partagés, c'est-à-dire que B doit transférer à C l'un de ces deux degrés de vitesse et rejaillir avec l'autre (¹⁰⁰).

. . . .

Il arrive souvent que l'expérience peut sembler d'abord répugner aux règles que je viens d'expliquer, mais la raison en est évidente, car elles présupposent que les deux corps B et C sont parfaitement durs et tellement séparés de tous les autres qu'il n'y en a aucun autour d'eux qui puisse aider ou empêcher leur mouvement et nous n'en voyons point de tels en ce monde (¹⁰¹).

(⁹⁹) Cette règle serait exacte, appliquée aux corps parfaitement mous.

(¹⁰⁰) On voit que, à travers ses erreurs, Descartes est guidé par l'idée de la conservation de la quantité de mouvement, mais de la quantité de mouvement en valeur absolue, sans signe. On voit aussi qu'il est difficile de trouver ici une application de la notion de *mouvement propre* d'un corps, telle qu'elle est posée plus haut.

(¹⁰¹) Ces lignes sont très caractéristiques de la pensée de Descartes. Il savait, aussi bien que quiconque, observer la nature et raisonner exactement de ses lois.

Nous venons d'assister, dans ce qui précède, à la naissance de l'idée d'*inertie*.

Nous terminerons en signalant que cette idée et l'explication de la chute accélérée des graves par l'accumulation des actions de la pesanteur ont été adoptées et développées très heureusement par Gassendi (1592-1656) en 1640 (*Epistolæ tres de motu impresso a motore translato*) et en 1645 (*Lettre au P. Cazrée*).

§ 2. — Accélération et force statique.

La dynamique de Galilée, bien que n'ignorant pas l'idée de force des corps en mouvement ou d'inertie, n'est point véritablement fondée sur elle. On doit la considérer comme formée par l'union de la notion cinématique d'accélération et de la notion statique de force. Le savant florentin l'a créée à propos du problème du mouvement des corps pesants. Elle est exposée dans un de ses chefs-d'œuvre, les *Discorsi et dimostrazioni matematiche intorno à due nuove scienze attenanti alla Mecanica et i movimenti locali*. Dans la première édition de cet Ouvrage, parue à Leyde en 1638, le mouvement des corps pesants est étudié presque exclusivement au point de vue cinématique; l'idée de force statique a été introduite par une importante scholie ajoutée par Galilée en 1655 dans l'édition de Bologne.

L'Ouvrage est sous forme de dialogue et divisé en quatre journées. Les deux premières journées sont consacrées à la résistance des matériaux, les deux dernières au mouvement local. Nos citations seront empruntées à la troisième et à la quatrième. Trois interlocuteurs, Salviati, Sagredo et Simplicio, lisent ensemble l'Ouvrage d'un auteur de leurs amis, écrit en latin, et discutent en italien à son sujet.

Mais il avait ensuite la prétention de tout reconstruire rationnellement, par les principes de sa philosophie; il considérait que dans la pensée seule était le principe de la certitude. On sait qu'il ne voulait admettre en Physique que les principes reçus en Géométrie. Aussi en venait-il, par exagération de système, à négliger l'expérience.

TROISIÈME JOURNÉE. — DU MOUVEMENT LOCAL.

[Il est d'abord question du mouvement uniforme. Galilée s'occupe ensuite du mouvement naturellement accéléré.]

L'Ouvrage. — Nous avons considéré dans le Livre précédent ce qui se passe dans le mouvement uniforme; étudions maintenant le mouvement accéléré. Et d'abord, il convient de rechercher et de développer une définition s'appliquant surtout à celui qu'on rencontre dans la nature. On a parfaitement le droit, en effet, d'imaginer arbitrairement une loi de mouvement et d'en considérer les conséquences (c'est ainsi que les auteurs qui ont imaginé les hélices ou les conchoïdes, courbes engendrées par des mouvements qu'on ne rencontre pas dans la nature, n'en ont pas moins acquis la renommée à tirer, des hypothèses faites, la démonstration de leurs propriétés): mais la nature présente une certaine loi d'accélération dans la descente des graves, et nous nous proposons d'étudier les propriétés de cette descente, pourvu que la définition que nous allons donner du mouvement accéléré s'accorde avec l'essence du mouvement naturellement accéléré. Nous croyons fermement avoir trouvé, après de longues réflexions, la définition convenable, et nous le croyons surtout parce que les propriétés démontrées par nous paraissent s'accorder très bien avec les phénomènes expérimentaux. En dernier lieu, nous avons été conduits comme par la main, dans la recherche de l'accélération naturelle, par l'observation de l'usage de la nature dans tous ses autres ouvrages, où elle a coutume d'employer des moyens immédiats, très simples et très faciles; en effet, personne ne croira, je pense, que la natation ou le vol puissent être réalisés par des procédés plus simples et plus faciles que ceux qu'emploient, d'instinct, les poissons ou les oiseaux. Par conséquent, quand je vois une pierre tomber en partant du repos et acquérir ensuite de nouveaux degrés de vitesse, pourquoi ne croirais-je pas que ces accroissements suivent la loi la plus simple et la plus banale ([102])? Si nous y

---

([102]) C'est là un des rares raisonnements de ce Traité qui ne soient pas modernes. Pour un moderne, il n'y a aucune raison de penser que la Nature procède par des lois simples. Le moderne n'en recherche pas moins la loi simple, mais il sait que cette nécessité lui est imposée plutôt par la tournure de son esprit que par les objets qu'il étudie.

D'ailleurs la simplicité du mouvement uniformément accéléré n'est pas si évi-

regardons attentivement, aucun accroissement ne nous paraîtra
plus simple que celui qui se fait toujours de la même manière.
Nous comprendrons facilement le sens de cette phrase en considérant la très grande affinité qui existe entre le temps et le mouvement : de même que l'égalité et l'uniformité du mouvement se
définissent et se conçoivent par l'égalité des temps et des espaces
(nous disons en effet qu'un mouvement est uniforme quand des
espaces égaux sont parcourus dans des temps égaux), de même nous
pouvons percevoir la simplicité dans les accroissements de vitesse
par la même égalité des parties du temps, en concevant que le mouvement est accéléré uniformément et continuellement de la même
manière quand, dans des temps égaux, il reçoit des accroissements
égaux de vitesse. Dans ce mouvement, si l'on considère des éléments de temps égaux à partir de l'instant où le mobile quitte le
repos et commence à descendre, le degré de vitesse acquis dans
les deux premiers éléments de temps sera double de celui que le
mobile aura acquis dans le premier seul; le degré acquis dans les
trois premiers en sera le triple, le degré acquis dans les quatre
premiers en sera le quadruple.... Ainsi il ne paraît en rien contraire à la raison de supposer que l'accroissement de la vitesse se
fait comme celui du temps. On peut donc accepter la définition
suivante pour le mouvement dont nous allons traiter : j'appelle
mouvement également et uniformément accéléré celui qui,
partant du repos, reçoit des degrés égaux de vitesse (*momenta
celeritatis*) dans des temps égaux....

[*Sagredo* fait à cette définition l'objection suivante :]
J'imagine un mobile pesant descendant et partant du repos,
c'est-à-dire d'un état sans aucune vitesse; j'imagine qu'il entre en
mouvement et que sa vitesse croisse comme le temps à partir de
l'instant initial; il aura acquis, par exemple, en huit pulsations ([103]), 8 degrés de vitesse, dont 4 seulement l'auront été en
quatre pulsations, 2 dans deux, 1 dans une. Le temps étant divisible à l'infini, il s'ensuit que, en diminuant toujours dans le même
rapport la vitesse précédente, il n'y aura aucun degré de vitesse,

---

dente de soi que cette loi s'impose sans conteste comme plus simple que toutes
les autres. On verra plus loin (passage signalé par la note 108) que Galilée lui-
même a commencé par supposer que, dans le mouvement des graves, les vitesses
croissent comme les espaces parcourus.

([103]) Il s'agit de la durée du battement du pouls.

si petit qu'il soit, c'est-à-dire aucune lenteur, si grande soit-elle, qui ne se soit trouvée dans le mobile depuis la lenteur infinie, c'est-à-dire depuis le repos. Par conséquent, si la vitesse que le corps possède au bout de la quatrième pulsation est telle que, restant dès lors uniforme, elle lui fasse parcourir 2 milles en 1 heure, comme celle qu'il a au bout de la seconde pulsation correspondrait à 1 mille à l'heure, il faut dire que, à des instants de plus en plus voisins de la mise en mouvement, le mobile allait si lentement que, s'il avait continué à se mouvoir avec la même lenteur, il n'aurait parcouru 1 mille ni en 1 heure, ni en 1 jour, ni en 1 année, ni en 1000; il n'aurait même pas parcouru la longueur d'un empan dans un temps encore plus grand. Cette circonstance, à ce qu'il semble, peut assez mal s'imaginer, parce que nos sens nous montrent qu'un grave tombant atteint très vite une grande vitesse.

Salviati. — C'est là une des difficultés qui m'ont également donné à réfléchir au début. Mais je l'ai résolue peu après, et cela grâce précisément à l'expérience même qui l'a fait naître dans votre esprit. L'expérience montre, dites-vous, que, à peine parti du repos, le grave atteint une vitesse très notable; je dis, au contraire, que cette même expérience apprend que les premiers *impetus* ([104]) d'un corps qui tombe, même très lourd, sont très lents et très faibles. Posez un grave sur une matière qui cède, et lâchez-le jusqu'à ce qu'il presse autant qu'il le peut par sa simple gravité : il est manifeste que, si on l'élève d'une coudée ou de deux, et si on le laisse ensuite tomber sur la même matière, il produira, par la percussion, une nouvelle pression, supérieure à celle qu'il produisait d'abord par son simple poids; l'effet sera une combinaison du mobile ([105]) tombant et de la vitesse gagnée dans la chute, et il sera d'autant plus grand que la percussion proviendra d'une plus grande hauteur, c'est-à-dire que la vitesse de choc sera plus grande. Par conséquent, la vitesse d'un grave tombant peut, sans erreur, être estimée par la qualité et la quantité de la percussion. Mais dites-moi, Messieurs; soit une masse qui, tombant sur un pieu d'une hauteur de 4 coudées, le fiche en terre par exemple de 4 doigts; venant d'une hauteur de

---

([104]) J'emploie le mot latin *impetus* pour traduire l'italien *impeto.*

([105]) C'est-à-dire de la *grandeur du mobile,* de ce que nous appelons aujourd'hui la *masse.*

2 coudées, elle l'enfonce moins; elle l'enfonce moins encore en tombant d'une coudée et moins encore en tombant d'un empan; finalement, si elle tombe de la hauteur d'un doigt, que fera-t-elle de plus que si elle était posée sans choc? Assurément très peu de chose, et son action serait tout à fait imperceptible si on l'avait élevée à une hauteur égale à l'épaisseur d'une feuille. Et puisque l'effet du choc se règle d'après la vitesse du même corps choquant, qui doutera que cette vitesse est très faible, dont l'effet est imperceptible? On reconnaît là la force de la vérité, puisque cette même expérience, qui paraissait au premier abord démontrer une chose, mieux considérée assure du contraire. Mais sans avoir recours à une telle expérience (qui, sans doute, est très concluante), il me semble qu'il n'est pas difficile de pénétrer cette vérité par le simple raisonnement. Prenons une pierre lourde, soutenue en repos dans l'air; enlevons son support et mettons-la en liberté; comme elle est plus lourde que l'air, elle descend vers le bas, non pas d'un mouvement uniforme, mais d'abord lentement et en accélérant continuellement sa marche ensuite. La vitesse pouvant être augmentée ou diminuée à l'infini, quelle raison me persuadera que ce mobile, partant d'une lenteur infinie (c'est le repos), atteint immédiatement une vitesse de 10 degrés plutôt qu'une de 4, qu'une de 2, qu'une d'un, qu'une d'un demi, qu'une d'un centième de degré, et ainsi de suite à l'infini. Écoutez, je vous prie. Je ne crois pas que vous refusiez de me concéder que l'acquisition des degrés de vitesse par une pierre tombant, et partant du repos, peut se faire de la même manière que la diminution et la perte de ces mêmes degrés quand, sous l'action d'une impulsion, la pierre est lancée en haut à la même hauteur. Or, dans ce dernier cas, il ne me semble pas qu'on puisse douter que, dans la diminution, la vitesse de la pierre montant, qui va s'éteindre entièrement, ne pourra pas parvenir à l'état de repos sans passer par tous les degrés de lenteur.

Simplicio. — Mais s'il y a une infinité de degrés de lenteur de plus en plus grands, jamais ils ne seront épuisés complètement; par conséquent le mobile ascendant n'atteindra jamais le repos, mais il se mouvra indéfiniment en ralentissant sans cesse, chose qu'on ne voit pas se produire.

Salviati. — Cela arriverait, signor Simplicio, si le mobile se tenait pendant quelque temps à chaque degré de vitesse; mais il ne fait qu'y passer sans s'attarder plus d'un instant ; et, comme tout espace de temps, si petit qu'il soit, contient une infinité d'instants, il y en a assez pour correspondre à l'infinité des degrés de la vitesse décroissante. Que le grave ascendant ne conserve pas pendant un temps fini le même degré de vitesse, cela se voit comme suit. S'il y avait un espace de temps au premier et au dernier instant duquel le mobile se trouvât avoir le même degré de vitesse, il pourrait, avec ce second degré, être élevé de la même hauteur qu'il a franchie en passant du premier au second ; il passerait de même du second au troisième, et, finalement, il continuerait son mouvement uniforme à l'infini (^{106}).

[Segredo et Simplicio discutent quelque temps sur l'accélération des graves montant ou descendant, conçue comme résultant de la superposition des actions de la pesanteur et de l'impulsion primitivement donnée, cette dernière allant progressivement en s'affaiblissant. Mais Salviati reprend.]

Salviati. — Il ne me paraît pas opportun de rechercher, pour le moment, quelle est la cause de l'accélération du mouvement naturel. Sur ce sujet, des opinions diverses ont été émises par divers philosophes ; les uns l'ont attribuée au rapprochement du centre, les autres au fait qu'il reste, à mesure que le corps avance, une épaisseur de moins en moins grande du milieu à traverser, d'autres à une certaine impulsion du milieu ambiant qui, en se reconstituant derrière le mobile, le pousse et le fait avancer continuellement (^{107}). Ces suppositions (*fantasie*) et d'autres encore auraient besoin d'être examinées et il serait peu profitable de la faire. Pour le moment, il suffit à notre auteur que nous entendions qu'il veut rechercher et démontrer quelques propriétés d'un mouvement accéléré (quelle que soit la cause de son accélération) dans lequel les valeurs (*momenti*) de la vitesse croissent depuis le départ du repos dans la proportion très simple où croît le temps,

---

(^{106}) On voit apparaître, dans ce raisonnement, la première idée de ce que Robin a appelé le *principe d'inhérédité.* On admet que l'état futur du Monde ne dépend que de son état actuel et de ses vitesses actuelles, c'est-à-dire de l'état immédiatement antérieur. En langage mathématique, les lois de la Mécanique s'expriment, quand on prend pour fonctions inconnues les coordonnées des points et pour variable le temps, par des équations différentielles du second ordre (*voir* notes 98 et 185).

(^{107}) Nous avons parlé de ces diverses explications au début du paragraphe 1 du présent Chapitre.

c'est-à-dire dans lequel des temps égaux apportent des accroissements égaux de vitesse. Et s'il arrive que les circonstances qui seront démontrées se rencontrent dans la descente et l'accélération naturelles des graves, nous pourrons affirmer que la définition choisie s'applique au mouvement des graves et que leur accélération croît comme le temps et la durée du mouvement.

Sagredo. — Autant que je comprends, il me paraît que nous aurions pu, avec une clarté peut-être plus grande et sans changer notre conception, poser la définition suivante : « Le mouvement uniformément accéléré est celui où la vitesse croît comme l'espace parcouru; ainsi, par exemple, le degré de vitesse acquis par le mobile dans une chute de 4 coudées est double de celui qui est acquis dans une chute de 2 coudées; ce dernier est double de celui qui est acquis dans le parcours de la première coudée. »....

Salviati. — C'est une consolation pour moi que d'avoir un tel compagnon d'erreur. Et je puis vous dire que votre raisonnement a tant de vraisemblance et de probabilité que notre auteur lui-même m'a avoué, quand je le lui ai présenté, être resté quelque temps dans la même erreur.... Mais cette affirmation est fausse et impossible, autant qu'il l'est qu'un mouvement soit instantané. En voici une démonstration très claire. Si les vitesses sont dans le même rapport que les espaces parcourus ou à parcourir, les espaces seront parcourus dans des temps égaux. Si donc les vitesses avec lesquelles le grave a parcouru l'espace de 4 coudées ont été doubles de celles avec lesquelles il a parcouru les deux premières coudées (comme sont doubles les espaces), les durées de parcours ont été égales; mais que le même mobile parcoure les 4 ou les 2 coudées dans le même temps, cela ne peut avoir lieu que si le mouvement est instantané. Or nous voyons que la chute d'un grave dure un certain temps, et qu'il parcourt les deux premières coudées en moins de temps que les quatre. Il est donc faux que sa vitesse croisse comme l'espace ([108])....

([108]) Cette intégration de Galilée n'est pas très exacte. Elle contient néanmoins quelque vérité. Si les vitesses $\frac{ds}{dt}$ croissaient comme les espaces s, on aurait $\frac{ds}{dt} = ks$, d'où $s = s_0 e^{kt}$; il faudrait, pour qu'il y ait réellement mouvement, que, pour $t = 0$, s ne fût pas nul, ce qui est contraire à l'hypothèse, à moins d'admettre que, dans le premier instant, le mobile parcourt instantanément la longueur s_0.

Sagredo. — Reprenant le fil de notre discours, il me semble que nous avons fermement établi la définition du mouvement uniformément accéléré, dont traite ce qui suit : « On appelle *mouvement également et uniformément accéléré* celui qui, partant du repos, acquiert dans des temps égaux des moments [*momenta* (latin)] égaux de vitesse. »

Salviati. — Cette définition posée, l'auteur postule et admet pour vrai un seul principe.

« J'admets que les degrés de vitesse acquis par le même mobile sur des plans diversement inclinés sont égaux lorsque les hauteurs des plans le sont. »

L'auteur appelle *hauteur d'un plan incliné* la perpendiculaire abaissée de l'extrémité supérieure du plan sur l'horizontale menée par l'extrémité inférieure. Si, par exemple, la ligne AB est paral-

Fig. 45.

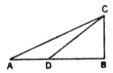

lèle à l'horizon et si, sur elle, sont inclinés les deux plans CA, CD, l'auteur donne à la perpendiculaire CB, tombant sur l'horizontale BA, le nom de *hauteur des plans* CA, CD et il suppose que, le même mobile descendant sur les plans inclinés CA, CD, les degrés de vitesse acquis par lui aux extrémités A, D sont égaux, parce que la hauteur des plans est la même CB. Et il faut entendre aussi que ce serait ce même degré de vitesse que le même mobile tombant du point C aurait en B.

Sagredo. — Vraiment, il me paraît qu'une telle hypothèse a tant de probabilité qu'elle mérite d'être accordée sans controverse, étant entendu toujours que tous les empêchements accidentels et extérieurs sont écartés, que les plans sont bien solides et polis, que le mobile est parfaitement rond, de sorte que plan et mobile ne présentent pas de rugosité. Tous ces obstacles, tous ces empêchements étant écartés, les lumières naturelles me montrent sans difficulté qu'une balle pesante et parfaitement ronde descendant par les lignes CA, CD, CB arrivera aux extrémités A, D, B avec des *impetus* égaux.

J.-I.

Salviati. — Vous trouvez cela très probable ; mais, ajoutant à la vraisemblance, je veux, par une expérience, accroître tellement cette probabilité qu'il s'en faudra de bien peu que la chose ne soit démontrée. Imaginez que cette feuille soit un mur vertical, qu'un clou y soit planté auquel soit suspendue une balle de plomb, d'une once ou deux, par un fil AB long de deux ou trois coudées et perpendiculaire à l'horizon. Traçons sur le mur une horizontale CD coupant d'équerre le fil AB, lequel est à une distance d'environ

Fig. 46.

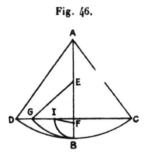

deux doigts du mur. Écartons le fil AB et la balle dans la position AC et lâchons la balle. Nous verrons celle-ci descendre en décrivant l'arc CB et dépasser l'extrémité B de telle sorte qu'elle remontera, suivant BD, à peu près jusqu'à la ligne tracée CD ; il s'en faudra toutefois d'un petit intervalle qu'elle n'y arrive, circonstance due précisément à la résistance de l'air et du fil. De là nous pouvons conclure, en toute vérité, que l'*impetus* acquis par la balle au point B dans sa descente le long de l'arc CB est tel qu'il suffit à la faire remonter, le long d'un arc identique BD, à la même altitude. Cette expérience faite et refaite, fixons dans le mur, tout contre la verticale AB, en E, par exemple, ou en F, un clou qui fasse saillie de cinq ou six doigts ; le fil AC tournant comme tout à l'heure, la balle décrira l'arc CB ; quand elle arrivera en B, le fil accrochera le clou E et la balle sera obligée de parcourir la circonférence BG décrite de E comme centre ; nous verrons alors ce que pourra produire le même *impetus* qui, acquis à l'extrémité B, peut remonter le mobile suivant l'arc BD jusqu'à la hauteur de l'horizontale CD. Eh bien, messieurs, vous verrez avec plaisir la balle atteindre l'horizontale au point G ; la même chose arriverait si le clou était planté plus bas, en F par exemple ; la balle décrirait alors l'arc BI et terminerait toujours son ascension à la ligne CD, et si le clou était trop bas pour que la longueur du fil permît à la balle d'atteindre la hauteur de CD (cela arriverait si le clou était plus près de B que de CD), le fil s'enroulerait autour du clou. Cette expérience ne permet pas de douter de la vérité du principe supposé. Les deux arcs CB, DB étant égaux et semblablement placés, le moment (*momento*) acquis dans la descente sur CB est le même que celui qui serait acquis suivant DB; mais le moment acquis en B suivant CB est capable de remonter le même mobile suivant BD; donc le moment acquis suivant DB est égal à celui qui remonterait le même mobile le long du même arc de B en D, de sorte que, d'une manière générale, le moment acquis dans la chute suivant un arc quelconque est égal à celui qui peut faire rebondir le même mobile le long du même arc. Mais tous les moments qui font rebondir le mobile le long de tous les arcs BD, BG, BI sont égaux puisqu'ils sont faits du moment acquis dans la descente CB, comme le montre l'expérience. Donc tous les moments acquis en descendant suivant les arcs DB, GB, IB sont égaux.

Sagredo. — Ce raisonnement me paraît concluant et l'expérience est si bien accommodée à la vérification du postulat que celui-ci mérite d'être admis comme s'il était démontré.

Salviati. — Je ne veux pas, Sr Sagredo, que nous supposions ici plus que nous ne le devions; d'autant plus que le postulat admis va nous servir principalement dans les mouvements se faisant sur des surfaces planes et non sur des surfaces courbes, sur lesquelles l'accélération se fait d'une manière très différente de celle que nous supposons sur les plans. Si l'expérience précédente nous montre que la chute le long de l'arc CB confère au mobile un moment tel qu'il remonte ensuite à la même hauteur par l'un quelconque des arcs BD, BG, BI, nous ne pouvons pas montrer avec la même évidence que la même chose arrivera quand une balle parfaite descendra le long de plans inclinés tracés suivant la corde de ces mêmes arcs; au contraire, il est croyable que, les plans formant un angle au point B, la balle, descendue le long de la corde CB, rencontrant un obstacle à l'arrivée sur les plans qui remontent suivant les cordes BD, BG, BI, perdra, dans le rebondissement, une partie de son *impetus* et ne pourra pas remonter à là hauteur de la ligne CD. Mais, l'obstacle enlevé qui nuit à l'expérience, il me paraît bien que l'esprit continue à concevoir que l'*impetus* (lequel en effet renferme la force de toute la chute) serait capable de remonter le mobile à la même hauteur. Prenons donc pour le moment cette affirmation comme un postulat. Sa vérité absolue sera établie ultérieurement quand nous verrons les conclusions assises sur cette hypothèse être ponctuellement conformes à l'expérience. L'auteur, ayant admis ce seul principe, passe aux propositions complètement démontrées.

[Ces propositions sont les principales propriétés du mouvement uniformément accéléré : la proportionnalité des espaces aux carrés des temps, le fait que les espaces parcourus dans des temps égaux successifs croissent comme les nombres impairs. Elles constituent les propositions I et II du Traité] ([100]).

Simplicio. — Je suis assez bien convaincu que les choses se passeront de la sorte, une fois posée et reçue la définition du mouvement uniformément accéléré. Mais que telle soit l'accélération dont use la nature dans la chute des graves, c'est un point sur lequel je conserve des doutes; pour mon intelligence et pour celle de bien d'autres qui me ressemblent, il me paraît qu'il serait opportun ici d'indiquer une de ces expériences qui, a-t-on dit, sont nombreuses et qui, dans des cas divers, s'accordent avec les conclusions démontrées.

Salviati. — Vous faites là, en homme de science, une demande bien raisonnable et conforme à la coutume et aux convenances des sciences qui appliquent les démonstrations mathématiques à des conclusions concernant la nature (c'est le cas, par exemple, de la Perspective, de l'Astronomie, de la Mécanique, de la Musique, etc.); les auteurs y demandent à l'accord avec l'expérience la confirmation de leurs principes, qui sont le fondement de toute la construction ultérieure .... Aussi notre auteur n'a-t-il pas négligé de recourir à l'expérience ....

Dans l'épaisseur d'une règle, c'est-à-dire d'une planche de bois longue de 12 coudées environ, large d'une demi-coudée et épaisse de 3 doigts, était creusé un canal large d'un peu plus d'un doigt. Il était tracé très droit et, pour qu'il fût bien poli et bien lisse, il était recouvert intérieurement d'une feuille de parchemin aussi

---

([100]) Naturellement. le postulat qui vient d'être énoncé n'intervient pas encore dans ces démonstrations.

lustrée que possible. On faisait descendre dans le canal une bille de bronze très dur, bien ronde et bien polie. La règle, faite comme on vient de le dire, avait une de ses extrémités élevée d'une coudée ou deux, arbitrairement, au-dessus du plan horizontal. On laissait descendre, comme je l'ai dit, la bille par le canal et l'on notait, de la manière que je vais dire, la durée de toute la course ; on répétait le même essai de nombreuses fois pour bien s'assurer de la valeur de cette durée, et, dans cette répétition, on n'a jamais trouvé de différence supérieure au dixième d'une pulsation. Cette opération faite et établie avec précision, nous fîmes descendre la même bille sur le quart seulement de la longueur du canal ; la durée de la chute, mesurée, se trouva toujours rigoureusement égale à la moitié de l'autre.

.... L'expérience ayant bien été répétée cent fois, toujours les espaces parcourus se sont trouvés dans le rapport des carrés des temps, et cela quelle que fût l'inclinaison du plan, c'est-à-dire du canal où descendait la bille. Nous avons observé aussi que les durées de chute sur des plans diversement inclinés étaient dans la proportion que leur assignaient les démonstrations de notre auteur ([110]). Pour ce qui est de la mesure du temps, un grand seau plein d'eau était suspendu en l'air ; un petit orifice percé dans son fond laissait échapper un petit filet d'eau que l'on recevait dans un petit vase pendant tout le temps de la descente de la bille le long du canal ou de ses parties ; les quantités d'eau ainsi recueillies étaient pesées sur une balance très exacte ; les différences et les rapports de leurs poids donnaient les différences et les rapports des temps et cela avec une telle justesse que, comme je l'ai dit, ces opérations maintes et maintes fois répétées n'ont jamais donné une différence notable.

....

L'Ouvrage. — *Scholie.* — On doit entendre que ce qui a été démontré pour les chemins parcourus sur la verticale est encore vrai sur des plans d'inclinaison quelconque. En effet, on a supposé que, sur de tels plans, le degré d'accélération suit la même loi, qui est celle de la croissance du temps, c'est-à-dire celle de la suite des nombres entiers ([111]).

_____

([110]) Démonstrations rapportées dans ce qui va suivre.

([111]) Ainsi Galilée ne se sert pas de son postulat pour démontrer que la chute sur les plans inclinés est uniformément accélérée : il l'admet. Il pourrait cependant faire une démonstration. Le lecteur la fera facilement.

(lequel en effet renferme la force de toute la chute) serait capable
de remonter le mobile à la même hauteur. Prenons donc pour le
moment cette affirmation comme un postulat. Sa vérité absolue
sera établie ultérieurement quand nous verrons les conclusions
assises sur cette hypothèse être ponctuellement conformes à
l'expérience. L'auteur, ayant admis ce seul principe, passe aux
propositions complètement démontrées.

[Ces propositions sont les principales propriétés du mouvement
uniformément accéléré : la proportionnalité des espaces aux carrés
des temps, le fait que les espaces parcourus dans des temps égaux
successifs croissent comme les nombres impairs. Elles constituent
les propositions I et II du Traité] ([100]).

Simplicio. — Je suis assez bien convaincu que les choses se
passeront de la sorte, une fois posée et reçue la définition du mouvement uniformément accéléré. Mais que telle soit l'accélération
dont use la nature dans la chute des graves, c'est un point sur
lequel je conserve des doutes; pour mon intelligence et pour celle
de bien d'autres qui me ressemblent, il me paraît qu'il serait
opportun ici d'indiquer une de ces expériences qui, a-t-on dit,
sont nombreuses et qui, dans des cas divers, s'accordent avec les
conclusions démontrées.

Salviati. — Vous faites là, en homme de science, une demande
bien raisonnable et conforme à la coutume et aux convenances
des sciences qui appliquent les démonstrations mathématiques à
des conclusions concernant la nature (c'est le cas, par exemple,
de la Perspective, de l'Astronomie, de la Mécanique, de la Musique, etc.); les auteurs y demandent à l'accord avec l'expérience
la confirmation de leurs principes, qui sont le fondement de toute
la construction ultérieure .... Aussi notre auteur n'a-t-il pas
négligé de recourir à l'expérience ....

Dans l'épaisseur d'une règle, c'est-à-dire d'une planche de bois
longue de 12 coudées environ, large d'une demi-coudée et épaisse
de 3 doigts, était creusé un canal large d'un peu plus d'un doigt.
Il était tracé très droit et, pour qu'il fût bien poli et bien lisse,
il était recouvert intérieurement d'une feuille de parchemin aussi

---

([100]) Naturellement. le postulat qui vient d'être énoncé n'intervient pas encore
dans ces démonstrations.

Inclinons-la ensuite diversement sur l'horizon comme en AD, AE, AF, etc. Je dis que l'*impetus* maximum et total du grave pour descendre a lieu sur la verticale BA, qu'il est moindre sur DA, moindre encore sur EA, qu'il va encore en diminuant quand on passe à la ligne la plus inclinée FA, et que finalement il est com-

Fig. 47.

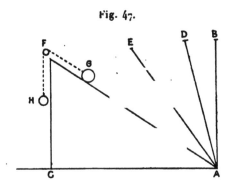

plètement anéanti sur l'horizontale CA, où le mobile se trouve indifférent au mouvement et au repos et ne présente de lui-même aucune tendance à se mouvoir d'aucun côté ni aucune résistance a être mis en mouvement (¹¹⁵). En effet, de même qu'il est impossible qu'un grave ou un ensemble de graves se meuve naturellement vers le haut en s'éloignant du centre commun où tendent les choses pesantes, de même il est impossible qu'il se meuve spontanément si, dans son mouvement, son centre de gravité ne se rapproche pas du centre commun ; donc, sur l'horizontale, qui s'étend sur une surface également distante dudit centre et qui est sans inclinaison, l'*impetus* ou le moment du mobile sera nul. Étant instruits de ce changement d'*impetus*, il faut maintenant que j'explique ce que notre académicien a jadis, dans un ancien Traité de Mécanique (¹¹⁶), composé à Padoue pour le seul usage de ses élèves, longuement et complètement prouvé à propos de l'origine et de la nature du merveilleux instrument de la vis. Pour savoir dans quelle proportion se fait ce changement d'*impetus* sur des plans diversement inclinés, par exemple sur AF, menons la hauteur de ce plan au-dessus de l'horizon, c'est-à-dire la ligne FC suivant laquelle l'*impetus* d'un grave et son moment de descente (*momento del discendere*) sont maxima, et cherchons

---

(¹¹⁵) Voir *Les Méchaniques*, note 44.
(¹¹⁶) *Voir* note 113. Il s'agit des *Méchaniques*, citées dans le Livre I.

dans quel rapport est ce moment avec le moment du même mobile
sur la ligne inclinée FA. Je dis que ce rapport est le rapport
inverse desdites longueurs, et c'est là le lemme qui doit précéder
le théorème que j'espère ensuite pouvoir démontrer. Manifestement, aussi grand est l'*impetus* de descente d'un grave, aussi
grande est la résistance ou la force minima qui suffit à l'empêcher
ou à l'arrêter; pour mesurer cette force, cette résistance, je me
servirai de la gravité d'un autre mobile. Imaginons que sur le
plan FA repose un mobile G attaché à un fil qui passe sur F et
supporte un poids H, et considérons que la chute de H, ou son
élévation sur la verticale, est toujours égale à toute l'élévation ou
à toute la chute de G le long du plan incliné AF, mais non pas à
l'élévation ou à la chute verticale, la seule dans laquelle le mobile G
(ou tout autre mobile) exerce sa résistance, comme il est évident.
Dans le triangle AFC, le mouvement du mobile G, par exemple
vers le haut de A en F, est composé du mouvement transversal et
horizontal AC, et du mouvement vertical CF; or, pour ce qui est
du déplacement horizontal, la résistance au mouvement est nulle,
comme on l'a dit, parce que ce déplacement ne produit aucune
diminution ni aucune augmentation de la distance au centre des
choses pesantes, distance qui, sur une horizontale, se conserve
toujours la même; par conséquent il reste que la résistance est
due seulement au fait que le mobile doit gravir la verticale CF.
Puis donc que le grave G, se mouvant de A en F, résiste seulement du fait de l'élévation verticale CF, mais que l'autre grave H
descend suivant la verticale nécessairement de toute la longueur FA, et puisque le rapport entre l'ascension et la descente
reste toujours le même, que le mouvement des mobiles soit grand
ou petit (ils sont en effet réunis ensemble), nous pouvons affirmer
que, quand il y aura équilibre, c'est-à-dire repos des mobiles, les
moments, les vitesses, ou leurs tendances au mouvement, c'est-
à-dire les espaces qu'ils parcourraient dans le même temps, devront
être en raison inverse de leurs gravités, conformément à la loi qui
se démontre dans tous les cas de mouvements mécaniques ([117]).
Par suite, il suffira, pour empêcher la chute de G, que H soit
d'autant moins lourd par rapport à lui que l'espace CF est
moindre par rapport à l'espace FA. Donc les graves G et H étant
entre eux comme FA à FC, il s'ensuivra que l'équilibre aura lieu

---

([117]) Voir *Les Méchaniques*, Liv. I, Chap. I, § 4.

c'est-à-dire que les graves H, G auront des moments égaux et que leur mouvement cessera. Et puisque nous sommes convenus que, pour un mobile, l'*impetus*, l'énergie, le moment ou la propension au mouvement a la grandeur de la force ou résistance minima qui suffit à le tenir fixe, nous conclurons que le grave H est suffisant pour empêcher le mouvement du grave G; donc le poids le plus petit H, qui exerce son moment total sur la verticale FC, sera la mesure précise du moment partiel que le plus grand poids G exerce sur le plan incliné FA; mais la mesure du moment total du même grave G est lui-même (puisque pour empêcher la chute verticale d'un grave il faut l'action contraire d'un grave égal qui soit cependant libre de se mouvoir verticalement). Donc l'*impetus* ou le moment partiel de G sur le plan incliné FA est à l'*impetus* maximum et total du même G sur la verticale FC comme le poids H au poids G, c'est-à-dire, par la construction, comme la hauteur FC du plan est au plan FA. C'est là le lemme que nous nous proposions de démontrer.

Sagredo. — De ce que Votre Seigneurie a démontré jusqu'ici, il me paraît qu'on peut facilement déduire, en raisonnant sur des proportions inverses, que les mouvements du même mobile sur des plans diversement inclinés, comme FA, FI, et ayant la même hauteur, sont entre eux dans le rapport inverse des longueurs des plans.

Salviati. — La conclusion est très exacte. Cela posé, je passe à la démonstration du théorème qui énonce que :

Les degrés de vitesse d'un mobile descendant, par un mouvement naturel, de la même hauteur, sur des plans inclinés d'une manière quelconque sont toujours égaux à l'arrivée sur une même horizontale, quand tous les obstacles sont écartés.

Il faut, ici, faire d'abord la remarque suivante : il a été établi que, sur un plan incliné quelconque, la vitesse ou la quantité d'*impetus* d'un mobile partant du repos croît comme le temps (c'est la définition donnée par notre auteur pour le mouvement naturellement accéléré); donc, comme cela a été démontré dans la proposition précédente, les espaces parcourus sont en raison doublée des temps et, par suite, des degrés de vitesse; tels furent les *impetus* dans le premier mouvement, tels seront proportionnellement les degrés de vitesse acquis dans le même temps.

dans quel rapport est ce moment avec le moment du même mobile
sur la ligne inclinée FA. Je dis que ce rapport est le rapport
inverse desdites longueurs, et c'est là le lemme qui doit précéder
le théorème que j'espère ensuite pouvoir démontrer. Manifestement, aussi grand est l'*impetus* de descente d'un grave, aussi
grande est la résistance ou la force minima qui suffit à l'empêcher
ou à l'arrêter ; pour mesurer cette force, cette résistance, je me
servirai de la gravité d'un autre mobile. Imaginons que sur le
plan FA repose un mobile G attaché à un fil qui passe sur F et
supporte un poids H, et considérons que la chute de H, ou son
élévation sur la verticale, est toujours égale à toute l'élévation ou
à toute la chute de G le long du plan incliné AF, mais non pas à
l'élévation ou à la chute verticale, la seule dans laquelle le mobile G
(ou tout autre mobile) exerce sa résistance, comme il est évident.
Dans le triangle AFC, le mouvement du mobile G, par exemple
vers le haut de A en F, est composé du mouvement transversal et
horizontal AC, et du mouvement vertical CF ; or, pour ce qui est
du déplacement horizontal, la résistance au mouvement est nulle,
comme on l'a dit, parce que ce déplacement ne produit aucune
diminution ni aucune augmentation de la distance au centre des
choses pesantes, distance qui, sur une horizontale, se conserve
toujours la même ; par conséquent il reste que la résistance est
due seulement au fait que le mobile doit gravir la verticale CF.
Puis donc que le grave G, se mouvant de A en F, résiste seulement du fait de l'élévation verticale CF, mais que l'autre grave H
descend suivant la verticale nécessairement de toute la longueur FA, et puisque le rapport entre l'ascension et la descente
reste toujours le même, que le mouvement des mobiles soit grand
ou petit (ils sont en effet réunis ensemble), nous pouvons affirmer
que, quand il y aura équilibre, c'est-à-dire repos des mobiles, les
moments, les vitesses, ou leurs tendances au mouvement, c'est-
à-dire les espaces qu'ils parcourraient dans le même temps, devront
être en raison inverse de leurs gravités, conformément à la loi qui
se démontre dans tous les cas de mouvements mécaniques ([117]).
Par suite, il suffira, pour empêcher la chute de G, que H soit
d'autant moins lourd par rapport à lui que l'espace CF est
moindre par rapport à l'espace FA. Donc les graves G et H étant
entre eux comme FA à FC, il s'ensuivra que l'équilibre aura lieu

---

([117]) Voir *Les Méchaniques*, Liv. I, Chap. I, § 4.

vitesse en B est au même degré de vitesse en D comme le temps correspondant à AB au temps correspondant à AD (par la définition du mouvement accéléré), et le temps correspondant à AB est au temps correspondant à AD comme AC, moyenne proportionnelle entre BA et AD, est à AD (par le dernier corollaire de la seconde proposition) [120]. Donc les degrés de vitesse en B et en C ont avec le degré de vitesse en D le même rapport, celui de AC à AD; ils sont donc égaux : ce qu'il fallait démontrer....

Reprenons la lecture du texte [121].

THÉORÈME III. — PROPOSITION III. — *Si, sur un plan incliné et sur une verticale dont la hauteur est la même, le même mobile descend en partant du repos, les durées de chute seront entre elles comme les longueurs du plan et de la verticale.*

Soient un plan incliné AC et une verticale AB, dont la hauteur au-dessus de l'horizon CB est la même BA. Je dis que, pour un même mobile, les durées de chute sur le plan AC et sur la verticale AB ont le même rapport que la longueur du plan et la longueur de la verticale AB. Concevons, en effet, autant d'horizontales DG, EI, FL que nous voudrons. Par notre hypothèse, les degrés de vitesse acquis aux points G, D par le mobile parti de A sont égaux, puisque les accès vers l'horizon le sont; de même

Fig. 49.

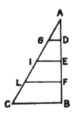

en I, E, et en L, F. Si l'on ne trace pas uniquement ces horizontales, mais si l'on en mène de tous les points de la ligne AB jusqu'à la ligne AC, il faut concevoir que les moments, c'est-à-dire les degrés de vitesse aux deux extrémités d'une même horizontale seront toujours égaux entre eux. Les deux espaces AC, AB sont

---

[120] Nous n'avons pas cité la démonstration de cette propriété. Le lecteur y suppléera facilement.

[121] Ici cesse l'addition de l'édition de Bologne.

donc parcourus avec les mêmes degrés de vitesse. Mais il a été
démontré que, si deux espaces sont parcourus par un mobile animé
des mêmes degrés de vitesse, les durées de trajet sont dans le rapport des espaces. Donc la durée du parcours AC est à celle du parcours AB comme la longueur du plan AC à la longueur de la verticale AB.   c. q. f. d.

[Suit une série de théorèmes touchant la chute des corps sur des
plans diversement inclinés.]

QUATRIÈME JOURNÉE. — DU MOUVEMENT DES PROJECTILES.

. . . .

L'Ouvrage. — J'imagine un mobile lancé sur un plan horizontal,
tout obstacle étant écarté. On sait, par ce qui a été dit ailleurs,
que son mouvement restera indéfiniment uniforme sur le plan si
celui-ci s'étend à l'infini ([122]). Mais si le plan est limité et s'il est
installé en l'air, lorsque le mobile, que nous supposons soumis à
la gravité, dépassera son extrémité, il ajoutera à son premier mouvement uniforme et indestructible la propension qu'il a vers le bas
du fait de sa gravité; de là naîtra un mouvement composé du mouvement horizontal et du mouvement naturellement accéléré de
descente. J'appelle ce mouvement *projection*....

THÉORÈME I. — PROPOSITION I. — *Le projectile animé du mouvement composé du mouvement uniforme horizontal et du
mouvement naturellement accéléré de descente décrit une
demi-parabole*....

Soit une horizontale ou un plan horizontal AB placé en l'air et
le long duquel un corps se meut de A en B d'un mouvement uniforme. En B, l'appui du plan manquant, le corps, en vertu de son
poids, est entraîné par sa gravité dans un mouvement naturel suivant la verticale BN et vers le bas. Prolongeons AB par la ligne BE
qui nous servira à mesurer le cours du temps; marquons sur BE
des durées égales BC, CD, DE et par les points C, D, E menons
des parallèles à BN; prenons, sur la première de ces parallèles,
une longueur quelconque CI, sur la suivante une longueur quadruple DF, sur la troisième une longueur neuf fois plus grande EH,
et ainsi de suite, les longueurs successives croissant comme les

─────────────────────────────

([122]) C'est une extension de ce qui a été dit dans le passage signalé par la
note 115.

carrés de CB, DB, EB, ou, comme on dit, en raison doublée de ces lignes. Imaginons qu'au déplacement du mobile porté de B en C par le mouvement uniforme nous ajoutions sa descente verticale

Fig. 5o.

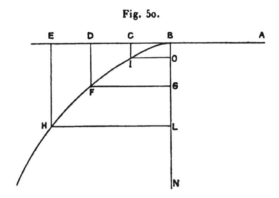

suivant la longueur CI; au temps BC, le corps se trouvera en I; au temps BD = 2BC, la hauteur de chute sera égale à 4CI, car il a été prouvé, dans le premier Traité, que dans le mouvement naturellement accéléré, les espaces sont comme les carrés des temps; de même l'espace EH parcouru dans le temps BE sera neuf fois CI; de sorte que les espaces EH, DF, CI sont entre eux comme les carrés des lignes EB, DB, CB... Les points I, F, H sont donc sur une parabole....

Sagredo. — On ne peut nier que ce raisonnement ne soit neuf, ingénieux et concluant. Il repose sur la supposition suivante : le mouvement transversal se maintient toujours uniforme; pareillement le mouvement naturel de descente conserve toujours sa propriété de se faire en s'accélérant selon la raison doublée des temps; et ces mouvements et leurs vitesses, en se mélangeant, ne s'altèrent, ni ne se troublent, ni ne s'empêchent mutuellement ([133]), si bien que finalement la trajectoire du projectile ne

---

([133]) C'est le principe de la composition des mouvements ou de l'indépendance des effets des forces. Comparez avec le passage de Descartes, relatif à la réflexion, note 93. Galilée voit mieux que Descartes le caractère non nécessaire de ce principe.

On remarquera que Galilée n'a traité du mouvement des projectiles que lorsque la vitesse initiale est horizontale. Certains auteurs, comme M. Wohlwill, estiment que, dans sa pensée, la composition du mouvement vertical des graves avec un mouvement de projection non horizontal n'aurait pas été légitime, ces deux mouvement n'étant pas suffisamment indépendants l'un de l'autre. Avec l'idée cartésienne de la persistance indéfinie de tout mouvement, il était naturel de com-

changera pas de nature quand le mouvement se continuera. Or, cette conclusion me paraît impossible. En effet, l'axe de notre parabole…, étant vertical, va se terminer au centre de la Terre; la parabole s'éloignant toujours de son axe, le projectile n'ira jamais au centre de la Terre, ou, s'il y arrive, comme cela paraît nécessaire, la trajectoire se transformera en une autre, très différente de la forme parabolique.

[A cette objection, Simplicio ajoute les suivantes : 1° l'auteur a tort de supposer, dans sa démonstration, que toutes les verticales sont parallèles, alors qu'elles concourent au centre de la Terre; 2° il a tort de faire abstraction de la résistance du milieu.

Salviati répond que toutes ces objections sont fondées, mais qu'il est permis de les écarter dans une première approximation. La distance du centre de la Terre est assez grande par rapport aux portées des projectiles pour qu'on puisse considérer toutes les verticales comme à peu près parallèles, bien que, en toute rigueur, la forme de la trajectoire doive différer de la forme parabolique pour, finalement, passer par le centre la Terre ([124]).

Quant à la résistance de l'air, elle a certainement une influence, mais une influence très variable avec la forme, la vitesse, le poids du mobile. Pour en tenir compte scientifiquement, il convient d'en faire d'abord abstraction, puis de n'utiliser les résultats obtenus à la faveur de cette abstraction que dans les limites qu'assignera l'expérience. D'ailleurs l'expérience montre que la résistance de l'air n'est pas très considérable sur les projectiles ordinaires. En faisant tomber une boule de bois et une boule de plomb d'une hauteur de 200 coudées, Salviati a remarqué que celle de bois, sur laquelle l'air devait cependant avoir plus d'action, n'était pas sensiblement retardée par rapport à celle de plomb : or les vitesses atteintes dans une telle chute étaient plus fortes que celles qui se rencontrent dans le tir des projectiles (les armes à feu mises à part). D'autre part, il a fait osciller au bout de pendules de longueurs égales deux sphères de plomb; l'une faisait de grandes oscillations (sa vitesse était donc grande); l'autre en faisait de très petites : ces oscillations se faisaient presque exactement dans le même

poser, à la manière de Galilée, le mouvement de descente des graves avec une projection quelconque, horizontale ou oblique. C'est ce que Gassendi a fait le premier dans les écrits cités à la fin du paragraphe 1. Il y avait là, en somme, une généralisation de l'idée d'accumulation des *impetus*.

([124]) *Voir* le Traité des *Méchaniques*, note 35.

temps, malgré la différence que la différence des vitesses devait apporter dans l'action de l'air, si elle était notable. Il faut d'ailleurs mettre à part les projectiles lancés par des armes à feu : pour ceux-là les vitesses sont telles que la résistance de l'air ne peut-être négligée et la trajectoire parabolique est modifiée.]

§ 3. — Commentaires.

Les citations qui précèdent montrent bien la différence d'esprit de Descartes et de Galilée.

Galilée est un observateur de la nature beaucoup plus attentif et beaucoup plus scrupuleux que Descartes. S'attaquant à des problèmes particuliers, bien déterminés, il les étudie à fond par une analyse admirable et c'est ainsi, par des exemples précis, qu'il met en lumière les idées fondamentales. A l'originalité des conceptions, il joint la prudence de la méthode. Aussi va-t-il en progressant sans cesse; et l'addition, faite dans sa vieillesse, à l'édition de Bologne apporte encore des éléments nouveaux et importants dans la Mécanique.

Descartes, abandonnant plus tôt que Galilée les enseignements de la nature pour s'en rapporter à sa raison, a l'esprit plus généralisateur. Son véritable mérite, a dit excellemment M. Mach, est « d'avoir, le premier, recherché en Mécanique un point de vue plus général et plus fécond; c'est d'ailleurs en cela que consiste le travail spécial des philosophes et c'est là qu'il faut chercher la raison de leur influence fécondante et stimulante » ([125]).

Que l'on compare, par exemple, la manière dont Galilée et Descartes présentent le principe de l'inertie : Galilée le fait entrevoir comme l'aboutissant de remarques faites sur le plan incliné (*voir* les notes 44, 115 et 122); mais il n'en donne pas un énoncé général, ce que fait Descartes. Que l'on compare aussi ce que Descartes et Galilée disent du principe du travail virtuel (Livre I, Chap. III, §§ 1 et 3).

Mais la tendance de Descartes à voir dans sa raison la mesure

---

([125]) *La Mecanique*, p. 292.

de tout gâte souvent ses plus belles conceptions et les empêche même parfois de progresser avec le temps. Les passages des *Principes* cités plus haut sont caractéristiques à cet égard ; ils ne marquent vraiment pas un pas en avant par rapport aux extraits de la *Correspondance* ou de la *Dioptrique*.

Mais il est inutile de s'arrêter plus longtemps à ce parallèle et il convient d'examiner les citations qui précèdent à un autre point de vue.

Au début de toute recherche physique, l'intelligence humaine se trouve en présence d'idées vagues qui sont un mélange de suggestions expérimentales et de conceptions plus ou moins métaphysiques de l'esprit. Le premier travail consiste à les débrouiller. A l'origine de la Dynamique, nous voyons ainsi apparaître deux notions : celle de *force d'un corps en mouvement* et celle *d'impetus avec lequel un corps tend à se mouvoir sous une action étrangère,* sous l'action de la pesanteur par exemple [il s'agit ici de l'*impetus* de Galilée et non de celui de Descartes (note 114)]. Deux voies s'offrent ainsi dès le début où peut s'engager la Mécanique; il s'agit de savoir laquelle de ces deux notions elle s'attachera à préciser pour en faire une notion fondamentale.

Avec Descartes, l'attention se fixe sur la *force des corps en mouvement.* C'est la source d'un courant de recherches qui se perd d'assez bonne heure mais réapparaît avec une grande ampleur au xixe siècle. L'état d'un système matériel étant défini par plusieurs paramètres, le déterminisme scientifique, c'est-à-dire la simple notion de loi, nous apprend que certaines fonctions de ces paramètres doivent rester constantes ([126]). On peut chercher, parmi ces fonctions, celle qui traduit le mieux l'idée vague de force d'un corps en mouvement : c'est ce qu'on appelle aujourd'hui l'*énergie* du système. Dans cette fonction énergie on peut chercher à mettre en évidence des groupes de termes que l'on considère comme représentant chacun l'énergie d'une partie. La constance de l'énergie totale ne peut avoir lieu que moyennant certaines

---

([126]) *Voir* la note 96.

relations entre les variations des énergies partielles et ces relations, qui découlent de la forme de la fonction énergie, sont une manière d'exprimer l'action d'une partie du système sur une autre. Chez Descartes, c'est la quantité de mouvement qui joue le rôle d'énergie; ce sera la force vive chez Leibniz. De nos jours les savants qui ont développé les idées de Helmholtz se sont placés au point de vue que nous venons d'analyser, comme on peut le voir d'une manière très précise dans le *Commentaire aux principes de la Thermodynamique* de M. Duhem ([127]).

C'est au contraire l'*impetus de la tendance au mouvement* qui occupe Galilée. Il éclaire cette notion obscure en mesurant l'impetus par la force statique qui l'arrête. Cette méthode est bien plus précise que celle de Descartes; nous avons dit plus haut qu'il y avait, dans les idées premières de toute science physique, une part expérimentale et une part de l'esprit; chez Descartes, la part de l'esprit est exagérée; la méthode de Galilée fait bien davantage appel à l'expérience; elle rattache la notion d'*impetus* à la notion, déjà vivement éclairée par des études assez avancées sur l'équilibre, de force statique qui vient lui prêter un appui solide. On peut remarquer que, de même, la notion d'énergie ne deviendra féconde que lorsqu'on pourra l'étayer sur autre chose que sur une idée *a priori*, lorsque, grâce au théorème des forces vives et à la notion de potentiel, on aura mis en évidence et étudié l'énergie dans un grand nombre de problèmes particuliers et donné de la sorte à cette notion, pour ainsi parler, une sanction expérimentale qui lui manquait du temps de Descartes.

Courant énergétique, courant statique, telle est la manière dont tendent à se partager, dès le début, les recherches de Mécanique. Naturellement le partage ne sera pas toujours très net et les deux courants se mêleront; mais ils n'en existeront pas moins l'un et l'autre.

([127]) *Voir* notamment la manière dont M. Duhem définit les actions d'un système sur un autre et les échanges de chaleur entre deux systemes, et comparer avec les derniers mots du passage de Descartes signalé par la note 96.

CHAPITRE II.

LE CHOC DES CORPS.

———

§ 1. — Wallis et la quantité de mouvement.

Nous laisserons de côté, malgré leur intérêt, les études de Marcus Marci (1639) et de Galilée sur le choc des corps. On les trouvera résumées dans le Livre de M. Mach. Nous en viendrons tout de suite au concours institué sur ce sujet en 1668 par la Société royale de Londres. Trois savants, Wren, Wallis et Ch. Huygens résolurent le problème indépendamment l'un de l'autre.

Dans les Mémoires qu'ils soumirent à la Société, Wallis traita seulement du choc des corps parfaitement mous, Wren et Huygens s'occupèrent uniquement de celui des corps parfaitement élastiques. De là, dans leurs conclusions, des désaccords qu'ils n'ont pas compris tout d'abord : on trouve, en effet, dans une lettre d'Huygens la phrase suivante : « Je ne sais si M. Wallis aura pu réduire ses règles au même sens des nôtres (de celles d'Huygens et de Wren) car je n'y vois pas beaucoup de rapport » ([120]). Contrairement à cette prévision, Wallis est parvenu à rattacher à ses idées les résultats de Wren et d'Huygens. Sa théorie complète du choc se trouve dans son traité *De Motu,* paru en 1669-1671, dont nous allons citer quelques passages.

([120]) Lettre du 29 mai 1669. *Correspondance d'Huygens,* t. VI, n° 1738.

CHAPITRE I.

GÉNÉRALITÉS SUR LE MOUVEMENT ([129]).

J'appelle *moment* (*momentum*) ce qui conduit à la production du mouvement.

J'appelle *empêchement* (*impedimentum*) ce qui s'oppose au mouvement ou l'empêche....

La *force motrice* (*vis motrix*) ou simplement la *force* (*vis*) est la puissance de produire le mouvement....

La *résistance* (*resistentia*) ou *force de résistance* (*vis resistendi*) est la puissance contraire au mouvement ou encore la puissance qui résiste au mouvement ([130])....

La *gravité* est une force motrice vers le bas, c'est-à-dire vers le centre de la Terre....

J'appelle *poids* la mesure de la gravité.

....

Proposition VII. — Les effets sont proportionnels à leurs causes adéquates.

Car si une cause C produit un effet E, une autre cause C, toutes choses égales d'ailleurs, produira un autre effet E.... Si les circonstances sont telles que la seconde cause C ne produit pas un effet égal à celui de la première, c'est que l'une ou l'autre de ces deux causes C n'est pas une cause adéquate; l'une ou l'autre est aidée ou empêchée par lesdites circonstances. C'est contre l'hypothèse.

....

Proposition VIII. — La réunion de deux causes contraires est équivalente à l'excès de la plus forte. La réunion de deux causes concordantes est équivalente à leur somme.

[La démonstration est analogue à celle qui précède.]

....

([129]) Nous citons quelques passages de chapitres qui ne sont pas relatifs au choc des corps. Ils sont utiles pour faire bien comprendre les idées directrices et la méthode de Wallis, et ils nous montrent comment Wallis a fait reposer toute la Statique sur le principe du travail virtuel (*cf.* Livre I, Chap. III, § 3).

([130]) On remarquera combien ces définitions sont éloignées de celles par lesquelles on définit les grandeurs introduites dans la Science, ainsi que le dit Robin, *en imaginant une expérience* (procédé expérimental, *voir* note 7).

Proposition X. — Dans un cas où sont réunis un *moment* et un *empêchement,* si le moment est le plus fort, l'ensemble joue le rôle d'un *moment.* C'est l'inverse dans le cas contraire....

En effet, le moment et l'empêchement sont des contraires; l'un est une cause positive, l'autre une cause négative. La proposition est évidente en vertu de la proposition VIII.

Proposition XI. — Si le moment l'emporte sur l'empêchement, le mouvement se produit; il commence s'il n'existait pas, il augmente s'il existait. Si l'empêchement l'emporte, le mouvement est empêché; il s'arrête ou diminue s'il existait.... S'il y a équivalence, il n'y a ni production ni disparition de mouvement; le repos ou le mouvement antérieur subsiste.

C'est la conséquence de la proposition précédente. Puisque la réunion du moment et de l'empêchement doit être tenue pour un moment, un empêchement, ou un néant, le mouvement ou bien se produit, ou bien est empêché, ou bien ne varie pas (proposition VII).

Remarque. — La dernière partie de cette proposition (le mouvement ou le repos se continuent s'il n'y a ni obstacle ni cause motrice) paraît être postulée par Galilée, Descartes, Gassendi, etc.... Je ne me souviens pas d'avoir vu quelqu'un la démontrer.

. . . .

Proposition XII. — Si une force est égale à une force contraire, elle arrête (*sustinebit*); si elle est moindre, elle ne produit même pas l'arrêt; si elle est plus forte (et s'il n'y a aucun autre obstacle) elle produit le mouvement. Et inversement, si elle produit le mouvement, elle est plus forte; si elle ne le produit pas, ou bien elle est moins forte, ou bien elle est égale, ou bien il y a un obstacle étranger.

Soient par exemple S une force vers le haut, D une force vers le bas. Si elles sont égales, elles équivalent à zéro (par la proposition VIII) et ne font pas de mouvement (par la proposition VII). Si S l'emporte, il se fait un mouvement vers le haut; si c'est D, il s'en fait un vers le bas. Elles équivalent à l'excès de la plus forte (par la proposition VIII) et le mouvement s'y conformera (par la proposition VII).

. . . .

Proposition XIII. — Les empêchements (*impedimenta*) de

mouvement qui résultent du poids des mobiles sont, toutes choses égales d'ailleurs, proportionnels aux poids. Ce qui est dit du poids doit être entendu de toute autre force résistante (*vis contraria*) qui sera analogue au poids....

En effet, si un poids P produit un empêchement 1, un second poids P, toutes choses égales d'ailleurs, produira un autre empêchement 1... en vertu de la proposition VII.

Proposition XIV. — Les empêchements de mouvement qui résultent des longueurs à parcourir sont proportionnels à ces longueurs.

. . . .

Proposition XV. — Les empêchements résultant à la fois du poids et de la longueur sont en raison composée des poids et des longueurs.

. . . .

Proposition XVII. — Les moments qui équivalent aux empêchements sont proportionnels aux empêchements.

. . . .

Proposition XVIII. — Les moments des forces sont, toutes choses égales d'ailleurs, proportionnels à la grandeur des forces....
.... en vertu de la proposition VII.

Proposition XIX. — Les moments de forces égales sont, toutes choses égales d'ailleurs, proportionnels aux temps d'action....
.... en vertu de la proposition VII.

Proposition XX. — Les moments produits par des forces appliquées pendant un certain temps sont en raison composée des grandeurs des forces et des temps.

. . . .

Proposition XXII. — Dans des mouvements quelconques, les moments sont proportionnels aux empêchements.

. . . .

Proposition XXVII. — Si l'on compare plusieurs mouvements, les grandeurs des forces sont, toutes choses égales d'ailleurs, en raison composée des poids et des vitesses.

En effet, d'après la proposition XXII, le rapport des moments, qui est en raison composée des forces et des temps, est le même que celui des empêchements, qui est en raison composée des poids et des longueurs. Multiplions ces deux rapports par le rapport inverse des temps; on voit alors que le rapport des forces est en raison composée des poids et des longueurs et en raison inverse des temps, c'est-à-dire en raison composée des poids et des vitesses. C. Q. F. D. (131).

....

CHAPITRE II.

DE LA DESCENTE DES GRAVES ET DE LA DÉCLIVITÉ DES MOUVEMENTS.

Proposition I. — Toutes choses égales d'ailleurs, les graves gravitent en raison de leurs poids. Et, généralement, toutes les forces motrices agissent en raison des forces.

Ainsi, si un poids P gravite comme G, un autre poids P gravitera comme un autre G.... Donc, 2 P gravitera comme 2 G.

Car la gravité est une force motrice; sa mesure est le poids (*voir*

---

(131) Toutes ces propositions sont démontrées par Wallis par des raisonnements dont les citations faites à propos des propositions VII, X, XI, XII, XIII donnent une idée suffisante. En somme, il emploie le procédé métaphysique (note 7). Il serait, en effet, superflu d'insister sur le fait que de semblables démonstrations ne démontrent rien; l'appareil logique, mis en branle par Wallis, est entièrement illusoire. Mais on peut considérer tous ces raisonnements comme une analyse des idées que Wallis se fait de la production et des propriétés du mouvement; il est intéressant de les examiner à ce point de vue, de voir quelles sont pour lui, dans le phénomène du mouvement, les *causes adéquates* auxquelles s'applique sa proposition VII.

En somme Wallis considère, dans le mouvement, un certain effet produit, le déplacement d'un poids sur une certaine longueur, et la nécessité de produire cet effet équivaut pour lui à un *empêchement,* à une *résistance.* Il faut une force pour produire le mouvement. En comparant cette force à l'effet qu'elle produit dans un temps donné, à savoir le déplacement d'un poids, Wallis est conduit à l'évaluer par le produit du poids par la vitesse. Ces idées se rattachent nettement à celles d'Aristote. Elles en diffèrent toutefois par l'influence de celles de Descartes. Wallis, en effet, considère sa force moins comme une action étrangère que comme une *force de corps en mouvement* indestructible. De là une certaine confusion, une certaine obscurité (*cf.* note 134).

On voit que, pas plus que Descartes, Wallis n'avait une notion de la masse distincte de celle du poids. Ce point mis à part, son idée de force coïncide, comme celle de Descartes, avec l'idée moderne de *quantité de mouvement.* Mais le grand progrès de Wallis par rapport à Descartes est d'avoir compris la nécessité de donner un signe à la quantité de mouvement.

Dans son chapitre I, Wallis distingue la *force* du *moment* (*voir* prop. XX). Mais nous verrons que, plus tard, il confond *force* et *moment,* et prend pour *moment* notre moderne *quantité de mouvement.*

les définitions, Chap. I). La gravité mouvra donc suivant la raison des poids (par la proposition XVIII du Chapitre I).

. . . .

Proposition III. — Un grave descend de la quantité dont il se rapproche du centre de la Terre ; il monte de la quantité dont il s'en éloigne.

Et généralement, l'*avancement* (*progressus*) d'une force motrice quelconque est la quantité dont elle se meut suivant sa direction ; le *recul* (*regressus*) est l'inverse....

En effet (par la définition de la gravité) la descente des graves, ou le mouvement dans la direction de la gravité, est un mouvement vers le centre de la Terre. Donc, on dira qu'un grave est descendu de la quantité dont il s'est approché du centre de la Terre.

. . . .

Proposition IV. — Toutes choses égales d'ailleurs, un grave ou un composé de plusieurs graves aura une propension pour le chemin par où il descendra davantage (c'est-à-dire qu'il y sera porté de préférence), et cette propension sera proportionnelle à la descente. Il aura une répugnance plus grande pour le chemin qui le fera le plus monter, et cette répugnance sera proportionnelle à l'ascension. Et inversement.

Pour les chemins qui descendent ou montent également, il y a propension ou répugnance égale. Et inversement.

Ces résultats s'appliquent aux autres mouvements. Le mobile sera porté de préférence sur le chemin qui avance le plus dans la direction de la force et la préférence sera d'autant plus marquée que le chemin avancera davantage.

[La démonstration de cette proposition est analogue à toutes celles qui précèdent. Pour prouver l'égalité des proportions, Wallis invoque toujours la proposition VII du Chapitre I.]

Proposition V. — Les descentes des graves, comparées entre elles, valent (*pollent*) en raison composée des poids et des hauteurs de descente. De même pour les ascensions....

Et généralement, les avancements ou reculs (*progressus* et *regressus*) des forces motrices valent en raison composée des forces et des déplacements selon la direction des forces.

Ainsi, si le grave P, descendant suivant D, vaut comme G, un autre grave P (toutes choses égales d'ailleurs), descendant de la même quantité, vaudra comme un autre G.... Donc, nP vaudra comme n G; la valeur est en raison des poids (par la proposition VII du Chapitre I).

De même, si un poids P descendant suivant D vaut comme G, une autre descente du même poids (toutes choses égales d'ailleurs) suivant un autre D vaudra autant, c'est-à-dire comme un autre G. Donc, une descente suivant m D vaut comme m G; la valeur est en raison des hauteurs (par la proposition VII du Chapitre I) ([132]).

Proposition VI. — La descente et l'ascension étant réunies ensemble, on devra les tenir simplement pour une descente, si la descente a une valeur plus grande (*præpollet*), pour une ascension si l'ascension a une valeur plus grande (et pour une ascension ou une descente égale à la différence), pour zéro s'il y a équivalence.

Si plusieurs ascensions (ou plusieurs descentes) sont réunies, elles valent ensemble comme leur somme.

Tout cela s'applique, *mutatis mutandis,* aux corps mus par une autre force motrice.

C'est évident par la proposition VIII du Chapitre I.

Proposition VII. — Comparons des graves. Toutes choses égales d'ailleurs, ils pèsent (pour produire une descente ou empêcher une ascension) dans le rapport de ce que vaudraient leurs ascensions ou leurs descentes, s'ils se mouvaient, c'est-à-dire en raison composée des poids et des hauteurs.

Ce résultat s'applique, *mutatis mutandis,* aux autres mouvements....

En effet, comme les graves pèsent d'autant plus, toutes choses égales d'ailleurs, qu'ils sont d'un poids plus grand (proposition I du présent Chapitre) et qu'ils descendent davantage (proposition IV de ce Chapitre), ils pèseront, en tenant compte de ces deux propositions, dans le rapport de ce que vaudront, d'après ces deux considérations, leurs ascensions ou leurs descentes. Ce rapport sera (proposition V de ce Chapitre) la raison composée des poids et des hauteurs.   C. Q. F. D.

([132]) Toujours la même fausse rigueur. Et remarquer que Wallis ne définit pas ce qu'il veut dire quand il parle de ce que *valent* (*pollent*) les ascensions ou les descentes des graves. Au fond, tout se réduit à ceci : Wallis a le sentiment physique que la notion du produit du poids par la hauteur (notre moderne notion de travail) est une notion importante (*comparez* avec Descartes, note 74).

Soient, par exemple, deux graves (ou forces motrices) V et P. Supposons, ou bien qu'ils soient égaux et que, par leur situation, ils doivent, s'ils se meuvent, monter ou descendre également, ou bien qu'ils soient inégaux et que le plus lourd descende d'autant moins (dans le même temps) qu'il est plus lourd. Ces deux graves seront en équilibre (car les ascensions et les descentes sont équivalentes, par la proposition V de ce Chapitre) ([133]).

[Et Wallis se borne ici à tracer, en guise d'éclaircissement, les figures suivantes.]

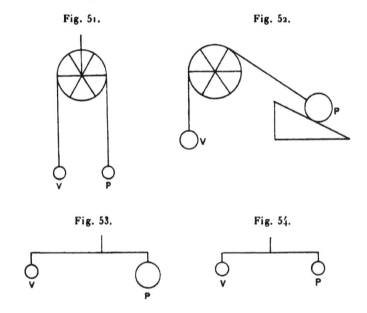

Fig. 51.   Fig. 52.

Fig. 53.   Fig. 54.

CHAPITRE X

DES MOUVEMENTS ACCÉLÉRÉS ET RETARDÉS ([134]).

Proposition I. — Si un mobile en mouvement reçoit l'action d'une nouvelle force (*vis*) ou d'une nouvelle impulsion (*impetus*) suivant la direction de son mouvement, il se produit une accélération....

([133]) C'est le principe du travail virtuel. Nous avons annoncé (Livre I, Chap. III) que nous trouverions ce principe chez Wallis. Wallis s'en sert dans les Chapitres ultérieurs pour faire la théorie des machines simples.

([134]) Le chapitre X présente, on va le voir, une certaine obscurité qui me paraît tenir à une confusion que Wallis n'évite pas assez entre la *force d'un corps en mouvement* et la *force motrice*. Si la force motrice de la proposition II était la

Soit A mobile sur la droite AB. Sa vitesse est C, son poids P. Par suite, la force ou l'impulsion (*vis* ou *impetus*) avec laquelle

Fig. 55.

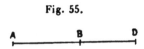

il se meut est $V = PC$ (proposition XXVII du Chapitre I). Il conservera sa vitesse s'il ne survient aucun empêchement (*impedimentum*) ni aucune cause motrice (*causa motrix*) (proposition XI du Chapitre I).... S'il survient en B une nouvelle force ou une nouvelle impulsion suivant la même direction et égale à nV, la force totale sera $V + nV = PC + nPC$ (propositions VIII et XXVII du Chapitre I). Le poids en mouvement restant P, la vitesse deviendra égale au quotient de $PC + nPC$ par P, soit à $C + nC$ (proposition XXVII du Chapitre I). Le mouvement est donc accéléré dans la proportion de $1 + n$ à 1.   C. Q. F. D.

. . . .

Proposition II. — Si une force motrice (*vis motrix*) constante est appliquée à un mobile d'une manière continue, il se produit un mouvement continuellement accéléré, et accéléré de telle sorte que la vitesse croisse de quantités égales dans des temps égaux (mouvement uniformément accéléré)....

Soit, en effet, une cause motrice quelconque (*causa motrix*), qui dans un certain temps imprime une vitesse 1. Cette vitesse, s'il n'y a ni obstacle ni cause nouvelle, subsistera (proposition XI du Chapitre I). La même cause, agissant de même et appliquée pendant un second intervalle de temps égal au premier, produira de même une vitesse 1 (proposition VII du Chapitre I), qui viendra s'ajouter à la précédente.

[Dans la proposition suivante, Wallis considère la gravité comme une force constante et étudie ainsi le mouvement des graves.]

. . . .

---

même chose que la force des corps en mouvement de la proposition I, la suite logique des idées serait de dire qu'une force constante produit un mouvement uniforme. Dans la pensée de Wallis, il y a donc là certainement deux forces bien différentes. Mais il ne le dit pas assez clairement.

Il me semble que le meilleur moyen de préciser les idées de Wallis serait d'avoir recours aux considérations leibniziennes sur la relation entre la force des corps en mouvement et les actions extérieures. *Cf.* Chap. IV, § 2.

CHAPITRE XI.

DU CHOC.

Proposition I. — Soit un corps grave en mouvement. Considérons-le comme parfaitement dur. Imaginons qu'il choque directement un obstacle ferme, qui soit aussi parfaitement dur. Si la force correspondant au mouvement du corps est moindre que la force qu'a l'obstacle pour résister au mouvement et même si ces deux forces sont égales, le corps s'arrêtera....

Soit un grave A, parfaitement dur, de poids mP, animé de la vitesse rC. Il lui correspond un moment (*momentum*) ou une force (*vis*) mr PC (prop. **XXVII**, Chap. I) ([135]). Soit un obstacle B qu'il choque directement et qui a une force de résistance ns PC.

Si mr PC $< ns$ PC, l'empêchement l'emporte. Si mr PC $= ns$ PC, l'empêchement sera au moins égal au moment. Dans les deux cas le mouvement s'arrêtera. (La force sera en effet nulle dans le cas d'égalité; dans le premier cas, l'empêchement l'emportant, il faut raisonner comme s'il y avait empêchement.) (Prop. X et XI, Chap. I) ([136])....

Remarque. — J'appelle *parfaitement dur* un corps qui ne cède en rien au choc, qui n'est donc ni mou ni élastique.

Un corps *mou* est un corps qui cède au choc de façon à perdre sa figure primitive, comme la glaise, la cire, le plomb.... Pour ces corps une partie des forces est employée à les déformer; la totalité n'en est pas dépensée sur l'obstacle. Il faut tenir compte à part de cette partie ([137]).

J'appelle *élastique* un corps qui cède de quelque façon au choc,

---

([135]) A partir de maintenant, Wallis confond les *moments* et les *forces des corps en mouvement*. Ce n'est pas tout à fait conforme à son Chapitre I, où il considère les moments comme étant en raison composés des forces et des temps.

([136]) La *force de résistance* d'un obstacle est insuffisamment définie. Aussi tous ces raisonnements manquent-ils de précision.

([137]) Nous savons aujourd'hui que Wallis avait raison de faire, au point de vue de la force des corps en mouvement, au point de vue énergétique, deux catégories dans les corps non élastiques. En effet, suivant que l'énergie interne des corps appelés aujourd'hui *mous* ne dépend pas ou dépend de leur déformation, la force vive perdue dans le choc équivaut ou non à leur échauffement. Mais nous savons aussi que le point de vue de la quantité de mouvement n'est pas le véritable point de vue énergétique. Dans la théorie de Wallis, il suffisait de distinguer les corps mous et les corps élastiques. C'est ce que fera Mariotte.

mais qui reprend de lui-même sa forme primitive. Ainsi sont les ressorts d'acier, de bois.... Ce sujet est traité au Chapitre **XIII** où l'on parle de la réflexion....

Le choc est *direct* quand une droite parallèle à la direction du mouvement menée par le centre de gravité du corps mobile est perpendiculaire à la surface du corps choqué....

Proposition II. — Si un grave en mouvement choque directement un grave au repos, celui-ci étant tel qu'il n'est mû ou empêché de se mouvoir par aucune autre cause, les deux corps iront ensemble après le choc avec une vitesse que donne le calcul suivant :

Divisez par le poids des deux corps le *moment* fourni par le produit du poids et de la vitesse du grave en mouvement ([138]). Vous aurez la vitesse après le choc....

Soit un grave A, en mouvement le long de la droite AA passant par son centre de gravité et aussi par celui du corps au repos B (car

Fig. 56.

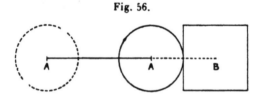

nous exigeons aussi cette dernière condition pour dire que le choc est direct). Soient mP et rC le poids et la vitesse de A. Le moment ou force poussante (*vis impellens*) sera $mrPC$. Soit nP le poids du corps B; sa vitesse est nulle. Le poids des deux corps est $mP + nP$. Le mouvement après le choc se fera avec la même vitesse pour les deux corps. En effet B ne peut aller plus lentement que A, puisque A le suit; il ne peut non plus aller plus vite, car on suppose qu'il n'y a pas d'autre cause de mouvement que celle qui vient de la poussée de A (s'il y a une cause qui le pousse plus vite comme la force élastique, le problème est d'un autre ordre; il est traité en un autre endroit). Puis donc qu'un poids $mP + nP$ est mû par une force $mrPC$, la vitesse est $\dfrac{m}{m-n} rC$, quotient du moment $mrPC$ par le poids $mP + nP$ (prop. XXVII, Chap. I) ([139])....

([138]) *Voir* la note 135.

([139]) C'est l'idée cartésienne de la conservation de la force des corps en mouvement.

Proposition III. — Si un grave choque directement un second grave se mouvant moins vite que lui sur la même droite, après le choc la vitesse des deux corps sera la même et donnée par la règle suivante :

Divisez la somme des moments par la somme des poids. Vous aurez la vitesse après le choc....

Proposition IV. — Si deux graves, animés de mouvements contraires suivant la même droite, se choquent directement, ils auront après le choc la même vitesse. La valeur de cette vitesse et son sens sont donnés par la règle suivante :

Divisez la différence des moments (parce que les mouvements sont contraires) par la somme des poids; vous aurez la vitesse commune après le choc. Elle sera dirigée du côté où tendait la force prépondérante....

Proposition V. — La grandeur du choc est égale au double de la diminution subie par le plus fort moment dans un choc direct.

Considérons comme choquant le corps qui a le plus fort moment, comme choqué l'autre. Le corps choqué reçoit autant de moments que le corps choquant en perd.... Ces moments gagnés ou perdus sont tous deux l'effet du choc; le choc est donc égal à leur somme, c'est-à-dire au double de la diminution subie par le plus grand moment.

. . . .

CHAPITRE XIII.

DU RESSORT ET DU REBONDISSEMENT OU RÉFLEXION.

Définitions. — J'appelle *force élastique* (*vis elastica*) celle avec laquelle un corps, dont la forme a été modifiée de force, tend à revenir à sa forme primitive.

J'appelle *ressort* un corps ou une partie de corps doué de cette force....

D'où provient la force élastique, je ne le rechercherai pas ici.... Ce n'est pas nécessaire pour l'objet actuel. Il suffit que l'existence d'une telle force dans la nature soit certaine. Or, il n'est personne qui ne voie les corps pressés rebondir, les corps revenant par leur propre effort à leur forme repousser loin d'eux d'autres corps....

Proposition I. — Si un grave choque directement un obstacle, et si les deux corps (ou seulement un d'entre eux) sont élastiques, le grave rebondira avec une vitesse égale à celle qu'il avait avant le choc et suivant la même droite....

Si le ressort était nul, le corps grave A s'arrêterait (prop. I, Chap. XI). Donc tout mouvement qui a lieu après le choc est restitué par la force élastique. Or celle-ci est toujours égale à la force du choc (Chap. XI, prop. V et suiv.). En effet, la force transmise (*illata*) au ressort est égale au choc qu'elle supporte en entier ; elle comprime donc le ressort jusqu'à ce que sa résistance lui soit égale. Si la résistance était celle d'un simple empêchement (*impedimentum*), le corps grave A s'arrêterait. Mais le ressort résiste, non comme un simple empêchement, mais comme une force contraire, agissant par réaction avec la même énergie qu'a exigée sa compression. Or ce qu'il a souffert pendant la compression est égal au choc ou à la force transmise. La force restitutive est donc égale à ces mêmes quantités.... Or dans ce cas, le grave A ayant un poids mP et une vitesse rC, la grandeur du choc est $2mr$PC (prop. VI, Chap. XI) ([140]). C'est aussi la valeur de la force élastique restitutive. Comme elle se développe des deux parts, la moitié de cette force, soit mrPC, agit sur l'obstacle, par un effort perdu, et l'autre moitié mrPC repousse le corps A. Par suite la vitesse (en sens inverse de la vitesse avant le choc) sera rC, puisque le poids est mP.

Proposition II. — Si deux graves égaux, animés de vitesses égales en sens inverses, se choquent directement, et si tous les deux (ou simplement un seul) sont des corps élastiques ; ou encore si les graves sont inégaux et animés de vitesses inversement proportionnelles aux poids (de sorte que les moments soient égaux) ; chaque corps rebondira avec la vitesse qu'il avait avant le choc, et suivant la même droite....

Si le ressort était nul, les deux corps s'arrêteraient (prop. IV, Chap. XI). Tout le mouvement qui suit le choc provient donc de la force *élastique restitutive*. Celle-ci a la même grandeur que la force du choc (ce qui se démontre comme dans la proposition I), c'est-à-dire vaut, dans le cas présent, $2nr$PC (prop. VII,

---

([140]) Nous n'avons pas cité la proposition VI du chapitre XI ; mais la proposition V suffit pour faire comprendre ce résultat.

Chap. XI) ([141]). Cette force, se développant des deux parts, agit de part et d'autre comme mrPC. Elle repousse donc le poids nP avec la vitesse rC et le poids rP avec la vitesse mC ([142]).

Mariotte (1620-1684) reprit la question du choc des corps en 1679. La théorie qu'il expose dans son *Traité de la percussion ou choc des corps* est au fond celle de Wallis. Elle en diffère néanmoins par la substitution d'une méthode physique et expérimentale à la méthode pseudo-logique du savant anglais. Ce seul fait donne une assez grande originalité à l'écrit de Mariotte qui mérite, à ce titre, de nous fournir quelques citations ; on verra qu'il sonne tout différemment et beaucoup plus juste que la plupart des livres de l'époque.

DÉFINITIONS. — I. Corps flexible à ressort est celui qui, ayant changé de figure par le choc ou par le pressement d'un autre corps, reprend de soi-même sa première figure, comme un ballon plein d'air bien pressé, un anneau d'acier trempé, une corde de boyau tendue fermement.

II. Corps flexible sans ressort est celui qui ayant pris une nouvelle figure par le choc ou par le pressement d'un autre corps, conserve cette figure ; comme la cire, la terre glaise médiocrement imbibée d'eau ([143]).

III. Vitesse respective de deux corps est celle avec laquelle ils s'approchent ou s'éloignent l'un de l'autre, quelles que soient leurs vitesses propres.

. . . .

PROBLÈME. — PROPOSITION I. — *Faire que deux corps se rencontrent directement avec des vitesses qui soient l'une à l'autre en telle raison que l'on voudra.*

[Mariotte décrit ici l'appareil qu'il faut employer pour les expériences. Il se compose de deux pendules DE, EL égaux. En l et L

([141]) *Voir* la note précédente.

([142]) On retrouve dans d'Alembert cette manière de rattacher la théorie du choc des corps élastiques à celle du choc des corps mous. — Nous ne croyons pas utile de prolonger cette citation et de donner ici ce que Wallis dit du cas général.

([143]) On voit que Mariotte a abandonné la catégorie des corps *parfaitement durs* de Wallis.

sont suspendues des boules de glaise médiocrement molle, d'un diamètre tel qu'elles se touchent quand DI et EL sont verticaux. On laisse tomber les pendules à partir des positions DI′, EL′. On

Fig. 57.

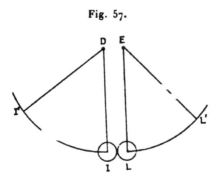

peut régler les vitesses au moment du choc en réglant les points de départ I′ et L′. On s'appuie pour cela sur les lois de la chute des corps].....

Second principe d'expérience. — Proposition III. — Lorsque deux corps se choquent directement, la puissance ou force de leur choc pour faire impression l'un sur l'autre est la même, soit qu'ils aillent l'un contre l'autre avec des vitesses égales ou inégales, ou qu'un seul des deux soit en mouvement, ou que tous deux aillent de même part, pourvu que la vitesse propre de chacun d'eux soit uniforme .... et, qu'étant en même distance lorsqu'ils commencent à se mouvoir, ils emploient des temps égaux à se rencontrer, c'est-à-dire pourvu que leur vitesse respective soit toujours la même....

Cette proposition se prouve facilement par l'expérience, si ces corps sont des boules de terre glaise médiocrement molle, en les faisant choquer avec de telles vitesses propres qu'on voudra, la vitesse respective demeurant toujours la même : car ces boules s'aplatiront toujours de la même façon. Elle se prouve aussi par les expériences que l'on peut faire dans un bateau qui va très vite sur l'eau, car si l'on pousse quelque corps avec la même force, soit du côté où le bateau va, soit vers le côté opposé, ou de travers, il choquera toujours de même force les corps qui sont dans le même bateau à distances égales; ce qui procède de ce que la vitesse respective est toujours la même, quoique la vitesse propre du corps qui choque et de celui qui est choqué ne soit pas toujours la même, à cause du mouvement du bateau ([144]).

. . . .

[Mariotte définit ensuite la quantité de mouvement par le produit du poids par la vitesse et il ajoute] :

Par poids d'un corps, on n'entend pas ici la vertu qui le fait mouvoir vers le centre de la Terre, mais son volume avec une certaine solidité ou condensation des parties de sa matière qui est vraisemblablement la cause de sa pesanteur ([145]).

. . . .

Cinquième principe d'expérience. Proposition VI. — Si les quantités de mouvement de deux corps sont égales lorsqu'ils se choquent directement, ils s'arrêteront l'un et l'autre et demeureront sans mouvement, s'ils s'attachent ensemble. Mais si les deux quantités de mouvement sont inégales, ils ne demeureront pas en repos immédiatement après le choc.

Faites que la boule I de la machine décrite en la première proposition soit double de la boule L et qu'elles se touchent quand elles seront au repos, sans s'appuyer l'une contre l'autre. Éloignez la plus grosse I de son point de repos par un arc de 10° et la moindre L par un arc de 20° selon la manière qui y est enseignée. Laissez-les aller en même temps, afin qu'elles se rencontrent lorsque leurs centres seront arrivés en leurs points de repos, auquel moment elles se choqueront directement avec des quantités de mouvement égales ([146]).... Alors vous verrez toutes deux demeurer sans mouvement.... Mais si l'on augmente un peu le poids ou la vitesse d'une des boules, on verra qu'elle emportera l'autre un peu au delà de son point de repos....

Avertissement. — Ce principe d'expérience ou règle de la nature.... est presque la même chose que ce principe de Mécanique : les corps dont les poids et distances sont réciproques en une balance font équilibre ([147]).

. . . .

([144]) On trouve ici un souvenir des idées d'Huygens. *Voir* § 3 de ce Chapitre.
([145]) Mariotte entrevoit ici la distinction entre les notions de *masse* et de *poids*.
([146]) Parce que les vitesses acquises sur un arc de 20° et sur un arc de 10° sont à peu près doubles l'une de l'autre, comme cela résulte des lois de la chute des corps et du fait que les arcs de 20° et de 10° sont petits. Mariotte fait explicitement remarquer que cette approximation est suffisante au point de vue expérimental.
([147]) C'est là, sans doute, un souvenir des idées de Wren. *Cf.* § 2 de ce Chapitre.

SIXIÈME PRINCIPE D'EXPÉRIENCE. PROPOSITION X ([148]). — Si un corps mol sans ressort choque directement un autre corps mol et sans ressort, les deux ensemble étant joints après le choc iront de même part que le corps choquant et la quantité de mouvement des deux ensemble sera égale à la quantité de mouvement de ce corps avant le choc.

. . . .

SEPTIÈME PRINCIPE D'EXPÉRIENCE. PROPOSITION XI. — Si deux corps mols sans ressort vont de même part avec des vitesses inégales et que le plus vite rencontre l'autre directement, ils auront ensemble, après qu'ils seront joints, une quantité de mouvement égale à la somme des quantités de mouvement des deux corps avant le choc.

Cette proposition se prouve par l'expérience comme la précédente par le moyen de la machine décrite en la première proposition.

. . . .

HUITIÈME PRINCIPE D'EXPÉRIENCE. PROPOSITION XII. — Si deux corps mols sans ressort, égaux ou inégaux, se rencontrent directement, allant l'un contre l'autre avec des vitesses égales ou inégales, et que leurs quantités de mouvement soient inégales avant le choc, la moindre quantité de mouvement se perdra entièrement et il s'en perdra autant de l'autre et les deux corps joints ensemble n'auront plus que la quantité de mouvement restante, c'est-à-dire la différence des deux quantités de mouvement avant le choc. . . .

Faites que les deux boules de terre glaise L et I soient d'un poids égal et les faites rencontrer avec des vitesses inégales, élevant la boule I jusqu'au vingtième degré vers I' et la boule L jusqu'au dixième vers L', afin que la vitesse de la boule I soit double de celle de l'autre boule avant le choc. Alors vous les verrez aller ensemble après leur rencontre jusqu'à ce que le fil de suspension de la boule L soit reporté au cinquième degré.

. . . .

NEUVIÈME PRINCIPE D'EXPÉRIENCE. PROPOSITION XIV. — S'il y a un corps inébranlable à ressort qui ait changé sa figure et se soit

---

. ([148]) Tous les principes d'expérience qui suivent sont donnés par Mariotte comme démontrés par le moyen de son appareil décrit plus haut.

mis en ressort par le choc d'un corps dur et inflexible, en se resti-
tuant et reprenant sa première figure il redonnera à ce corps la

Fig. 58.

même vitesse qu'il avait immédiatement avant le choc. . . .

[Pour faire connaître la vérité de cette proposition par l'expérience, Mariotte prend un pendule DI dont la boule I est en jaspe
ou en verre poli. Il le fait osciller de sorte qu'au point le plus bas,
la boule I rencontre une corde à boyau tendu EF (perpendiculaire au plan de la figure, vue en perspective). La boule est alors
repoussée et remonte sensiblement au point d'où elle descend : la
petite différence provient de la résistance de l'air.]

. . . .

Proposition XV. — Si deux corps à ressort se choquent directement avec des vitesses réciproques à leurs poids, chacun de
ces corps retournera en arrière avec sa première vitesse.

Soient premièrement A et B deux ballons égaux où l'air soit

Fig. 59.

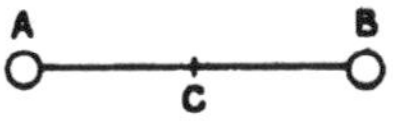

également pressé et qu'ils se rencontrent avec des vitesses égales
AC, BC. Je dis qu'ils se réfléchiront avec les mêmes vitesses. Car,
par la proposition sixième, leur mouvement simple doit se perdre
entièrement, et il ne se réparerait point s'ils n'avaient point de
ressort. Mais les ballons s'étant choqués chacun avec la même
force et ne cédant point l'un à l'autre, leur choc fera le même effet
que si chacun d'eux avait rencontré un corps inflexible et inébranlable, et par conséquent ils s'enfonceront l'un l'autre et s'aplatiront de même. Mais en reprenant leur première figure par le res-

sort, ils reprendront, au moment de leur restitution entière, la
même vitesse qu'ils avaient avant le choc, par la proposition précédente. Donc chacun d'eux retournera en arrière avec la même
vitesse qu'il avait avant le choc. La même chose arrivera à des
boules de jaspe, de verre, d'ivoire, ou d'autre matière ayant un
ressort prompt et ferme, par les mêmes raisons.

Soient maintenant deux boules à ressort inégales en poids A et B
et que, la figure AB étant divisée au point C, AC soit la vitesse de

Fig. 6o.

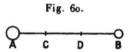

la boule A et BC celle de la boule B, et que, réciproquement, BC
représente le poids de la boule A et AC celui de l'autre boule. Il
est évident par la sixième proposition que, si elles se rencontraient
avec des vitesses contraires, leur mouvement simple se perdrait,
mais, par les mêmes raisons que ci-dessus, elles se mettront en ressort comme si elles avaient rencontré des corps flexibles et iné-
branlables, et, faisant encore une espèce d'équilibre entre elles en
prenant des vitesses réciproques à leurs poids, chacune retournera
en arrière avec sa première vitesse....

L'expérience s'en fera facilement avec la machine décrite en la
première proposition si l'on se sert de boules d'ivoire au lieu de
celles de terre glaise....

Conséquence. — Il s'ensuit que deux corps à ressort, qui se sont
rencontrés directement, partagent par le mouvement de ressort la
vitesse respective de leur choc selon la raison réciproque de leurs
poids, quelques vitesses propres qu'ils aient eu avant le choc. Car,
si les boules A et B se rencontrent en quelque autre point de la
ligne AB, comme D, avec les vitesses propres AD, BD, leur vitesse
respective sera la même que lorsqu'elles se choquent au point C,
par la troisième définition.

Mais, par la troisième proposition, l'impression du ressort
qu'elles feront l'une sur l'autre sera la même et par conséquent
elles prendront une force de ressort aussi prompte et aussi ferme.
Or, lorsqu'elles se rencontrent en C, elles partagent leur vitesse
respective AB selon la proportion réciproque de leur poids,
puisque la boule A prend la vitesse AC et B la vitesse BC. Donc,
se rencontrant au point D, elles partageront de même leur vitesse

respective, qui est la même que celle avec laquelle elles se rencontrent au point C, et ce partage se fera indépendamment de leur
mouvement simple, quel qu'il puisse être.

. . . .

PROPOSITION XVI. — Si deux corps à ressort sont égaux et
que l'un choque directement l'autre en repos, ce dernier prendra
la vitesse entière de l'autre après le choc et le fera rester sans
mouvement.

Soient deux ballons égaux A et B et que le ballon A choque
l'autre en B avec quelque vitesse qu'on voudra, qu'on appellera
de 4 degrés. Je dis que le ballon A demeurera en repos après le
choc et que l'autre ballon perdra la même vitesse de 4 degrés.
Car, par la dixième proposition, ces ballons, après le choc et sur la
fin de leur aplatissement, prendraient ensemble une vitesse de 2 degrés par le mouvement simple s'ils étaient sans ressort et qu'ils
demeurassent en leur aplatissement. Mais, par la troisième proposition, la force du choc en B est égale à celle qui se fait en C par
les deux corps mis l'un contre l'autre avec des vitesses égales.
Donc, ils se mettent en ressort de même, et, par la conséquence
de la précédente, ces ballons partageront également la vitesse
respective qui a produit le ressort, laquelle étant de 4 degrés....
chacun en perdra 2 degrés. Donc, le ballon A devait s'avancer
avec une vitesse de 2 degrés par le mouvement simple et retourner en arrière avec une vitesse de 2 degrés par le mouvement
de ressort, l'un de ces mouvements détruira l'autre.... et le ballon A demeurera en repos. Mais le ballon B, s'avançant avec une
vitesse de 2 degrés par le mouvement simple et prenant encore
une vitesse de 2 degrés, de même part, par le mouvement de
ressort, il aura après le choc une vitesse de 4 degrés.

. . . .

[La seconde partie du Traité de Mariotte est surtout consacrée
à la recherche du *centre de percussion* (*voir* Chap. III). Nous
en extrayons les démonstrations suivantes qui sont fort intéressantes pour montrer comment le lien s'est établi entre la Statique et la Théorie du choc par un rapprochement entre la *force*
et la *quantité de mouvement*.]

PROPOSITION VII. — ABCD est un cylindre creux, dont les
deux bases AD, BC sont de bois et le reste de cuir soutenu et

étendu par plusieurs cerceaux de bois ou de fil de fer, comme FE,
HI, LM, en sorte qu'on puisse faire abaisser la base AD fort près
de la base BC, supposée inébranlable : N est un tuyau ajusté à la

Fig. 61.   Fig. 62.

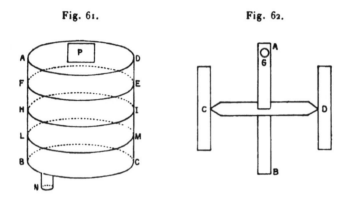

base BC, par où l'air enfermé dans le cylindre peut sortir : ce cylindre est chargé d'un poids P sur la surface AD, et l'on ajuste
au-dessous de ce cylindre une balance comme celle de la figure 62, en sorte que, la règle AB étant située horizontalement,
son extrémité B soit fort près du tuyau N et directement au-
dessous.

Cela étant, je dis que, si l'on met un poids G sur l'autre côté de
la balance dont l'essieu CD est supposé tourner facilement sur les
points C et D et que l'air, que le poids P descendant fait sortir
avec violence par le tuyau N, choquant l'extrémité de la balance
vers B, fasse équilibre avec le poids G supposé également distant
de l'essieu CD, ce poids sera au poids P en même raison que la
surface de l'ouverture du tuyau N est à la surface entière de la
base BC. Car si, par le moyen d'un soufflet dont le tuyau soit égal
au tuyau N, on pousse de l'air contre l'ouverture N, avec une force
égale à celle de l'air que le poids P fait sortir, il se fera équilibre
entre ces deux forces et le poids P ne descendra point, parce qu'il
ne sortira point d'air par l'ouverture du tuyau N. Alors l'air poussé
par le soufflet remplissant cette ouverture soutiendra sa part du
poids P, comme les autres parties de la base BC soutiennent le
reste de ce poids. Et la partie que l'air poussé soutiendra sera au
poids entier P dans la proportion de l'ouverture N à la largeur entière de la base BC. Donc réciproquement l'air sortant par cette
ouverture après qu'on aura ôté le soufflet fera équilibre par son

choc avec un poids qui sera au poids P comme l'ouverture N est à la base BC ([149]).

....

PROPOSITION XIII. — Si deux poids ayant une égale quantité de mouvement tombent sur une balance de part et d'autre du centre de mouvement, en des points également distants du centre, ils feront équilibre au moment du choc; et si les points où ils choquent la balance sont inégalement distants du centre de mouvement, ils ne feront pas équilibre; mais si leurs quantités de mouvement sont en raison réciproque des distances inégales, ils feront équilibre au moment du choc.

Ayez une balance comme AB (*fig.* 63), tournant sur l'essieu

Fig. 63.

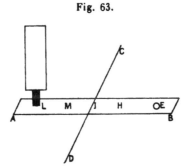

CD; mettez deux poids égaux sur cette balance aux points E et L, également distants du centre de mouvement I; ces poids feront équilibre par les règles de la Mécanique. Otez un des poids qui était au point L et, par le moyen d'un vaisseau cylindrique fort large...., faites tomber sur le même point L un jet d'eau qui fasse équilibre avec le poids en E, comme il a été enseigné en la proposition VII de la deuxième Partie; et, au lieu du poids qui est au point E, faites-y tomber un autre jet d'eau égal au premier : il est évident que ces jets d'eau feront équilibre entre eux, et qu'y ayant autant de particules d'eau qui choquent en même temps en l'un qu'en l'autre, celles de l'un auront ensemble une

_____

([149]) Je laisse au lecteur le soin de moderniser le raisonnement de Mariotte par application du théorème des quantités de mouvement projetées sur l'axe de l'aju-tage. Il convient, bien entendu, de négliger les pertes de charge dans l'aju-tage N.

quantité de mouvement égale à celles de l'autre ensemble, puisqu'on suppose qu'elles vont avec une même vitesse. Il est encore
manifeste que si deux petits corps égaux entre eux et sans ressort
sont de même poids que ces premières particules d'eau et choquent la balance aux mêmes points, en même temps, avec des vitesses égales, ils feront aussi équilibre et auront des quantités de
mouvement égales avant le choc.

Mettez ensuite les deux premiers poids en des distances inégales,
comme en L et en H; le poids en L emportera le poids en H, et,
parce que le jet en L faisait équilibre avec le poids en E et que ce
poids, étant en H, ne fait plus équilibre avec le poids en L, il ne
fera pas non plus équilibre avec le jet en L; et, par la même raison,
si le jet qui, tombant en E, faisait équilibre avec le jet tombant
en L, est transporté pour tomber en H, il cessera de faire équilibre avec l'autre jet, et de même à l'égard des petits corps égaux
qui tomberaient en même temps avec des vitesses égales aux
points L et H. Or, si les premiers poids sont entre eux en raison
réciproque des distances LI, HI, ils feront équilibre étant en L
et H. Mais, par ce qui a été dit dans la proposition VII de
la deuxième Partie, si MI est égale à IH et qu'on fasse tomber
au point M un jet dont l'ouverture soit à l'ouverture d'un des
premiers jets comme le poids nouveau mis en H est à l'un des
premiers poids mis en L, il fera équilibre avec ce poids mis en H;
et s'il est transporté en H, il fera alors équilibre avec le premier
poids mis en L; et si, au lieu de ce poids en L, on y fait tomber
un des premiers jets, il y aura encore équilibre entre ces deux jets
inégaux, parce que chacun d'eux fait le même effort que les poids
avec lesquels ils sont en équilibre à distances égales. Il paraît donc
qu'afin que deux corps qui tombent sur une balance deçà et delà
du centre de mouvement en même temps fassent équilibre au moment du choc, il est nécessaire que les distances des points où ils
tombent soient en raison réciproque de leurs quantités de mouvement ([150]).

([150]) Les jets sont supposés issus de deux tonneaux identiques et identique-
ment chargés; seules les ouvertures N diffèrent, et les quantités du mouvement
sont proportionnelles à ces ouvertures. — Ce résultat sera utilisé plus tard par
Jacques Bernoulli.

§ 2. — Wren et la balance.

Voici la Note même que Wren (1632-1723) a présentée au concours à la Société Royale et qui a été publiée dans les *Philosophical Transactions* (n° 43, 11 janvier 1668). Elle concerne uniquement les corps parfaitement élastiques et est écrite en latin.

LOI DE LA NATURE CONCERNANT LE CHOC DES CORPS.

Les vitesses propres et les plus naturelles des corps sont inversement proportionnelles aux corps.

LOI DE LA NATURE. — *C'est pourquoi deux corps R et S, animés de leurs vitesses propres, les conservent après le choc.*

Et deux corps R et S, animés de vitesses qui ne sont pas leurs vitesses propres, sont ramenés à l'équilibre par le choc. Voici ce que cela signifie : avant le choc, la vitesse de R dépasse sa vitesse propre d'une certaine quantité; celle de S est inférieure à la sienne de la même quantité; par le choc, cette quantité est ajoutée à la vitesse propre de S et retranchée de celle de R ([151]).

Donc le choc de deux corps animés de leurs vitesses propres équivaut (*æquipollet*) à une balance oscillant sur son centre de gravité.

Et le choc de deux corps animés de vitesses qui ne sont pas leurs vitesses propres équivaut à une balance réciproque posée sur deux centres également distants du centre de gravité: le fléau de la balance est tracé où il est besoin. [*Et collisio* ([152]) *corporum improprias velocitates habentium æquipollet libræ reciprocanti super bina centra æqualiter huic inde a centro gravitatis distantia; libræ vero jugum ubi opus est producitur* ([153]).]

([151]) J'ai traduit ce passage en le développant un peu, le texte latin ne me paraissant pas très clair.

([152]) Je donne ici le texte latin, qui me paraît assez obscur.

([153]) Qu'entend au juste Wren quand il dit que le choc des corps *équivaut à une balance?* c'est assez obscur. Voici ce que j'ai compris. Qu'on se reporte aux figures tracées un peu plus loin par Wren pour résumer ses règles. Qu'on examine notamment la première de celles qui se rapportent au

Par conséquent, il y a trois cas pour le choc des corps égaux animés de vitesses qui ne sont pas leurs vitesses propres.

Pour le choc des corps inégaux animés, soit dans le même sens soit en sens inverse, de vitesses qui ne sont pas leurs vitesses propres, il y en a 10, les 5 derniers se déduisant des 5 premiers par renversement.

Soient R, S deux corps égaux, ou bien R le corps le plus grand, S le plus petit; a le centre de gravité ou couteau de la balance; Z la somme des vitesses des deux corps ([134]).

---

choc de deux corps inégaux, c'est-à-dire celle qui convient quand les corps ont leurs vitesses propres. Ra représente la vitesse du corps R, Sa celle du corps S, et les corps R et S sont dans le rapport de Sa à Ra. La même figure pourrait représenter une balance dont le couteau serait en a et qui serait en équilibre avec les poids R et S placés aux extrémités du fléau RS.

Mais il y a certainement, dans l'esprit de Wren quand il fait le rapprochement entre le choc des corps et la balance, autre chose que cette simple analogie d'un dessin. Évidemment, Wren remarque que, dans la balance en équilibre, il y a égalité entre les produits des poids par ce que nous appelons aujourd'hui les *vitesses virtuelles,* comme, dans le choc des corps animés de leurs vitesses propres, il y a égalité entre les produits des poids par les vitesses de choc. Sa pensée est certainement bien exprimée par ce que dit Mariotte dans le passage signalé par la note 147.

Pour les cas où les corps n'ont pas leurs vitesses propres, voici, à ce que je crois, le problème de Statique que Wren fait correspondre au problème de choc. Considérons deux fléaux de balance, exactement superposés dans la position

Fig. 64.

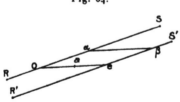

horizontale. l'un RoS ayant son couteau en o, l'autre R'eS' égal au précédent, mais ayant son couteau en e (dans la figure 64, j'ai légèrement incliné ces deux fléaux pour qu'on ne les confonde pas). Ces deux fléaux sont réunis par une tringle $\alpha\beta$, articulée en α et β, qui assure leur parallélisme. En R et R' sont deux poids égaux au poids choquant, en S et S' deux poids égaux au poids choqué. Si l'on considère la position où les fléaux sont confondus suivant la même horizontale oae, les vitesses virtuelles des poids R et S sont proportionnelles aux vitesses des corps avant le choc, celles des poids R' et S' le sont aux vitesses après le choc. La balance est alors en équilibre, en vertu de la relation supposée entre les poids et les vitesses.

([134]) Z est la *vitesse relative* des deux corps. Nous dirions plutôt aujourd'hui, en prenant pour toutes les vitesses la même direction positive, que Z est la *différence* des vitesses. Sur les figures ci-après Z est représentée par la longueur RS.

e ⎱ vitesse ⎱ R ⎱ avant le choc ⎱ ⎱ So ⎱ vitesse ⎱ S ⎱ avant le cho
e ⎰ du corps ⎰ S ⎰ donnée ⎰ ou ⎰ Ro ⎰ du corps ⎰ R ⎰ donnée
R ⎱ vitesse ⎱ R ⎱ après le choc ⎱ bien ⎱ eS ⎱ vitesse ⎱ S ⎱ après le cho
S ⎰ du corps ⎰ S ⎰ ˙ cherchée ⎰ ⎰ eR ⎰ du corps ⎰ R ⎰ cherchée

Règle   Re, Se donnent oR, oS
  »   Ro, So » eS, eR.

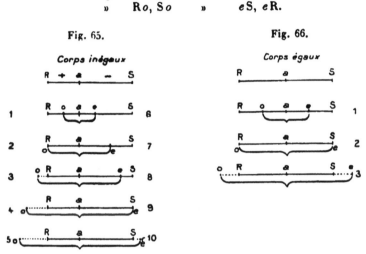

Fig. 65.   Fig. 66.

Lisez, bien qu'elles soient dissociées, les syllabes Re, Se, oR, oS,
ou Ro, So, eS, eR sur la ligne qui correspond à chaque cas. Une
syllabe écrite de droite à gauche indique un mouvement contraire
à celui qui est indiqué par une syllabe écrite de gauche à droite.
Une syllabe non dissociée indique le repos du corps.

Calcul :

$R + S : S :: Z : Ra$ $Re - 2Ra = oR$ $So - 2Sa = eS$
$R + S : R :: Z : Sa$ $2Sa \pm Se = oS$ $2Ra \pm Ro = oR$

§ 3. — Huygens et le mouvement relatif.

Les idées les plus intéressantes sur le problème du choc des
corps ont été émises par Huygens (1629-1697). Le savant
hollandais ne s'est pas borné d'ailleurs, sur ce sujet, à la
Note qu'il a présentée au concours de la Société Royale; il a
composé un traité complet : *De Motu corporum ex percus-
sione* qui a été publié dans ses œuvres posthumes en 1700.
C'est lui que nous citerons ici.

Hypothèses. — I. Un corps quelconque en mouvement, s'il ne rencontre aucun obstacle, tend à se mouvoir indéfiniment avec la même vitesse et en ligne droite.

II. Quelle que soit la cause pour laquelle deux corps durs rebondissent quand ils se choquent, nous faisons l'hypothèse suivante : si les deux corps sont égaux, si leurs vitesses sont égales, si ces vitesses sont de sens inverse, et si les deux corps se choquent directement, chacun rebondit avec une vitesse égale à celle qu'il avait avant le choc.

On dit que deux corps se choquent directement lorsque le mouvement a lieu suivant la droite joignant les deux centres de gravité et que le contact se produit sur cette droite.   ·

III. Mouvement des corps, vitesses égales ou inégales, ces expressions doivent être entendues relativement à d'autres corps qui sont considérés comme au repos, quoiqu'il puisse arriver que les seconds et les premiers corps soient entraînés dans un mouvement commun. Et lorsque deux corps viennent se choquer, même si tous les deux sont soumis en outre à un autre mouvement commun uniforme, ils se repousseront l'un l'autre, pour un observateur entraîné dans ce mouvement commun, exactement comme si ledit mouvement parasite n'existait pas.

Ainsi, soit un expérimentateur qui, emporté par un navire dans un mouvement uniforme, fait choquer deux sphères égales animées par rapport à lui-même et au navire, de vitesses égales et de sens contraires. Nous disons que les deux corps rebondiront avec des vitesses égales par rapport au navire, exactement comme si l'on produisait le choc dans le navire au repos ou sur la terre ferme ([155]).

Ceci posé, nous démontrerons les lois qui régissent le choc des corps égaux. Nous poserons en leur lieu les hypothèses dont nous aurons besoin pour le cas des corps inégaux.

Proposition I. — Un corps étant en repos, si un corps égal vient le choquer, après le choc le second corps sera en repos et le premier aura acquis la vitesse qu'avait le second avant le choc.

([155]) En disciple de Descartes, Huygens estime que le mouvement est toujours relatif. C'est là le caractère principal du passage que nous citons ici. Nous le discutons en détail à la suite de cette citation.

Qu'on imagine un navire transporté le long de la rive par le courant d'un fleuve, et cela si près du bord qu'un passager se tenant dans ce navire puisse saisir les mains d'un aide se tenant sur la rive. Le passager tient dans ses deux mains A et B deux corps égaux E et F suspendus à des fils et dont la distance EF est partagée en deux parties égales par le point G. Déplaçant également ses deux mains l'une vers l'autre, par rapport à lui et au

Fig. 67.

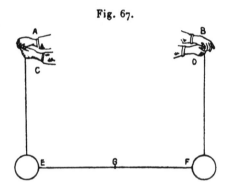

navire, il fera se choquer les deux globes E, F avec des vitesses égales ; ceux-ci rebondiront nécessairement avec des vitesses égales (hypothèse II) par rapport au passager et au navire. Mais pendant ce temps, le navire est supposé porté vers la droite avec une vitesse GE, égale à celle avec laquelle la main droite A est portée vers la gauche.

Par suite la main A du passager est immobile par rapport à la rive et à l'aide se tenant sur elle. Mais la main B, par rapport à cet aide, se déplace avec la vitesse EF double de GE ou FG. Supposons que l'aide se tenant sur la rive saisisse avec sa main C la main A du passager ainsi que l'extrémité du fil qui soutient le globe E, et avec sa main D la main B du passager qui soutient le fil auquel pend F. On voit que, tandis que le passager fait se rencontrer les sphères E et F avec des vitesses égales par rapport à lui et au navire, en même temps son aide se tenant sur la rive choque la sphère E immobile avec la sphère F animée de la vitesse FE, par rapport à lui et à la rive. Et il est certain que, pour le passager déplaçant ses sphères comme on l'a dit, il n'y a aucun obstacle à ce que son aide se tenant sur la rive lui saisisse les mains et les extrémités des fils, pourvu seulement qu'il accompagne leur mouvement et ne lui oppose aucun empêchement. De même, pour l'aide se tenant sur la rive et conduisant la sphère F contre la sphère immobile E, il n'y a aucun obstacle à ce que le passager joigne ses mains aux siennes, si toutefois les mains A et C sont en repos par rapport à la rive et à l'aide tandis que les mains D et B se meuvent avec la même vitesse FE.

Comme on l'a dit, les sphères E et F rebondissent, après le choc, avec des vitesses égales par rapport au passager et au navire : savoir la sphère E avec la vitesse GE et la sphère F avec la vitesse GF. Pendant ce temps le navire va vers la droite avec la vitesse GE ou FG. Donc, par rapport à la rive et à l'aide se tenant sur elle, le globe F reste immobile après le choc, et le globe E va vers la gauche avec une vitesse double de GE, soit avec la vitesse FE avec laquelle F a choqué E. Nous montrons donc que, pour un observateur se tenant sur la terre, lorsqu'un corps immobile est choqué par un corps égal, celui-ci perd après le choc tout son mouvement, que celui-là au contraire prend en entier.

C. Q. F. D.

Proposition II. — Si deux corps égaux, animés de vitesses inégales, viennent à se choquer, ils échangent leurs vitesses dans le choc.

[La démonstration est analogue à la précédente.]

. . . .

Hypothèse IV. — Si un corps vient choquer un autre corps plus petit et en repos, il lui communique un certain mouvement et perd une partie du sien ([156]).

([156]) Il est possible de rattacher cette hypothèse IV à l'hypothèse faite plus loin sur la conservation des forces vives (*cf.* note 163). Ce n'est donc pas une hypothèse distincte.

Tout d'abord, en effet, une fois admis que le grand corps a mis le petit en mouvement, il est nécessaire, pour que les forces vives se conservent, que le grand perde une partie de sa vitesse.

Il reste à voir pourquoi le grand corps met en mouvement le petit. S'il ne le fait pas, il faut, pour la conservation des forces vives, qu'il conserve lui-même sa vitesse en valeur absolue : si donc il a la vitesse $\overline{v_0}$ avant le choc, il est animé, après le choc, de $\overline{v_0}$ ou de $\overline{-v_0}$. Il ne peut pas être animé de v_0, le second corps restant immobile, car celui-ci, par son impénétrabilité, empêche que le grand corps ne continue, après le choc, à se mouvoir comme avant. La vitesse du grand corps après le choc ne peut donc être que $\overline{-v_0}$. Mais considérons alors un navire animé de la vitesse $\overline{-v_0}$; par rapport à lui, la vitesse du grand corps passe de la valeur $2v_0$ à la valeur o; celle du petit reste égale à v_0, c'est-à-dire que les forces vives ne se conservent pas. On éliminera ce cas si l'on admet que les forces vives doivent se conserver *dans un système d'axes quelconque*. Il sera donc nécessaire que le petit corps soit mis en mouvement.

Proposition III. — Un corps aussi grand qu'on veut, s'il est choqué par un corps si petit qu'il soit animé d'une vitesse quelconque, est mis en mouvement par le choc ([157]).

[Démonstration toujours basée sur l'emploi du navire.]

. . . .

Hypothèse V. — Soient deux corps durs venant se choquer; s'il arrive qu'après le choc l'un des deux conserve tout le mouvement qu'il avait avant, le mouvement de l'autre n'est non plus ni augmenté, ni diminué ([158]).

Proposition IV. — Toutes les fois que deux corps se choquent, leur vitesse relative est la même après le choc, quand ils s'éloignent, et avant le choc, quand ils se rapprochent.

Pour deux corps égaux, c'est évident en vertu de la proposition II. Soient maintenant deux corps inégaux et prenons d'abord le cas où le corps le plus grand A est choqué *au repos* par le corps le plus petit B, se déplaçant vers la droite avec une vitesse BA. Je dis qu'après le choc les deux corps se sépareront avec cette même vitesse BA; en d'autres termes, si le corps B a parcouru dans le temps 1 l'espace BA, au bout d'un second espace de temps égal à 1, les deux corps se trouveront distants d'une longueur égale à AB.

On sait en effet que A reçoit de l'impulsion du corps B une certaine vitesse. Soit AC cette vitesse; elle doit être inférieure à celle,

Fig. 68.

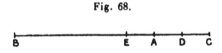

BA, avec laquelle B se déplaçait, car ce serait seulement si B était égal à A que A recevrait par le choc la vitesse BA (proposition I) ([159]).

___

([157]) Il est intéressant de remarquer que Huygens a jugé utile de démontrer ce résultat en s'appuyant sur une hypothèse, c'est-à-dire sur un résultat expérimental, concernant le choc d'un corps petit par un plus grand (hypothèse IV). Il est problable que, s'il a jugé cette démonstration nécessaire, c'est à cause de l'erreur de Descartes dans sa quatrième règle sur le choc (*voir* Chap. I, § 1).

([158]) A la vérité, cette hypothèse V n'est qu'un cas particulier de l'hypothèse de la conservation des forces vives, faite plus loin (*voir* note 163). Ce n'est pas une hypothèse distincte.

([159]) Ce raisonnement n'est pas entièrement probant. La proposition I nous apprend que, si B est égal à A, A reçoit par le choc la vitesse BA; ce n'est pas suffisant pour affirmer ce qu'affirme Huygens. Manifestement, Huygens considère

Divisons AC en deux parties égales par le point D et prenons AE = AD. Imaginons que ces mouvements se produisent dans un navire animé vers la gauche d'une vitesse DA; avant le choc, le corps A, qui était en repos par rapport au navire, avait nécessairement par rapport aux rives la vitesse DA vers la gauche; après le choc, comme le mouvement dans le navire se fait vers la droite avec la vitesse AC et que le navire se déplace en sens inverse avec la vitesse DA, A se mouvra, par rapport aux rives, avec la vitesse DC ou AD vers la droite. Par conséquent, par rapport aux rives, le corps conserve la même vitesse avant et après le choc. C'est pourquoi B, par rapport aux mêmes repères, ne doit rien perdre de sa vitesse (hypothèse V). D'autre part, avant le choc, B se déplaçait par rapport aux rives avec la vitesse BE vers la droite.... Donc, après le choc, il devra se mouvoir par rapport aux rives avec la vitesse BE, mais vers la gauche, car le mouvement plus lent de A empêche que ce ne soit vers la droite. Comme donc après le choc B se déplace, par rapport aux rives, avec la vitesse EB vers la gauche et A avec la vitesse AD ou EA vers la droite, nécessairement ces deux corps s'éloignent l'un de l'autre avec une vitesse composée de EB et de EA, c'est-à-dire avec la vitesse BE; et cela est vrai non seulement par rapport aux rives, mais aussi par rapport au navire, puisqu'ils se séparent réellement avec cette vitesse. On sait d'ailleurs que ce qui arrive à des corps se choquant dans un navire en mouvement arrive partout en dehors du navire de la même manière.

Ce cas démontré, les autres suivent facilement. Il y en a quatre différents : ou bien le corps le plus petit est au repos, ou bien les deux corps sont animés de mouvements contraires, ou bien le plus grand suit le plus petit avec une vitesse plus grande, ou bien le contraire. On peut traiter tous ces cas ensemble.

Supposons, comme plus haut, que A soit plus grand que B et qu'il ait une vitesse AC; supposons aussi que B ou bien soit tout

---

comme évident que, puisqu'un corps B égal à A lui imprime la vitesse BA, un corps B inférieur à A ne pourra lui imprimer qu'une vitesse inférieure à BA. Mais on pourrait déduire ce résultat de la loi de la conservation des forces vives, admise plus loin. Soit, en effet, un corps B de masse m en mouvement avec une vitesse v : sa force vive est $\frac{1}{2} m v^2$. S'il choque un corps A de masse $m' > m$, il ne peut lui imprimer une vitesse égale ou supérieure à v; car, s'il le faisait, la force vive de A, après le choc, serait supérieure à $\frac{1}{2} m' v^2$; celle de B serait au moins zéro. La force vive aurait donc crû dans le choc.

à fait en repos ou bien ait une vitesse BC. Lorsque les corps se meuvent ainsi, ils ont une vitesse relative AB. Je dis qu'après le choc ils se sépareront avec la même vitesse.

En effet, considérons de nouveau ces mouvements se produisant

Fig. 69.

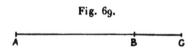

dans un navire animé de la vitesse CA, la même que celle du corps A mais en sens inverse. Par rapport aux rives, A est évidemment immobile, et, dans tous les cas, B vient vers lui avec la vitesse BA. Mais A est plus grand que B; donc on se trouve dans le cas précédent et l'on sait qu'après le choc les deux corps se sépareront avec la même vitesse AB par rapport aux mêmes rives. D'où l'on voit qu'ils se sépareront l'un de l'autre avec cette même vitesse, même par rapport au navire et en réalité.

. . . .

Proposition VI. — Quand deux corps viennent se choquer, la quantité de mouvement de l'ensemble ne se conserve pas toujours après le choc égale à ce qu'elle était avant; elle peut augmenter ou diminuer ([160]).

[Cela résulte de tout ce qui précède.]

. . . .

Pour tous les cas possibles de choc entre deux corps égaux, on a fait voir dans quel rapport le mouvement de l'un se transmet à l'autre, en admettant que des corps égaux, se choquant avec des vitesses égales, rebondissent également. De même, pour les corps de toute grandeur, tous les cas, à la vérité très nombreux, pourront être résolus si l'on admet ce qui suit : « Quand deux corps inégaux viennent se choquer et que leurs vitesses sont en raison inverse de leurs grandeurs, l'un et l'autre sont repoussés par le choc avec une vitesse égale à celle qu'ils avaient en venant... ([161]). » D'ailleurs, comme cette proposition n'est pas aussi évidente que celle qui a été admise pour les corps égaux (bien qu'elle ne soit pas

([160]) Huygens entend ici la quantité de mouvement sans signe, comme Descartes, et la présente proposition a précisément pour objet de montrer l'erreur de Descartes sur ce point.

([161]) C'est ce qu'a fait Wren.

contraire à la raison et qu'elle soit bien d'accord avec l'expérience), nous nous efforcerons de la démontrer.

On sait que, toutes les fois que deux corps graves descendent d'un mouvement naturellement accéléré, les espaces qu'ils parcourent sont en raison doublée des plus grandes vitesses qu'ils ont acquises. Cela a été démontré par Galilée, dans son troisième dialogue sur le mouvement, et prouvé par des expériences innombrables et excellentes; il en est de même du fait que la vitesse acquise par un corps en tombant peut le faire remonter à la même hauteur d'où il est descendu. On trouvera des démonstrations de ces deux résultats dans nos écrits sur l'horloge ([162]). Par eux, on pourra maintenant démontrer le théorème énoncé plus haut.

Proposition VIII. — Si deux corps, se déplaçant en sens inverse, viennent se choquer avec des vitesses en raison inverse de leurs grandeurs, chacun rebondit avec la même vitesse qu'il avait avant le choc.

Soient deux corps venant à la rencontre l'un de l'autre A et B, le premier étant le plus grand. La vitesse BC du corps B est à la vitesse AC du corps A dans le même rapport que la grandeur A à

Fig. 70.

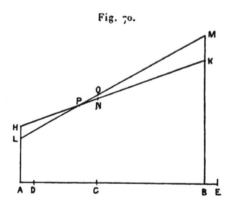

la grandeur B. Nous voulons montrer que, après le choc, chaque corps retournera avec la vitesse qu'il avait avant, savoir A avec la vitesse CA, B avec la vitesse CB. Il est certain, d'ailleurs, que, si A est réfléchi avec la vitesse CA, B le sera avec la vitesse CB, sans quoi la vitesse relative des deux corps ne serait pas la même quand ils s'approchent et quand ils s'éloignent (prop. IV). Suppo-

---

([162]) On trouvera des extraits de ces écrits plus loin (Chap. III).

sons donc que le corps A ne soit pas réfléchi avec la vitesse CA ; et admettons d'abord qu'il le soit, si c'est possible, avec une vitesse moindre CD. B rebondira alors avec une vitesse CE, supérieure à sa vitesse avant le choc, de manière que DE soit égal à AB (prop. IV). Imaginons que le corps A ait acquis sa première vitesse AC, dont il était animé avant le choc, en tombant d'une hauteur HA et que, après être descendu en A, il ait changé son mouvement vertical en mouvement horizontal de vitesse AC ; imaginons aussi que le corps B ait acquis de même sa vitesse BC en tombant d'une hauteur KB. Ces hauteurs sont en raison doublée des vitesses, c'est-à-dire que HA est à KB comme le carré de AC au carré de CB. Que si, ensuite, après le choc, les corps A et B changent leurs mouvements horizontaux, dont les vitesses sont mesurées par CD et CE, en mouvements verticaux vers le haut, on sait que A parviendra à une hauteur AL qui sera à AH comme le carré de CD au carré de CA.... et que B.... parviendra à une hauteur BM qui sera à KB comme le carré de CE est au carré de CB. Joignons HK, LM qui se coupent nécessairement au point P et divisons ces deux droites par les points N et O de manière que HN soit à NK et LO à OM comme la grandeur B à A. Lorsque le centre de gravité de A est en H et celui de B en K, leur centre de gravité commun est N. Mais après que H et K sont tombés et que, après le choc, ils se sont relevés jusqu'en L et M, leur centre de gravité commun est en O. Or, cela est impossible, car nous montrerons bientôt que O est plus élevé que N, et c'est un axiome très certain de Mécanique que, dans le mouvement des corps provenant de leur gravité, leur centre commun de gravité ne peut s'élever ([163]).

On peut montrer comme suit que O est plus élevé que N.

[On a ([164])

$$\overline{CE}^2 - \overline{BC}^2 = \overline{BE}^2 + 2\,BC.BE = BE\,(BC + CE),$$

$$\overline{AC}^2 - \overline{CD}^2 = \overline{AD}^2 + 2\,AD.CD = AD\,(AC + CD).$$

([163]) Voir le Traité *Horologium oscillatorium* (Chapitre suivant). En somme Huygens admet ici, en adoptant le langage moderne, que la somme des forces vives se conserve pendant le choc. Et l'on remarquera qu'il admet implicitement cette conservation *dans tous les systèmes d'axes*, puisqu'il appliquera plus tard sa proposition VIII aux chocs se produisant dans un navire quelconque.

([164]) Nous substituons ici les notations modernes au raisonnement, un peu lourd, d'Huygens.

Donc

$$\frac{\overline{CE}^2 - \overline{BC}^2}{\overline{AC}^2 - \overline{CD}^2} = \frac{BC + CE}{AC + CD}.$$

Or

$$BC + CE > 2\,BC,$$
$$AC + CD < 2\,AC.$$

Donc

(1)
$$\frac{\overline{CE}^2 - \overline{BC}^2}{\overline{AC}^2 - \overline{CD}^2} > \frac{BC}{AC},$$

mais on sait que

$$\frac{\overline{CE}^2}{\overline{CD}^2} = \frac{BM}{AL}, \qquad \frac{\overline{BC}^2}{\overline{CD}^2} = \frac{BK}{AL}, \qquad \frac{\overline{AC}^2}{\overline{CD}^2} = \frac{AH}{AL}.$$

Donc

$$\frac{\overline{CE}^2 - \overline{BC}^2}{\overline{CD}^2} = \frac{MK}{AL}, \qquad \frac{\overline{AC}^2 - \overline{CD}^2}{\overline{CD}^2} = \frac{HL}{AL}$$

et

$$\frac{\overline{CE}^2 - \overline{BC}^2}{\overline{AC}^2 - \overline{CD}^2} = \frac{MK}{HL}.$$

La relation (1) montre alors que

$$\frac{MK}{HL} > \frac{BC}{AC}.$$

Or

$$\frac{MK}{HL} = \frac{MP}{LP}$$

et

$$\frac{BC}{AC} = \frac{MO}{LO}.$$

Donc

$$\frac{MP}{LP} > \frac{MO}{LO}$$

ou enfin

$$LO > LP.$$

Le point O est donc, par rapport à P, du côté de **MK**. Il est donc au-dessus de N. C'est ce qui restait à démontrer.]

Admettons maintenant que le corps A soit réfléchi, si c'est possible, avec une vitesse CD supérieure à celle CA qu'il avait avant le choc. CD sera d'ailleurs moindre que CB, vitesse de B avant le choc; en effet, ce serait seulement si B n'était pas inférieur, mais égal à A, que A s'éloignerait après le choc avec une vitesse CB (prop. II).

De plus, B sera réfléchi après le choc avec une vitesse CE telle
que DE soit égal à AB.... [La suite de la démonstration est analogue
à celle qui précède.]....

Peut-il arriver qu'après le choc A s'arrête et que B soit seul
réfléchi? Il le sera alors avec la vitesse AB, puisque telle était la
vitesse relative des deux corps avant le choc (prop. IV).... [Huy-
gens démontre par un raisonnement analogue à celui qui précède
que cette hypothèse est inadmissible.]....

Peut-on dire enfin que le corps A continue à se mouvoir après
le choc dans le même sens qu'avant avec une vitesse CF? S'il en
est ainsi, cette vitesse CF ne sera pas plus grande que celle AC
qu'il avait avant le choc ([165]). D'ailleurs, le corps B devra précéder A avec une vitesse CG dépassant CF d'une quantité FG égale
à AB (prop. IV). On verra par le raisonnement suivant que cela
n'est pas possible. Prenons CD égal à CF et DE égal à AB. Donc,
ED surpasse CE de la même quantité que CG surpasse FG ou ED.
En supposant, comme dans le premier cas, que le corps A revient
en arrière après le choc avec une vitesse CD, on montre que même
la vitesse CE ne peut être attribuée au corps B sans qu'on soit
conduit à l'absurdité suivante : « Les mouvements horizontaux
étant changés en mouvements verticaux, le centre de gravité

Fig. 71.

commun des corps s'élèvera à une hauteur plus grande que celle
d'où il est descendu. » A fortiori parvient-on à la même absurdité si
le corps B acquiert une vitesse CG beaucoup plus grande que CE,
le corps A en ayant une CF égale à CD elle-même. Donc, après le
choc, le corps A ne continue pas son mouvement dans le même
sens. C'est pourquoi il ne reste plus que la solution suivante :
A retourne en arrière avec la vitesse CA avec laquelle il se déplaçait avant le choc et, par suite, B rebondit aussi avec la vitesse CB.

C. Q. F. D.

[Ce théorème étant démontré, Huygens traite facilement
tous les cas de choc entre deux corps inégaux en les ramenant,
par l'artifice du navire, au cas qui fait l'objet de la proposition VIII.]

([166]) Cela peut se déduire facilement de la conservation des forces vives et de la
proposition IV. C'est d'ailleurs inutile pour ce qui suit.

Ce qu'il y a de particulièrement intéressant, à mon avis, dans le Traité qui précède, c'est la tentative faite par Huygens de construire une théorie mécanique fondée sur la notion de *relativité du mouvement.*

Qu'Huygens pensât que le mouvement ne peut se considérer que relativement, c'est ce qui ne fait aucun doute. Il me suffira, pour le montrer, de citer, à côté de ce qu'il dit plus haut dans son hypothèse III, les passages suivants empruntés à sa correspondance ([166]).

Je montrerais que le mouvement d'un corps peut être en même temps véritablement égal et véritablement accéléré selon qu'on rapporte son mouvement à d'autres différents corps (Lettre n° **1688**, année 1668?).

Selon moi, le repos et le mouvement ne peuvent être considérés que relativement, et le même corps qu'on dit être en repos à l'égard de quelques-uns peut être dit se mouvoir à l'égard des autres corps et même il n'y a pas plus de réalité de mouvement dans l'un que dans l'autre (Lettre n° **1754**, 10 août 1669).

Et s'il ne veut pas m'accorder que le mouvement et le repos ne se peuvent considérer que relativement, je le prie de me dire et définir ce que c'est l'un ou l'autre à les prendre *absolute* et sans relation (Lettre n° **1770**, 30 octobre 1669).

Dans les applications, Huygens n'a pas conservé dans leur intégrité ces idées générales ([167]); il n'a pas complètement éliminé de sa Mécanique la notion de mouvement absolu. *L'énoncé qu'il donne, dans son hypothèse I, du principe connu aujourd'hui sous le nom de* principe de l'inertie *la suppose.* Et dans son hypothèse III où il pose tout d'abord si nettement la relativité du mouvement, il restreint ensuite son affirmation en supposant que le mouvement d'entraînement commun est uniforme (*æquabilis*).

Et cependant il n'est pas douteux qu'il y a dans la théorie

([166]) Voir *Œuvres complètes* d'Huygens publiées par la Société hollandaise des Sciences.

([167]) Quoi d'étonnant à cela d'ailleurs, de la part d'un homme qui a presque été le contemporain de Galilée et des grandes luttes soutenues à propos de la rotation ou de l'immobilité de la Terre?

du choc beaucoup de choses indépendantes, comme l'a voulu Huygens, de la notion de mouvement absolu. Il y en a même plus qu'Huygens lui-même ne paraît l'avoir vu, plus peut-être que dans la plupart des théories mécaniques, et cela grâce à l'*instantanéité* du phénomène du choc. C'est ce que nous allons montrer en examinant, au point de vue de la relativité du mouvement, les diverses hypothèses d'Huygens.

Nous commencerons par nous occuper de la relativité de l'espace. Nous dirons un mot ensuite de la relativité du temps.

Nous envisagerons uniquement le mouvement du centre de gravité des corps choquants, indépendamment de ce qu'on appelle aujourd'hui le mouvement autour du centre de gravité. Nous supposerons les corps assez petits pour que ce mouvement autour du centre de gravité soit négligeable au point de vue de la force vive. Nous n'aurons donc pas à nous préoccuper des hypothèses faites par Huygens sur le fait que le choc est direct, hypothèses grâce auxquelles il peut considérer les corps comme animés de translations. En considérant ces corps comme des points, nous laissons de côté cette question accessoire.

Il reste alors, comme hypothèses fondamentales adoptées par Huygens : 1° l'hypothèse I, c'est-à-dire le principe de l'inertie; 2° une série d'hypothèses qui se réduisent (on peut s'en convaincre en se reportant aux notes 156, 158 et 163,) à la suivante : « Les forces vives se conservent pendant le choc, et cela quel que soit le système d'axes auquel on rapporte le mouvement. » Huygens, à la vérité, limite l'indétermination des axes à des axes animés d'un mouvement absolu de translation uniforme. Nous allons voir que cette introduction de l'idée de mouvement absolu est inutile.

On peut se proposer de rechercher ce que le principe de l'inertie contient d'indépendant du système d'axes : c'est une étude que nous ferons dans la seconde Partie de cet Ouvrage. Elle est inutile pour l'objet qui nous occupe ici, parce que, en somme, l'hypothèse I ne joue aucun rôle dans la théorie d'Huygens. Le savant hollandais étudie les variations de vitesse que produit le phénomène instantané du choc; il ne s'occupe pas de la nature du mouvement (uniforme, uniformément accéléré, rectiligne, curviligne, etc.) avant ou après le choc. Pour ses raisonnements, il utilise divers systèmes de référence, les navires qu'il considère comme animés les uns par rapport aux autres de translations uniformes; mais la seule chose qui importe c'est la vitesse d'entraînement, au moment du choc, du point où se produit le choc; il n'est nullement nécessaire que ces translations soient uniformes, il ne l'est même pas que les mouvements respectifs des navires soient des translations, et le système de référence primitif peut être quelconque.

Il est facile de voir, en effet, que la variation de vitesse produite par le choc est indépendante du système d'axes adopté comme système de comparaison. Soient $\overline{v_0}$ et $\overline{v_1}$ les vitesses avant et après le choc d'un des corps choquants, prises par rapport à un système d'axes arbitraire choisi comme primitif, $\overline{v_{r0}}$, $\overline{v_{r1}}$ les mêmes vitesses par rapport à un second système *absolument quelconque*, $\overline{v_e}$ la vitesse, par rapport au premier système et à l'instant du choc, du point du deuxième système où se produit le choc. Les équipollences

$$(1) \qquad \overline{v_0} = \overline{v_{r0}} + \overline{v_e},$$
$$(2) \qquad \overline{v_1} = \overline{v_{r1}} + \overline{v_e}$$

montrent que les différences géométriques $\overline{v_0} - \overline{v_1}$ et $\overline{v_{r0}} - \overline{v_{r1}}$ sont égales. La même chose serait vraie pour le second corps choquant dont les vitesses seront désignées par $\overline{v_0'}$, $\overline{v_1'}$, $\overline{v_{r0}'}$, $\overline{v_{r1}'}$.

Examinons maintenant à quelles conditions le principe de la conservation des forces vives peut s'énoncer pour un système d'axes quelconque.

Notons m et m' les masses des corps. Dans le premier système, la conservation des forces vives s'écrit

$$(3) \qquad m v_0^2 + m' v_0'^2 = m v_1^2 + m' v_1'^2.$$

Cette égalité (3) étant vérifiée, à quelle condition la conservation des forces vives sera-t-elle vraie pour le second systéme, c'est-à-dire à quelle condition aura-t-on aussi

(4) $$m v_{r0}^2 + m' v_{r0}'^2 = m v_{r1}^2 + m' v_{r1}'^2 ?$$

L'égalité (3) peut s'écrire

$$m(v_0^2 - v_1^2) + m'(v_0'^2 - v_1'^2) = 0,$$

ou, en faisant intervenir la notion de produit géométrique,

$$\overline{m(\overline{v_0} - \overline{v_1})} \cdot \overline{(\overline{v_0} + \overline{v_1})} + \overline{m'(\overline{v_0'} - \overline{v_1'})} \cdot \overline{(\overline{v_0'} + \overline{v_1'})} = 0.$$

Tenant compte de (1), (2), il vient

$$\overline{m(\overline{v_{r0}} - \overline{v_{r1}})} \cdot \overline{(\overline{v_{r0}} + \overline{v_{r1}})} + \overline{m'(\overline{v_{r0}'} - \overline{v_{r1}'})} \cdot \overline{(\overline{v_{r0}'} + \overline{v_{r1}'})}$$
$$+ 2m\overline{v_e} \cdot \overline{(\overline{v_0} - \overline{v_1})} + 2m'\overline{v_e} \cdot \overline{(\overline{v_0'} - \overline{v_1'})} = 0,$$

ou encore

$$m v_{r0}^2 - m v_{r1}^2 + m' v_{r0}'^2 - m' v_{r1}'^2 + 2m\overline{v_e} \cdot \overline{(\overline{v_0} - \overline{v_1})}$$
$$+ 2m'\overline{v_e} \cdot \overline{(\overline{v_0'} - \overline{v_1'})} = 0.$$

Pour que (4) soit vérifiée, il faut et il suffit que

$$2\overline{v_e} \cdot \overline{[m(\overline{v_0} - \overline{v_1}) + m'(\overline{v_0'} - \overline{v_1'})]} = 0.$$

Cette relation exprime que le vecteur

$$m(\overline{v_0} - \overline{v_1}) + m'(\overline{v_0'} - \overline{v_1'})$$

a une projection nulle sur le vecteur $\overline{v_e}$. Cette propriété doit être exacte quel que soit le second système d'axes, c'est-à-dire quel que soit le vecteur $\overline{v_e}$. Il faut et il suffit pour cela que le vecteur $m(\overline{v_0} - \overline{v_1}) + m'(\overline{v_0'} - \overline{v_1'})$ soit nul.

Ce résultat peut s'énoncer de deux manières. Ou bien on peut dire que le vecteur $m\overline{v_0} + m'\overline{v_0'}$, c'est-à-dire *la quantité mouvement* entendue avec une direction et un sens, doit se conserver dans le choc. C'est la loi de Wallis convenablement généralisée.

Ou bien on peut dire que les vecteurs $m(\overline{v_0} - \overline{v_1})$ et $m'(\overline{v_0'} - \overline{v_1'})$ doivent être égaux et directement opposés. Cet énoncé est particulièrement instructif. Nous savons, en effet, que ces deux vecteurs sont entièrement indépendants du systéme de comparaison ; ils ont, si l'on peut dire, une valeur absolue. Et leur signification est facile à trouver en faisant intervenir la notion de force. Désignons par ε la durée, très petite, du choc, et admettons, avec Galilée, que les forces sont proportionnelles aux variations de vitesse produites dans un temps donné. Remarquons d'ailleurs que cette définition des forces, si elle suppose la notion d'espace absolu quand on l'applique à une variation de vitesse de même ordre que le temps et que le chemin parcouru dans ce temps, ne la suppose plus du tout dans le cas du choc où la variation instantanée de vitesse est la même dans tous les systèmes d'axes.

Les vecteurs $\dfrac{m(\overline{v_0} - \overline{v_1})}{\varepsilon}$ et $\dfrac{m'(\overline{v_0'} - \overline{v_1'})}{\varepsilon}$ sont alors les forces moyennes développées par le choc au contact des corps choquants. La condition à laquelle nous sommes parvenus est donc que les forces au contact soient deux à deux égales et directement opposées, c'est-à-dire obéissent au principe de l'égalité de l'action et de la réaction.

Il nous suffira maintenant d'un mot pour traiter de la relativité du temps. Si t est le temps mesuré avec une certaine horloge, θ le temps mesuré avec une autre horloge, une vitesse quelconque, mesurée par le nombre v avec le temps t, devient $v\dfrac{dt}{d\theta}$ avec le temps θ. Quand on passe d'un temps à l'autre, les différences géométriques de vitesse sont multipliées par $\dfrac{dt}{d\theta}$, les forces vives par $\left(\dfrac{dt}{d\theta}\right)^2$. Le choc étant d'ailleurs instantané, ces facteurs sont les mêmes après et avant. Si donc l'égalité (3) est vraie avec une certaine horloge, elle l'est avec une autre quelconque.

Il convient de faire une remarque. Tout ce qui précède, aussi bien ce qui est relatif aux systèmes d'axes que ce qui est relatif aux horloges, suppose essentiellement que les seconds repères ne subissent pas de changements brusques par rapport aux premiers : c'est à cette condition que $\overline{v_e}$ et que $\dfrac{dt}{d\theta}$ sont les mêmes avant et après le choc. C'est la seule restriction à nos raisonnements.

En résumé, la théorie du choc d'Huygens repose uniquement sur l'hypothèse que les forces vives se conservent dans le choc des corps élastiques, et cela quels que soient les repères auxquels on rapporte le mouvement. Et cette hypothèse peut se décomposer en deux. Il suffit d'admettre la conservation des forces vives dans un système d'axes particuliers, avec une horloge quelconque, et de poser ensuite le principe de l'égalité de l'action et de la réaction. Or, la conservation des forces vives peut être considérée comme démontrée expérimentalement par l'observation des chocs à *la surface de la Terre,* par le fait que, dans une telle observation, on voit le centre de gravité des corps pesants remonter à la hauteur d'où il est tombé, et pas plus haut : c'est ainsi qu'Huygens la justifie.

Les considérations qui précèdent mettent en évidence un lien entre le principe de l'égalité de l'action et de la réaction et l'idée de l'impossibilité du mouvement perpétuel. C'est un point de vue que nous développerons plus tard.

toujours égaux à ceux des forces estimées suivant la méthode de
Descartes ([171]).

Roberval prétendit, avec plus de fondement, que Descartes
n'avait cherché que le centre de percussion, autour duquel les
chocs ou les moments de percussion sont égaux, et que, pour
trouver le vrai centre d'oscillation d'un pendule pesant, il fallait
aussi avoir égard à l'action de la gravité, en vertu de laquelle le
pendule se meut ([172]). Mais, cette recherche étant supérieure à la

---

([111]) Lagrange fait ici une erreur. En réalité l'objection de Roberval était
fondée et sa correction exacte.

Prenons, pour fixer les idées, une figure plane oscillant autour d'un axe O perpendiculaire à son plan, et soit OG passant par le centre de gravité. Le problème
proposé est de composer toutes les forces d'agitation, la force d'agitation du point M
étant un vecteur égal à mv appliqué au point M. Pour faire cette composition,

Fig. 72.

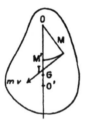

Descartes prend les moments autour de O, et il cherche, sur OG, un point O′ tel
qu'une force appliquée en ce point et égale à la somme des forces d'agitation ait
même moment par rapport à O que toutes les forces d'agitation. Cela revient,
comme le fait remarquer Lagrange, à rabattre (Lagrange dit *projeter*) M en M′
sur OG par un arc de cercle MM′, et à supposer que la force mv est appliquée
en M′ perpendiculairement à OG. Au contraire Roberval considère la force mv
comme appliquée en I; il n'envisage que la composante de mv normale à OG, la
composante suivant OG étant détruite par la fixité de O, et il détermine le point O′
par la condition qu'une force appliquée en ce point et égale à la somme des composantes des mv normales à OG ait même moment que toutes les forces mv.

On voit, par cette analyse, que Roberval compose plus correctement que Descartes les forces appliquées à un corps solide, et, effectivement, il trouve la position exacte du centre d'oscillation d'un secteur circulaire oscillant autour d'un
axe perpendiculaire à son plan et passant par son centre. Il reste à voir pourquoi
cette composition des *forces d'agitation* est bien la solution du problème du
centre d'oscillation. Ce qu'en dit Descartes est insuffisant pour le prouver et l'on
va voir par ce qui va suivre que Roberval a bien compris cette insuffisance.

([112]) « La pesanteur du corps est une puissance, disait Roberval, l'agitation en
est une autre, quoiqu'elle soit causée par la pesanteur, et chacune de ces puissances a sa force, sa direction et son centre propres et particuliers, qui servent
à examiner le centre composé de ces différentes puissances. » A quoi Descartes
essayait de répondre : « Le mot de centre de gravité est relatif aux corps qui se

Mécanique de ces temps-là, les géomètres continuèrent à supposer tacitement que le centre de percussion était le même que celui d'oscillation et Huygens fut le premier qui envisagea ce dernier centre sous son vrai point de vue... Ne pouvant résoudre ce problème par les lois connues du mouvement, il inventa un principe nouveau, mais indirect, lequel est devenu célèbre depuis sous le nom de *conservation des forces vives.*

2. Un fil, considéré comme une ligne inflexible sans pesanteur et sans masse, étant attaché par un bout à un point fixe et chargé, à l'autre bout, d'un petit poids qu'on puisse regarder comme réduit à un point, forme ce qu'on appelle un *pendule simple;* et la loi des vibrations de ce pendule dépend uniquement de sa longueur, c'est-à-dire de la distance entre le poids et le point de suspension. Mais, si à ce fil on attache encore un ou plusieurs poids à différentes distances du point de suspension, on aura alors un pendule composé dont le mouvement devra tenir une espèce de milieu entre ceux des différents pendules simples que l'on aurait si chacun de ces poids était suspendu seul au fil. Car, la force de la gravité tendant d'un côté à faire descendre tous les poids également dans le même temps, et de l'autre l'inflexibilité du fil les contraignant à décrire dans ce même temps des arcs inégaux et proportionnels à leurs distances du point de suspension, il doit se faire entre ces poids une espèce de compensation et de répartition de leurs mouvements; en sorte que les poids qui sont les plus proches du point de suspension hâteront les vibrations des plus éloignés, et ceux-ci, au contraire, retarderont les vibrations des premiers. Ainsi il y aura dans le fil un point où, un corps étant placé, son mouvement ne serait ni accéléré ni retardé par les autres poids, mais serait le même que s'il était seul suspendu au fil. Ce point sera donc le vrai centre d'oscillation du pendule composé, et un tel centre doit se trouver aussi dans tout corps solide, de quelque figure que ce soit, qui oscille autour d'un axe horizontal.

Huygens vit qu'on ne pouvait déterminer ce centre d'une ma-

---

meuvent librement; dans le cas du pendule, c'est une chimère », et cependant, dans sa solution, il se servait, lui aussi, du centre de gravité pour déterminer la droite OG où il rabattait ses points M. On voit que Roberval a vu beaucoup plus juste que Descartes en affirmant que rien ne permettait de dire que le centre d'agitation coïncidait avec le centre d'oscillation : on sait aujourd'hui qu'il en est bien ainsi, mais Descartes ne l'a nullement démontré.

nière rigoureuse sans connaître la loi suivant laquelle les différents
poids du pendule composé altèrent mutuellement les mouvements
que la gravité tend à leur imprimer à chaque instant; mais, au
lieu de chercher à déduire cette loi des principes fondamentaux
de la Mécanique, il se contenta d'y suppléer par un principe indirect, lequel consiste à supposer que, si plusieurs poids, attachés
comme l'on voudra à un pendule, descendent par la seule action
de la gravité, et que, dans un instant quelconque, ils soient dé-
tachés et séparés les uns des autres, chacun d'eux, en vertu de la
vitesse acquise pendant sa chute, pourra remonter à une telle
hauteur que le centre commun de gravité se trouvera remonté à la
même hauteur d'où il était descendu. A la vérité Huygens n'établit
pas ce principe immédiatement, mais il le déduit de deux hypothèses qu'il croit devoir être admises comme des demandes de
Mécanique : l'une, c'est que le centre de gravité d'un système de
corps pesants ne peut jamais remonter à une hauteur plus grande
que celle d'où il est tombé, quelque changement qu'on fasse à la
disposition mutuelle des corps, parce que, autrement, le mouvement
perpétuel ne serait plus impossible; l'autre, c'est qu'un pendule
composé peut toujours remonter de lui-même à la même hauteur
d'où il est descendu librement. Au reste, Huygens remarque que
le même principe a lieu dans le mouvement des corps pesants liés
ensemble d'une manière quelconque, comme aussi dans le mouvement des fluides.

On ne saurait deviner ce qui a donné à cet auteur l'idée d'un
tel principe; mais on peut conjecturer qu'il y a été conduit par le
théorème que Galilée avait démontré sur la chute des corps pesants, lesquels, soit qu'ils descendent verticalement ou sur des
plans inclinés, acquièrent toujours des vitesses capables de les
faire remonter aux mêmes hauteurs d'où ils étaient tombés. Ce
théorème, généralisé et appliqué au centre de gravité d'un système
de corps pesants, donne le principe d'Huygens.

Quoi qu'il en soit, ce principe fournit une équation entre la
hauteur verticale d'où le centre de gravité du système est descendu
dans un temps quelconque et les différentes hauteurs verticales
auxquelles les corps qui composent le système pourraient remonter
avec leurs vitesses acquises, et qui, par les théorèmes de Galilée,
sont comme les carrés de ces vitesses. Or, dans un pendule qui
oscille autour d'un axe horizontal, les vitesses des différents points
sont proportionnelles à leurs distances de l'axe; ainsi on peut ré-

duire l'équation à deux seules inconnues, dont l'une soit la descente du centre de gravité du pendule dans un temps quelconque, et dont l'autre soit la hauteur à laquelle un point donné de ce pendule pourrait remonter par sa vitesse acquise. Mais la descente du centre de gravité détermine celle de tout autre point du pendule; donc on aura une équation entre la hauteur d'où un point quelconque du pendule est descendu et celle à laquelle il pourrait remonter par sa vitesse due à cette chute. Dans le centre d'oscillation, ces deux hauteurs doivent être égales, parce que les corps libres peuvent toujours remonter à la même hauteur d'où ils sont tombés; et l'équation fait voir que cette égalité ne peut avoir lieu que dans un point de la ligne perpendiculaire à l'axe de rotation et passant par le centre de gravité du pendule, lequel soit éloigné de cet axe de la quantité qui provient en multipliant tous les poids qui composent le pendule par les carrés de leurs distances à l'axe et divisant la somme de ces produits par la masse du pendule multipliée par la distance de son centre de gravité au même axe. Cette quantité exprimera donc la longueur d'un pendule simple dont le mouvement serait égal à celui du pendule composé.

Cette théorie d'Huygens est exposée dans l'*Horologium oscillatorium* (1673) et elle y est accompagnée d'un grand nombre de savantes applications (¹⁷³). Elle n'aurait rien laissé à désirer si elle n'avait pas été appuyée sur un principe précaire, et il restait toujours à démontrer ce principe pour la mettre hors de toute atteinte.

En 1681 parurent, dans le *Journal des Savants de Paris,* quelques mauvaises objections contre cette théorie, auxquelles Huygens ne répondit que d'une manière vague et peu satisfaisante. Mais cette contestation, ayant excité l'attention de Jacques Bernouilli, lui donna occasion d'examiner à fond la théorie d'Huygens et de chercher à la rappeler aux premiers principes de la Dynamique. Il ne considère d'abord que deux poids égaux attachés à une ligne inflexible et droite, et il remarque que la vitesse que le premier poids, celui qui est le plus près du point de suspension, acquiert en décrivant un arc quelconque doit être moindre que celle qu'il aurait acquise en décrivant librement le même arc, et qu'en même temps la vitesse acquise par l'autre poids doit être

---

(¹⁷³) Nous citons plus loin de nombreux fragments de l'*Horologium oscillatorium.*

plus grande que celle qu'il aurait acquise en parcourant le même arc librement. La vitesse perdue par le premier poids s'est donc communiquée au second, et, comme cette communication se fait par le moyen d'un levier mobile autour d'un point fixe, elle doit suivre la loi de l'équilibre des puissances appliquées à ce levier, de manière que la perte de vitesse du premier poids soit au gain de vitesse du second dans la raison réciproque des bras de levier, c'est-à-dire des distances au point de suspension. De là, et de ce que les vitesses réelles des deux poids doivent être elles-mêmes dans la raison directe de ces distances, on détermine facilement ces vitesses et, par conséquent, le mouvement du pendule.

3. Tel est le premier pas qui ait été fait vers la solution directe de ce fameux problème. L'idée de rapporter au levier les forces résultantes des vitesses gagnées ou perdues par les poids est très fine et donne la clef de la vraie théorie; mais Jacques Bernouilli s'est trompé en considérant les vitesses acquises pendant un temps quelconque fini, au lieu qu'il n'aurait dû considérer que les vitesses élémentaires acquises pendant un instant et les comparer avec celles que la gravité tend à imprimer pendant le même instant. C'est ce que L'Hôpital a fait depuis dans un écrit inséré dans le *Journal de Rotterdam* de 1690. Il suppose deux poids quelconques attachés au fil inflexible qui fait le pendule composé, et il établit l'équilibre entre les quantités de mouvement perdues et gagnées par ces poids dans un instant quelconque, c'est-à-dire entre les différences des quantités de mouvement que les poids acquièrent réellement dans cet instant, et de celles que la gravité tend à leur imprimer. Il détermine, par ce moyen, le rapport de l'accélération instantanée de chaque poids à celle que la gravité seule tend à lui donner et il trouve le centre d'oscillation en cherchant le point du pendule pour lequel ces deux accélérations seraient égales. Il étend ensuite sa théorie à un plus grand nombre de poids; mais il regarde pour cela les premiers comme réunis successivement dans leur centre d'oscillation, ce qui n'est plus si direct ni ne peut être admis sans démonstration ([174]).

Cette analyse fit revenir Jacques Bernouilli sur la sienne et donna enfin lieu à la première solution directe et rigoureuse du pro-

---

([174]) On peut même ajouter que cette méthode conduit à des résultats inexacts.
J. BERTRAND.

blème des centres d'oscillation, solution qui mérite d'autant plus l'attention des géomètres qu'elle contient le germe de ce principe de Dynamique qui est devenu si fécond entre les mains de d'Alembert.

L'auteur considère ensemble les mouvements que la gravité imprime à chaque instant aux corps qui composent le pendule, et, comme ces corps, à cause de leur liaison, ne peuvent les suivre, il conçoit les mouvements qu'ils doivent prendre comme composés des mouvements imprimés et d'autres mouvements, ajoutés ou retranchés, qui doivent se contre-balancer, et en vertu desquels le pendule doit demeurer en équilibre. Le problème se trouve ainsi ramené aux principes de Statique et ne demande plus que le secours de l'analyse. Jacques Bernouilli trouva, par ce moyen, des formules générales pour les centres d'oscillation des corps de figure quelconque, en fit voir l'accord avec le principe d'Huygens et démontra l'identité des centres d'oscillation et de percussion. Cette solution avait été ébauchée, dès 1691, dans les *Actes de Leipsick;* mais elle n'a été donnée d'une manière complète qu'en 1703, dans les *Mémoires de l'Académie des Sciences de Paris* ([175]).

9. Pour ne rien laisser à désirer sur cette histoire du problème du centre d'oscillation, je devrais rendre compte de la solution que Jean Bernouilli en a donnée ensuite dans les mêmes Mémoires et qui, ayant été donnée aussi à peu près en même temps par Taylor dans l'Ouvrage intitulé *Methodus incrementorum,* a été l'occasion d'une vive dispute entre ces deux géomètres; mais, quelque ingénieuse que soit l'idée sur laquelle est fondée cette nouvelle solution et qui consiste à réduire tout d'un coup le pendule composé en pendule simple, en substituant à ses différents poids d'autres poids réunis dans un seul point, avec des masses et des pesanteurs fictives telles qu'elles produisent les mêmes accélérations angulaires et les mêmes moments par rapport à l'axe de rotation et que la pesanteur totale des poids réunis soit égale à leur pesanteur naturelle, on doit néanmoins avouer que cette idée n'est ni si

---

([175]) Nous citons plus loin un passage du Mémoire de Jacques Bernouilli.

On voit, par ces analyses de Lagrange, qu'on pourrait rattacher les travaux d'Huygens sur le centre d'oscillation au courant énergétique et ceux de Jacques Bernouilli, qui invoquent le levier, au courant statique (Chap. I, § 3).

naturelle ni si lumineuse que celle de l'équilibre entre les quantités de mouvement acquises et perdues ([170]).

On trouve encore dans la *Phoronomia* d'Herman, publiée en 1716, une nouvelle manière de résoudre le même problème, et qui est fondée sur cet autre principe, que les forces motrices dont les poids qui forment le pendule doivent être animés pour

---

([116]) Voici quelques indications sur cette solution de Jean Bernouilli.

Prenons l'exemple suivant : deux poids A et A', de masses m et m', portés par

Fig. 73.

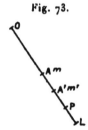

une verge OAA', oscillent autour de O. Bernouilli remarque que le moment de la pesanteur de m par rapport à O est le même que celui d'un poids de masse $m \dfrac{\overline{OA}^2}{\overline{OP}}$, placé en un point P arbitrairement choisi sur la verge, et soumis à une pesanteur $g\dfrac{OP}{OA}$. Il remplace alors les deux poids A et A' par deux poids $m\dfrac{\overline{OA}^2}{\overline{OP}^2}$ et $m'\dfrac{\overline{OA'}^2}{\overline{OP}^2}$ placés en P et soumis respectivement aux pesanteurs $g\dfrac{OP}{OA}$ et $g\dfrac{OP}{OA'}$: il *admet que l'oscillation sera la même.* Au lieu de ces pesanteurs différentes, il suppose ensuite une pesanteur moyenne x donnant le même poids total, donc définie par

$$ m \frac{\overline{OA}^2}{\overline{OP}^2}\, g\, \frac{OP}{OA} + m' \frac{\overline{OA'}^2}{\overline{OP}^2}\, g\, \frac{OP}{OA'} = \frac{m\,\overline{OA}^2 + m'\,\overline{OA'}^2}{\overline{OP}^2}\, x. $$

On est donc ramené à un pendule simple dont la masse est $\dfrac{m\,\overline{OA}^2 + m'\,\overline{OA'}^2}{\overline{OP}^2}$ et la pesanteur x.

Or, on sait que les pendules simples dont les longueurs sont en raison directe des pesanteurs sont isochrones. Le pendule OP peut donc être remplacé par un pendule OL, soumis à la pesanteur g, pourvu que

$$ \frac{OL}{OP} = \frac{g}{x}. $$

Donc

$$ OL = \frac{m\,\overline{OA}^2 + m'\,\overline{OA'}^2}{m\,OA + m'\,OA'}. $$

pouvoir être mus conjointement sont équivalentes à celles qui proviennent de l'action de la gravité; en sorte que les premières, étant supposées dirigées en sens contraire, doivent faire équilibre à ces dernières.

Ce principe n'est, dans le fond, que celui de Jacques Bernouilli présenté d'une manière moins simple, et il est facile de les rappeler l'un à l'autre par les principes de la Statique. Euler l'a rendu ensuite plus général et s'en est servi pour déterminer les oscillations des corps flexibles, dans un Mémoire imprimé en 1740, dans le Tome VII des anciens Commentaires de Saint-Pétersbourg.

§ 2. — Huygens et l'impossibilité du mouvement perpétuel.

Étudions de plus près le texte même d'Huygens. Voici une analyse de l'Ouvrage, paru en 1673, intitulé *Horloge oscillante ou démonstrations géométriques relatives à l'application aux horloges du mouvement des pendules* (*Horologium oscillatorium, sive de motu pendulorum ad horologia aptato demonstrationes geometricæ*).

PREMIÈRE PARTIE.
CONTENANT LA DESCRIPTION DE L'HORLOGE.

[L'horloge décrite ici par Huygens est munie d'un pendule cycloïdal. C'est dans le Traité intitulé *Horologium* que Huygens décrit l'horloge avec pendule circulaire.]

DEUXIÈME PARTIE.
DE LA CHUTE DES GRAVES ET DE LEUR MOUVEMENT SUR LA CYCLOIDE.

HYPOTHÈSES. — I. *S'il n'y avait ni gravité ni résistance de l'air, un corps quelconque, une fois mis en mouvement, continuerait à se mouvoir avec une vitesse uniforme et en ligne droite.*

II. *L'action de la gravité, quelle que soit son origine, donne aux corps un mouvement composé, formé du mouvement uniforme qu'ils possèdent dans telle ou telle direction et du mouvement vers le bas dû à la gravité.*

III. *On peut considérer chacun de ces mouvements à part;*
l'un n'empêche pas l'autre ([111]).

Soit un grave C abandonné au repos. Au bout d'un temps F, il
aura parcouru, par la force de la gravité, le chemin CB. Imaginons

Fig. 74.

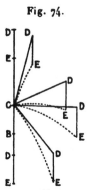

que ce grave ait reçu de quelque autre part un mouvement qui, si la
gravité était nulle, lui ferait décrire dans le temps F d'un mouvement uniforme le chemin CD en ligne droite. La force de la gravité intervenant, le corps n'ira pas dans le temps F de C en D,
mais bien en un point E situé au-dessous de CD et tel que DE soit
toujours égal à CB. En d'autres termes, E sera tel que le mouvement uniforme et le mouvement dû à la gravité s'effectueront
chacun en entier dans sa direction, l'un n'empêchant pas l'autre.
On apprendra à définir, par la suite de cet Ouvrage, la ligne
décrite par le grave dans ce mouvement composé lorsque le mouvement uniforme n'est pas dirigé verticalement vers le haut ou
vers le bas, mais en oblique. Lorsque le mouvement uniforme CD
est dirigé verticalement de haut en bas, on voit que la ligne CD
est, par l'intervention de la gravité, accrue de DE. De même,
lorsque le mouvement uniforme CD est dirigé de bas en haut,
CD est diminué de DE, de sorte que, au bout du temps F, le grave
se trouvera toujours en E. Si, dans l'un et l'autre cas, nous
considérons séparément, comme nous l'avons dit, les deux mouvements, et si nous admettons qu'ils ne se gênent mutuellement

---

([111]) Ce sont là en somme les principes de Galilée combinés avec ceux de Descartes. Ils sont énoncés d'une manière plus absolue et plus générale que chez le
savant florentin ; on reconnaît là l'influence du philosophe français.

en aucune manière, nous pourrons trouver la cause et les lois de l'accélération dans la chute des graves.

[Huygens développe ensuite les lois de la chute *rectiligne* des corps pesants. Il montre que leur mouvement est uniformément accéléré en superposant à chaque instant le mouvement uniforme antérieurement acquis et l'effet de la gravité qui est de faire parcourir, dans l'unité de temps, à un grave, partant du repos en un point quelconque de l'espace, une longueur toujours bien déterminée ([178]). Il ajoute :]

Il faut savoir que tout ce qui a été démontré jusqu'ici s'applique aux graves descendant et montant sur des plans inclinés comme à ceux qui se meuvent verticalement; car les hypothèses qui ont été faites sur l'action de la gravité doivent être admises dans l'un et l'autre cas.

Il ne sera pas difficile maintenant de démontrer la proposition suivante que Galilée a demandé qu'on lui concédât comme évidente de soi. En effet, la démonstration qu'il s'est efforcé d'en apporter ultérieurement et qui se trouve dans la dernière édition de ses œuvres est, selon mon jugement, peu solide ([179]). Voici cette proposition.

Proposition VI. — Les vitesses acquises par des graves en descendant sur des plans diversement inclinés sont égales si les hauteurs des plans le sont.

Nous appelons *hauteur d'un plan* son altitude comptée sur la verticale.

Soient donc deux plans inclinés dont les sections par un plan vertical sont AB, CD. Leurs hauteurs AE, CD sont égales. Un grave tombe de A en suivant le plan AB ou bien de C en suivant CD. Je dis que dans les deux cas la vitesse acquise en B est la même.

_____

([118]) Huygens déduit le mouvement accéléré des graves du principe de l'inertie et de celui de la composition des mouvements. La chute libre des corps pesants lui apparaît comme un cas particulier de la parabole des projectiles. Galilée n'avait pas fait un tel rapprochement, très instructif, parce qu'il n'avait pas énoncé les principes d'une manière assez générale. Nous avons déjà dit que certains auteurs, comme M. Wohlwill, pensent même qu'il eût été tout à fait contraire aux idées fondamentales de Galilée d'appliquer la loi de la composition des mouvements à un corps pesant animé d'une impulsion non horizontale. La chose est au contraire toute naturelle avec les idées de Descartes sur l'inertie. *Cf.* Chap. I, § 1, et note 123.

([119]) *Voir* note 119.

En effet, si, en tombant suivant CD, le corps acquérait une vitesse plus faible qu'en tombant suivant AB, il acquerrait par exemple dans cette descente CB la même vitesse que dans une

Fig. 75.

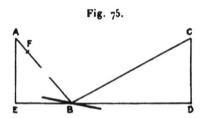

descente FB inférieure à AB. Mais il acquerrait suivant CB précisément la vitesse qui pourrait le faire remonter tout le long de BC ([180]). Donc il acquerrait suivant FB la vitesse qui pourrait le faire remonter suivant BC; ce résultat pourrait être obtenu par la réflexion sur une surface oblique; le corps monterait donc jusqu'en C, c'est-à-dire plus haut que le point d'où il est tombé, ce qui est absurde.

On montrera de même qu'en descendant suivant AB le corps ne peut acquérir une vitesse moindre que suivant CB. Donc il acquiert la même vitesse suivant l'un et l'autre plan ([181]).

C. Q. F. D.

[Ce théorème permet à Huygens d'étudier le mouvement sur des plans diversement inclinés. Il démontre en particulier le théorème suivant :]

Proposition IX. — Si le mouvement d'un grave, au bas de sa chute, se retourne vers le haut, il remonte à la hauteur d'où il est tombé, quels que soient les plans contigus suivant lesquels il remonte, quelle que soit l'inclinaison de ces plans.

Soit un grave tombant de la hauteur AB, et soient, à partir de B et vers le haut, des plans inclinés BC, CD, DE dont l'extrémité E

([180]) Cette proposition a été démontrée par Huygens dans l'étude de la chute rectiligne des corps, étude que nous avons supprimée de notre citation.

([181]) C'est une application de l'hypothèse I de la quatrième Partie.

Si l'on compare ce qu'il dit ici avec le passage de Galilée signalé par la note 119, on voit qu'Huygens remplace par l'idée physique de l'impossibilité du mouvement perpétuel l'idée physique de la proportionnalité de la force statique à l'accélération.

est à la même altitude que A. Je dis que, si le mobile, après sa chute

Fig. 76.

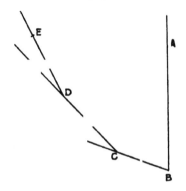

suivant AB, retourne son mouvement pour suivre lesdits plans inclinés, il parviendra en E.

. . . .

[Il nous paraît inutile de reproduire la démonstration de ce théorème.

De là Huygens passe naturellement à la considération du mouvement des points pesants sur une courbe, et en particulier sur une cycloïde, celle-ci étant considérée comme formée par une infinité de plans inclinés successifs.]

TROISIÈME PARTIE.

DU DÉVELOPPEMENT ET DE LA DIMENSION DES LIGNES COURBES.

[Dans cette partie, Huygens crée la théorie des développantes et développées. Il démontre notamment que la développée d'une cycloïde est une cycloïde égale.]

QUATRIÈME PARTIE.

DU CENTRE D'OSCILLATION.

. . . .

On appelle *centre d'oscillation* ou *d'agitation* d'une figure quelconque un point situé sur la perpendiculaire abaissée du centre de gravité sur l'axe d'oscillation à une distance de cet axe égale à la longueur du pendule simple synchrone du pendule composé formé par la figure étudiée.

HYPOTHÈSES. — I. *Si des poids en nombre quelconque commencent à se mouvoir sous l'influence de leur gravité, leur centre de gravité ne peut pas monter plus haut que le point où il se trouvait au début du mouvement.*

La hauteur doit être comptée suivant la distance à un plan horizontal, et l'on suppose dans les graves une tendance à la descente vers ce plan suivant des droites qui lui sont perpendiculaires. Tout cela, ou bien est posé expressément par tous ceux qui ont traité du centre de gravité, ou bien doit être suppléé par le lecteur; sans cela, en effet, il n'y a pas lieu de considérer le centre de gravité.

Quant à notre hypothèse, pour qu'elle ne soulève pas de difficulté, nous ferons voir qu'elle ne contient qu'une affirmation qui n'a jamais été niée par personne, à savoir que les graves ne peuvent pas monter. En effet, considérons d'abord un seul corps grave; il est hors de doute que la force de sa gravité ne pourra pas le faire monter, et il faut entendre que le corps *monte* quand son centre de gravité monte. Mais on est obligé d'admettre le même résultat pour des poids en nombre quelconque réunis entre eux par des lignes inflexibles, parce que rien n'empêche de considérer leur ensemble comme un poids unique; c'est pourquoi leur centre de gravité commun ne pourra pas non plus s'élever.

Prenons maintenant des poids en nombre quelconque non réunis entre eux. Nous savons qu'ils ont aussi un centre commun de gravité. Je dis que l'altitude de la gravité résultant de la composition de tous ces poids doit être prise égale à celle de ce centre de gravité; en effet, tous ces poids peuvent être amenés à cette hauteur du centre de gravité sans l'intervention d'aucune autre puissance que celle qui réside dans les poids, en les réunissant seulement par des lignes inflexibles et en les déplaçant autour de leur centre de gravité, ce qui n'exige aucune force ni aucune puissance ([182]). Or il ne peut arriver que des poids, placés sur le même plan horizontal, s'élèvent tous également, par la force de leur gravité, au-dessus de ce plan. Par suite, le centre de gravité d'un nombre quelconque de poids, affectant une disposition quelconque, ne peut atteindre une altitude plus grande que celle qu'il possède. Nous avons dit, dans ce qui précède, que des poids en nombre quelconque pouvaient être amenés, sans l'intervention d'aucune

---

([182]) On dirait aujourd'hui *aucun travail*.

force, sur le plan horizontal passant par leur centre dé gravité. Ce résultat se démontre ainsi qu'il suit :

Soient des poids A, B, C, de position donnée, D leur centre de

Fig. 77.

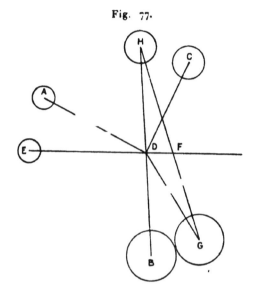

gravité, EF la section d'un plan horizontal passant par ce centre. Soient des lignes inflexibles DA, DB, DC qui relient invariablement les poids. Déplaçons ceux-ci jusqu'à ce que A soit dans le plan EF en E; les verges décriront des angles égaux, B viendra en G et C en H.

Imaginons maintenant que B et C soient réunis par la verge HG qui coupe le plan EF en F. Le centre de gravité de ces deux poids réunis doit nécessairement se trouver en F, puisque celui des trois points situés en E, G, H est en D et que celui du poids situé en E est aussi dans le plan EDF. Déplaçons donc les poids H, G en les faisant tourner autour de F, et cela sans aucune force; nous les amenons ainsi sur le plan EF, de telle sorte que les trois poids qui étaient d'abord en A, B, C sont transportés à la hauteur de leur centre de gravité, en vertu de leur propre équilibre (*suo ipsorum œquilibrio*). c. q. f. d. La démonstration est la même pour un nombre quelconque de poids.

Notre hypothèse s'applique aussi aux corps liquides et elle permet de démontrer non seulement tout ce qu'Archimède a dit des corps flottants, mais encore la plupart des autres théorèmes de la Mécanique. Et certes, si les mécaniciens, inventeurs de nouvelles machines où ils s'efforcent vainement de réaliser le mouvement perpétuel, savaient l'utiliser, ils apercevraient facilement leurs erreurs et comprendraient que ce mouvement perpétuel est mécaniquement impossible ([183]).

II. *Abstraction faite de la résistance de l'air et de tout autre obstacle, comme nous voulons l'entendre dans les démonstrations suivantes, le centre de gravité d'un pendule en mouvement parcourt des arcs égaux en descendant et en montant.*

Cela a été démontré pour le pendule simple dans la proposition IX de la descente des graves. L'expérience montre qu'il faut l'admettre aussi pour le pendule composé. En effet, quelle que soit la forme du pendule, on la trouve également apte à la continuation du mouvement si ce n'est en ce qu'elle reçoit plus ou moins fortement l'action résistante de l'air ([184]).

. . . .

Proposition IV. — Soit un pendule composé de plusieurs poids, abandonné au repos. Supposons qu'à un certain instant il ait effectué une partie de son oscillation entière et qu'à partir de ce moment le lien qui relie les différents poids soit rompu, que ceux-ci retournent vers le haut leurs vitesses acquises et s'élèvent aussi haut qu'ils le peuvent. Dans ce mouvement, le centre de la gravité composée de tous les poids reviendra à l'altitude où il se trouvait avant le commencement de l'oscillation.

Soit un pendule composé d'un nombre quelconque de poids A, B, C attachés à une verge ou à une surface non pesantes. Ce pendule est suspendu par un axe passant par le point D et perpendiculaire au plan de la figure. Le centre de gravité E des poids A, B, C est supposé dans ce plan, et la ligne de ce centre DE est

---

([183]) Ainsi l'idée qui guide Huygens c'est l'impossibilité du mouvement perpétuel, mais envisagée dans un cas particulier où elle est expérimentalement très claire, l'impossibilité pour le centre de gravité d'un ensemble de corps pesants de se relever plus haut que le point d'où il est descendu.

Il faut remarquer en outre l'idée suivante : cette impossibilité est admise par Huygens quelles que soient les liaisons des corps entre eux et avec les corps étrangers; quelles que soient ces liaisons, pourvu que, comme dit Huygens, les corps se meuvent sous la seule *influence de leur gravité* (voir l'énoncé de son hypothèse), le principe reste vrai. Ici apparaît la distinction entre les forces actives qui *travaillent* et les forces réactives qui *ne travaillent pas. Voir* note 91.

([184]) Cette hypothèse élimine les *résistances passives,* tout comme le principe de l'inertie.

inclinée sur la verticale DF d'un angle $\widehat{EDF}$, le pendule ayant été

Fig. 78.

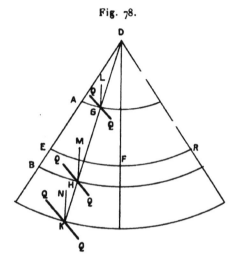

tiré jusque-là. Supposons maintenant qu'on l'abandonne en cette position et qu'il décrive une partie quelconque de son oscillation,

Fig. 79.

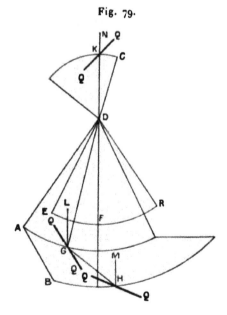

de sorte que les poids A, B, C parviennent en G, H, K. A partir de là, le lien commun qui relie ces poids étant rompu, imaginons que tous retournent vers le haut leurs vitesses acquises (cela pourra se faire par choc sur des plans inclinés) et montent aussi haut qu'ils peuvent, savoir en L, M, N. Une fois parvenus là, leur centre de gravité commun est P. Je dis que P est à la même altitude que E.

En premier lieu, en effet, il est certain, par la première hypothèse, que P ne peut pas être plus haut que E. Mais voici comment nous montrerons qu'il ne peut pas être plus bas. Soit, en effet, si cela est possible, P plus bas que E, et supposons que les poids redescendent des hauteurs LG, MH, NK auxquelles ils sont montés. On sait que dans cette descente ils acquièrent les mêmes vitesses qu'ils possédaient pour monter à ces hauteurs (proposition IV de la deuxième Partie), c'est-à-dire celles qu'ils avaient acquises par le mouvement du pendule venant de CBAD en KHGD. C'est pourquoi, s'ils sont maintenant rattachés ensemble avec lesdites vitesses à la verge ou à la surface auxquelles ils étaient tout à l'heure fixés, ils continueront leur mouvement suivant les arcs commencés; cela se fera si, avant qu'ils atteignent la verge, on imagine qu'ils sont réfléchis par des plans inclinés QQ; le pendule, reconstitué de cette manière, terminera son oscillation comme si son mouvement s'était continué sans aucune interruption ([185]). De la sorte, le centre de gravité du pendule E parcourra en descendant et en montant des arcs égaux EF, FR et parviendra en R à la même hauteur que E. Or E est supposé plus haut que P, centre de gravité des poids dans les positions L, M, N. Donc R sera aussi plus haut que P; par conséquent, le centre de gravité des poids tombés de L, M, N remonterait plus haut que le point d'où il serait descendu, ce qui est absurde (hypothèse I de cette partie). P n'est donc pas plus bas que E. Mais il n'était pas non plus plus haut. Il est donc nécessairement à la même hauteur.   C. Q. F. D.

PROPOSITION V. — *Soit un pendule composé d'un nombre quelconque de poids. Multiplions ces poids par le carré de leurs distances respectives à l'axe d'oscillation et divisons la somme de ces produits par le produit de la somme des poids par la distance du centre de gravité au même axe; nous obtenons ainsi la longueur du pendule simple isochrone au pendule composé, c'est-à-dire la distance entre l'axe et le centre d'oscillation du pendule composé lui-même.*

([185]) Il y a ici une application tacite du principe d'inhérédité. *Cf.* note 106.

[Nous ne reproduirons pas ici la démonstration de ce résultat qui se déduit de la proposition précédente. On trouvera un résumé de la marche du raisonnement dans la citation de Lagrange, faite au § 1 du présent Chapitre.]

§ 3. — Jacques Bernouilli et le levier.

Voici le principal passage du Mémoire où Jacques Bernouilli a exposé la théorie analysée plus haut par Lagrange. Ce Mémoire est intitulé : *Démonstration générale du centre de balancement ou d'oscillation tirée de la nature du levier.* On le trouve dans les *Mémoires de l'Académie des Sciences de Paris,* année 1703.

. . . .

Principe du levier tiré ou poussé par des puissances qui sont en mouvement. — Soient AC, AC, AD, AD les branches d'un

Fig. 80.

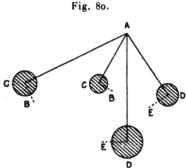

levier mobile autour du point A; soient C, C, D, D des poids ou des puissances mues avec des vitesses CB, CB, DE, DE, lesquels fassent impression suivant les directions CB, CB, DE, DE perpendiculaires aux bras de levier AC, AC, AD, AD. Je suppose que si tous les produits des puissances C par AC et CB sont égaux à tous les produits des puissances D (qui agissent en sens contraire) par AD et DE, ou bien si tous les produits de C par AC et CB (en tant qu'on conçoit toutes les puissances agir en même sens) sont égaux à rien, le levier doit demeurer en équilibre.

Ce principe a été démontré par feu M. Mariotte dans la proposition XIII de la seconde Partie de son *Traité de la percussion des corps,* et il n'y a personne qui en disconvienne ([186]).

Solution. — Soient maintenant A (*fig.* 81) l'axe horizontal du balancement; AXM un plan vertical droit à l'axe; AM le diamètre de la figure qui balance ([187]), auquel on ait appliqué dans le même plan l'ordonnée CLD à angle donné ALD, laquelle ait CL = LD. Soient de plus C et D deux petites parcelles de la figure, lesquelles décrivent dans leur balancement des arcs CT, DS; soit aussi AM la longueur du pendule simple, qui fait ses vibrations dans le même temps que la figure qui balance.

De ce que le balancement tant de M que de C et D s'achève,

Fig. 81.

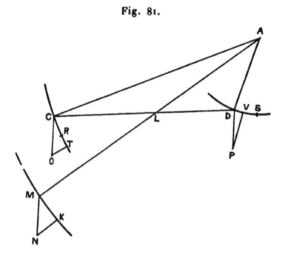

par l'hypothèse, en même temps, il s'ensuit que les vitesses dont ces poids se meuvent à chaque instant sont proportionnelles à leurs distances AM, AC, AD de l'axe A, et que par conséquent leur mouvement peut être continué avec ces vitesses sans que les poids C et D agissent en aucune manière l'un sur l'autre M; de sorte qu'il ne faut considérer que la seule impulsion que la pesanteur ajoute

---

([186]) *Cf.* note 150.
Sur l'intervention de la théorie du choc dans le problème actuel, *voir* plus loin note 182.
([187]) Nous nous sommes borné à prendre, dans le Mémoire de Jacques Bernouilli, le cas particulier où le corps oscillant est contenu tout entier dans un plan normal à l'axe de suspension et admet un diamètre. Ce cas suffit pour mettre en évidence les principes mécaniques qui ont guidé Jacques Bernouilli.

à chaque moment aux vitesses acquises. Soit donc ce choc ou cette impulsion représentée par les petites lignes verticales et égales MN, CO et DP ([188]); ensuite, après avoir mené les droites NK, OT et PV, perpendiculaires aux arcs MK, CT, DV, soient conçus les mouvements par MN, CO, DP comme étant composés chacun de deux autres, savoir du mouvement de M en K et de K en N, de C en T et de T en O, de D en V et de V en P. Et là il est encore visible que celui qui se fait par KN, TO et VP se répand tout sur l'axe A et qu'il s'y perd entièrement. Ainsi, il n'y a que le seul mouvement par MK, CT, DV qui ait son effet, mais non sans quelque changement, d'autant que, M étant parvenu en K, les poids C et D (à cause de l'isochronisme qu'on suppose) ne sauraient être en T et en V; ils doivent se trouver en des points comme R et S, tels que les arcs MK, CR, DS soient semblables. C'est ce qui fait que l'effort de la pesanteur qui agit sur le poids C n'est pas épuisé au point R, et que le reste RT doit être employé à pousser le corps D par VS. Mais parce que ce corps D doit résister autant qu'il est poussé, c'est comme si, étant en S, il y avait une force qui tâchât de le repousser de S en V. De sorte que voilà un levier CAD, sur lequel des poids comme C tirant ou poussant d'un côté avec des forces ou vitesses RT, et de l'autre des poids comme D, tirant ou repoussant en sens contraire, font équilibre. Donc, suivant le précédent principe du levier, la somme des produits $C \times AC \times RT$ d'une part est égale à celle des produits $D \times AD \times VS$ de l'autre; ou (ce qui revient au même) la somme des produits $C \times AC \times RT$, en tant qu'on y comprend aussi ceux de l'autre côté, est égale à rien ([189]). En voici l'analyse ([190]).

. . . .

([188]) Jacques Bernouilli considère l'action de la pesanteur comme un choc se produisant au début de chaque élément de temps. Nous rencontrerons encore bien souvent cette conception de l'action des forces continues; elle s'explique historiquement par le fait que le problème du choc des corps a été un des premiers traités à fond.

Ce petit choc tend à imprimer au point matériel où il est appliqué une certaine vitesse (qui vient se combiner avec celle que le point possède déjà). C'est cette vitesse que Bernouilli entend dans ce qui suit par le mot *mouvement;* les vecteurs MN, CO, DP sont de telles vitesses.

([189]) C. D sont les *masses* des points, qui, d'ailleurs, dans l'idée de Bernouilli, ne sont pas distinctes des *poids*. Bernouilli mesure la force par la quantité de mouvement qu'elle tend à produire.

([190]) Il nous paraît inutile de citer ce qui suit, qui n'a qu'un intérêt purement mathématique.

CHAPITRE IV.
CONCEPTIONS GÉNÉRALES.

——————

De l'étude des problèmes particuliers qui ont été rappelés dans les précédents Chapitres, se sont dégagées certaines conceptions fondamentales que nous allons examiner dans le présent Chapitre, en insistant sur leur caractère de généralité, c'est-à-dire sur leur aptitude à servir de base à la Mécanique.

Le courant statique à conduit a préciser la relation entre la *force* et *l'accélération*. Le courant énergétique a abouti à la notion de *force vive* opposée à celle de *force morte*. Enfin, certaines idées philosophiques sur la finalité ont donné aux lois mécaniques une forme spéciale qui a joué et joue encore un grand rôle. Tels sont les trois points que nous allons étudier successivement.

§ 1. — Courant statique. La force et l'accélération.

C'est dans le Traité d'Huygens sur la force centrifuge qu'il faut chercher l'expression finale, avant Newton, du courant statique. Il s'agit encore, dans ce Traité, d'un problème particulier ; mais les méthodes y présentent une portée vraiment générale ; de là son très grand intérêt.

Les principaux théorèmes relatifs à la force centrifuge ont été énoncés par Huygens sans démonstration en 1673 à la fin de l'*Horologium oscillatorium*. Le Traité *De Vi Centrifuga,* qui contient les démonstrations et que nous allons citer, est posthume.

La gravité est une tendance (*conatus*) à la descente. En admettant que les graves tombant suivant la verticale ou sur des plans inclinés ont un mouvement tellement accéléré que la vitesse croisse de quantités égales dans des temps égaux, on peut démontrer d'une manière très certaine que les espaces parcourus depuis le repos sont entre eux comme les carrés des temps employés à les parcourir. Les expériences de Galilée, de Riccioli et de nous-même montrent que ce résultat s'accorde exactement avec l'expérience, si ce n'est que la résistance de l'air produit une petite différence. Mais cette différence est d'autant plus faible que les corps ont proportionnellement plus de gravité par rapport à leur surface, et qu'on fait l'essai sur des longueurs plus petites. Il est donc tout à fait croyable que, si la résistance de l'air n'existait pas, on observerait exactement le même rapport sur des longueurs très grandes. Maintenant, par suite de cette résistance, une sphère de liège arrive, après un faible espace parcouru, à tomber d'un mouvement uniforme ; cela est nécessairement vrai aussi pour une sphère de plomb construite de manière à avoir, proportionnellement à sa gravité, la même surface que celle de liège, c'est-à-dire pour une sphère de plomb dont le diamètre soit à celui de la sphère de liège comme le poids spécifique du liège est à celui du plomb, ainsi que je l'ai montré ailleurs. De même, le mouvement d'une sphère de plomb aussi grande qu'on voudra, tombant dans l'air, arrivera finalement, selon moi, à être uniforme, sans doute après un immense espace parcouru, de telle sorte qu'il n'y aura plus à y considérer d'accélération, et que, par conséquent, jamais cette considération ne sera en réalité d'une précision parfaite. Ce n'est pas une raison pour estimer médiocres la beauté et l'utilité des spéculations de Galilée sur le mouvement accéléré, pas plus qu'on n'a cette opinion de toute la Mécanique ([191]) qui s'occupe des poids parce qu'elle suppose à tort que les graves descendent suivant des lignes parallèles, alors qu'en réalité ils tendent vers le centre de la Terre. D'ailleurs, pour les démonstrations que j'ai en vue ici, il me suffit que ce soit sur des longueurs très petites à partir du point de repos que l'accélération croisse suivant les nombres impairs 1, 3, 5, 7, ainsi que l'a établi Galilée([192]).

C'est pourquoi, lorsqu'un grave est suspendu à un fil, ce fil est

([191]) Il faut entendre par *Mécanique* l'étude des machines simples.
([192]) *Cf.* le passage signalé par la note 109.

tiré parce que le grave a une tendance à s'éloigner, en suivant la direction du fil, d'un mouvement accéléré en cette sorte.

Fig. 82.

Un mouvement accéléré, suivant la progression que nous avons dite, peut faire parcourir dans le même temps un espace plus ou moins grand. C'est ce qui arrive lorsque le grave est soutenu sur un plan incliné AB par un fil CD parallèle au plan. En effet, le corps tend

Fig. 83.

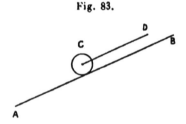

à s'avancer suivant la ligne DC d'un mouvement semblablement accéléré, mais dans lequel il ne parcourrait pas, dans un temps donné, le même espace qu'il ferait s'il était détaché d'un fil vertical. De là vient que l'on sent dans ce cas un *conatus* moindre, et d'autant moindre par rapport au *conatus* vertical que l'espace parcouru dans un certain temps sur un plan incliné est moindre que l'espace parcouru dans le même temps en chute libre ([193]).

Toutes les fois que deux corps de poids égaux sont suspendus

([193]) Il faut entendre les espaces parcourus *à partir du repos.*

Il semble que, dans les lignes qui précèdent, Huygens considère comme évidente la proportionnalité des forces statiques aux accélérations, admise par Galilée à propos de la chute des corps sur les plans inclinés (*voir* note 119). Nous savons cependant qu'il considérait une telle hypothèse comme peu satisfaisante et qu'il a fait reposer la théorie de cette chute sur une autre base (*voir* note 179). Mais précisément par là il avait étayé d'une preuve l'hypothèse dont était parti Galilée puisque, après ses travaux, on pouvait, au moins dans le cas particulier des poids soutenus par des fils sur des plans inclinés, remonter des lois du mouvement, démontrées par d'autres principes, à la proportionnalité des forces aux accélérations.

Le *conatus* d'Huygens est à rapprocher de l'*impetus* de Galilée (notes 114 et 119).

chacun par un fil, s'ils ont une tendance à se mettre en mouvement avec la même accélération dans la direction du fil, de manière à décrire des chemins égaux dans le même temps, nous posons que l'on sent une attraction égale des deux fils, qu'ils soient tirés en haut, en bas ou dans une direction quelconque (¹⁰⁴). Il n'y a pas à faire connaître la cause d'où vient un tel *conatus;* il suffit qu'il existe. Et le *conatus* existe avec la même intensité toutes les fois que, le corps étant rendu libre, c'est-à-dire le *conatus* n'étant pas annihilé, le mouvement se produit de même. D'ailleurs, c'est seulement le commencement du mouvement, pendant un temps très petit, qu'il faut considérer. En effet, prenons par exemple une sphère B pendue à un fil AB et touchant une surface courbe CD de telle sorte que la ligne joignant le centre de B au point de contact soit perpendiculaire au fil AB comme à la tangente à la courbe. Nous savons que la sphère n'est soutenue en rien par la surface CD et que la corde AB est tendue comme si ladite sphère ne touchait pas CD et comme si elle pendait librement. Cependant, si elle était détachée de la corde, elle ne descendrait pas de la même manière que si elle l'était d'une corde à laquelle elle serait librement suspendue; elle tomberait sur la surface CD et ne conserverait pas même exactement la proportion de l'accélération suivant la loi des nombres impairs 1, 3, 5, 7. Il apparaît par là qu'il ne faut pas, si l'on veut déterminer la force (*vis*) du *conatus,* considérer ce qui se passera quelque temps après la séparation d'avec la corde, mais bien un très petit espace de temps à partir du début du mouvement. Or, la sphère B commence à se mouvoir,

---

(¹⁰⁴) Cette dernière phrase (*nous posons,* etc.) pourrait suggérer l'idée de chercher à rendre la théorie d'Huygens indépendante de l'hypothèse de la proportionnalité de la force à l'accélération en disant que cette proportionnalité est prise comme *définition* de la force. Cette manière de faire serait, je crois, contraire à la pensée d'Huygens. Les forces qu'a en vue Huygens sont bien celles qui sont définies statiquement puisqu'il va (*cf.* prop. II) équilibrer ces forces qui tendent les fils par des poids. Il est d'ailleurs impossible de dire qu'on pourrait donner des poids une définition dynamique, par l'accélération qui naît au moment où le fil qui supporte un corps pesant est rompu, car alors il faudrait expliquer ce qu'on entend par masse, par *quantité solide* selon l'expression d'Huygens (*voir* note 196).

A notre avis, le Traité sur la force centrifuge d'Huygens est fondé sur l'adjonction, aux études de Galilée et aux siennes, de l'idée de force statique avec le principe expérimental de la proportionnalité des forces aux accélérations, principe étayé d'ailleurs par Huygens, ainsi que cela a été expliqué dans la note précédente, de raisons que n'avait pas données Galilée.

après avoir quitté la corde, comme si elle tombait verticalement ;
puisqu'au début le mouvement est déterminé suivant la droite AB,

Fig. 84.

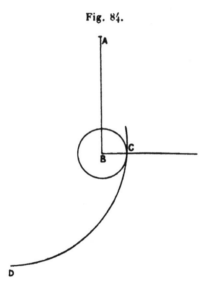

qui est parallèle à la tangente à la courbe en C. Voyons maintenant de quelle espèce et de quelle grandeur (*quis et quantus*)
est la tendance (*conatus*) qu'ont à s'éloigner du centre les corps
attachés à un fil ou à une roue qui tournent.

Soit une roue BG horizontale tournant autour de son centre A. Une
sphère attachée à sa circonférence, lorsqu'elle parvient au point B,
a une tendance (*conatus*) à continuer son chemin suivant la
droite BH tangente à la roue en B : en effet, si elle est détachée
de la roue et si elle s'échappe, elle restera sur le chemin BH et
n'en sortira pas, à moins que la force de la gravité ne la tire vers
le bas ou que la rencontre d'un autre corps n'empêche son mouvement ([195]). A la vérité, il est difficile de comprendre, à première
vue, pourquoi le fil AB est tendu comme il l'est quand le globe
a une tendance à aller suivant BH, perpendiculaire à AB. Mais
tout deviendra clair par le raisonnement suivant. Imaginons que
la roue soit très grande, de manière à emporter facilement un
homme se tenant sur elle et y étant assez solidement attaché pour
ne pas pouvoir en être chassé. Imaginons, en outre, que cet homme
tienne à la main un fil portant, attachée à sa seconde extrémité,

---

([195]) C'est le principe de l'inertie. Nous savons déjà (Chap. II, § 3, et Chap. III,
§ 2, note 177) que Huygens l'admettait.

une balle de plomb. Le fil sera donc tendu de la même manière et avec la même énergie (*æque valide*) par la force de la rotation, soit qu'il soit ainsi tenu, soit qu'il aille jusqu'au centre A et qu'il y soit attaché; la raison pour laquelle il est tendu va pouvoir maintenant être perçue très clairement. Prenons des arcs égaux BE, EF, très petits par rapport à la circonférence entière, par exemple des centièmes de cette circonférence ou encore moins. Ces arcs, l'homme fixé à la roue les parcourt dans des temps égaux, et, dans les mêmes intervalles de temps, le plomb parcourrait, s'il était lâché, des chemins rectilignes BC, CD, égaux à ces arcs, et dont les extrémités C, D ne tombent pas à la vérité exactement sur les rayons AE, AF, mais sont à une très petite

Fig. 85.

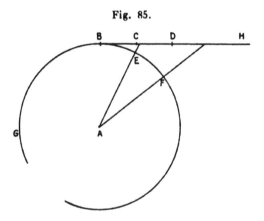

distance de ces lignes du côté de B. On voit maintenant que, lorsque l'homme arrivera en E, le plomb sera en C (s'il a été lâché au point B), quand l'homme arrivera en F, le plomb sera en D; nous dirons donc, à bon droit, que cette tendance est dans le plomb.

Si maintenant les points C et D étaient sur les droites AE, AF, il serait certain que le plomb tend à s'éloigner de l'homme par la ligne joignant la position de celui-ci au centre, et à s'éloigner de façon que sa distance à l'homme soit EC au bout d'un premier élément de temps (*pars temporis*) et FD au bout d'un second élément. Mais ces espaces EC, FD, etc. croissent comme les carrés 1, 4, 9, 16 des nombres entiers; en effet, ils reproduisent d'autant plus exactement cette suite que les éléments (*particulæ*) BE, EF sont pris plus petits, et, par suite, au commencement, on doit les considérer comme n'en différant pas. Aussi, est-il constant

que le *conatus* sera exactement le même que celui que l'on ressent
lorsqu'un globe est suspendu à un fil, parce qu'alors aussi le globe
tend à entrer, suivant la direction du fil, en un mouvement semblablement accéléré, au cours duquel les espaces parcourus dans
les intervalles de temps 1, 2, 3 sont 1, 4, 9. Les choses se passe-
raient donc ainsi si les points C et D étaient sur les droites AE,
AF. Mais comme ils s'en éloignent un peu du côté de B, il arrive
que le globe ne tend pas à s'éloigner de l'homme par un rayon,
mais par une courbe qui touche ce rayon au point où se trouve
l'homme. Soit un plan PQ touchant la roue en B, lié à elle et
entraîné avec elle. Le globe B, s'il se sépare de la roue ou du plan,
décrira par rapport à ce plan et au point B qui continuent à se
mouvoir, une courbe qui touchera en B le rayon AB emporté dans
le mouvement. Si nous voulons décrire cette courbe, nous enrou-

Fig. 86.

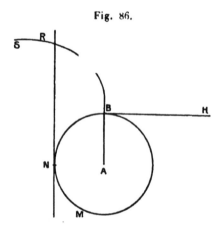

lerons autour de la circonférence un fil BNM et nous déplacerons
son extrémité R vers RS de manière à laisser toujours tendue la
partie qui a quitté la circonférence BNM ; dans ce mouvement, l'extrémité R décrira la ligne BRS comme il est facile de le montrer....

Par conséquent, comme le globe entraîné avec la roue tend
à décrire, par rapport au rayon dans lequel il se trouve, une
courbe tangente à ce rayon, on voit que le fil sera tendu par
cette tendance (*conatus*) exactement comme si le globe tendait à
suivre le rayon lui-même.

Mais les espaces que parcourrait le globe sur ladite courbe dans
des temps croissant par degrés égaux sont comme la suite des
carrés 1, 4, 9, 16, ... des nombres entiers, si l'on considère le

début du mouvement et des espaces très petits. La figure ci-contre le montre, dans laquelle on a pris, sur la circonférence de la roue, des arcs égaux BE, EF, FM et sur la tangente BS des segments BK,

Fig. 87.

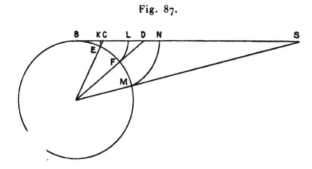

KL, LN égaux aux dits arcs; les rayons étant d'ailleurs EC, FD, MS. Si le globe était détaché en B de la roue tournante, lorsque B serait venu en E, le globe serait en K et aurait parcouru l'élément EK de la courbe ci-dessus décrite; au bout d'un second intervalle de temps égal au premier, lorsque B serait venu en F, le globe se trouverait en L et aurait parcouru la partie de courbe FL; de même lorsque B serait venu en M le globe aurait parcouru la portion de courbe MN. Mais ces parties de courbe doivent être, au commencement de la séparation du globe et de la roue, considérées comme égales aux droites EC, FD, MS qu'elles touchent, car on peut prendre, à partir de B, des arcs assez petits pour que la différence entre ces droites et les arcs soit avec leur propre longueur dans un rapport inférieur à tout rapport imaginable.

Donc les espaces EK, FL, MN doivent être considérés comme croissant suivant la série des carrés 1, 4, 9, 16. Et, par suite, le *conatus* du globe retenu sur la roue en mouvement sera le même que si le globe tendait à s'avancer suivant le rayon avec un mouvement accéléré au cours duquel il parcourrait dans des temps égaux des espaces croissant comme les nombres impairs. Il suffit, en effet, que cette progression soit observée au début; ultérieurement le mouvement peut être n'importe quel autre; cela n'importe en rien pour le *conatus* qui existe avant le commencement du mouvement. Mais ce *conatus* que nous avons dit est tout à fait semblable à celui avec lequel des graves suspendus à un fil tendent à descendre. De là nous tirerons la conclusion que les forces centrifuges de mobiles inégaux transportés dans des cercles égaux avec

des vitesses égales sont entre elles comme les gravités des mobiles, c'est-à-dire comme les quantités solides ([196]). En effet, tous
les graves tendent à descendre avec la même vitesse et d'un mouvement semblablement accéléré, et cette tendance a un moment
(*momentum*) d'autant plus grand que les corps sont plus grands;
il doit en être de même pour les corps qui tendent à fuir le centre,
puisqu'on a montré que leur *conatus* était tout à fait semblable à
celui qui provient de la gravité. Mais tandis que le même globe
a toujours la même tendance à descendre toutes les fois qu'il est
suspendu à un fil, la tendance d'un globe entraîné avec une roue
est plus ou moins grande suivant que la roue tourne plus ou moins
vite. Il nous reste à chercher la grandeur ou la quantité des divers
conatus pour les diverses vitesses de la roue ([197]).

. . . .

([196]) C'est notre notion de masse.

([197]) Cette méthode est excessivement remarquable.

Le problème traité par Huygens est le suivant. Il considère un point matériel
en mouvement sous l'action d'une force statiquement définie par la tension d'un
fil et il étudie la grandeur de cette force dans ses rapports avec le mouvement
produit. C'est, on le voit, un problème très général de Mécanique : de là la place
que nous avons donnée à ce traité d'Huygens dans le présent chapitre. Pour
résoudre ledit problème, il examine ce qui se passe dans les accélérations quand
la force disparaît *subitement,* par suite de la rupture du fil, et il étudie la modification de l'accélération, non pas par rapport à un système d'axes fixes (système
dans lequel serait vraie la loi d'inertie), mais par rapport à un système mobile.
C'est exactement la méthode que préconiseront, au XIXe siècle, Reech et M. Andrade. Les progrès de la Cinématique permettront à ces savants de faire une
remarque importante : la variation d'accélération provoquée par la rupture du fil
est indépendante du système d'axes auquel on rapporte le mouvement et dépend
fort peu de l'horloge qui définit le temps. Le principe de la proportionnalité de
la force à l'accélération signifiera alors, pour eux, la proportionnalité de la force
à la variation instantanée d'accélération (*cf.* Deuxième Partie, Livre I, Chap. II).

Naturellement Huygens ne voit pas aussi loin. Il ne s'occupe nullement de la
relativité du temps. Pour ce qui est du système d'axes, il n'aperçoit pas le moyen
de le prendre quelconque; il se place dans un système particulier, la roue, dans
lequel le point et le fil qui le tire sont d'abord en équilibre; par rapport à ce
système, la variation d'accélération se confond avec l'accélération naissante, et
c'est cette accélération naissante dans ce système d'axes que Huygens compare
avec la force. L'analogie est complète avec le procédé qui servira à Reech et
à Robin pour définir la masse au moyen du quotient du poids, *défini statiquement,* par l'accélération que prend un grave quand on coupe le fil qui le tient
suspendu à la surface de la terre.

Il est évident que ce procédé est général. Quels que soient la force et le mouvement produit, on pourra toujours trouver un système d'axes par rapport auquel
le fil et le corps tiré seront en équilibre, et étudier l'accélération qui naît par
rapport à ces axes quand on coupe le fil. Toutefois cette condition que le fil et le
corps soient primitivement en équilibre par rapport au système de référence ne

Proposition I. — Si deux mobiles égaux parcourent en des temps égaux des circonférences inégales, la force centrifuge dans la plus grande circonférence et la force centrifuge dans la plus petite sont comme sont entre elles les deux circonférences ou leurs diamètres.

Sur les deux cercles de rayons AB et AC, deux mobiles égaux

Fig. 88.

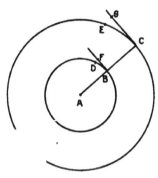

tournent dans le même temps. Prenons sur l'un et l'autre deux arcs très petits semblables BD, CE et sur les tangentes en B et en C, portons BF, CG respectivement égaux à ces arcs. Le mobile qui parcourt le cercle BD a une tendance (*conatus*) à s'éloigner du

---

détermine pas entièrement celui-ci; un corps solide quelconque ayant une droite fixe coïncidant avec le fil peut en jouer le rôle. Pour mettre le procédé d'Huygens à l'abri de toute objection dans le cas général, il faudrait donc démontrer au moins ce cas particulier du théorème cinématique de Reech-Andrade : l'accélération naissante est la même par rapport à tous ces systèmes d'axes ayant une droite commune. Mais dans l'application que fait Huygens, cette difficulté ne se présente pas; ce n'est pas un seul point et un seul fil qu'étudie Huygens, c'est tous les points possibles répartis sur la circonférence de la roue et retenus tous par des fils, manifestement dans des conditions identiques; le système de référence peut être déterminé par la condition que tous ces fils en soient des droites fixes; c'est alors forcément la roue elle-même; c'est elle en effet que choisit Huygens.

Pour déterminer l'accélération naissante, par rapport à la roue, Huygens admet (note 195) que, une fois le fil coupé, le point aura un mouvement rectiligne uniforme par rapport à l'espace dans lequel tourne la roue. Mais Reech et Andrade remarqueront que la méthode s'appliquerait quelle que soit la loi qui exprimerait, dans cet espace, le mouvement du point libre ou, comme ils disent, le cours naturel des choses. Après cette remarque, il est loisible, si l'on veut, de ne pas attribuer une valeur absolue au principe de l'inertie et de ne le prendre que comme une expression particulière, provisoire et approximative, de ce que nous observons en général par rapport aux systèmes d'axes où nous avons coutume de nous placer.

centre avec un mouvement naturellement accéléré suivant la tension de son fil et à parcourir ainsi, dans un certain temps, l'espace DF. Dans le cercle CE le mobile a une tendance (*conatus*) semblable, mais telle qu'il décrirait, dans le même temps, l'espace EG. Par suite, autant de fois DF est plus grand que EG, autant de fois la force (*vis*) qui tire le fil dans le grand cercle sera plus grande que celle qui le tire dans le petit. Mais FD et GE sont entre eux comme BF et CG ou comme BA et AC. Donc la force centrifuge (*vis centrifuga*) dans le grand cercle et la force centrifuge dans le petit seront dans le même rapport que les circonférences, c'est-à-dire que leurs diamètres.   C. Q. F. D.

Proposition II ([198]). — Si des mobiles égaux tournent dans le même cercle ou dans des cercles égaux avec des vitesses inégales, mais l'un et l'autre d'un mouvement uniforme, la force centrifuge (*vis recedendi a centro*) du plus rapide sera à la force centrifuge du plus lent en raison doublée des vitesses, c'est-à-dire que, si les fils qui les retiennent se retournent vers le bas au centre de la roue et soutiennent des poids qui s'opposent à la force centrifuge des mobiles et l'équilibrent exactement, ces poids seront entre eux comme les carrés des vitesses.

. . . .

[La valeur de la force centrifuge est ainsi entièrement déterminée. Suivent quelques applications parmi lesquelles il y a lieu de citer la démonstration de la propriété classique du régulateur parabolique d'être isochrone.

Le Traité se termine par diverses propositions relatives au pendule, notamment par l'étude, faite pour la première fois, du pendule conique lorsque le poids décrit une circonférence horizontale ([199]).]

([198]) Il nous paraît inutile de reproduire les démonstrations des propositions qui suivent.

([199]) Il est intéressant de rappeler que ses études sur la force centrifuge ont permis à Huygens d'expliquer la variation de la pesanteur apparente avec la latitude. Il avait lui-même proposé d'employer le pendule à la mesure de l'intensité de la pesanteur. Des mesures faites par Richer en Europe et à Cayenne montrèrent que la pesanteur était plus faible près de l'équateur. Huygens en aperçut l'explication dans la force centrifuge due à la rotation de la Terre.

§ 2. — Courant énergétique. La force des corps en mouvement.

Dans un petit écrit paru en 1686 dans les *Acta eruditorum* de Leipzig, Leibniz (1646-1716) revient sur la notion de force des corps en mouvement et propose d'estimer cette force autrement que ne le faisaient Descartes et ses disciples. Ce Mémoire, écrit en latin, est intitulé :

« *Courte démonstration d'une erreur mémorable de Descartes et d'autres savants, touchant la prétendue loi naturelle en vertu de laquelle Dieu conserverait toujours la même quantité de mouvement, loi dont ils font un usage fautif même en Mécanique.* »

Plusieurs mathématiciens, voyant que, dans les cinq machines ordinaires, la vitesse et la masse se compensent, estiment généralement la *force motrice (vim motricem)* par la quantité de mouvement, c'est-à-dire par le produit du corps par sa vitesse. Pour parler d'une manière plus géométrique, soient deux corps de même espèce en mouvement agissant à la fois par leur masse et par leur mouvement; ces savants disent que leurs forces sont en raison composée des corps, c'est-à-dire des masses, et de leurs vitesses. D'autre part, il est conforme à la raison de dire que la même somme de puissance motrice se conserve dans la nature; que cette somme ne diminue pas, puisque nous n'observons jamais qu'un corps perde aucune force qui ne soit transferrée à une autre; que cette somme n'augmente pas non plus, puisque le mouvement perpétuel est à ce point irréel qu'aucune machine et par conséquent pas même le monde entier ne peut conserver sa force sans nouvelles impulsions extérieures. Aussi Descartes, qui tenait la force motrice et la quantité de mouvement pour équivalentes, a-t-il déclaré que Dieu conservait la même quantité de mouvement dans le monde.

Je veux montrer qu'il y a une grande différence entre la force motrice et la quantité de mouvement. Pour cela, je suppose d'abord qu'un corps tombant d'une certaine hauteur acquiert la force d'y remonter si la direction de sa vitesse est convenable et si aucun obstacle extérieur ne l'empêche; par exemple un pendule remon-

terait précisément à la hauteur d'où il est descendu si la résistance
de l'air et quelques autres petits obstacles n'absorbaient une partie
de sa force ; nous ferons abstraction de ces obstacles. Je suppose
en outre qu'il faut la même force pour élever un corps A d'une
livre à une hauteur CD de quatre aunes que pour élever un corps B
de quatre livres à une hauteur EF d'une aune ([200]). Tout cela est
admis et par les Cartésiens et par les autres philosophes et mathématiciens de notre temps. Il suit de là que le corps A, tombé de
la hauteur CD, a précisément acquis autant de force que le corps B
tombé de EF. Car le corps A, venu de C en D, possède en D la
force de remonter jusqu'en C, par notre première hypothèse, c'est-
à-dire la force d'élever un corps d'une livre, lui-même, à quatre
aunes. De même B, tombé de E en F, possède en F, par notre première hypothèse, la force de remonter en E, c'est-à-dire la force
d'élever un corps de quatre livres (lui-même) à une aune. Donc,
par la deuxième hypothèse, la force du corps A en D et celle du
corps B en E sont égales.

Voyons maintenant si les quantités de mouvement le sont aussi.
Ici, nous allons trouver une très grande différence. Je le prouve.
Galilée a démontré que la vitesse acquise dans la chute CD était
double de la vitesse acquise dans la chute EF. Multiplions donc le
corps A, qui est comme 1, par sa vitesse qui est comme 2 ; le
produit, soit la quantité de mouvement, sera comme 2. Au contraire multiplions le corps B, qui est comme 4, par sa vitesse qui
est comme 1 ; le produit, soit la quantité de mouvement, sera
comme 4. La quantité de mouvement du corps A en D est donc la
moitié de celle du corps B en F, tandis qu'un peu plus haut nous
avons trouvé que leurs forces sont égales. Il y a donc une grande
différence entre la force motrice et la quantité de mouvement, et
l'une ne peut être évaluée par l'autre. C'est ce que nous nous proposions de démontrer. Notre raisonnement montre comment la
force doit être évaluée par la quantité d'effet qu'elle peut produire,
par exemple par la hauteur où elle peut élever un corps grave de
grandeur et d'espèce données, et non par la vitesse qu'elle peut
lui imprimer. En effet ce n'est pas une force double, c'est une
force encore plus grande qu'il faut pour donner à un même corps
une vitesse double.

D'ailleurs qu'on ne s'étonne pas si, dans les machines ordinaires

---

([200]) *Voir* la citation de Descartes faite au Livre I, Chapitre III, § 3.

(levier, treuil, poulie, coin, vis et autres semblables), l'équilibre a lieu lorsque la grandeur d'un des corps est compensée par la vitesse que la disposition de la machine donnerait à l'autre, c'est-à-dire lorsque les grandeurs [les corps sont supposés de même espèce (²⁰¹)] sont réciproquement comme les vitesses; c'est-à-dire encore lorsque la même quantité de mouvement tend à se produire de part et d'autre. Là en effet il arrive encore que, de part et d'autre, les quantités d'effet futures sont égales, nous voulons dire les hauteurs de descente ou d'ascension, de quelque côté que l'équilibre soit rompu. Ainsi il arrive là par accident que la force peut être estimée par la quantité de mouvement. Mais il y a d'autres cas, comme celui que nous avons signalé plus haut, où cette coïncidence n'existe plus.

. . . .

Il faut donc dire que les forces sont en raison composée des corps (de même poids spécifique ou densité) et des hauteurs génératrices des vitesses, c'est-à-dire des hauteurs le long desquelles les corps en tombant pourraient acquérir leurs vitesses, ou plus généralement (puisque quelquefois aucune vitesse n'a été produite jusque-là) des hauteurs devant être engendrées. Il ne faut pas multiplier les corps par les vitesses elles-mêmes, comme cela paraît plausible au premier abord, et comme plusieurs l'ont pensé. De là sont nées beaucoup d'erreurs qui se trouvent dans les écrits mathématico-mécaniques des RR. PP. Honoré Fabri et Claude Dechales ainsi que de J.-A. Borelli et d'autres savants, d'ailleurs éminents dans ce genre d'études. C'est là la cause, je pense, qui a fait mettre en doute récemment, par quelques hommes très savants, la règle d'Huygens relative au centre d'oscillation des pendules, règle pourtant très exacte.

Leibniz eut, au sujet de l'objection qu'il présentait ainsi à Descartes, une controverse avec l'abbé de Conti. Sans entrer dans le détail de cette discussion, citons les passages suivants de la réplique de Leibniz (1687), qui sont intéressants.

Afin aussi de prévenir le doute de ceux qui penseraient satisfaire à mon objection en disant que la matière insensible qui presse les corps pesants de descendre et fait leur accélération a perdu

---

(²⁰¹) C'est-à-dire de même poids spécifique.

justement la quantité de mouvement qu'elle donne à ces corps, je
réponds que je demeure d'accord de cette pression qui est cause
de la pesanteur, et je crois que cet éther perd autant de force (mais
non pas autant de mouvement) qu'il en donne aux corps pesants ([202]);
mais que tout cela ne fait rien à résoudre mon objection, quand
j'accorderais même (contre la vérité) que l'éther a perdu autant de
mouvement qu'il en a donné. Car mon objection est formée exprès
de telle sorte qu'il n'importe point comment la force a été acquise,
dont je fais abstraction pour ne pas entrer en dispute sur aucune
hypothèse. Je prends la force et la vitesse acquise telle qu'elle est....
et là-dessus je fais voir.... qu'il se peut et même se doit faire que
la quantité de mouvement soit diminuée ou augmentée dans les
corps, pendant que la même force demeure.

. . . .

Au lieu du principe cartésien, on pourrait établir une autre
loi de la nature que je tiens la plus universelle et la plus inviolable,
savoir *qu'il y a toujours une parfaite équation entre la cause
pleine et l'effet entier....* Pour faire mieux voir comment il faut
se servir de cet axiome et pourquoi Descartes et d'autres s'en sont
éloignés, considérons sa troisième règle du mouvement pour servir
d'exemple et supposons que deux corps B et C chacun d'une livre
aillent l'un contre l'autre, B avec une vitesse de 100 degrés et C
avec une vitesse de 1 degré ([203]). Toute leur quantité de mouvement sera 101. Mais si C avec sa vitesse peut monter à un pouce de
hauteur, B pourra monter avec la sienne à 10000 pouces; ainsi la
force de tous les deux sera d'élever une livre à 10001 pouces. Or,
suivant cette troisième règle cartésienne, après le choc ils iront
ensemble de compagnie avec une vitesse comme 50 et demi, afin
qu'en la multipliant par 2 (nombre de livres qui vont ensemble
après le choc) il revienne la première quantité de mouvement 101.
Mais ainsi ces 2 livres ne se pourront élever ensemble qu'à une
hauteur de 2550 pouces et un quart, ce qui vaut autant que s'ils
avaient la force d'élever une livre à 5100 pouces et demi, au lieu

---

([202]) Rapprochez cette phrase de ce que nous avons dit, dans le paragraphe 3 du
Chapitre I, en analysant les idées fondamentales du courant énergétique, notamment la manière dont l'idée d'énergie permet d'exprimer l'action d'un corps sur
un autre (note 127).

([203]) Pour bien être dans le cas de la troisième règle de Descartes, il faut supposer (*voir* note 99) que B et C vont dans le même sens avant le choc. La discussion de Leibniz convient d'ailleurs à ce cas.

qu'avant le choc il y avait la force d'élever une livre à 10001 pouces. Ainsi presque la moitié de la force sera perdue en vertu de cette règle sans aucune raison et sans être employée à rien ([204]).

Leibniz est revenu sur la question dans son *Specimen dynamicum,* publié en 1695.

[Leibniz commence par déclarer qu'il y a dans les corps autre chose que l'étendue (*extensio*), à savoir la *force de la nature* (*vis naturæ*) qui y a été placée par le Créateur.]

La force active (*vis activa*) (que quelques-uns appellent assez heureusement *virtus*) est double : la *primitive* est attachée à toute substance corporelle (j'estime, en effet, qu'un corps complètement au repos est chose contraire à la nature); la *dérivée,* résultant du conflit des corps entre eux, s'exerce de façons diverses, comme par une limitation de la *primitive* ([205])....

C'est par la force dérivée que les corps agissent les uns sur les autres ou subissent l'action les uns des autres. Sous ce nom, nous entendrons ici seulement celle qui est attachée au mouvement local et qui, en retour, tend à produire le mouvement local. Nous savons, en effet, que tous les autres phénomènes matériels peuvent s'expliquer par le mouvement local. Le mouvement est un continuel changement de lieu; il a donc besoin du temps. Un mobile en mouvement, comme il a du mouvement dans le temps, a de

---

([204]) En somme, la méthode de Leibniz ressemble beaucoup à celle de Descartes ; c'est une méthode métaphysique. Ses idées sont certainement plus proches de la vérité que celles de Descartes ; elles ne sont pas exemptes d'erreur cependant. La force des corps en mouvement, telle qu'il la mesure, ne se conserve dans le choc des corps que si ceux-ci sont parfaitement élastiques. La troisième règle cartésienne, que Leibniz critique ici, est exacte si les corps sont parfaitement mous (*cf*. note 99).

Huygens admet, comme Leibniz, la conservation des forces vives dans le choc. Mais il ne donne pas à ses hypothèses un tour métaphysique. La restriction, *pourvu que les corps soient parfaitement élastiques,* ne détonnerait nullement dans les énoncés qu'il en donne. Elle détonnerait, au contraire, chez Leibniz qui aurait besoin d'expliquer, après ses affirmations si absolues, pourquoi la non-élasticité des corps permettrait la disparition d'une partie de la force.

On sait d'ailleurs aujourd'hui que, cette explication, Leibniz pourrait la trouver dans les phénomènes calorifiques qui accompagnent le choc des corps mous. Il est donc incontestable que ses idées constituent un progrès sur celles de Descartes et de Wallis. Dans l'usage qu'il fait, à la manière de ces derniers, du procédé métaphysique, il choisit plus heureusement qu'eux sa fonction *énergie.*

([205]) C'est toujours le procédé métaphysique.

même, à un certain instant, une *vitesse*.... La vitesse prise avec
sa direction s'appelle *conatus*. L'*impetus* est le produit de la
masse (*moles*) du corps par sa vitesse, et sa quantité est ce que
les Cartésiens appellent, d'habitude, *quantité de mouvement* ([200]).
. . . .

L'*impetus* (quoique étant chose momentanée) est fait d'une
infinité de degrés imprimés successivement au mobile; il a un
certain élément, de l'infinie répétition duquel il peut naître.
Imaginez, dans le plan de cette feuille, un tube AC tournant avec
une vitesse uniforme autour du point C immobile, et un globe B,
placé dans ce tube, qui, toute attache ou tout empêchement étant
rompu, commence à se mouvoir par la force centrifuge. Évidemment, au début, le *conatus* pour s'éloigner du centre, par lequel
le globe B tend vers l'extrémité A, est infiniment petit par rapport
à l'*impetus* qu'il a déjà du fait de la rotation et avec lequel le
globe B, entraîné avec le tube lui-même, tend de D vers (D), en
conservant sa distance au centre. Mais l'impression de la force
centrifuge se continuant quelque temps par la rotation précédente,
il naîtra forcément dans le globe un impetus centrifuge (D)(B)
comparable à l'impetus D(D). On voit par là que le *nisus* est
double; il y a le *nisus* élémentaire ou infiniment petit que j'appelle *sollicitation* (*sollicitatio*), et celui qui est formé par la continuation ou la répétition des *nisus* élémentaires; c'est l'*impetus*
lui-même. Ce n'est pas, certes, que je veuille que ces entités mathématiques se trouvent réellement dans la nature; mais elles servent
pour faire, par une abstraction de l'esprit, des estimations soignées.

La force (*vis*) aussi est double. La force élémentaire, que j'appelle aussi *morte* parce qu'en elle n'existe pas encore de mouvement, mais seulement une sollicitation au mouvement, est comme
celle du globe dans le tube ou de la pierre dans la fronde, tant
qu'elle est retenue par la corde; l'autre est la force ordinaire,
unie au mouvement actuel, et je l'appelle *vive* : des exemples de
force morte sont donnés par la force centrifuge, par la gravité ou
force centripète, par la force avec laquelle un ressort tendu commence à se débander. Mais dans la percussion, qui est produite
par un grave tombant déjà depuis quelque temps ou par un arc
se débandant pendant quelque temps ou par toute autre cause, la

———————

([200]) Cet *impetus* n'est pas le même que celui de Galilée, note 114. — Pour
le *conatus, voir* note 207.

force est vive et elle naît d'une infinité d'impressions continuées
de la force morte....

Les anciens, autant qu'on le sait, n'eurent que la science des
forces mortes; c'est celle qu'on appelle *Mécanique* et qui traite
du levier, de la vis, du plan incliné.... de l'équilibre des liqueurs
et d'autres problèmes semblables; on n'y étudie que le premier
conatus des corps entre eux, avant qu'ils n'acquièrent un *impetus*
par leur action (²⁰⁷).

. . . .

[Leibniz explique comment il est arrivé à l'estimation de la
force vive par un effet qu'elle produit, dans lequel elle se consume
entièrement, et qu'il appelle pour cela *violent*.]

J'ai choisi, parmi les effets violents, celui qui est le plus susceptible d'homogénéité ou de division en parties semblables et égales,
comme est l'ascension d'un corps doué de gravité, car l'élévation
d'un grave à deux ou trois pieds est précisément double ou triple
de l'élévation du même grave à un pied, et l'élévation d'un grave
double à un pied est exactement double de l'élévation d'un grave
simple à un pied; par conséquent, l'élévation d'un grave double à
trois pieds est sextuple de l'élévation du grave simple à un pied (²⁰⁸).
Je suppose, toutefois (au moins pour la démonstration, car, dans
la réalité, les choses sont peut-être autrement, mais l'erreur est
insensible), que les graves ont même gravité à toutes les altitudes.
Dans un ressort, en effet, il n'y a pas aussi facilement homogénéité. Comme, donc, je voulais comparer des corps différents ou
doués de vitesses différentes, j'ai vu sans difficulté que, si le corps A
était simple et le corps B double, et si leurs vitesses étaient égales,
la force du premier était simple, celle du second double, puisque
précisément ce qui est posé une fois dans l'un l'est deux fois dans
l'autre. Car, il y a dans B deux fois un corps égal à A et animé
de la même vitesse, et rien de plus. Mais si les corps A et C sont
égaux et si la vitesse de A est simple, celle de C double, je voyais
que ce qui est dans A n'est pas exactement double dans C,
puisque la vitesse est bien doublée, mais non le corps. Et j'ai vu
que c'était là l'erreur de ceux qui crurent que la force est doublée
par le seul doublement d'une modalité. De même, j'ai observé

(²⁰⁷) *Voir* la fin de la note 209. — La notion de *conatus* est ici la même que
dans Huygens (note 193), ce qui n'est peut-être pas très conforme à la définition
posée plus haut par Leibniz (note 207).

(²⁰⁸) Comparer avec Descartes, note 74.

jadis et enseigné que le véritable art d'estimer — non suivi jusqu'à présent, malgré la publication de tant d'éléments de mathématiques universelles — consiste en une réduction à quelque chose d'homogène, c'est-à-dire à une répétition exacte et complète, non seulement des modes, mais encore des choses. De cette méthode, aucun exemple meilleur ou plus clair ne peut être donné que ce que je dis dans la présente discussion ([209]).

([209]) Leibniz nous paraît se faire illusion sur la valeur de la règle qu'il donne pour faire une bonne estimation, et par laquelle il recommande de diviser les choses en parties semblables et égales. On pourrait, semble-t-il, avec cette règle justifier aussi bien l'évaluation de la force vive par le produit mv que par le produit mv^2.

Prenons, en effet, comme effet de la force vive destiné à la mesurer, l'élévation d'un poids pendant un certain temps. N'est-il pas assez naturel d'admettre que la force vive qui peut faire remonter un poids de 1 livre pendant 2 secondes est double de celle qui peut faire remonter 2 livres pendant 1 seconde? Or, si l'on adopte cette règle, on est conduit à évaluer la force vive par le produit mv.

Les indications de Leibniz n'en sont pas moins intéressantes et le conseil est toujours bon à suivre, pour éclaircir une notion, de l'analyser de manière à la réduire à des éléments simples. Faisons abstraction du tour trop absolu que Leibniz donne, comme Descartes, à sa pensée. Il n'en reste pas moins qu'il aperçoit l'importance de la notion du travail que peut développer un corps en mouvement, et par là l'intérêt de la considération du produit mv^2.

Voici donc, en résumé, les conceptions générales auxquelles parvient Leibniz.

La *force vive* d'un corps en mouvement se conserve. Elle n'est changée que par l'action de corps étrangers qui perdent autant de force vive qu'ils en donnent au premier corps (*voir* note 202). L'action de ces corps est une *force morte* et c'est la répétition des impressions de la force morte qui fait varier la force vive (*voir* note 207). La force morte peut donc se mesurer par la force vive qu'elle produit pendant une partie élémentaire du mouvement.

De là le moyen de rattacher la notion de force statique à la notion de force des corps en mouvement. Leibniz n'est sans doute pas assez explicite sur ce point, mais on peut compléter sa pensée comme suit : la force statique est la force morte. Pour la mesurer, nous pouvons la considérer comme produisant une certaine force vive en agissant pendant un certain temps, ou bien le long d'un certain chemin; ce sera alors soit le quotient de l'élément de force vive par l'élément de temps, soit le quotient de l'élément de force vive par l'élément de chemin. Comment fixerons-nous notre choix entre ces deux modes d'évaluation ?

Ce choix est imposé, si nous voulons que notre force morte soit quelque chose de comparable à un poids. En effet, Leibniz établit l'équivalence entre la force vive estimée par le produit mv^2 et l'action d'un poids sur un certain chemin. Si donc nous adoptons l'évaluation leibnizienne de la force vive, la force morte est le quotient de la variation de mv^2 par le chemin élémentaire.

Si, au contraire, nous estimions la force vive par le produit mv, cela reviendrait, comme nous l'avons montré plus haut, à établir une équivalence entre la force vive et l'action d'un poids pendant un certain temps. Voulant toujours que notre force morte soit analogue à un poids, nous serions conduit à diviser la variation de mv par l'élément de temps.

Les deux procédés nous conduisent à la même estimation $m\dfrac{dv}{dt}$ de la force.

Il est intéressant de remarquer que l'intervention des idées énergétiques permet

[Se référant donc à cet effet de la force vive qu'est l'élévation des graves à une certaine hauteur, effet qu'il considère comme susceptible de division en parties égales, Leibniz montre, en s'appuyant sur les théorèmes de Galilée relatifs à la chute ou à l'ascension des corps pesants, que les forces des corps, en général, sont en raison composée de la raison simple des corps et de la raison doublée des vitesses.]

La conception leibnizienne des *forces vives* et des *forces mortes* a joué un grand rôle dans la Science du XVIIIᵉ siècle. Complétée par l'énoncé du *théorème des forces vives* admis *a priori*, à la suite d'Huygens et de son *Horologium oscillatorium*, comme principe fondamental, elle a constitué la *doctrine des forces vives*, sur laquelle les mécaniciens se sont divisés en partisans et en adversaires. Nous reviendrons sur cette querelle (deuxième Partie, Livre III). Contentons-nous de donner ici un exemple de l'utilisation des idées de Leibniz en citant le début du Mémoire de Courtivron intitulé *Recherches de Statique et de Dynamique où l'on donne un nouveau principe général pour la considération des corps animés par des forces variables suivant une loi quelconque* (*Mémoires de l'Académie des Sciences de Paris,* 1748 et 1749) (²¹⁰).

Ce principe général est que, de toutes les situations que prend successivement un système de corps animés par des forces quelconques et liés les uns aux autres par des fils, des leviers, ou par tel autre moyen qu'on veuille supposer, celle où le système a la plus grande somme des produits des masses par les carrés des vitesses, c'est-à-dire la plus grande force vive, est la même situation que celle où il le faudrait placer en premier lieu pour qu'il restât en équilibre.

La métaphysique générale de ce principe est assez simple. Une quantité variable quelconque qui croît par degrés infiniment petits devient la plus grande dans le même instant où elle cesse d'augmenter, c'est-à-dire où son accroissement et par conséquent sa

---

de justifier, dans une certaine mesure, le lien entre la force statique et l'accélération. C'est un point que nous avons d'ailleurs déjà rencontré (*voir* notes 181 et 193).

(²¹⁰) Nous avons déjà dit un mot de ce Mémoire. Note 79.

cause sont zéro. Or un système de corps, dont la force entière
augmente continuellement parce que le résultat des pressions agissantes fait accélération, aura atteint son maximum de force lorsque
la somme des pressions sera nulle, comme il arrive lorsqu'il a pris
la situation que demande l'équilibre ([211]).

Ce raisonnement pourrait ne satisfaire que les partisans des
forces vives; ce n'est pas assez, je veux le rendre péremptoire et
je pense d'ailleurs qu'il a besoin d'être développé : pour y parvenir,
je vais examiner divers cas de mon principe et le démontrer rigoureusement dans tous.

[Suit un examen de quelques cas très particuliers où Courtivron démontre, en effet, directement son principe. Il fait remarquer que ses démonstrations s'abrègent en invoquant le théorème
des forces vives; mais il donne des raisonnements sans l'invoquer ([212]).]

§ 3. — Les causes finales.

Nous avons vu, par les citations qui précèdent, que les
conceptions métaphysiques n'avaient pas été étrangères au
développement de la Mécanique.

Il est facile de trouver dans les idées de *quantité de matière* et dans celle de *force des corps en mouvement* la trace
de la notion de substance, et les écrits de Leibniz sont fort
instructifs à cet égard. Il est une autre tendance de l'esprit
humain, abandonnée par la Science moderne, qui a joué un
rôle important dans l'histoire qui nous occupe. C'est la tendance à l'explication des phénomènes naturels par les causes
finales. Elle a conduit à des points de vue nouveaux et a imprimé aux formules de la Mécanique un caractère qu'elles
ont conservé.

Nous trouvons une manifestation intéressante de ces tendances dans le Mémoire de Maupertuis (1698-1759), publié
le 15 avril 1744 dans les *Mémoires de l'Académie des*

([211]) C'est la théorie de Leibniz.
([212]) Remarquons en passant que, par là, Courtivron démontre le théorème des
forces vives dans les cas qu'il étudie.

Sciences et intitulé : *Accord des différentes lois de la nature qui avaient jusqu'ici paru incompatibles.*

[Maupertuis y rappelle les lois de la réflexion et de la réfraction de la lumière ainsi que les explications qu'on en a tentées. Descartes a assimilé la propagation et la réflexion de la lumière au mouvement d'une balle rencontrant une surface qui la réfléchit ou la dévie; mais son interprétation est imparfaite pour la réfraction ([213]). Newton et Clairaut ont fait intervenir, dans ce phénomène, la loi d'attraction.]

Fermat avait senti le premier le défaut de l'explication de Descartes; il avait aussi désespéré apparemment de déduire les phénomènes de la réfraction de ceux d'une balle qui serait poussée contre des obstacles ou dans des milieux résistants; mais il n'avait eu recours ni à des atmosphères autour des corps ni à l'attraction, quoiqu'on sache que ce dernier principe ne lui était ni inconnu ni désagréable; il avait cherché l'explication de ces phénomènes dans un principe tout différent et purement métaphysique.

Tout le monde sait que, lorsque la lumière ou quelque autre corps vont d'un point à un autre par une ligne droite, ils vont par le chemin et le temps le plus court.

On sait aussi... que, lorsque la lumière est réfléchie, elle va encore par le chemin le plus court et le temps le plus prompt...

Voilà donc le mouvement direct et le mouvement réfléchi de la lumière qui paraissent dépendre d'une loi métaphysique qui porte que *la nature dans la production de ses effets agit toujours par les moyens les plus simples.*

[Dans le cas de la réfraction, si la lumière a des vitesses différentes dans les différents milieux, la ligne droite joignant deux points appartenant à des milieux différents est toujours le plus court chemin, mais non le plus prompt. Fermat, admettant que la lumière va moins vite dans les milieux plus denses, a posé en principe qu'elle suivait toujours le chemin le plus prompt et a retrouvé ainsi les lois de la réfraction.]

On vit plusieurs des plus célèbres mathématiciens embrasser le sentiment de Fermat; Leibniz est celui qui l'a le plus fait valoir...

([213]) Nous avons donné (Chap. I, § 1) le passage de Descartes sur la réflexion Ce qu'il dit de la réfraction est analogue. Il suppose que la balle va plus vite dans le milieu le plus dense.

Il fut si charmé du principe métaphysique et de retrouver ici *ses causes finales* auxquelles on sait combien il était attaché, qu'il regarda comme un fait indubitable que la lumière se mouvait plus vite dans l'air que dans l'eau ou dans le verre.

C'est cependant tout le contraire. Descartes avait avancé le premier que la lumière se meut le plus vite dans les milieux les plus denses, et, quoique l'explication de la réfraction qu'il en avait déduite fût insuffisante, son défaut ne venait point de la supposition qu'il faisait. Tous les systèmes qui donnent quelque explication plausible des phénomènes de la réfraction supposent le paradoxe ou le confirment (²¹⁴).

Or ce fait posé, que *la lumière se meut le plus vite dans les milieux les plus denses,* tout l'édifice que Fermat et Leibniz avaient bâti est détruit...

En méditant profondément sur cette matière, j'ai pensé que la lumière, lorsqu'elle passe d'un milieu dans un autre, abandonnant déjà le chemin le plus court... pouvait bien aussi ne pas suivre celui du temps le plus prompt... La lumière ne suit aucun des deux, elle prend une route qui a un avantage plus réel : *le chemin qu'elle tient est celui par lequel la quantité d'action est la moindre.*

Il faut maintenant expliquer ce que j'entends par la quantité d'action. Lorsqu'un corps est porté d'un point à un autre, il faut pour cela une certaine action; cette action dépend de la vitesse qu'a le corps et de l'espace qu'il parcourt, mais elle n'est ni la vitesse ni l'espace pris séparément. La quantité d'action... est proportionnelle à la somme des espaces multipliés chacun par la vitesse avec laquelle le corps les parcourt.

[Maupertuis montre facilement qu'en vertu des lois de la réfraction l'expression $V \times AR + W \times RB$ est minimum, l'indice de réfraction étant $\frac{W}{V}$. La même propriété a évidemment lieu dans la réflexion (²¹⁵).]

Je connais la répugnance que plusieurs mathématiciens ont pour les *causes finales* appliquées à la Physique et l'approuve même

---

(²¹⁴) Il faut entendre tous les systèmes donnant une explication du phénomène fondée sur l'assimilation de la lumière à un projectile. Ces systèmes se rattachent tous plus ou moins à l'explication de Descartes. Maupertuis est vraiment bien affirmatif. On sait d'ailleurs aujourd'hui que son affirmation est fausse : la lumière va moins vite dans les milieux plus denses.

(²¹⁵) Physiquement parlant, l'explication de Maupertuis n'est pas distincte de celle de Descartes. Elle n'en diffère que par l'introduction des idées finalistes.

jusqu'à un certain point; j'avoue que ce n'est pas sans péril qu'on les introduit. L'erreur où sont tombés des hommes tels que Fermat

Fig. 89.

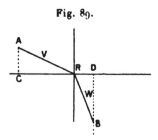

et Leibniz en les suivant ne prouve que trop combien leur usage est dangereux. On peut cependant dire que ce n'est pas le principe qui les a trompés; c'est la précipitation avec laquelle ils ont pris pour principe ce qui n'en était que des conséquences.

On ne peut pas douter que toutes choses ne soient réglées par un Être suprême qui, pendant qu'il a imprimé à la matière des forces qui dénotent sa puissance, l'a destinée à exécuter des effets qui marquent sa sagesse, et l'harmonie de ces deux attributs est si parfaite que sans doute tous les effets de la nature se pourraient déduire de chacun pris séparément. Une mécanique aveugle et nécessaire suit les desseins de l'Intelligence la plus éclairée et la plus libre, et, si notre esprit était assez vaste, il verrait également les causes des effets physiques soit en calculant les propriétés des corps, soit en recherchant ce qu'il y avait de plus convenable à leur faire exécuter.

Le premier de ces moyens est le plus à notre portée, mais il ne nous mène pas fort loin. Le second quelquefois nous égare, parce que nous ne connaissons point assez quel est le but de la nature et que nous pouvons nous méprendre sur la *quantité* que nous devons regarder comme sa *dépense* dans la production de ses effets.

Pour joindre l'étendue à la sûreté dans nos recherches, il faut employer l'un et l'autre de ces moyens. Calculons les mouvements des corps, mais consultons aussi les desseins de l'Intelligence qui les fait mouvoir.

En 1746, Maupertuis a appliqué des considérations analogues au choc des corps et déterminé les vitesses après le choc en rendant minima une *action* exprimée par ce qu'on appelle aujourd'hui *la force vive due aux vitesses perdues.* Il a d'ailleurs essayé, mais par des indications fort obscures, de rattacher cette *action* à celle qu'il avait définie, dans ce qui précède, par le produit de la masse par la vitesse et le chemin.

Dans l'Ouvrage célèbre où il a donné une méthode générale pour traiter les problèmes qui ressortissent aujourd'hui au calcul des variations et qu'on appelait alors *problèmes d'isopérimètres* (^{216}), Euler (1707-1783) a affirmé avec une grande netteté les idées finalistes.

Comme la construction du monde est la plus parfaite possible et qu'elle est due à un Créateur infiniment sage, il n'arrive rien dans le monde qui ne présente des propriétés de maximum ou de minimum. C'est pourquoi aucun doute ne peut subsister sur ce qu'il soit également possible de déterminer tous les effets de l'univers par leurs causes finales, à l'aide de la méthode des maxima et minima, aussi bien que par leurs causes efficientes.

Et l'Ouvrage se termine par une addition importante, consacrée à la Mécanique, où Euler reprend le principe *de la moindre action* de Maupertuis, mais d'une manière beaucoup plus satisfaisante. Citons les passages les plus saillants de cet important morceau, qui est intitulé : *Du mouvement des projectiles* (^{217}) *dans un milieu non résistant, déterminé par la méthode des maxima et minima.*

1. Puisque tous les effets de la nature suivent quelque loi de maximum ou minimum, il n'est pas douteux que les courbes décrites par les projectiles sous l'influence de forces quelconques jouissent de quelque propriété de maximum ou de minimum. Il paraît moins facile de définir, *a priori,* par des principes métaphysiques, quelle est cette propriété; mais, puisqu'il est possible de déterminer ces courbes par la méthode directe, on pourra en

---

(^{216}) *Methodus inveniendi lineas curvas maximi minimive proprietate gaudentes, sive solutio problematis isoperimetrici* (Lausanne et Genève, 1744).

(^{217}) Je traduis *Corpora projecta* par *projectiles.* Il ne s'agit pas des projectiles au sens de la balistique.

conclure, avec l'attention voulue, ce qui y est maximum ou minimum. On doit de préférence considérer l'effet provenant des
forces agissantes. Comme cet effet consiste dans le mouvement
produit, il paraît conforme à la vérité que ce mouvement, ou plutôt
la réunion de tous les mouvements qui résident dans le projectile,
doive être minimum. Quoique cette conclusion ne paraisse pas
suffisamment démontrée, cependant si je fais voir qu'elle s'accorde
avec la vérité déjà connue, *a priori,* elle acquerra tant de poids
que tous les doutes qui pourraient naître à son sujet s'évanouiront
complètement.

. . . .

2. M est la masse du projectile, et, pendant qu'il parcourt l'élément d'espace ds, sa vitesse est due à la hauteur v. Sa quantité de
mouvement est alors, en cet endroit, $M\sqrt{v}$ dont le produit par ds
donne $M\,ds\sqrt{v}$, mouvement total (*collectivum*) du corps le long
de l'espace ds. Je dis que la ligne décrite par le corps sera telle
que, parmi toutes les lignes ayant mêmes extrémités, l'expression
$\int M\,ds\sqrt{v}$ ou, puisque M est constant, l'expression $\int ds\sqrt{v}$ y sera
minima. Si donc on considère la courbe cherchée comme donnée,
la vitesse $\sqrt{v}$ pourra être définie en fonction des forces agissantes
et de quantités se rapportant à la courbe; donc la courbe elle-
même peut être déterminée par la méthode des maxima et minima.
D'ailleurs l'expression ci-dessus, écrite en partant de la quantité
de mouvement, peut aussi être rapportée aux forces vives : soit en
effet dt le temps de parcours de l'élément ds; comme $dt = ds\sqrt{v}$,
on aura $\int ds\sqrt{v} = \int v\,dt$. Donc, dans la courbe décrite par un
projectile, la somme de toutes les forces vives qui résident dans
le corps aux divers instants est minima. Aussi pas plus ceux qui
estiment les forces par les vitesses elles-mêmes que ceux qui les
estiment par les carrés des vitesses ne trouveront ici rien qui
offense leur sentiment.

. . . .

[Euler vérifie alors que son principe est vrai dans certains cas
particuliers : le mouvement parabolique des corps pesants, les
mouvements produits par une force centrale, etc. Il vient enfin au
cas général.]

16. Ce principe se trouve donc si étendu que seul le mouvement troublé par une résistance de milieu paraît lui échapper. La raison de cette exception se conçoit facilement, parce que, dans ce cas, le corps parvenant au même point par des chemins différents n'acquiert pas la même vitesse. Toute résistance supprimée dans le mouvement des projectiles, on aura toujours cette propriété que la somme de tous les mouvements élémentaires est minima. Et il ne faut pas considérer cette propriété dans le mouvement d'un corps unique seulement, il faut la prendre aussi dans celui de plusieurs corps réunis ; de quelque manière qu'ils agissent les uns sur les autres, la somme de tous les mouvements sera toujours minima. Comme des mouvements de cette nature sont difficilement soumis au calcul, ce résultat sera compris plus facilement en vertu des premiers principes qu'en vertu de l'accord des calculs exécutés suivant les deux méthodes ([222]). En effet, puisque les corps, en vertu de l'inertie, résistent à tout changement d'état, ils obéiront le moins possible aux forces agissantes, si toutefois ils sont libres. Donc, dans le mouvement engendré, l'effet provenant des forces devra être moindre que si le ou les corps étaient mus de quelque autre manière. La force de ce raisonnement n'apparaît pas encore suffisamment ; comme cependant il s'accorde avec la vérité, je ne doute pas que les principes d'une métaphysique plus saine ne permettent de le mettre en plus grande évidence. Je laisse ce soin à d'autres, qui font profession de Métaphysique.

Nous rechercherons, dans la seconde Partie de cet Ouvrage, la signification que la Mécanique moderne attribue à ces lois de maximum et de minimum introduites dans la Science sous l'influence des idées finalistes.

([222]) Euler se borne donc à démontrer le principe de la moindre action dans le cas du point, et il ne fait même ses calculs que pour le point *libre*. L'extension rigoureuse aux systèmes et au cas des liaisons sera due à Lagrange. On remarquera aussi que, même pour le point, Euler n'envisage que les mouvements plans.

FIN DE LA PREMIÈRE PARTIE.

TABLE DES AUTEURS ET DES OUVRAGES CITÉS.

Ce Volume contient des citations empruntées aux auteurs et aux Ouvrages suivants (*).

(*) Les chiffres arabes renvoient aux pages.

TABLE DES MATIÈRES.

————

40510   Paris. — Imprimerie GAUTHIER-VILLARS. quai des Grands-Augustins. 55.

LECTURES

MÉCANIQUE.

PARIS. — IMPRIMERIE GAUTHIER-VILLARS.

41463   Quai des Grands-Augustins 55.

LECTURES

DE

MÉCANIQUE

LA MÉCANIQUE
ENSEIGNÉE PAR LES AUTEURS ORIGINAUX,

Par E. JOUGUET,

INGÉNIEUR DES MINES.

DEUXIÈME PARTIE.
L'ORGANISATION DE LA MÉCANIQUE.

PARIS,

GAUTHIER-VILLARS, IMPRIMEUR-LIBRAIRE

DU BUREAU DES LONGITUDES, DE L'ÉCOLE POLYTECHNIQUE,

Quai des Grands-Augustins, 55.

1909

A MES AMIS

GEORGES FRIEDEL,

ALFRED LIÉNARD, LOUIS CRUSSARD,

INGÉNIEURS DES MINES,

j'offre ce Livre qui doit tant
à leurs encouragements et à leurs conseils.

LECTURES

DE

MÉCANIQUE.

INTRODUCTION.

Parmi les idées mises en lumière par les travaux analysés dans la première Partie de cet Ouvrage, quelles sont celles qu'a retenues la Mécanique rationnelle classique, et dans quel langage les a-t-elle exprimées? C'est ce que nous allons examiner dans le présent Volume consacré à l'*Organisation de la Mécanique*.

Les problèmes les plus simples de la Mécanique sont ceux qui sont relatifs au mouvement des corps assez petits pour qu'on en puisse négliger les dimensions. Leur ensemble constitue la *Mécanique du point matériel*. La *Mécanique des systèmes*, au contraire, étudie les mouvements des corps finis. Nous envisagerons successivement l'une et l'autre; dans la première nous verrons se développer les notions de *force* et de *masse*, dans la seconde celles de *liaison* et de *travail* (¹).

(¹) Toutes les fois que je renverrai à la première Partie de cet Ouvrage, je le ferai par le chiffre romain I. Ainsi I, note 7 signifie note 7 de la première Partie.

—•••—

LIVRE I.

LE POINT MATÉRIEL ET LES NOTIONS DE FORCE ET DE MASSE.

———◆◆◆———

CHAPITRE I.
LES PRINCIPES NEWTONIENS.

———

§ 1. — L'exposé de Newton ([2]).

DÉFINITIONS.

DÉFINITION I. — *La quantité de matière se mesure par la densité et le volume pris ensemble.*

L'air devenant d'une densité double est quadruple en quantité lorsque l'espace est double, et sextuple si l'espace est triple. On en peut dire autant de la neige et de la poudre condensées par la liquéfaction ou la compression, aussi bien que dans tous les corps condensés par quelque cause que ce puisse être.

Je ne fais point attention ici au milieu qui passe librement entre les parties du corps, supposé qu'un tel milieu existe. Je désigne

---

([2]) Newton, né en 1642, mort en 1727. La citation qui va suivre est empruntée au début de son célèbre Ouvrage *Philosophiæ naturalis principia mathematica*, paru pour la première fois en latin en 1686. La dernière édition du vivant de Newton est de 1726. Nous citons la traduction française de la marquise du Chastelet, parue en 1759, à Paris, chez Desaint et Saillant et chez Lambert, traduction faite sous la direction de Clairaut.

la quantité de matière par les mots de *corps* ou de *masse*. Cette quantité se connaît par le poids du corps, car j'ai trouvé, par des expériences très exactes sur les pendules, que les poids des corps sont proportionnels à leur masse; je rapporterai ces expériences dans la suite ([3]).

Définition II. — *La quantité de mouvement est le produit de la masse par la vitesse.*

Le mouvement total est la somme du mouvement de chacune des parties; ainsi la quantité du mouvement est double dans un corps dont la masse est double, si la vitesse reste la même; mais si l'on double la vitesse, la quantité du mouvement sera quadruple.

Définition III. — *La force qui réside dans la matière* (*vis insita*) *est le pouvoir qu'elle a de résister. C'est par cette force que tout corps persévère de lui-même dans son état actuel de repos ou de mouvement uniforme en ligne droite.*

Cette force est toujours proportionnelle à la quantité de matière des corps, et elle ne diffère de ce qu'on appelle *l'inertie de la matière* que par la manière de la concevoir : car l'inertie est ce qui fait qu'on ne peut changer sans effort l'état actuel d'un corps, soit qu'il se meuve, soit qu'il soit en repos; ainsi on peut donner à la force qui réside dans les corps le nom très expressif de *force d'inertie*.

Le corps exerce cette force toutes les fois qu'il s'agit de changer

---

([3]) Newton définit assez mal la masse, puisqu'il ne définit pas la densité. En somme, sa manière de faire se réduit à ceci : il part de la notion de *quantité de matière* et admet qu'on peut représenter cette quantité par un coefficient numérique, qui est la masse. (*Voir* aussi note 7.)

Quand Newton dit que la masse se mesure par le *poids* d'un corps, il faut entendre : par le poids en un lieu déterminé. Il connaît mieux que personne la distinction entre le poids et la masse, puisque c'est précisément lui qui l'a nettement posée le premier, en insistant, comme nous le verrons plus loin, sur le fait que le poids varie avec la distance au centre de la Terre, tandis que la masse est invariable. Mais, en un lieu déterminé, il énonce que poids et masse sont proportionnels. Énoncer ce fait, c'est, en vertu des principes qu'il posera plus loin, dire que, en un lieu donné, l'accélération de la pesanteur est la même pour tous les corps, ou encore que tous les corps tombent également vite dans le vide. C'est en mesurant l'accélération de la pesanteur avec des pendules dont la masse oscillante était faite de matières variées que Newton a vérifié cette loi (*Principes*, Livre III, proposition VI, passage non cité ici). On connaît aussi la classique expérience du tube à vide qui porte son nom.

son état actuel, et l'on peut la considérer alors sous deux différents aspects, ou comme résistante, ou comme impulsive : comme résistante, en tant que le corps s'oppose à la force qui tend à lui faire changer d'état; comme impulsive, en tant que le même corps fait effort pour changer l'état de l'obstacle qui lui résiste.

On attribue communément la résistance aux corps en repos, et la force impulsive à ceux qui se meuvent; mais le mouvement et le repos, tels qu'on les conçoit communément, ne sont que respectifs, car les corps qu'on croit en repos ne sont pas toujours dans un repos absolu (.[1])

Définition IV. — *La force imprimée (vis impressa) est l'action par laquelle l'état du corps est changé, soit que cet état soit le repos, ou le mouvement uniforme en ligne droite.*

Cette force consiste uniquement dans l'action, et elle ne subsiste plus dans le corps dès que l'action vient à cesser. Mais le corps persévère par la seule force d'inertie dans le nouvel état dans lequel il se trouve.

La force imprimée peut avoir diverses origines, elle peut être produite par le *choc,* par la *pression* et par la force *centripète.*

Définition V. — *La force centripète est celle qui fait tendre les corps vers quelque point, comme vers un centre, soit qu'ils soient tirés ou poussés vers ce point, ou qu'ils y tendent d'une façon quelconque.*

La gravité qui fait tendre tous les corps vers le centre de la terre, la force magnétique qui fait tendre le fer vers l'aimant, et la force, quelle qu'elle soit, qui retire à tout moment les planètes du mouvement rectiligne et qui les fait circuler dans des courbes, sont des forces de ce genre.

La pierre qu'on fait tourner par le moyen d'une fronde agit sur la main, en tendant la fronde, par un effort qui est d'autant plus grand qu'on la fait tourner plus vite, et elle s'échappe aussitôt qu'on ne la retient plus. La force exercée par la main pour retenir

---

([1]) La *force d'inertie* n'a pas, chez Newton, la signification précise qu'elle a dans la Mécanique moderne. Elle présente un caractère nous dirions volontiers d'entité métaphysique. Dans certains cas, Newton la confond avec la masse (*voir* note 25). C'est en somme la masse envisagée au point de vue de la propriété qu'elle possède de rendre la matière inerte (*voir* Euler, passage signalé par la note 49).

la pierre, laquelle est égale et contraire à la force par laquelle la
pierre tend la fronde, étant donc toujours dirigée vers la main,
centre du cercle décrit, est celle que j'appelle *force centripète.* Il
en est de même de tous les corps qui se meuvent en rond ; ils font
tous effort pour s'éloigner du centre de leur révolution ; et sans le
secours de quelque force qui s'oppose à cet effort et qui les retient
dans leurs orbes, c'est-à-dire de quelque force centripète, ils s'en
iraient en ligne droite d'un mouvement uniforme.

Un projectile ne retomberait point vers la terre, s'il n'était point
animé par la force de la gravité, mais il s'en irait en ligne droite
dans les cieux avec un mouvement uniforme, si la résistance de
l'air était nulle. C'est donc par la gravité qu'il est retiré de la
ligne droite et qu'il s'infléchit sans cesse vers la terre ; et il s'infléchit plus ou moins, selon la gravité et la vitesse de son mouvement. Moins la gravité du projectile sera grande par rapport à sa
quantité de matière, plus il aura de vitesse ; moins il s'éloignera
de la ligne droite, et plus il ira loin avant de retomber sur la
terre.

Enfin, si un boulet de canon était tiré horizontalement du haut
d'une montagne, avec une vitesse capable de lui faire parcourir un
espace de deux lieues avant de retomber sur la terre, avec une
vitesse double il n'y retomberait qu'après avoir parcouru à peu
près quatre lieues, et avec une vitesse décuple il irait dix fois
plus loin (pourvu qu'on n'ait point d'égard à la résistance de l'air),
et, en augmentant la vitesse de ce corps, on augmenterait à volonté
le chemin qu'il parcourrait avant de retomber sur la terre et l'on
diminuerait la courbure de la ligne qu'il décrirait ; en sorte qu'il
pourrait ne retomber sur la terre qu'à la distance de 10", de 30° ou
de 90° ; ou qu'enfin il pourrait circuler autour, sans y retomber
jamais, et même s'en aller en ligne droite à l'infini dans le ciel.

Or, par la même raison qu'un projectile pourrait tourner autour
de la terre par la force de la gravité, il se peut faire que la lune
par la force de la gravité (supposé qu'elle gravite), ou par quelque
autre force qui la porte vers la terre, soit détournée à tout moment
de la ligne droite pour s'approcher de la terre, et qu'elle soit contrainte à circuler dans une courbe, et, sans une telle force, la lune
ne pourrait être retenue dans son orbite.

Si cette force était moindre qu'il ne convient, elle ne retirerait
pas assez la lune de la ligne droite ; et si elle était plus grande,
elle l'en retirerait trop, et elle la tirerait de son orbite vers la

terre. La quantité de cette force doit donc être donnée; et c'est aux mathématiciens à trouver la force centripète nécessaire pour faire circuler un corps dans une orbite donnée, et à déterminer réciproquement la courbe dans laquelle un corps doit circuler par une force centripète donnée, en partant d'un lieu quelconque donné, avec une vitesse donnée.

La quantité de la force centripète peut être considérée comme absolue, accélératrice ou motrice.

DÉFINITION VI. — *La quantité absolue de la force centripète est plus grande ou moindre, selon l'efficacité de la cause qui la propage du centre.*

C'est ainsi que la force magnétique est plus grande dans un aimant que dans un autre, suivant la grandeur de la pierre et l'intensité de la vertu.

DÉFINITION VII. — *La quantité accélératrice de la force centripète est proportionnelle à la vitesse qu'elle produit dans un temps donné.*

La force magnétique du même aimant est plus grande à une moindre distance qu'à une plus grande. La force de la gravité est plus grande dans les plaines, et moindre sur le sommet des hautes montagnes, et doit être encore moindre (comme on le prouvera dans la suite) à de plus grandes distances de la terre, et à des distances égales elle est la même de tous côtés; c'est pourquoi elle accélère également tous les corps qui tombent, soit qu'ils soient légers ou pesants, grands ou petits, abstraction faite de la résistance de l'air ([5]).

DÉFINITION VIII. — *La quantité motrice de la force centripète est proportionnelle au mouvement qu'elle produit dans un temps donné.*

Le poids des corps est d'autant plus grand qu'ils ont plus de masse; et le même corps pèse plus, près de la surface de la terre,

---

([5]) La *quantité accélératrice de la force centripète* est ce que nous appelons aujourd'hui l'*accélération produite par la force.*

On sait que Newton, considérant le poids comme un cas particulier de la gravitation universelle, est conduit à concevoir l'accélération de la pesanteur comme variable avec la distance au centre de la Terre.

que s'il était transporté dans le ciel. La quantité motrice de la force centripète est la force totale avec laquelle le corps tend vers le centre, et proprement son poids; et l'on peut toujours la connaître en connaissant la force contraire et égale qui peut empêcher le corps de descendre (⁶).

J'ai appelé ces différentes quantités de la force centripète : *motrice, accélératrice* et *absolue,* afin d'être plus court.

On peut, pour les distinguer, les rapporter aux *corps* qui sont attirés vers un autre, *aux lieux* de ces corps et *au centre* des forces.

On peut rapporter la force centripète motrice au corps, en la considérant comme l'effort que fait le corps entier pour s'approcher du centre, lequel effort est composé de celui de toutes ses parties.

La force centripète accélératrice peut se rapporter au lieu du corps, en considérant cette force en tant qu'elle se répand du centre dans tous les lieux qui l'environnent pour mouvoir les corps qui s'y rencontrent.

Enfin on rapporte la force centripète absolue au centre, comme à une certaine cause sans laquelle les forces motrices ne se propageraient pas dans tous les lieux qui entourent le centre; soit que cette cause soit un corps central quelconque (comme l'aimant dans le centre de la force magnétique et la terre dans le centre de la force gravitante), soit que ce soit quelque autre cause qu'on

---

(⁶) Entendez *mouvement* par *quantité de mouvement.*

Newton ayant posé *a priori* la notion de masse comme correspondant à la notion vague de quantité de matière, il lui est, logiquement, inutile de poser à part la notion de force. Il peut se contenter de définir la force au moyen du produit de la masse par l'accélération qu'elle produit ou tend à produire.

Mais est-ce vraiment là ce qu'il fait dans la définition VIII? Et est-il bien sûr que Newton renonce à poser l'idée de force en même temps que celle de masse et à côté d'elle? Nous ne le croyons pas. Nous trouverions inexplicable, si c'était là sa pensée, sa définition VI, où il parle de la quantité absolue de la force. Nous trouverions inexplicable surtout ce qu'il dit plus loin sur la manière d'utiliser la force pour distinguer les mouvements absolus des mouvements relatifs. Pour nous, Newton conserve la notion de force comme notion première à côté de celle de masse. Et sa définition VIII n'est pas dans son esprit une simple définition, elle contient aussi l'affirmation d'une loi physique, de la proportionnalité de la force, connue par ailleurs et en particulier statiquement, à l'accélération produite et à la quantité de matière. Sans doute il considère cette proportionnalité comme évidente (bien qu'elle ne le soit pas) et c'est pour cela qu'il la place parmi les définitions. Mais que ce soit pour lui un fait physique, c'est ce qui nous paraît résulter de la manière dont il énonce, plus loin, la deuxième loi du mouvement.

n'aperçoit pas. Cette façon de considérer la force centripète est purement mathématique, et je ne prétends point en donner la cause physique.

La force accélératrice est donc à la force centripète motrice ce que la vitesse est au mouvement; car de même que la quantité de mouvement est le produit de la masse par la vitesse, la quantité de la force centripète motrice est le produit de la force centripète accélératrice par la masse; car la somme de toutes les actions de la force centripète accélératrice sur chaque particule du corps est la force centripète motrice du corps entier (⁷). Donc à la surface de la terre où la force accélératrice de la gravité est la même sur tous les corps, la gravité motrice ou le poids des corps est proportionnel à leur masse; et si l'on était placé dans les régions où la force accélératrice diminuât, le poids des corps diminuerait pareillement; ainsi il est toujours comme le produit de la masse par la force centripète accélératrice. Dans les régions où la force centripète accélératrice serait deux fois moindre, le poids d'un corps sous-double ou sous-triple serait quatre fois ou six fois moindre.

Au reste, je prends ici dans le même sens les attractions et les impulsions accélératrices et motrices, et je me sers indifféremment des mots d'*impulsion*, d'*attraction*, ou de *propension* quelconque vers un centre, car je considère ces forces mathématiquement et non physiquement; ainsi le lecteur doit bien se garder de croire que j'aie voulu désigner par ces mots une espèce d'action, de cause ou de raison physique; et lorsque je dis que les centres attirent, lorsque je parle de leurs forces, il ne doit pas penser que j'aie voulu attribuer aucune force réelle à ces centres que je considère comme des points mathématiques (⁸).

(⁷) Il semble qu'il y ait là comme la première apparition d'une idée que nous retrouverons, à savoir que la matière est formée de particules identiques dont le nombre constitue la masse. (*Voir* notes 48, 87, 96.

(⁸) L'idée d'expliquer les mouvements des astres par une force centripète due à l'attraction du Soleil et retirant à chaque instant les corps de leur trajectoire naturelle, qui devrait être rectiligne, est une des grandes originalités de Newton. La notion de *force à distance* est une des notions fondamentales de la philosophie naturelle newtonienne. Elle n'a pas été admise sans discussion à son époque, et l'on voit que Newton lui-même a pris la précaution de dire qu'il considérait la loi de la gravité universelle comme une loi mathématique et non comme l'expression de la réalité concrète. Les idées qui régnaient de son temps étaient celles de Descartes. Ce philosophe expliquait les mouvements des astres en admettant qu'ils étaient entraînés dans des tourbillons de matière subtile; c'était par le contact de cette matière subtile que les astres étaient retenus dans leurs trajectoires. On

Scholie. — Je viens de faire voir le sens que je donne dans cet Ouvrage à des termes qui ne sont pas communément usités. Quant à ceux de temps, d'espace, de lieu et de mouvement, ils

---

attribuait la pesanteur à une cause analogue; Descartes lui-même en avait ébauché une explication d'après ces principes, et Huygens avait composé sur ce sujet un Traité spécial où il améliorait notablement l'explication de Descartes. (On trouvera cet écrit analysé dans la *Mécanique* de M. Mach.) Quand Newton a parlé de l'attraction du Soleil et, d'une manière générale, de l'attraction mutuelle de toutes les particules matérielles, on lui a reproché d'avoir « une philosophie un peu étrange » marquant un véritable recul par rapport au cartésianisme. « Si tout corps est grave, dit Leibniz, il faut nécessairement que la gravité soit une qualité occulte scholastique » (LEIBNIZ, *Opera omnia*, t. III, 1768, p. 446).

La méthode de Newton était pourtant bonne. La science de la nature ne doit pas s'interdire d'employer une notion sous le seul prétexte que l'esprit ne se fait pas, de cette notion, une *représentation* au moyen d'éléments simples. C'était précisément une erreur de Descartes de ne vouloir admettre en Physique d'autres principes que ceux qui sont reçus en Mathématiques et de se refuser à voir, dans la nature, tout ce qui ne lui paraissait pas à la mesure et à la forme de son esprit. Il était parfaitement légitime de se servir de la notion de force et de force à distance sans chercher à dévoiler la nature intime de cette force. « J'ai expliqué jusqu'ici, dit Newton lui-même à la fin de son Livre, les phénomènes célestes et ceux de la mer par la force de la gravitation, mais je n'ai assigné nulle part la cause de cette gravitation.... Je n'ai pu encore arriver à déduire des phénomènes la raison de ces propriétés de la gravité, et je n'imagine point d'hypothèses. Car tout ce qui ne se déduit point des phénomènes est une hypothèse; et les hypothèses, soit métaphysiques, soit physiques, soit mécaniques, soit celles des qualités occultes, ne doivent pas être reçues dans la philosophie expérimentale. Dans cette philosophie, on tire les propositions des phénomènes et on les rend ensuite générales par induction. » Ce n'est pas que Newton considère la gravitation comme certainement irréductible. Au contraire, il signale lui-même que cette force est due à une « espèce d'esprit très subtil, qui pénètre à travers tous les corps solides; ... mais on n'a pas fait encore, dit-il, assez d'expériences pour pouvoir déterminer exactement les lois selon lesquelles agit cet esprit universel ». Il réserve donc la possibilité d'une explication. Mais même si l'on n'en trouve pas de satisfaisante, même si le phénomène de l'attraction reste primordial et inexplicable, il avait parfaitement le droit de se servir de la gravité universelle pour grouper en un système cohérent les faits de l'Astronomie. « Après tout, peut-on dire avec d'Alembert, quel mal aurait-il fait à la philosophie en nous donnant lieu de penser que la matière peut avoir des propriétés que nous ne lui soupçonnions pas et en nous désabusant de la confiance ridicule où nous sommes de les connaître toutes? » (Discours préliminaire de l'*Encyclopédie*).

Nous ne prétendons pas d'ailleurs que la manière dont Newton introduit la notion de force soit exempte d'obscurité et ne demande pas des éclaircissements. Nous voulons dire simplement qu'il n'est pas nécessaire que ces éclaircissements soient des explications de la nature intime des choses. Ils peuvent consister uniquement en une reconstruction expérimentale ou formelle (I, note 7). Pour l'étude des éclaircissements apportés par les successeurs de Newton, *voir* le Chapitre II.

Ajoutons, il est intéressant de le savoir, qu'une partie importante du Livre des *Principes* est consacrée à la réfutation du système des tourbillons. Mais cette partie, fondée sur l'étude de la résistance des fluides, n'est pas la plus satisfai-

sont connus de tout le monde, mais il faut remarquer que, pour n'avoir considéré ces quantités que par leurs relations à des choses sensibles, on est tombé dans plusieurs erreurs.

Pour les éviter, il faut distinguer le temps, l'espace, le lieu, et le mouvement, en absolus et relatifs, vrais et apparents, mathématiques et vulgaires (⁹).

I. Le temps absolu, vrai et mathématique, sans relation à rien d'extérieur, coule uniformément, et s'appelle durée. Le temps relatif, apparent et vulgaire, est cette mesure sensible et externe d'une partie de durée quelconque (égale ou inégale) prise du mouvement : telles sont les mesures d'heures, de jours, de mois, etc., dont on se sert ordinairement à la place du temps vrai.

II. L'espace absolu, sans relation aux choses externes, demeure toujours similaire et immobile.

L'espace relatif est cette mesure ou dimension mobile de l'espace absolu, laquelle tombe sous nos sens par la relation aux corps, et que le vulgaire confond avec l'espace immobile. C'est ainsi, par exemple, qu'un espace, pris au dedans de la terre ou dans le ciel, est déterminé par la situation qu'il a à l'égard de la terre.

De là la distinction entre le mouvement absolu et le mouvement relatif....

On distingue en Astronomie le temps absolu du temps relatif par l'équation du temps. Car les jours naturels sont inégaux, quoiqu'on les prenne communément pour une mesure égale du

sante de l'Ouvrage. La véritable réfutation du système des tourbillons a consisté dans la substitution, à ce système trop vague, d'un système précis, coordonné et vérifié par l'observation. Et l'on peut remarquer ici l'importance, en philosophie naturelle, d'un problème particulier traité à fond. Newton a plus fait pour elle en étudiant dans le détail les lois de la Mécanique céleste que s'il avait cherché à donner en gros, d'après quelques principes *a priori*, une explication de tous les phénomènes de l'Univers.

(⁹) La plupart des travaux passés en revue dans la première Partie du présent Ouvrage supposaient implicitement la notion de mouvement absolu. Huygens lui-même, malgré ses idées sur la relativité du mouvement, n'est pas parvenu à s'en affranchir tout à fait (I, Livre II, Chap. II, § 3). Mais l'usage qu'en faisaient les divers auteurs avait quelque chose d'inconscient. Newton a eu le mérite de proclamer explicitement la nécessité, pour le mécanicien, de considérer des repères privilégiés dans le temps et dans l'espace et d'éviter ainsi la confusion qui se manifeste encore dans les idées de Descartes et d'Huygens. C'est là ce qui fait la grande valeur du passage cité ici. Mais d'autre part son défaut est précisément d'attribuer à ces repères privilégiés un caractère absolu et de justifier leur emploi par les considérations d'une métaphysique obscure.

temps; et les astronomes corrigent cette inégalité, afin de mesurer
les mouvements célestes par un temps plus exact.

Il est très possible qu'il n'y ait point de mouvement parfaitement égal, qui puisse servir de mesure exacte du temps; car
tous les mouvements peuvent être accélérés et retardés, mais le
temps absolu doit toujours couler de la même manière.

La durée ou la persévérance des choses est donc la même, soit
que les mouvements soient prompts, soit qu'ils soient lents, et
elle serait encore la même quand il n'y aurait aucun mouvement; mais il faut bien distinguer le temps de ses mesures
sensibles, et c'est ce qu'on fait par l'équation astronomique. La
nécessité de cette équation dans la détermination des phénomènes
se prouve assez par l'expérience des horloges à pendule, et par
les observations des éclipses des satellites de Jupiter.

L'ordre des parties de l'espace est aussi immuable que celui
des parties du temps; car si les parties de l'espace sortaient de
leur lieu, ce serait, si l'on peut s'exprimer ainsi, sortir d'elles-
mêmes. Les temps et les espaces n'ont pas d'autres lieux qu'eux-
mêmes, et ils sont les lieux de toutes les choses. Tout est dans
le temps, quant à l'ordre de la succession; tout est dans l'espace,
quant à l'ordre de la situation. C'est là ce qui détermine leur
essence, et il serait absurde que les lieux primordiaux se mussent.
Ces lieux sont donc les lieux absolus, et la seule translation de
ces lieux (¹⁰) fait les mouvements absolus.

Comme les parties de l'espace ne peuvent être vues ni distinguées les unes des autres par nos sens, nous y suppléons par
des mesures sensibles. Ainsi nous déterminons les lieux par les
positions et les distances à quelque corps que nous regardons
comme immobile, et nous mesurons ensuite les mouvements des
corps par rapport à ces lieux ainsi déterminés; nous nous servons
donc des lieux et des mouvements relatifs à la place des lieux et
des mouvements absolus; et il est à propos d'en user ainsi dans la
vie civile; mais dans les matières philosophiques, il faut faire
abstraction des sens, car il peut se faire qu'il n'y ait aucun corps
véritablement en repos auquel on puisse rapporter les lieux et les
mouvements.

Le repos et le mouvement relatifs et absolus sont distingués
par leurs propriétés, leurs causes et leurs effets.

(¹⁰) C'est-à-dire le transport hors de ces lieux.

La propriété du repos est que les corps véritablement en repos y sont les uns à l'égard des autres....

La propriété du mouvement est que les parties qui conservent des positions données par rapport aux touts participent aux mouvements de ces touts.....

Les causes par lesquelles on peut distinguer le mouvement vrai du mouvement relatif sont les forces imprimées dans les corps pour leur donner le mouvement, car le mouvement vrai d'un corps ne peut être produit ni changé que par des forces imprimées à ce corps même; au lieu que son mouvement relatif peut être produit et changé sans qu'il éprouve l'action d'aucune force; il suffit qu'il y ait des forces qui agissent sur les corps par rapport auxquels on le considère, puisque, ces corps étant mus, la relation dans laquelle consiste le repos ou le mouvement relatif change (¹¹)....

Les effets par lesquels on peut distinguer le mouvement absolu du mouvement relatif sont les forces qu'ont les corps qui tournent pour s'éloigner de l'axe de leur mouvement, car dans le mouvement circulaire purement relatif, ces forces sont nulles, et dans le mouvement circulaire vrai et absolu, elles sont plus ou moins grandes, selon la quantité du mouvement.

Si l'on fait tourner en rond un vase attaché à une corde jusqu'à ce que la corde, à force d'être torse, devienne, en quelque sorte inflexible; si l'on met ensuite de l'eau dans ce vase, et qu'après avoir laissé prendre à l'eau et au vase l'état de repos, on donne à la corde la liberté de se détortiller, le vase acquerra par ce moyen un mouvement qui se conservera très longtemps; au commencement de ce mouvement la superficie de l'eau contenue dans le vase restera plane, ainsi qu'elle était avant que la corde se détortillât; mais ensuite, le mouvement du vase se communiquant peu à peu à l'eau qu'il contient, cette eau commencera à tourner, à s'élever vers les

---

(¹¹) Voir, un peu plus bas, le passage signalé par la note 13, où Newton développe les idées émises ici. En somme, il propose de déterminer le mouvement absolu par l'observation des forces. C'est donc bien qu'il considère, comme nous l'avons dit plus haut (note 6), la force comme définie et connue indépendamment du mouvement; la force, c'est, pour lui, la tension d'un fil (*voir* le passage signalé par la note 13). Tout cela est à rapprocher des idées de Reech et de M. Andrade, notamment de la définition donnée par M. Andrade pour le temps absolu (note 184).

bords, et à devenir concave, comme je l'ai prouvé, et son mouvement s'augmentant, les bords de cette eau s'élèveront de plus
en plus, jusqu'à ce que, ses révolutions s'achevant dans des temps
égaux à ceux dans lesquels le vase fait un tour entier, l'eau sera
dans un repos relatif par rapport à ce vase. L'ascension de l'eau
vers les bords du vase marque l'effort qu'elle fait pour s'éloigner
du centre de son mouvement, et l'on peut connaître et mesurer
par cet effet le mouvement circulaire vrai et absolu de cette eau,
lequel est entièrement contraire à son mouvement relatif ; car
dans le commencement où le mouvement relatif de l'eau dans le
vase était le plus grand, ce mouvement n'excitait en elle aucun
effort pour s'éloigner de l'axe de son mouvement ; l'eau ne s'éle-
vait point vers les bords du vase, mais elle demeurait plane, et
par conséquent elle n'avait pas encore de mouvement circulaire
vrai et absolu ; lorsque ensuite le mouvement relatif de l'eau vint à
diminuer, l'ascension de l'eau vers les bords du vase marquait
l'effort qu'elle faisait pour s'éloigner de l'axe de son mouvement,
et cet effort, qui allait toujours en augmentant, indiquait l'augmentation de son mouvement circulaire vrai. Enfin ce mouvement
vrai fut le plus grand lorsque l'eau fut dans un repos relatif dans
le vase. L'effort que faisait l'eau pour s'éloigner de l'axe de son
mouvement ne dépendait donc point de la translation du voisinage des corps ambiants ([12]), et par conséquent le mouvement
circulaire vrai ne peut se déterminer par de telles translations....

Les quantités relatives ne sont donc pas les véritables quantités
dont elles portent le nom, mais ce sont les mesures sensibles
(exactes ou non exactes) que l'on emploie ordinairement pour les
mesurer. Or, comme la signification des mots doit répondre à
l'usage qu'on en fait, on aurait tort si l'on entendait par les mots
de temps, d'espace, de lieu et de mouvement, autre chose que les
mesures sensibles de ces quantités, excepté dans le langage
purement mathématique. Lorsqu'on trouve donc ces termes dans
l'Écriture, ce serait faire violence au texte sacré si, au lieu de les
prendre pour les quantités qui leur servent de mesures sensibles, on
les prenait pour les véritables quantités absolues ; ce serait de même
aller contre le but de la Philosophie et des Mathématiques, de

---

([12]) Il semble qu'il y ait là une allusion à la définition du mouvement propre
donnée par Descartes dans ses *Principes* (I, note 97).

confondre ces mêmes mesures sensibles ou quantités relatives avec les quantités absolues qu'elles mesurent.

Il faut avouer qu'il est très difficile de connaître les mouvements vrais de chaque corps, et de les distinguer actuellement des mouvements apparents, parce que les parties de l'espace immobile dans lesquelles s'exécutent les mouvements vrais ne tombent pas sous nos sens. Cependant il ne faut pas en désespérer entièrement, car on peut se servir, pour y parvenir, tant des mouvements apparents, qui sont les différences des mouvements vrais, que des forces qui sont les causes et les effets des mouvements vrais. Si, par exemple, deux globes attachés l'un à l'autre par le moyen d'un fil de longueur donnée viennent à tourner autour de leur centre commun de gravité, la tension du fil fera connaître l'effort qu'ils font pour s'écarter du centre du mouvement, et donnera par ce moyen la quantité de mouvement circulaire. Ensuite, si en frappant ces deux globes en même temps, dans des sens opposés et avec des forces égales, on augmente ou on diminue le mouvement circulaire, on connaîtra, par l'augmentation ou la diminution de la tension du fil, l'augmentation ou la diminution du mouvement, et enfin on trouvera par ce moyen les côtés de ces globes où les forces doivent être imprimées pour augmenter le plus qu'il est possible le mouvement, c'est-à-dire les côtés qui se meuvent parallèlement au fil et qui suivent son mouvement; connaissant donc ces côtés et leurs opposés qui précèdent le mouvement du fil, on aura la détermination du mouvement.

On parviendrait de même à connaître la quantité et la détermination de ce mouvement circulaire dans un vide quelconque immense, où il n'y aurait rien d'extérieur ni de sensible à quoi on pût rapporter le mouvement de ces globes ([13]).

....

AXIOMES OU LOIS DU MOUVEMENT.

PREMIÈRE LOI. — *Tout corps* ([14]) *persévère dans l'état de repos ou de mouvement uniforme en ligne droite dans lequel*

([13]) *Voir* note 11.

([14]) Il faut entendre *tout point matériel*. Mais un point matériel n'est autre chose qu'un corps de dimensions très petites et ne saurait présenter des propriétés essentiellement différentes de celles des corps ordinaires. Si l'expérience, conve-

il se trouve, à moins que quelque force n'agisse sur lui et ne le
contraigne à changer d'état.

Les projectiles, par eux-mêmes, persévèrent dans leurs mouvements, mais la résistance de l'air les retarde et la force de la
gravité les porte vers la terre. Une toupie, dont les parties se
détournent continuellement les unes les autres de la ligne droite
par leur cohérence réciproque, ne cesse de tourner que parce que
la résistance de l'air la retarde peu à peu. Les planètes et les comètes,
qui sont de plus grandes masses et qui se meuvent dans des
espaces moins résistants, conservent plus longtemps leurs mouvements progressifs et circulaires.

DEUXIÈME LOI. — *Les changements qui arrivent dans le*
mouvement ([15]) *sont proportionnels à la force motrice et se*
font dans la ligne droite dans laquelle cette force a été
imprimée ([16]).

Si une force produit un mouvement quelconque, une force
double de cette première produira un mouvement double, et une
force triple un mouvement triple, soit qu'elle ait été imprimée eu
un seul coup, soit qu'elle l'ait été peu à peu et successivement, et
ce mouvement, étant toujours déterminé du même côté que la
force génératrice, sera ajouté au mouvement que le corps est supposé avoir déjà, s'il conspire avec lui ; ou en sera retranché, s'il
lui est contraire, ou bien sera retranché ou ajouté en partie, s'il

---

nablement interprétée, conduit à admettre le principe de l'inertie pour les points
matériels, c'est à la suite d'observations faites sur les corps finis. Les corps finis
doivent nécessairement être tributaires, eux aussi, de l'*inertie* de la matière ;
seulement, pour eux, l'énoncé de cette propriété est plus difficile que pour le
point matériel en raison de la multiplicité des trajectoires de leurs différents
points. On verra d'ailleurs que Newton n'hésite pas, avec juste raison, à invoquer
sa première loi à propos des corps finis (*voir* note 23). On va voir aussi, par les
exemples de la toupie et des astres qu'il va citer, que l'*inertie* de la matière est
pour lui une propriété plus générale que celle qu'énonce le principe habituellement appelé *principe de l'inertie :* c'est, au fond, avec toute son extension,
l'idée de *force des corps en mouvement.*

([15]) Entendez *quantité de mouvement.*

([16]) Cette loi contient le principe actuel de l'indépendance des effets des forces
et en même temps le principe de la proportionnalité des forces au produit des
masses par les accélérations. Nous avons déjà expliqué (note 6) que, à notre avis,
cette proportionnalité était bien pour Newton une affirmation physique et non
une définition, mais qu'il avait peut-être le tort de la considérer comme évidente.

lui est oblique, et de ces deux mouvements il s'en formera un seul, dont la détermination sera composée des deux premiers.

TROISIÈME LOI. — *L'action est toujours égale et opposée à la réaction, c'est-à-dire que les actions de deux corps l'un sur l'autre sont toujours égales, et dans des directions contraires.*

Tout corps qui presse ou tire un autre corps est en même temps tiré ou pressé lui-même par cet autre corps. Si l'on presse une pierre avec le doigt, le doigt est pressé en même temps par la pierre. Si un cheval tire une pierre par le moyen d'une corde, il est également tiré par la pierre, car la corde qui les joint et qui est tendue des deux côtés fait un effort égal pour tirer la pierre vers le cheval, et le cheval vers la pierre, et cet effort s'oppose autant au mouvement de l'un qu'il excite le mouvement de l'autre.

Si un corps en frappe un autre, et qu'il change son mouvement, de quelque façon que ce soit, le mouvement du corps choquant sera aussi changé de la même quantité, et dans une direction contraire, par la force du corps choqué, à cause de l'égalité de leur pression mutuelle.

Par ces actions mutuelles, il se fait des changements égaux, non pas de vitesse, mais de mouvement, pourvu qu'il ne s'y mêle aucune cause étrangère, car les changements de vitesse qui se font de la même manière dans des directions contraires doivent être réciproquement proportionnels aux masses, à cause que les changements de mouvement sont égaux. Cette loi a lieu aussi dans les attractions, comme je le prouverai dans le scholie suivant.

COROLLAIRE I. — *Un corps poussé par deux forces parcourt, par leurs actions réunies, la diagonale d'un parallélogramme dans le même temps dans lequel il aurait parcouru ses côtés séparément (fig. 1).*

Si le corps, pendant un temps donné, eût été transporté de A en B, d'un mouvement uniforme, par la seule force M imprimée en A, et que par la seule force N, imprimée dans le même lieu A, il eût été transporté de A en C, le corps, par ces deux forces réunies, sera transporté dans le même temps dans la diagonale AD du parallélogramme ABCD ([17]), car puisque la force N agit selon

---

([17]) Il faut faire bien attention à l'expression employée par Newton (qui, d'ailleurs, ne se trouve pas dans la première édition de son livre) : il parle

la ligne AC parallèle à BD, cette force, selon la seconde loi du mouvement, ne changera rien à la vitesse avec laquelle ce corps s'approche de cette ligne BD par l'autre force M. Le corps s'approchera donc de la ligne BC dans le même temps, soit que la

Fig. 1.

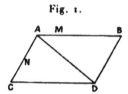

force N lui soit imprimée, soit qu'elle ne le soit pas ; ainsi à la fin de ce temps il sera dans quelque point de cette ligne BD. On prouvera de la même manière qu'à la fin de ce même temps le corps sera dans un point quelconque de la ligne CD. Donc il sera nécessairement dans le point d'intersection D de ces deux lignes, et par la première loi il ira d'un mouvement rectiligne de A en D.

COROLLAIRE II. — *D'où l'on voit qu'une force directe* AD *est composée des forces obliques quelconques* AB *et* BD, *et réciproquement qu'elle peut toujours se résoudre dans les forces obliques quelconques* AB *et* BD. *Cette résolution et cette composition des forces se trouve confirmée à tout moment dans la Mécanique.*

[Suit une étude du treuil par laquelle Newton montre le parti qu'on peut tirer de cette règle de la composition des forces dans la Statique.]

. . . .

Scholie. — Les principes que j'ai expliqués jusqu'à présent sont reçus de tous les mathématiciens et confirmés par une infinité d'expériences. Les deux premières lois du mouvement et les deux premiers corollaires ont fait découvrir à Galilée que la descente

---

de la force M *imprimée en* A. Manifestement, il se fait de l'action des forces une image empruntée au choc des corps : les forces agissent instantanément, comme par un choc, au début de chaque élément de temps. C'est pour cela qu'il peut dire que le corps est transporté d'un *mouvement uniforme par la force* M.

Nous avons déjà rencontré cette conception de l'action des forces chez J. Bernouilli (I, note 188). Nous la retrouverons encore chez bien des auteurs, notamment chez Lazare Carnot (note 88).

des graves est en raison doublée du temps, et que les projectiles
décrivent une parabole, ce qui est conforme à l'expérience, si l'on
fait abstraction de la résistance de l'air qui retarde un peu tous
ces mouvements....

C'est sur ces mêmes lois et sur leurs corollaires qu'est fondée
la théorie des oscillations des pendules, vérifiée tous les jours
par l'expérience. Par ces mêmes lois le chevalier *Christophe
Wren, J. Wallis S.T.D.* et *Chrétien Huygens,* qui sont sans
contredit les premiers géomètres des derniers temps, ont découvert, chacun de leur côté, les lois du choc et de la réflexion des
corps durs; ils communiquèrent presque en même temps leurs
découvertes à la Société Royale; ces découvertes s'accordent parfaitement sur ce qui concerne ces lois. *Wallis* fut le premier qui
en fit part à la Société Royale, ensuite *Wren,* et enfin *Huygens;*
mais ce fut *Wren* qui les confirma par des expériences faites
avec des pendules devant la Société Royale, lesquelles le célèbre
Mariotte a rapportées depuis dans un Traité qu'il a composé
exprès sur cette matière (¹⁸).

Pour que cette théorie s'accorde parfaitement avec l'expérience,
il faut faire attention tant à la résistance de l'air qu'à la force
élastique des corps qui se choquent. Soient A et B des corps

Fig. 2.

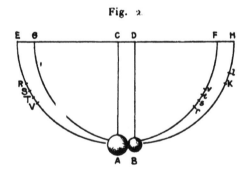

sphériques suspendus à des fils parallèles et égaux, AC, BD, attachés aux centres C et D, et soient décrits autour de ces points
comme centre, et des intervalles AC, BD, les demi-cercles EAF,
GBH séparés chacun en deux parties égales par les rayons AC,

(¹⁸) Il n'est pas tout fait exact de dire que c'est par les lois énoncées plus haut
que Wren, Wallis et Huygens ont découvert celles du choc des corps. Il serait
plus vrai de dire que ce sont les lois du choc des corps, découvertes par Wren,.
Wallis et Huygens, qui ont conduit, en partie au moins, aux lois de Newton.

BD (*fig.* 2). Si l'on élève le corps A jusqu'au point quelconque R de l'arc EAF, et qu'ayant ôté le corps B, on laisse tomber le corps A, et que ce corps, après une oscillation, revienne au point V, RV sera le retardement causé par la résistance de l'air. Si l'on prend alors ST égale à la quatrième partie de RV, et placée en telle sorte que RS = VT, ST exprimera à peu près le retardement que le corps A éprouve en descendant de S vers A.

Qu'on remette présentement le corps B à sa place, et qu'on laisse tomber le corps A du point S; sa vitesse au point A où il doit se réfléchir, sera la même, sans erreur sensible, que s'il tombait du point T dans le vide. Cette vitesse sera donc exprimée par la corde de l'arc TA, car c'est une proposition connue de tous les géomètres, que la vitesse d'un corps suspendu par un fil est, au point le plus bas de sa chute, comme la corde de l'arc qu'il a parcouru en tombant.

Supposons que le corps A parvienne après la réflexion en *s*, et le corps B en *k*, qu'on ôte encore le corps B, et qu'on trouve le lieu *v* duquel laissant tomber le corps A, il revienne après une oscillation au lieu *r*, de plus que *st* soit la quatrième partie de *rv* placée en telle sorte que *rs* = *tv*, *t*A exprimera la vitesse que le corps A avait en A l'instant d'après la réflexion. Car *t* sera le lieu vrai et corrigé auquel le corps A devrait remonter, si l'on faisait abstraction de la résistance de l'air. On corrigera par la même méthode le lieu *k* auquel le corps B remonte, et on trouvera le lieu *l* auquel il aurait dû remonter dans le vide, et par ce moyen on fera ces expériences aussi exactement dans l'air que dans le vide. Enfin pour avoir le mouvement du corps A, au lieu A, immédiatement avant la réflexion, il faudra multiplier le corps A, si je puis m'exprimer ainsi, par la corde de l'arc TA, qui exprime sa vitesse, ensuite il faut le multiplier par la corde de l'arc *t*A, pour avoir son mouvement au lieu A, immédiatement après la réflexion. De même, il faudra multiplier le corps B par la corde de l'arc B*l*, pour avoir son mouvement immédiatement après la réflexion.

Par la même méthode, lorsque les deux corps tomberont en même temps de deux hauteurs différentes, on trouvera le mouvement de l'un et de l'autre, tant avant qu'après la réflexion, et l'on pourra toujours, par ce moyen, comparer ces mouvements entre eux et en conclure les effets de la réflexion.

Suivant cette méthode, dans les expériences que j'ai faites

avec des pendules de 10 pieds de long auxquels j'avais suspendu
tantôt des corps égaux, tantôt des corps inégaux, et que j'avais
fait se choquer en tombant de très haut, comme de 8, 12 et 16 pieds,
j'ai toujours trouvé, à des différences près, lesquelles étaient
moindres que 3 pouces dans les mesures, que, lorsque les
corps se rencontraient directement, les changements de mouvement vers les points opposés étaient toujours égaux, et que par
conséquent la réaction était toujours égale à l'action ([19]). Lorsque
le corps A, par exemple, ayant 9 parties de mouvement venait à
choquer le corps B en repos, et qu'après avoir perdu 7 parties du
mouvement, il continuait après la réflexion à se mouvoir avec deux
parties, le corps B rejaillissait avec ces 7 parties....

Il en était de même dans tous les autres cas. La quantité de
mouvement n'était jamais changée par le choc, elle se retrouvait
toujours ou dans la somme des mouvements conspirants ou dans
la différence des mouvements opposés, et j'ai attribué les erreurs
d'un ou deux pouces que j'ai trouvées dans les mesures à la
difficulté de prendre ces mesures avec assez d'exactitude, car il
était difficile de faire tomber les pendules dans le même instant,
en sorte que les corps se rencontrassent dans le lieu le plus bas AB,
et de marquer exactement les lieux s et k auxquels les corps
remontaient après le choc, et il pouvait encore s'y mêler d'autres
causes d'erreur, comme l'inégale densité des parties des corps
suspendus, leur différente texture, etc.

Et afin qu'on ne m'objecte pas que la loi que j'ai voulu prouver
par ces expériences suppose les corps ou parfaitement durs, ou
parfaitement élastiques, et que nous ne connaissons point de tels
corps, j'ajouterai que ces expériences réussissent aussi bien sur
les corps mous que sur les corps durs, et que par conséquent la
vérité de ce principe ne dépend point de la dureté des corps, car
si on veut l'appliquer aux cas où les corps ne sont pas parfaitement durs, il faudra seulement diminuer la réflexion dans une
certaine proportion relative à la quantité de la force élastique.

Dans la théorie de Wren et d'Huygens, les corps absolument
durs, après s'être choqués, s'éloignent l'un de l'autre avec la
même vitesse ([20]) qu'ils avaient avant le choc. On peut l'assurer

---

([19]) *Voir* les considérations présentées dans la première Partie, Livre II, Chapitre II, paragraphe 3, après la citation d'Huygens sur le choc des corps.
([20]) Relative.

avec encore plus de certitude des corps parfaitementélastiques ([21]).
Dans les corps qui ne sont pas parfaitement élastiques, la vitesse
avec laquelle ils s'en retournent après le choc doit être diminuée
relativement à la force élastique, et parce que cette force (pourvu
que les parties des corps ne soient point altérées par la collision,
ou qu'elles ne souffrent point d'extension comme celle que cause
le marteau) est constante et déterminée, ainsi que je l'ai remarqué,
elle fait que les corps rejaillissent avec une vitesse relative qui est
à la vitesse qu'ils avaient avant le choc dans une raison donnée.

Je fis aussi cette expérience avec des pelotes de laine très
serrées. Je commençai par déterminer la quantité de la force élastique, en faisant tomber les pendules et en mesurant la réflexion,
et ensuite, connaissant cette force, j'en conclus les réflexions pour
d'autres cas, et je trouvai que les expériences y répondaient. Les
pelotes s'éloignaient toujours l'une de l'autre après le choc avec
une vitesse relative, qui était à leur vitesse relative avant le choc
comme 5 à 9 environ. Les boules d'acier rejaillissaient à peu près
avec la même vitesse, les boules de liège rejaillissaient avec une
vitesse un peu moindre, et dans les boules de verre ces vitesses
étaient à peu près comme 15 à 16. Ainsi la troisième loi se trouve
confirmée dans le choc et dans la réflexion des corps par la
théorie, et la théorie l'est par l'expérience. Je vais faire voir
qu'elle l'est aussi dans les attractions.

Imaginez entre les deux corps A et B un obstacle quelconque
qui les empêche de se joindre. Si un de ces corps comme A est
plus attiré vers B que B vers A, l'obstacle sera plus pressé par le
corps A que par le corps B, ainsi il ne sera point en équilibre. La
plus forte pression prévaudra, et il arrivera que le système,
composé de ces deux corps et de l'obstacle qui est entre deux, se
mouvra en ligne droite vers B, et qu'il s'en ira à l'infini dans le
vide avec un mouvement continuellement accéléré, ce qui est
absurde et contraire à la première loi du mouvement, car, par
cette première loi, ce système doit persévérer dans son état de

---

([21]) Nous avons rencontré, chez Wallis, cette distinction des corps parfaitement
durs et parfaitement éla-tiques. Mais, pour Wallis, les corps parfaitement durs
étaient, contrairement à ce que dit ici Newton, ceux qui suivent les lois de choc
posées par lui, c'est-à-dire les lois que nous considérons aujourd'hui comme se
rapportant aux corps mous. J'avoue ne pas voir ce que Newton entend ici par
corps parfaitement durs. La théorie de Wren et d'Huygens s'applique aux corps
parfaitement élastiques.

repos ou de mouvement en ligne droite; ainsi ces deux corps doivent presser également cet obstacle, et être par conséquent tirés également l'un vers l'autre ([22]) ([23]).

J'en ai fait l'expérience sur le fer et sur l'aimant. Si l'on pose l'aimant et le fer chacun séparément dans de petits vaisseaux sur une eau dormante, et que ces petits vaisseaux se touchent, ni l'un ni l'autre ne sera mû, mais ils soutiendront par l'égalité de leur attraction les efforts mutuels qu'ils font l'un sur l'autre, et, étant en équilibre, ils resteront en repos ([24]).

. . . .

De même que les corps qui se choquent se font équilibre quand leurs vitesses sont réciproquement comme leurs forces d'inertie (*ut vires insitæ*) ([25]), les puissances qui agissent dans la Mécanique se contrebalancent et détruisent leurs efforts mutuels quand leurs vitesses dans la direction des forces sont réciproquement comme ces forces.

[A titre d'exemple, Newton rappelle les conditions d'équilibre connues de la balance, du plan incliné, du coin. Lorsque les machines seront construites de façon que la vitesse de la puissance

---

([22]) Ce raisonnement suppose le principe de l'égalité de l'action et de la réaction vrai pour les actions au contact. B attire A et un obstacle empêche A de se précipiter sur B. Comme il y a équilibre, la réaction de l'obstacle sur A est égale et directement opposée à l'attraction de B sur A. En vertu du principe admis pour les actions au contact, l'action de A sur l'obstacle est donc égale à l'attraction de A par B. De même l'action de B sur l'obstacle est égale à l'attraction de B pour A. Il faut que ces deux attractions soient égales pour que l'obstacle ne se mette pas en mouvement.

([23]) On remarquera que Newton rattache le principe de l'égalité de l'action et de la réaction à celui de l'inertie. Nous avons dit, dans la note 14, que l'inertie de la matière était, pour Newton, une propriété plus générale que ne le laisserait croire l'énoncé habituel restreint au point matériel. L'expression complète de cette propriété comprend, pour lui, le principe de l'inertie relatif au point et le principe de l'égalité de l'action et de la réaction. On aurait un énoncé général en disant : « Le centre de gravité d'un système isolé décrit une droite d'un mouvement uniforme. » (*Voir* POINCARÉ, *La science et l'hypothèse*, p. 126.)

([24]) Il est intéressant, aujourd'hui que le principe de l'égalité de l'action et de la réaction est mis en cause, de s'arrêter un instant sur les arguments par lesquels Newton l'a, non pas démontré, mais étayé. On peut remarquer que les considérations qu'il présente, pour le cas des actions à distance, supposent en somme les corps A et B en équilibre et leurs actions mutuelles permanentes. Quand il y a mouvement et quand les actions varient, ces considérations tombent en défaut, surtout si l'on conçoit, comme on le fait aujourd'hui, des actions à distance se transmettant avec une vitesse finie par l'intermédiaire d'un milieu.

([25]) Par *force d'inertie*, Newton entend ici la masse (*voir* note 4).

soit à celle de la résistance en raison inverse des forces, la puissance égalera la résistance....]

Si la disparité des vitesses est assez grande pour vaincre toute espèce de résistance, tant celle qu'oppose la pesanteur des corps qu'on veut élever que celle qui vient de la cohésion des corps qu'on veut séparer et que celle qui est produite par le frottement des corps qui glissent les uns sur les autres, la force restante produira une accélération de mouvement qui lui sera proportionnelle, et qui sera partagée entre les parties de la machine et le corps résistant; mais je ne me suis pas proposé ici de donner un Traité de Mécanique ([26]), j'ai voulu montrer seulement combien la troisième loi du mouvement est vraie, et combien son usage est étendu, car si l'on estime l'action de l'agent par la force multipliée par sa vitesse, et qu'on estime de même la réaction du corps résistant par la vitesse de chacune de ses parties multipliées par les forces qu'elles ont pour résister en vertu de leur cohésion, de leur attrition, de leur poids et de leur accélération, l'action et la réaction se trouveront égales entre elles dans les effets de toutes les machines. Et toutes les fois qu'une action s'exécute par le moyen d'une machine, et qu'elle parvient à être imprimée dans un corps résistant, sa dernière détermination est toujours contraire à la détermination de la réaction de ce corps ([27]).

§ 2. — Dynamique et Statique. La composition des mouvements et le parallélogramme des forces.

Nous avons vu, dans la première Partie de cet Ouvrage, que Léonard de Vinci, Stevin et Roberval étaient parvenus à

([26]) *Mécanique* est pris dans le sens de Science des machines.

([27]) Newton change ici la signification qu'il donne aux mots *action* et *réaction*. Ce rapprochement du principe du travail virtuel et du principe de l'égalité de l'action et de la réaction n'est pas très heureux. Il n'en est pas moins intéressant à citer, précisément pour montrer que Newton n'avait pas éliminé toute obscurité de son esprit. Peut-être faut-il y voir un souvenir des idées de Wren sur la parenté des problèmes du choc des corps et de la balance.

Il y a aussi, dans le passage que nous venons de citer, une phrase à remarquer à un autre point de vue. C'est celle où Newton parle de la force que le corps résistant a pour résister en vertu de sa cohésion, de son poids et de son *accélération*. C'est là l'apparition de la moderne *force d'inertie* faisant *équilibre* aux forces agissantes, selon les idées de d'Alembert et de Lagrange.

la loi de la composition des forces, mais qu'ils n'en avaient donné que des démonstrations purement statiques, paraissant tout à fait indépendantes des propriétés du mouvement.

Au contraire, Newton, dans le corollaire I de ses lois, établit la règle du parallélogramme des forces par les principes de la Dynamique. On comprend l'importance d'une telle démonstration au point de vue de l'organisation de la Mécanique.

A la vérité, l'idée de rattacher la composition des forces à la composition des mouvements paraît remonter à Aristote. Ce philosophe connaissait la composition cinématique des vitesses et, grâce aux principes de sa Dynamique qui établissaient une correspondance entre la vitesse et la force, il a au moins entrevu la composition des forces ([28]). Mais nous nous occupons ici de l'apparition de cette idée dans la Mécanique moderne : elle s'est produite à l'époque de Newton.

A cette époque ladite idée, d'ailleurs, n'a pas été rencontrée par le seul Newton ; elle s'est présentée en même temps à l'esprit de deux savants français, Varignon et le P. Lamy.

Varignon (1654-1722) a exposé ses découvertes dans le *Projet de nouvelle Mécanique* publié en 1687, et les a développées dans sa *Nouvelle Mécanique ou Statique* parue après sa mort (1725). C'est le commencement de ce dernier Ouvrage que nous allons citer.

Axiome I. — Les effets sont toujours proportionnels à leurs causes ou forces productives, puisqu'elles n'en sont les causes qu'autant qu'ils en sont les effets, et seulement en raison de ce qu'elles y causent ([29]).

Axiome II. — Donc des forces ou des résistances égales, suivant les mêmes directions, ont des effets égaux, ou les mêmes ; et conséquemment une force égale à une autre, ou à quelque résistance que ce soit, mise à sa place avec la même direction et en même sens, y doit produire le même effet.

([28]) *Cf.* DUHEM, *Les origines de la Statique*, t. II, p. 245.
([29]) Comparez avec les procédés de raisonnement de Wallis (1re Partie, Livre II, Chap. II, § 1).

Axiome III. — Lorsqu'un corps est pressé, poussé ou tiré tout
à la fois par deux forces égales et directement opposées, il doit
rester immobile, c'est-à-dire en repos, sans autre obstacle que la
contrariété de ces forces qui se détruisent ou s'empêchent également
l'une l'autre, chacune soutenant l'autre tout entière ([30]).

La même chose se doit dire (ax. II) d'une force et d'une résistance qui lui serait égale et directement opposée.

Axiome IV. — Si un corps, ainsi poussé, pressé ou tiré par
des forces à la fois, reste immobile ou en repos, sans autre obstacle
que la contrariété de ces forces, ces mêmes forces seront égales et
directement opposées, c'est-à-dire égales entre elles et suivant une
même direction en sens contraires.

La même chose se doit dire (ax. II) d'une force et d'une résistance qui, malgré cette force, retiendrait en repos le corps que
cette même force tendrait à mouvoir.

Axiome V. — Un corps pressé, poussé ou tiré tout à la fois
par deux forces inégales et directement opposées doit se mouvoir
dans le sens de la plus forte, comme s'il ne l'était que par une
seule ainsi dirigée et égale à leur différence ou, si quelque obstacle
l'en empêche, cet obstacle doit être dans la direction commune
de ces deux forces et d'une résistance égale à leur différence.

Axiome VI. — Les vitesses d'un même corps ou de corps de
masses égales sont comme toutes les forces motrices qui y sont
employées, c'est-à-dire qui y causent ces vitesses; réciproquement,
lorsque les vitesses sont en cette raison, elles sont celles d'un
même corps ou de corps de masses égales.

Axiome VII. — Les espaces parcourus de vitesses uniformes
en temps égaux par des corps quelconques sont entre eux comme
ces mêmes vitesses et, réciproquement, lorsque les espaces sont
en cette raison, ils ont été parcourus en temps égaux.

Axiome VIII. — Les espaces parcourus en temps égaux par

([30]) Il n'est pas douteux, la suite du Livre le prouve, que Varignon parle ici de
deux forces égales et directement opposées, même quand les points d'application
ne sont pas confondus. L'axiome III n'est donc vrai que si les deux forces sont
appliquées à un corps *solide;* il doit être considéré comme énonçant une propriété
des *solides.*

un même corps ou par des corps de masses égales sont comme les forces qui les leur font parcourir et réciproquement.... Cet axiome-ci est un corollaire des deux précédents axiomes VI et VII ([31]).

Le mot de *vitesse* dans la suite y signifiera toujours *vitesse uniforme,* à moins qu'on n'y avertisse du contraire.

Demandes. — I. Pour traiter géométriquement les machines dont on parlera dans la suite, qu'il soit permis de les supposer ou imaginer d'abord comme sans pesanteur, sans résistance de frottements ni du milieu, ou plein, dans lequel on les supposera comme dans le vide parfaitement mobiles sur leurs axes ou sur leurs pivots, comme sur des lignes ou sur des points mathématiques durs et raides, excepté les cordes, lesquelles soient parfaitement flexibles dans toutes leurs parties, sans grosseur, sans ressort et sans prêter, c'est-à-dire sans s'accourcir ni pouvoir être allongées : sauf à y ajouter ensuite pour force, ou à retrancher ce qui pourrait y avoir de contraire à tout cela, dont on demande seulement qu'il soit permis de faire abstraction ([32]).

II. Qu'il soit aussi permis de faire abstraction de la pesanteur d'un corps et de le considérer comme s'il n'en avait aucune : sauf à la regarder (ax. II) comme une puissance qui lui serait appliquée; quand on le considérera comme poids, on en avertira. Hors cela, quand on parlera d'un corps, on le considérera toujours comme sans pesanteur.

([31]) Pour Varignon, la notion de force est donnée directement; c'est la tension d'un fil (*cf.* note 36). Il envisage ensuite les forces comme productrices de vitesse et, par son axiome I, considère comme évidente leur proportionnalité aux vitesses produites (ax. VI). Nous n'avons pas besoin d'insister sur le caractère trompeur de cette évidence.

Au fond, les axiomes de Varignon exposent, sur les relations entre la vitesse et la force, des idées péripatéticiennes; pour cet auteur, les forces produisent des mouvements uniformes. Ce qu'il y a de remarquable chez lui, c'est l'idée de fonder la Statique sur la Dynamique, bien plutôt que la correction de sa Dynamique. Celle-ci se rattache aux conceptions anciennes. Elle est cependant plus exacte qu'elle ne paraît à la première lecture des axiomes. En effet, par le passage signalé par la note 39, on peut voir que Varignon s'expliquait volontiers l'action des forces par le cas du choc. Dans ce cas, la force produit instantanément une vitesse qui se maintient ensuite uniforme. Bien d'autres savants, et Newton lui-même (*cf.* note 17), se sont laissé guider par cette image et leur langage en porte la marque, alors qu'il n'est pas douteux qu'ils avaient abandonné la Dynamique d'Aristote.

([32]) Varignon néglige le frottement. Il fait là une hypothèse physique sur les propriétés des liaisons qu'il étudie.

Principe général. — Quel que soit le nombre des forces ou des puissances, dirigées comme on voudra, qui agissent à la fois sur un même corps, ou ce corps ne se remuera point du tout, ou il n'ira que par un seul chemin et suivant une ligne qui sera la même que si, au lieu d'être ainsi poussé, pressé ou tiré par toutes ces puissances à la fois, ce corps ne l'était suivant la même ligne et en même sens que par une seule force ou puissance équivalente ou égale à la résultante du concours de toutes celles-là.

Ce principe est d'autant plus évident que rien ne l'est davantage qu'un même corps ne saurait aller par plusieurs chemins à la fois; et, de quelque vitesse qu'il y aille, il n'ira que comme s'il n'était poussé en ce sens que par une seule force capable de lui donner cette vitesse.

. . . .

CoROLLAIRE III. — *Ces corollaires du principe général font voir, surtout le corollaire I* ([33]), *que, pour mettre en équilibre entre elles tant de forces ou de puissances quelconques qu'on voudra qui, dirigées à volonté, agissent toutes à la fois sur un même corps, il n'y a plus qu'à trouver suivant quelle ligne elles doivent s'accorder à le pousser ou à le tirer toutes ensemble, si l'on veut lui opposer dans cette ligne un obstacle absolument invincible; et avec quelle force, si dans cette ligne on ne veut lui en opposer qu'un d'une résistance égale à cette force résultante du concours d'action de tout ce qu'il y en a qui agissent à la fois sur lui.*

C'est ce que nous allons trouver par le moyen des mouvements composés connus des anciens et des modernes : Aristote en a fait un Traité dans les questions mécaniques; Archimède, Nicodème, Dinostrate, Dioclès, etc., les ont employés pour la description de la spirale, de la conchoïde, de la cissoïde, de la quadratrice, etc.; Descartes s'en est servi pour expliquer la réflexion et la réfraction de la lumière ([34]). En un mot, tous les mathématiciens se servent

---

([33]) Il est inutile de citer ces corollaires pour comprendre la suite du raisonnement.

([34]) Le passage de Descartes sur la réflexion est cité dans la première Partie (Livre II, Chap. I, § 1). Il est remarquable que Varignon oublie Galilée. D'ailleurs, il ne distingue pas la composition cinématique des mouvements, employée par Archimède, Nicodème, Dinostrate, Dioclès, de leur composition dynamique, employée par Galilée et Descartes. Il est vrai que Descartes avait présenté la composition dynamique comme évidente de soi.

des mouvements composés pour la génération d'une infinité de lignes courbes, et tous les physiciens exacts pour déterminer les forces des chocs ou des percussions obliques, etc. Ainsi, je n'y prétends rien que l'usage que j'en indiquai il y a près de 40 ans et que j'en fais encore ici pour l'explication des machines.

. . . .

Avertissement I. — Quand on dira dans la suite qu'un corps est pressé, poussé ou tiré de telle ou telle force, ou par telle ou telle force, qu'on appellera aussi *puissance,* on n'entendra par cette force que ce que l'agent qui presse, pousse ou tire ce corps lui en imprime suivant sa direction, et non tout ce que l'agent en pourrait avoir en le poussant ou en le tirant : par exemple, lorsque la boule A choque ou pousse la boule B, nous ne prendrons pour la force de la boule B que ce que la boule A lui en imprimera suivant sa direction, et non tout ce que cette boule A en avait en la choquant, le surplus de ce que la boule en avait n'appartenant point à la boule B, mais seulement ce que cette boule B en reçoit suivant la direction de la boule A. Ainsi, par les mots de *force* ou *puissance motrice* d'un corps, on n'entendra dans la suite que ce qu'il en reçoit de l'agent qui le pousse ou le tire, et non tout ce que cet agent en pourrait avoir en le poussant, ou (ce qui revient au même) on ne comptera ici pour force ou puissance motrice dans l'agent que ce qu'il en communique au corps sur lequel il agit : c'est cette mesure ou force communiquée qui sera dans la suite appelée *force motrice* de ce corps. Ce qui soit dit pour éviter toute équivoque, que j'ai cru avoir évitée en 1687, dans le projet de cette Mécanique-ci, en n'y employant pour agent que des puissances indiquées par des mains, et non des corps pour mouvoir des corps, ou des poids pour mouvoir des poids ([35]). C'est pour cela qu'on n'emploiera ici encore que des mains pour indiquer les puissances ou les forces dont un corps sera poussé ou tiré, ou dont un poids sera soutenu en équilibre : ce qui me paraît d'autant plus commode en ce cas-ci, que l'imagination se représente bien plus facilement des puissances ou des mains dirigées en tous sens que des poids qui ne le peuvent être qu'en s'appuyant sur des poulies, dont il faudrait

---

([35]) Ce passage est intéressant ; il montre que Varignon avait bien vu l'effet de la masse ou de l'inertie d'un corps pour absorber une partie d'une puissance agissant sur lui.

avoir connu les propriétés avant que de les employer; outre que
des poulies, aux questions où il ne s'agit pas d'elles, rendraient les
figures plus composées et gêneraient toujours l'imagination ([36]).

. . . .

LEMME I. — *Pour préparer l'imagination aux mouvements
composés, concevons le point* A *sans pesanteur uniformément
mû vers* B *le long de la droite* AB, *pendant que cette ligne se
meut aussi uniformément vers* CD *le long de* AC, *en demeurant
toujours parallèle à elle-même, c'est-à-dire en faisant l'angle
toujours le même quelconque avec cette ligne immobile* AC : *de*

Fig. 3.

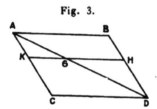

*ces deux mouvements commencés en même temps, soit la vitesse
du premier à la vitesse du second, comme les côtés* AB, AC *du
parallélogramme* ABCD, *le long desquels ils se font. Quel que
soit ce parallélogramme* ABCD, *je dis que, par le concours
des deux forces productrices de ces deux mouvements dans le
mobile* A, *ce point parcourra la diagonale* AD *de ce parallélogramme, pendant le temps que chacune d'elles lui en aurait fait parcourir seule chacun des côtés* AB, AC *correspondants*....

Démonstration. — Puisque (hyp.) la vitesse du point mobile A vers B le long de la droite mobile AB est à la vitesse qu'il
a avec elle vers CD :: AB.AC :: CD.AC (par un point quelconque G de AD soit une parallèle KH à CD, laquelle rencontre AC, BD en K, H) :: GK.AK, l'axiome VII fait voir qu'à
l'instant que la ligne AB aura parcouru AK et sera arrivée en KH,
le point mobile A aura parcouru sur elle la partie KG, et sera ainsi
pour lors en G sur la diagonale AD du parallélogramme BC :
lequel point G ayant été pris indéterminément sur cette diago-

nale AD fait voir qu'en quelque point que la ligne mobile AB
coupe cette diagonale, le point mobile A y sera toujours et, conséquemment, qu'il sera sur elle en D avec le point B de cette mobile AB, lorsqu'elle sera en CD. Donc, par le concours des deux
forces productrices des deux mouvements supposés à ce point
mobile A le long de AB et de AC, il parcourra la diagonale AD
du parallélogramme ABCD pendant le temps que chacune d'elles
lui en aurait fait parcourir seule chacun des côtés AB, AC correspondants ([37]). Ce qu'il fallait démontrer....

LEMME II. — *Si le point* A *sans pesanteur est poussé en même
temps et uniformément par deux forces ou puissances* E, F,
toutes employées sur lui, suivant des lignes AC, AB, *qui fassent
entre elles quelque angle* CAB *que ce soit, et que la force ou
puissance* E *suivant* AB *soit à la force ou puissance* F *suivant* AB, *comme* AC *est à* AB, *ce point* A *par le concours de ces
deux forces* E, E, *sans le secours d'aucune ligne mobile, parcourra la diagonale* AD *du parallélogramme* ABCD *dans le
même temps qu'elles lui en auraient fait parcourir séparément
les côtés* AC, AD, *qu'on leur suppose proportionnels.*

Démonstration. — Deux corps mus ensemble sans s'aider ni
se nuire, comme lorsqu'ils le sont d'égales vitesses en même sens,
chacun par une force particulière, l'étant chacun comme s'il se
mouvait seul de la force ou vitesse qui lui est propre ; il est manifeste que le point A poussé suivant AC vers C par la puissance E
l'est de même que si la ligne AB l'était en même temps par quelque
autre cause qui la mût parallèlement à elle-même suivant AC
vers CD, d'une vitesse égale à celle que la puissance E donnerait
seule de A vers C à ce point A ; et qu'alors ce point, sans être
emporté par cette ligne mobile AB, serait toujours sur elle ainsi
mue, comme si elle l'emportait effectivement avec elle, pendant
que la force ou puissance F le mouvrait le long de cette même
ligne AB, ainsi que dans le lemme I. Donc ce point mobile A

([37]) Varignon ne voit pas la différence entre la composition cinématique et la
composition dynamique des mouvements. Le point important ici était le suivant :
l'action de chacune des forces ne gêne pas celle de l'autre. Varignon n'en dit
rien. Certainement il considérait le fait comme évident ; il devait s'inspirer de
considérations analogues à celles que présente Descartes à propos de la réflexion
et penser, comme Newton, que les forces n'ont d'action que dans leur direction.
Mais Newton est supérieur, parce qu'il est plus explicite.

poussé tout à la fois par les deux puissances E, F, suivant AC, AB,
doit se mouvoir de même que si, dans le temps que la force F le
meut de A vers B le long de la ligne AB, il était emporté par cette
ligne mue parallèlement à elle-même le long de AC vers CD, d'une
vitesse égale à celle que la puissance E donnerait seule à ce point A
vers C (³⁸).

[On retombe ainsi sur le lemme I.]

Corollaire I. — *Puisque la force résultante du concours des
puissances* E, F *fait parcourir la diagonale* AD *du parallélogramme* ABCD *au point mobile* A, *dans le même temps que
chacune de ces forces lui en aurait seule fait parcourir le
côté* AB *ou* AC, *suivant lequel elle est dirigée, non seulement
ces trois forces doivent avoir leurs trois directions dans un
même plan, mais encore la résultante suivant* AD *du concours
d'action des deux autres* E, F, *dès le premier instant du
mouvement qu'en reçoit le point* A, *doit dès cet instant être
à chacune de celles-là* (ax. VIII) *comme cette diagonale* AD
du parallélogramme BC *est à chacun de ces côtés* AC, AB *correspondants.*

. . . .

Il faut pourtant avouer que ceux qui, croyant en la parole de
M. Descartes qu'il se conserve toujours une égale quantité de
mouvement dans le monde, pensent qu'il ne s'y en détruit point
du tout, ne s'accommodent pas de ce lemme II, lequel prouvant
(coroll. I) que la force résultante du concours d'action de deux
autres quelconques dirigées suivant les côtés de quelque angle que
ce soit est toujours moindre que la somme de ces deux forces
génératrices, et d'autant moindre que cet angle est plus obtus,
prouve aussi (ax. I) qu'il doit toujours y avoir une perte de mouvement d'autant plus grande; ils sont autant effrayés d'une perte
d'un simple mode que s'il s'agissait d'une substance anéantie.
Mais qu'ils s'en prennent à la nature et à la raison, qui démontre
ce lemme II. Ou, si l'autorité de M. Descartes fait plus d'impression sur eux, qu'ils considèrent que ce grand géomètre encore
plus que philosophe, a tellement admis ce lemme, que c'est sur lui
qu'il a établi tout ce qu'il a dit de la réflexion et de la réfraction

_____

(³⁸) *Voir* la note précédente.

de la lumière dans la Dioptrique, sans compter l'emploi qu'il en a fait dans plusieurs endroits de ses Lettres, et ailleurs.

Ce qui doit pourtant consoler ces cartésiens, c'est que, s'il se perd du mouvement dans les composés, il en renaît aussi de nouveau dans leur décomposition.... Car, puisque le corps dur A, par exemple, poussé en même temps par deux autres durs E, F, suivant les côtés AB, AC du parallélogramme BC, avec des forces capables séparément chacune de lui faire parcourir chacun de ces côtés en temps égaux, en parcourrait (démonstr. du lemme II) par leurs concours, et en pareil temps, la diagonale AD, de même que si, au lieu d'être ainsi poussé, il parcourait, de A vers B, la règle AB de la vitesse que le seul corps F lui aurait donnée en ce sens, pendant que cette règle, toujours parallèle à elle-même, l'emporterait vers CD de la vitesse que le seul corps E aurait donnée vers là à ce corps A : il est visible que lorsque ce corps A arrivera en D avec la règle AB en CD, s'il y rencontre deux autres corps durs *f*, *e* sur les lignes CD, BD prolongées, son mouvement suivant cette règle AB, c'est-à-dire alors suivant CD, lui fera pousser en ce sens le corps *f* de la force dont il la parcourt; et que celui qu'il a avec cette règle suivant BD lui fera pareillement pousser en ce sens le corps *e* de la force dont ce corps A se meut avec cette règle. Donc ces corps *f*, *e* doivent effectivement être poussés par le corps A en arrivant en D suivant AD par le concours d'action, des corps F, E qui (hyp.) le choquent à la fois. Par conséquent, la force qui lui résulte du concours de celles qu'il communique ainsi aux corps *f*, *e* étant moindre (coroll. I) que leur somme, et égale à ce qu'il en perd par cette communication qu'on voit résulter de son choc contre ces deux corps *f*, *e* à la fois, il suit qu'alors il communique plus de force et, conséquemment aussi (ax. I), plus de mouvement qu'il n'en perd par cette communication. Donc s'il y a du mouvement perdu dans le choc simultané des deux corps E, F contre le corps A, il y en a aussi de regagné dans le choc de ce corps A contre les deux corps *e*, *f* à la fois ([39]).

Nous avons montré (*cf.* notes 31 et 37) que la manière dont Varignon présentait la composition des forces prêtait à deux objections concernant l'une l'absence de correction de

([39]) Nous avons fait allusion à ce passage dans la note 31.

J. — II.

sa dynamique, l'autre la confusion qu'il fait entre la composition des vitesses et celle des forces. Il n'en reste pas moins que cet auteur a aperçu nettement des rapports vrais et importants et il faut ajouter qu'il a eu le mérite de montrer la fécondité du principe de la composition des forces en donnant un grand développement à la Statique fondée sur lui : il a traité dans le détail, à ce point de vue, toutes les machines simples.

Le P. Lamy a découvert, indépendamment de Varignon, la règle du parallélogramme. Son exposé prête, comme celui de Varignon, à la seconde des objections ci-dessus, mais il échappe à la première. Il se trouve dans une lettre adressée à M. J. Dieulamant, ingénieur du roi à Grenoble, intitulée : *Nouvelle manière de démontrer les principaux théorèmes des éléments de Mécanique,* et ajoutée, en 1687, à une nouvelle édition d'un *Traité de Mécanique, de l'équilibre des solides et des liqueurs* du même auteur, paru pour la première fois en 1679. Le Traité de Mécanique est fondé sur le principe du levier et contient d'ailleurs quelques erreurs. Voici comment Lamy s'exprime sur la composition des forces dans la *Nouvelle manière.* . . .

1° Lorsque deux forces tirent le corps Z par les lignes AC et BC qu'on appelle *lignes de direction* de ces deux forces, il est évident

Fig. 4.

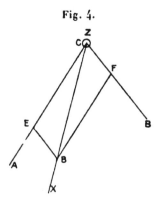

que le corps Z n'ira pas ni sur la ligne AC, ni sur la ligne BC, mais par une autre ligne entre AC et BC, quelle que soit cette ligne que je nomme X, qui sera le chemin par lequel Z marchera.

4° Force, c'est ce qui peut mouvoir. On ne mesure les mouve-vements que par les espaces qu'ils parcourent. Supposons donc que la force A est à B (*fig.* 4) comme 6 est à 2. Donc si A dans un premier instant ([40]) tirait à soi le corps Z jusqu'au point E, dans le même instant, B ne l'aurait tiré que jusqu'en F; je suppose que CF n'est qu'un tiers de CE. Nous avons vu que Z ne peut pas aller par AC ni par BC; ainsi il faut que dans le premier instant, il vienne à D où il répond à E et à F, c'est-à-dire qu'il a parcouru la valeur de CE et de FC.

([40]) C'est par ces mots « dans un premier instant » que Lamy échappe au pre-mier reproche que nous avons fait à Varignon (*cf.* DUHEM, *Les origines de la Statique,* t. II, p. 255-259).

CHAPITRE II.

L'EXPÉRIENCE ET LE TRAVAIL DE L'ESPRIT.
LA FORCE, LA MASSE ET LES LOIS QUI LES RÉGISSENT.

———

§ 1. — Vérités contingentes et vérités nécessaires.

En écrivant, en tête de ce Chapitre et du suivant, *l'expérience et le travail de l'esprit*, nous posons un problème sans avoir la prétention de le résoudre. Comme pour toute science physique, les lois de la Mécanique résultent d'une élaboration, par notre pensée, des données de l'expérience, et contiennent à la fois des éléments empruntés au monde extérieur et des éléments introduits par la forme même de notre esprit. *Homo additus naturæ,* a dit Bacon en parlant de l'Art ; cette formule est également vraie pour la Science. Faire le départ de ces deux sortes d'éléments est un problème assurément fort beau, mais aussi fort difficile, d'autant plus difficile qu'une partie au moins de la forme de notre esprit a été déterminée par le monde extérieur et doit être en définitive rapportée à l'expérience. Notre seul objet est, ici, de citer quelques textes mettant en évidence cette double source.

Nous insisterons notamment sur le caractère expérimental des lois de la Mécanique, parce qu'il a été longtemps méconnu. Les mécaniciens du XVIIIe siècle se montrent très préoccupés de distinguer les vérités qu'ils appellent *contingentes* de celles qu'ils appellent *nécessaires*. Les *vérités nécessaires* sont pour eux les vérités purement rationnelles, démontrables *a priori* par le raisonnement. Les *vérités contingentes,* au contraire, sont des vérités expérimentales, soit qu'elles soient vérifiées directement par l'expérience, soit

qu'elles affirment un fait physique vérifiable par ses conséquences.

Il est aujourd'hui universellement reconnu que les notions
et les principes de la Mécanique ont une origine expérimentale. Mais la forme mathématique que la Mécanique a prise
depuis Newton et le travail de l'esprit qui est venu mêler ses
résultats à ceux de l'expérience ont fait illusion longtemps
aux plus grands esprits. On peut dire que la tendance générale
était, au xviiie siècle, de considérer la *Mécanique* comme une
science aussi rationnelle que la Géométrie et très différente de
la Physique. Voici deux citations caractéristiques à ce point
de vue.

[Dans la Préface de sa *Mécanique,* Euler parle des] « vrais principes de la Mécanique qui doivent expliquer tout ce qui concerne
l'altération du mouvement. Comme ces principes [dit-il] ont été
jusqu'ici établis trop légèrement, je les ai démontrés de telle
sorte qu'on comprenne qu'ils ne sont pas seulement certains,
mais encore nécessairement vrais (*necessario vera*) ».

De même dans le discours préliminaire du *Traité de Dynamique* de d'Alembert, nous trouvons le passage suivant,
dans lequel nous remarquerons la phrase que nous avons mise
en italique, sans nous inquiéter, pour le moment, du fond
du problème dont il y est question et que nous étudierons
plus tard.

Pourquoi donc aurions-nous recours a ce principe, dont tout le
monde fait usage aujourd'hui, que la force accélératrice ou retardatrice est proportionnelle à l'élément de vitesse, principe appuyé
sur cet unique axiome vague et obscur, que l'effet est proportionnel à sa cause. Nous n'examinerons point si ce principe est de
vérité nécessaire : nous avouerons seulement que les preuves
qu'on en a apportées jusqu'ici ne nous paraissent pas hors d'atteinte : nous ne l'adopterons pas non plus, avec quelques géomètres, comme de vérité purement contingente, *ce qui ruinerait
la certitude de la Mécanique et la réduirait à n'être plus
qu'une science expérimentale;* nous nous contenterons d'obser-

notions fondamentales de la Mécanique dans le Traité publié
en latin en 1736 [*Mechanica sive motus scientia analytice
exposita* (2 volumes)].

CHAPITRE II.

DE L'EFFET DES PUISSANCES AGISSANT SUR UN POINT LIBRE.

Définition I. — Une puissance (*potentia*) est une force (*vis*)
qui met en mouvement un corps en repos ou qui altère son mouvement. La gravité est une force de cette espèce, donc une puissance; elle fait en effet descendre, si l'on éloigne tous les obstacles,
les corps en repos, et accélère continuellement leur mouvement.
. . . .

Définition II. — La direction d'une puissance est la ligne droite
suivant laquelle elle tend à mouvoir le corps.
. . . .

Scholie II. — La comparaison et la mesure des diverses puissances doivent être demandées à la Statique (¹³). En Statique, on
dit qu'une puissance a est à une puissance b comme m est à n quand
la puissance a, appliquée n fois au point A suivant la direction
de AB, et la puissance b appliquée m fois suivant la direction contraire AC, laissent le point A en équilibre. Alors, en effet, la
puissance a prise n fois équivaut à la puissance b prise m fois;
on aura $na = mb$ ou $a : b = m : n$.
. . . .

Proposition XIII. — Théorème. — *Quand un point est sollicité par plusieurs puissances, il prend, sous leur action, le
même mouvement que s'il était sollicité par une seule équivalente à elles toutes* (¹⁴).

Soit le point A sollicité par les puissances AB, AC, AD, AE
auxquelles équivaut la puissance AM. Prenons une puissance AN
égale à AM et en sens inverse; cette puissance détruira, comme

---

(¹³) La Dynamique d'Euler est donc fondée sur la Statique.
(¹⁴) Il faut entendre *équivalente statiquement.* Et voici, je pense, ce que cela
veut dire. La puissance AM est équivalente statiquement à l'ensemble des
puissances AB, AC, AD, AE, si une puissance égale et contraire à AM fait
équilibre à l'ensemble des puissances AB, AC, AD, AE.

on le sait par la Statique, l'action des puissances AB, AC, AD, AE. Donc, dans le premier instant, la puissance AN imprimerait au point A autant de mouvement suivant AN que les puissances AB, AC, AD, AE agissant ensemble lui en imprimeraient suivant leur direction moyenne qui est AM. Mais la puissance AM seule, qui

Fig. 5.

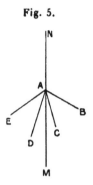

est égale à la puissance AN, imprime au point A vers AM autant de mouvement que AN vers AN. Donc la puissance AM imprimera à A autant de mouvement vers AM que les puissances AB, AC, AD, AE agissant ensemble en imprimeront dans la même direction AM. Dans l'un et l'autre cas, l'effet sera le même ([45]).
. . . .

Définition XII. — Une puissance absolue est une puissance qui agit également sur un corps, qu'il soit au repos ou en mouvement. La gravité est une puissance de cette espèce; que les corps se meuvent ou qu'ils soient au repos, elle les tire également vers le bas.
. . . .

Définition XIII. — Une puissance relative est celle qui agit sur un corps en repos autrement que sur le même corps en mouvement. La force d'un fleuve entraînant un corps est une puissance de cette espèce : plus le corps va vite, plus la force du fleuve,

---

([45]) Cette démonstration n'est pas des plus satisfaisantes. Euler a raison de considérer comme non évident le fait que deux puissances ou deux groupes de puissances équivalentes au point de vue statique le sont aussi au point de vue de leurs effets dynamiques. Mais, pour le démontrer, il admet que AN imprime autant de mouvement au point suivant AN que les puissances AB, AC, AD, AE ensemble suivant la direction de leur résultante AM. Au fond la proposition XIII devrait être considérée comme un postulat.

est petite, et cette force disparaît quand le corps a la même vitesse que le fleuve.

Corollaire I. — Si donc on se donne la vitesse du corps avec
une loi de la puissance relative, on pourra trouver la force avec
laquelle la puissance agit sur le corps. Cette force pourra alors
être considérée comme une puissance absolue tant que le corps
aura la même vitesse et son effet pourra être déterminé par
l'action des puissances absolues. En effet, déterminer la force
d'une puissance relative agissant sur un corps mû avec une vitesse
donnée n'est autre chose qu'assigner une puissance absolue équivalente dans ce cas.

Corollaire II. — Les puissances absolues et relatives diffèrent
donc les unes des autres en ceci que, pour les puissances absolues, leur grandeur et leur direction dépendent de la seule position du corps sur lequel elles agissent; tandis que, pour les relatives, leur grandeur et leur direction dépendent en outre de la
vitesse du corps ([46]).

Proposition XIV. — Problème. — *Étant donné l'effet d'une
puissance absolue sur un point au repos, trouver l'effet de la
même puissance sur le même point quand celui-ci se déplace
d'une manière quelconque.*

[Voici en quelques mots la solution d'Euler. Si le point A était
d'abord au repos, la puissance donnée lui ferait parcourir dans le
temps dt le chemin $ds = $ AC. Mais A est animé de la vitesse c; si
la puissance n'existait pas, il viendrait, au bout de dt, en B, tel
que AB $= c\,dt$.

La puissance étant absolue agit de même en mouvement et en
repos; donc, son effet, qui est la déviation du point, doit être le
même dans les deux cas; sous l'action de la puissance, le point
viendra donc en D tel que BD $=$ AC ([47]).

([46]) Sur la distinction des puissances absolues et relatives, *voir* la note suivante.
([47]) On pourrait dire qu'il n'y a là aucun appel à l'expérience, qu'on ne fait
qu'appliquer la définition des puissances absolues. Il serait parfaitement légitime de présenter ainsi les choses : le principe expérimental serait devenu une
définition et la Mécanique serait alors un langage purement logique. Mais l'expérience ne serait pas pour cela éliminée; elle interviendrait dans les applications
qu'on ferait de ce langage; les applications seraient en effet subordonnées à
l'affirmation physique suivante : « L'expérience montre que telle ou telle puis-

Dès lors, la vitesse de A, qui était $c = \dfrac{\mathrm{AB}}{dt}$ quand il n'y avait pas de puissance, est $c + dc = \dfrac{\mathrm{AD}}{dt}$ du fait de l'existence de la

Fig. 6.

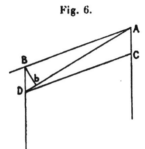

puissance. Celle-ci produit donc un accroissement de vitesse $dc = \dfrac{\mathrm{D}b}{dt}$ ($\mathrm{B}b$ arc de cercle avec A pour centre), ou, $\dfrac{dz}{dt}$ étant infiniment petit,

$$dc = \frac{dz}{dt} \sqrt{1 - \sin^2 \widehat{\mathrm{BAC}}}.$$

Si la puissance agit dans la direction de la vitesse, on a

$$dc = \frac{dz}{dt}.$$

J'introduirai ici une très légère modification à ce que dit Euler

sance de la nature se comporte comme une puissance absolue. » Ce serait un emploi du *procédé formel* (I, note 7).

Il est possible qu'Euler ait eu quelque intuition de cette manière de présenter les choses. Mais il me paraît certain qu'il n'en a pas eu l'idée absolument nette. Manifestement il admet, cela me semble résulter de la manière dont il commente la distinction entre les puissances absolues et les puissances relatives, notamment des corollaires I et II des définitions XII et XIII, qu'on peut faire agir sur le point A en mouvement une puissance qui a été mesurée statiquement et que deux puissances dont l'intensité est *statiquement* égale et qui agissent, l'une sur le point A au repos, l'autre sur le même point A en mouvement, produisent la même déviation dans le temps dt. Que l'on puisse transporter une puissance statique sur un point en mouvement, c'est là une difficulté qu'Euler ne résout pas et qu'on ne peut lever qu'à la manière de Reech, par la conception du fil (*cf.* § 6). Ce point écarté, l'égalité des deux déviations n'en devient pas évidente; c'est un fait physique introduit dans la démonstration. Euler le considère très probablement comme évident; mais il fait erreur, il y a certainement là une *affirmation physique,* un appel à l'expérience si l'on veut, qui a été sans doute masquée à Euler par le mirage des mots dont il s'est servi pour définir les puissances absolues.

pour faire disparaître une confusion qu'il ne semble pas avoir suffisamment évitée dans son exposé. La vitesse $c + dc$, définie ci-dessus, est la vitesse moyenne pendant le temps dt que dure l'action de la force. La vitesse initiale de l'instant dt est c; la vitesse finale est alors, il est facile de le voir par de simples considérations cinématiques, $c + 2\,dc$. Changeons la signification de dc. Supposons qu'il désigne maintenant la différence entre la vitesse à l'origine et la vitesse à la fin de l'instant dt. On aura alors $dc = 2\,\dfrac{dz}{dt}$ pour le cas où la force est dans la direction de la vitesse.]

Proposition XV. — Problème. — *Étant donné l'accroissement de vitesse qu'une puissance produit sur un point* A *dans le temps dt, trouver l'accroissement de vitesse que la même puissance produit sur le même point dans le temps $d\tau$.*

[Voici, en tenant compte de la modification que j'ai introduite plus haut dans l'exposé, le principe de la solution donnée par Euler. La force est supposée dirigée comme la vitesse.

Dans le temps dt, le point A (*fig.* 7), s'il n'était soumis à au-

Fig. 7.

cune force et s'il était seulement animé de la vitesse c, parcourrait $AB = c\,dt$. Par l'effet de la force, il parcourt encore $Bb = dz$. La vitesse moyenne est $\dfrac{AB + Bb}{dt}$. A la fin de l'instant dt, la vitesse est $c + 2\,\dfrac{dz}{dt}$. Dans un second instant dt, le point A parcourrait, si la force cessait son action, $bC = \left(c + 2\,\dfrac{dz}{dt}\right) dt = AB + 2Bb$. L'action de la force ajoute à ce chemin $Cc = Bb = dz$. La vitesse moyenne dans le temps $2\,dt$ est donc $\dfrac{AB + 2Bb}{dt}$.

L'accroissement de vitesse moyenne dans le temps $2\,dt$ est donc $2\,\dfrac{\mathrm{B}b}{dt}$.

De même, dans le temps $3\,dt$, l'accroissement de vitesse moyenne est $3\,\dfrac{\mathrm{B}b}{dt}$. Ces accroissements sont proportionnels aux temps.

Il en est de même des accroissements de vitesse, en considérant les vitesses acquises à la fin des instants dt, $2\,dt$, $3\,dt$, ...

Cette proportionnalité n'est vraie naturellement que si les temps sont infiniment petits ou (quand les temps ne sont pas infiniment petits) si les puissances sont constantes.]

....

Proposition XVI. — Théorème. — *Une puissance q agissant sur le point b a le même effet qu'une puissance p sur un point a si l'on a q : p = b : a.*

Posons $q = np$, on aura $b = na$. Concevons le point na divisé en n parties égales à a, et imaginons que chacune de ces parties soit sollicitée par la $n^{\text{ième}}$ partie de la puissance np, c'est-à-dire par la puissance p. Cela posé, chaque partie sera tirée par la puissance correspondante de la même manière que le point a par la puissance p. Et ces parties du point na ne se sépareront pas les unes des autres; elles resteront toujours ensemble si elles étaient d'abord unies. Et il est évident qu'il revient au même que le point na soit tiré par la puissance np ou que chaque partie a du point na soit tirée par une partie p de la puissance np, puisque ces parties de point ne se séparent pas. Donc il est vrai que na est poussé par la puissance np comme le point a par la puissance p.

....

Scholie I. — Cette proposition contient le fondement de la mesure de la force d'inertie. Elle fournit la raison pour laquelle il faut considérer en Mécanique la matière des corps ou masse. Il faut, en effet, avoir égard au nombre des points dont le corps à mouvoir est constitué et la masse du corps doit être posée proportionnelle à ce nombre. Et ces points doivent être censés égaux entre eux non quand ils sont également petits, mais quand la même puissance produit sur eux le même effet. Si donc on conçoit toute la matière divisée en points ou éléments égaux de cette sorte, il est nécessaire d'estimer la quantité de matière de chaque corps par le nombre des points dont il est composé. Et nous démontrerons dans la proposition suivante que la force d'inertie est proportionnelle à ce nombre de points, c'est-à-dire à la quantité de matière ([48]).

....

Proposition XVII. — Théorème. — *La force d'inertie d'un corps quelconque est proportionnelle à la quantité de matière dont il est formé.*

La force d'inertie est la force, sise dans tout corps, par laquelle ledit corps persiste dans son état de repos ou de mouvement uniforme en ligne droite. Elle doit donc être estimée par la force ou la puissance nécessaire pour écarter le corps de son état. Or, des corps divers sont également écartés de leur état par des puissances qui sont comme les quantités de matière qu'ils contiennent. Donc leurs forces d'inertie sont proportionnelles à ces puissances, et par suite aux quantités de matière.

Corollaire I. — Il suit de la démonstration qu'un même corps, qu'il soit en repos ou en mouvement, a toujours la même force d'inertie. Car, dans les deux cas, il reçoit la même action de la même puissance absolue ([49]).

....

Proposition XVIIII. — Problème. — *Étant donné l'effet d'une puissance sur un point, trouver l'effet d'une autre puissance quelconque sur le même point.*

Soit un point A en repos et supposons que l'effet d'une

([48]) Il est bien certain que cette conception de la matière par laquelle Euler justifie la notion de masse n'est qu'une manière de voir et ne présente nullement le caractère d'une *vérité nécessaire* (*voir* Newton, note 7).

Admettant *a priori* la force et sa mesure statique, Euler aurait pu se passer de la définition de la masse par le nombre de points matériels, il aurait pu la définir par le quotient de la force par l'accélération. Mais il lui aurait alors fallu faire appel à une *affirmation physique,* la constance dudit rapport pour un point donné.

([49]) *Cf.* le passage de Newton signalé par la note 4. — Euler a certainement tort de présenter les considérations qu'il développe sur la force d'inertie sous forme de propositions et de corollaires. En somme, il emploie le procédé métaphysique (I, note 7). Mais en considérant ses raisonnements comme des définitions avec éclaircissements à l'appui, comme des analyses de notions, on reconnaît leur intérêt. Alors, naturellement, le caractère de *nécessité* disparaît.

puissance AB sur lui soit de lui faire parcourir, dans le temps dt, le petit espace Ab. Nous cherchons quel chemin le même point parcourra dans le temps dt sous l'action d'une autre puissance AC. Menons les lignes AB et AC de telle sorte que BC soit perpendiculaire à AC, ce qui peut toujours se faire si AC $<$ AB. (Si AC $>$ AB la solution se déduirait facilement de celle que nous allons donner.) Menons AD faisant avec AB un triangle isoscèle. Soient E et F les milieux de AB et de AD, et représentons par AE la moitié de la puissance AB et par AF une puissance égale. Il est évident que la puissance AC aura le même effet sur A que les deux puissances AE et AF ensemble (prop. XIII),

Fig. 8.

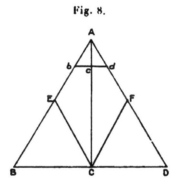

parce que, à cause du parallélogramme AECF, AC équivaut aux deux puissances AE et AF ([50]). A la place de la puissance AC supposons que le point A soit sollicité par AE et AF. Imaginons que chaque puissance AE et AF agisse sur chacune des moitiés du point A, que ces moitiés soient disjointes pendant le temps dt, mais que, ce temps fini, elles se rejoignent subitement l'une l'autre. Comme la puissance AB fait parcourir au point A pendant le temps dt l'espace Ab, la puissance AE, moitié de AB, fera parcourir à la moitié du point pendant le même temps dt le même chemin Ab (prop. XVI). De même, l'autre moitié de A, tirée par AF, parcourra dans le même temps Ad = Ab. A la fin du temps dt, les deux moitiés de A seront l'une en b, l'autre en d. Qu'elles se réunissent maintenant subitement, c'est-à-dire qu'elles s'attirent par une force de cohésion infinie, elles se rencontreront

---

([50]) Euler admet que la règle du parallélogramme des forces est démontrée statiquement (*cf.* note 43).

au milieu c de la ligne bd ; il n'y a, en effet, aucune raison pour
que leur rencontre se produise plus près de b que de d. Donc
l'action simultanée des deux puissances AE et AF fait parcourir
au point A, dans le temps dt, l'espace Ac. Donc la puissance AC,
équivalente aux puissances AE et AF, lui fera parcourir Ac.
D'ailleurs Ab : Ac = AB : AC. Donc, connaissant Ab, espace
que parcourt A sous l'influence de AB, on connaît l'espace Ac
parcouru sous l'influence de AC et réciproquement.

Corollaire 1. — Donc les espaces parcourus par des points
égaux sous l'action de puissances quelconques dans des temps
égaux sont comme les puissances....

Remarque. — Le principe dont nous nous sommes servis dans
la solution du problème précédent consiste en ceci :

Un corps étant sollicité par plusieurs puissances, on le conçoit
d'abord comme divisé en autant de parties sur chacune desquelles
agit une des puissances. Ensuite, lorsque les diverses parties ont
été tirées chacune par sa puissance pendant un élément de temps,
on imagine qu'elles se réunissent subitement, et, cela fait, le lieu
de leur réunion sera celui où le corps entier aurait été amené dans
le même temps par l'action simultanée de toutes les puissances.
On peut se rendre compte de la vérité de ce principe en remarquant que les parties d'un corps peuvent être réunies par de très
forts ressorts qui, bien qu'ils agissent indéfiniment, peuvent être
cependant supposés céder par intervalle pour se contracter bientôt
et subitement avec une force infinie, de telle sorte que le rapprochement des parties séparées dure un temps nul ([31]).

. . . .

[Pour un point bien déterminé, nous avons vu que les
accroissements de vitesse produits dans un temps dt donné sont
comme les chemins dz, c'est-à-dire, par le corollaire I de la
proposition XVIII, comme les puissances. D'autre part, une
puissance p étant donnée, nous avons vu (prop. XV) que les
accroissements de vitesse sont comme les temps dt. Donc on

([31]) Encore ici, il est impossible de considérer la démonstration comme
établissant une *vérité nécessaire*. Euler échoue dans sa tentative de faire voir
que les principes de la Mécanique sont nécessairement vrais. Cette réserve faite,
la démonstration est intéressante comme une analyse desdits principes.

peut dire que l'accroissement de vitesse dc est comme le produit $p\,dt$ de la puissance p par le temps dt. Et Euler ajoute] :

Il apparaît que ce théorème est non seulement vrai, mais encore nécessairement vrai, de sorte qu'il y aurait contradiction à poser $dc = p^2\,dt$ ou $p^3\,dt$, ou à mettre toute autre fonction de p à la place de p ([32]).

[Pour des points différents, il suffit de faire intervenir la proposition XVI pour voir que les puissances sont proportionnelles au produit de $\dfrac{dc}{dt}$ par la masse.

Pour l'effet des puissances obliques à la trajectoire, on conçoit comment la méthode suivie dans la propositon XIV permet à Euler de le déterminer.]

D'Alembert se place à un point de vue tout différent de celui d'Euler. Voici quelques citations empruntées à son *Traité de Dynamique,* dont la première édition a paru à Paris en 1753.

DISCOURS PRÉLIMINAIRE.

. . . .

Tout ce que nous voyons bien distinctement dans le mouvement d'un corps, c'est qu'il parcourt un certain espace et qu'il emploie un certain temps à le parcourir. C'est donc de cette seule idée qu'on doit tirer tous les principes de la Mécanique, quand on veut les démontrer d'une manière nette et précise; ainsi on ne sera point surpris qu'en conséquence de cette réflexion j'aie, pour ainsi dire, détourné la vue de dessus les causes motrices pour n'envisager uniquement que le mouvement qu'elles produisent ([53]).

. . . .

([32]) Il résulte de toutes les notes qui précèdent que cette affirmation est, à notre avis, erronée.

([53]) Cela ne veut pas dire que d'Alembert n'admet pas la notion de force *a priori.* Il l'a au contraire, cela résulte de tout ce qui va suivre. Ce qu'il refuse, c'est de considérer des causes motrices, des forces, comme des objets de science suffisamment clairs et *mesurables a priori.* Il va apprendre précisément à déduire la mesure des forces de la considération du mouvement.

Le texte de ce passage est à rapprocher de Kirchhoff (note 111).

REMARQUES SUR LES FORCES ACCÉLÉRATRICES ET SUR LA COMPARAISON
DES FORCES ENTRE ELLES.

Le mouvement uniforme d'un corps ne peut être altéré que
par quelque cause étrangère. Or, de toutes les causes, soit occa-
sionnelles, soit immédiates, qui influent dans le mouvement des
corps, il n'y a au plus que l'impulsion seule dont nous soyons en
état de déterminer l'effet par la seule connaissance de la cause....
Toutes les autres causes nous sont entièrement inconnues; elles
ne peuvent par conséquent se manifester à nous que par l'effet
qu'elles produisent en accélérant ou retardant le mouvement des
corps, et nous ne pouvons les distinguer les unes des autres que
par la loi et la grandeur connues de leurs effets, c'est-à-dire par la
loi et la quantité de la variation qu'elles produisent dans le mouvement. Donc, lorsque la cause est inconnue, ce qui est le seul cas
dont il soit question ici, l'équation de la courbe ADE ([34]) (*fig.* 9)

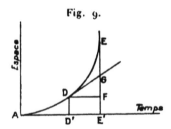

Fig. 9.

doit être donnée immédiatement, ou en termes finis, ou en quantités différentielles. L'équation est donnée ordinairement en différences, lorsque le mouvement est accéléré ou retardé suivant une

([34]) D'Alembert étudie ici les *mouvements rectilignes accélérés par une
force*. La courbe ADE est la représentation graphique de la relation qui lie
l'espace parcouru au temps. Dans les lignes qui précèdent le passage que nous
citons, d'Alembert a insisté sur les points suivants: si, à partir de l'instant
marqué par D′, le corps poursuivait son mouvement par sa seule vitesse, il parcourrait, dans le temps D′E′, l'espace FG. Donc GE est l'espace qu'il parcourt,
dans ce temps D′E′, en vertu de la cause qui accélère son mouvement (c'est ce
que nous appelons aujourd'hui la *déviation*). Si D′E′ est infiniment petit, GE a
pour valeur principale $\frac{1}{2} d^2 e$. Enfin d'Alembert a désigné la vitesse par u et a
posé, pour définir la quantité φ qui va intervenir plus loin

$$\varphi \, dt^2 = d^2 e$$

ou encore

$$\varphi \, dt = du.$$

loi arbitraire et de pure hypothèse. Elle est au contraire donnée ordinairement en termes finis, quand la loi du rapport des espaces aux temps est découverte par l'expérience. Ainsi, supposons que la puissance qui accélère soit telle que le corps reçoive continuellement dans des instants égaux des degrés égaux de vitesse; alors, dt étant constant, du le sera aussi et par conséquent φ sera une quantité constante. L'équation $\varphi\,dt = du$ sera en ce cas donnée immédiatement par hypothèse. Supposons, au contraire, que dans un cas particulier on découvre par l'expérience que les espaces finis, parcourus depuis le commencement du mouvement, sont comme les carrés des temps employés à les parcourir; l'équation de la courbe ADE sera

$$e = \frac{a\,t^2}{T^2},$$

a étant l'espace parcouru pendant un temps constant quelconque T, d'où l'on tire

$$d^2 e = \frac{2\,a\,dt^2}{T^2} \qquad \text{et} \qquad du = \frac{2\,a\,dt}{T^2}.$$

On voit par là que, dans cette supposition, les accroissements de vitesse à chaque instant sont égaux, ce qu'on exprime autrement en disant que la force accélératrice φ est constante; ainsi, dans ce cas et dans d'autres semblables, les équations différentielles $\varphi\,dt^2 = d^2 e$ et $\varphi\,dt = du$ se tirent de l'équation donnée de la courbe ADE en termes finis.

Il est donc évident que, quand la cause est inconnue, l'équation $\varphi\,dt = du$ est toujours donnée.

La plupart des géomètres présentent sous un autre point de vue l'équation $\varphi\,dt = du$ entre les temps et les vitesses. Ce qui n'est, selon nous, qu'une hypothèse (⁵⁵), est érigé par eux en principe. Comme l'accroissement de la vitesse est l'effet de la cause accélératrice, et qu'un effet, selon eux, doit toujours être proportionnel à sa cause, ces géomètres ne regardent pas seulement la quantité φ comme la simple expression du rapport de du à dt; c'est de plus, selon eux, l'expression de la force accélératrice, à laquelle ils prétendent que du doit être proportionnel, dt étant constant; de là ils tirent cet axiome général : *que le produit de la force accélératrice par l'élément du temps est égal à l'élément*

(⁵⁵) Le mot *hypothèse* est pris ici dans le sens de *définition;* d'Alembert le dit explicitement plus loin.

de la vitesse. M. Daniel Bernouilli prétend que ce principe est seulement de vérité contingente ([36]), attendu qu'ignorant la nature de la cause et la manière dont elle agit, nous ne pouvons savoir si son effet lui est réellement proportionnel, ou s'il n'est pas comme quelque puissance ou quelque fonction de cette même cause. M. Euler, au contraire, s'est efforcé de prouver fort au long dans sa *Mécanique* que ce principe est de vérité nécessaire ([37]). Pour nous, sans vouloir discuter ici si ce principe est de vérité nécessaire ou contingente, nous nous contenterons de le prendre pour une définition, et d'entendre par le mot de *force accélératrice* la quantité à laquelle l'accroissement de la vitesse est proportionnel. Ainsi au lieu de dire que l'accroissement de vitesse à chaque instant est constant, ou que cet accroissement est comme le carré de la distance du corps à un point fixe, ou etc..., nous dirons simplement, pour abréger et pour nous conformer d'ailleurs au langage ordinaire, que la force accélératrice est constante, ou qu'elle est comme le carré de la distance, ou etc..., et en général nous ne prendrons jamais le rapport de deux forces que pour celui de leurs effets, sans examiner si l'effet est réellement comme sa cause ou comme une fonction de cette cause : examen entièrement inutile, puisque l'effet est donné indépendamment de cette cause, ou par expérience, ou par hypothèse.

Ainsi nous entendrons en général par la force motrice le produit de la masse qui se meut par l'élément de sa vitesse, ou, ce qui est la même chose, par le petit espace qu'elle parcourrait, dans un instant donné, en vertu de la cause qui accélère ou retarde son mouvement; par force accélératrice nous entendrons simplement l'élément de la vitesse ([38]). Après de pareilles définitions, il est aisé de voir que tous les problèmes qu'on peut proposer sur le

---

([36]) *Voir* la citation du paragraphe suivant, note 67.

([37]) *Voir* la citation précédente (note 52).

([38]) D'Alembert fait la même distinction que Newton entre la force accélératrice et la force motrice (*voir* notes 5 et 7).

Les deux évaluations que d'Alembert donne de la force motrice ne sont concordantes qu'à un facteur constant près. L'élément de vitesse, soit encore la petite vitesse acquise par l'action de la cause accélératrice ou retardatrice dans le temps dt, c'est du. L'espace parcouru en vertu de cette cause pendant le temps dt, c'est $\frac{1}{2} d^2e = \frac{1}{2} du\, dt$. D'Alembert considère toujours dt comme une constante; du et $\frac{1}{2} d^2e$ sont donc égaux à un facteur constant près. Pour être clair, il est bon de rapporter ces quantités à l'unité de temps, ce qui revient à dire

mouvement des corps mus en ligne droite et animés par des forces qui tendent vers un centre, ou exerçant les uns sur les autres une attraction mutuelle suivant une loi quelconque, sont des problèmes qui appartiennent pour le moins autant à la Géométrie qu'à la Mécanique, et dans lesquels la difficulté n'est que de calcul, pourvu que le mobile soit regardé comme un point (^{59}).

. . . .

[Nous allons voir maintenant comment d'Alembert introduit sa notion de force en Statique.

Il faut savoir qu'il démontre d'abord la loi des mouvements composés, qu'il énonce ainsi :]

Si deux puissances quelconques agissent à la fois sur un corps au point A pour le mouvoir, l'une de A en B uniformément pendant un certain temps, l'autre de A en C uniformément pendant le même temps, et qu'on achève le parallélogramme ABCD; je dis que le corps A parcourra la diagonale AD uniformément, dans le même temps qu'il eût parcouru AB ou AC.

[Nous ne citerons pas la démonstration. D'Alembert y confond d'ailleurs, à la manière de Varignon (notes 37 et 38), la composition cinématique et la composition dynamique; il ne voit pas qu'il

---

que d'Alembert prend comme mesure de la force accélératrice soit $\varphi = \dfrac{du}{dt}$, soit $\dfrac{1}{2}\varphi = \dfrac{1}{2}\dfrac{d^2 e}{dt^2}$. Toutefois, il arrive très souvent que d'Alembert ne prend pas cette peine et qu'il représente la force accélératrice par du ou par $\dfrac{1}{2}d^2 e$, ce qui ne présente aucun inconvénient, dt étant supposé constant.

(^{59}) On remarquera que d'Alembert n'a pas défini la *masse*. Et ce n'est cependant qu'au moyen de cette notion qu'il peut donner une mesure précise de la *force motrice*. Il faut donc que non seulement il pose cette notion *a priori*, mais encore qu'il admette *a priori* qu'elle est exprimable par un nombre. Il est probable que, pour lui, la notion de masse est l'expression de l'idée vague de *quantité de matière*. L'origine d'un tel concept n'est certainement pas purement expérimentale et les tendances réalistes (I, note 7) de l'esprit humain y ont certainement une part. Pour affranchir la méthode de d'Alembert de toute métaphysique, Kirchhoff considérera la masse comme un coefficient caractéristique de chaque point (procédé formel). Sous cette forme, on voit alors très nettement le postulat physique qui est au fond de la méthode; il faut admettre qu'il est possible de trouver, en effet, pour les différents points matériels, des coefficients constants pouvant jouer le rôle que la Mécanique fait jouer, dans ses équations, à la masse.

On voit que d'Alembert ne parvient pas, comme il le voulait, à « tirer tous les principes de la Mécanique de la seule idée du mouvement, c'est-à-dire de l'espace parcouru et du temps employé à le parcourir, sans y faire entrer, en aucune façon, la puissance et les causes motrices ». Il doit remplacer la notion de force par celle de masse.

faut admettre — vérité toute contingente — que l'action de chaque puissance ne gêne pas celle de l'autre.

Il passe comme suit à l'équilibre :]

DE L'ÉQUILIBRE.

. . . .

THÉORÈME. — *Si deux corps, dont les vitesses sont en raison inverse de leurs masses, ont des directions opposées, de telle manière que l'un ne puisse se mouvoir sans déplacer l'autre, il y aura équilibre entre ces deux corps.*

Premier cas. — Si les deux corps sont égaux et leurs vitesses égales, il est évident qu'ils resteront tous deux en repos. Car il n'y a point de raison pourquoi l'un se meuve plutôt que l'autre dans la direction qu'il a; d'ailleurs, il est clair, par l'article 36 (^{60}), qu'ils ne peuvent se mouvoir dans une direction contraire. Donc, etc.

Je suppose ici, afin que la démonstration ne souffre aucune difficulté, que les deux corps soient non seulement égaux, mais encore parfaitement semblables, que ce soient par exemple deux globes, deux parallélépipèdes rectangles, etc. Nous verrons plus bas (art. 57) la démonstration du même théorème dans le cas où les corps ne sont pas semblables (^{61}).

Second cas. — Si, l'un de ces corps restant dans le même état, on augmente du double la masse de l'autre, et qu'on diminue sa vitesse de la moitié, il y aura encore équilibre. Car on peut regarder la vitesse du petit corps comme composée de deux vitesses, égales chacune à la vitesse du grand, et la masse du grand, comme composée de deux masses égales, animées chacune de la même vitesse. Donc, à la place de chacune des masses proposées, on peut imaginer de chaque côté deux masses égales animées de vitesses égales (^{62}). Or, dans cette dernière hypothèse, il y aurait équilibre (1er cas). Donc, etc.

(^{60}) Par ce renvoi, d'Alembert précise qu'il parle ici des corps *sans ressort* (non élastiques).

(^{61}) Il nous a paru inutile de reproduire cet article 57.

(^{62}) Le partage de la masse en deux masses égales est à rapprocher des raisonnements d'Euler (citation précédente, proposition XVI). Le partage de la vitesse en deux vitesses égales n'est légitime qu'en invoquant, ce que fait d'ailleurs d'Alembert par un renvoi, les conséquences de la loi de la composition des mouvements ou de l'indépendance des effets des forces. Nous sortons donc ici des **vérités nécessaires**.

[D'Alembert passe ensuite au cas où les masses des corps choquants sont dans un rapport quelconque et montre encore qu'il
y a équilibre quand les quantités de mouvement sont égales et
opposées.]

. . . .

Corollaire II. — Supposons que trois corps B, C, F attachés
aux fils ou verges AB, AC, AF soient en équilibre, et qu'on
cherche le rapport des quantités de mouvement de ces trois corps
entre elles (*fig.* 10). On remarquera d'abord que l'action des

Fig. 10.

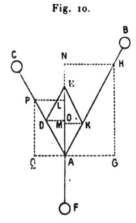

corps B et C sur le point A est la même que si les corps B et C
étaient en A ; on supposera que AH et AP soient entre elles comme
les vitesses des corps B et C ; on décomposera chacune de ces vitesses AH, AP en deux autres AG, AN et AQ, AL, dont les deux AG,
AQ aient des directions contraires et les deux autres AN, AL soient
dirigées suivant FA prolongée. Maintenant, puisqu'il y a équilibre,
il s'ensuit que $B \times AG = C \times AQ$; de plus, la quantité de mouvement du corps F doit être égale à $B \times AN + C \times AL$. Or si,
par un point quelconque E de la ligne FA prolongée, on tire EK
parallèle à AC et ED parallèle à AB, les lignes AE, AD, AK
seront entre elles comme les quantités de mouvement des
corps F, C, B ([63])....

Corollaire III. — Tout ce que nous venons de dire sur l'équi-

_____

([63]) Inutile de citer la démonstration de ce point. — Remarquer encore ici la
décomposition des vitesses (note précédente).

libre dans les propositions précédentes sera vrai encore si, au lieu
des vitesses finies imprimées aux corps qui sont en équilibre, on
leur suppose des forces accélératrices qui soient entre elles comme
étaient ces vitesses finies ou ... des forces motrices qui soient
entre elles comme étaient leurs quantités de mouvement....

Remarque sur l'usage du mot de puissance *dans la Statique*. — Les puissances ou causes qui meuvent les corps ne
peuvent agir les unes sur les autres que par l'entremise des corps
mêmes qu'elles tendent à mouvoir. D'où il s'ensuit que l'action
mutuelle de ces puissances n'est autre chose que l'action même
des corps animés par les vitesses qu'elles leur donnent. On ne
doit donc entendre par l'action des puissances, et par le terme
même de *puissance* dont on se sert communément dans la Statique, que le produit d'un corps par sa vitesse ou par sa force
accélératrice. De cette définition et des articles précédents on
conclut aisément que deux puissances égales et directement opposées se font équilibre ; que deux puissances qui agissent en même
sens produisent le même effet que leur somme ; que si trois
puissances agissant sur un même point commun sont en équilibre, et qu'on fasse sur les directions de deux de ces puissances
un parallélogramme, la diagonale de ce parallélogramme sera dans
la direction prolongée de la troisième puissance et que les rapports
des trois puissances seront ceux de la diagonale aux côtés, etc...
et plusieurs autres théorèmes semblables que l'on démontre dans
la Statique, peut-être avec moins de précision que nous le faisons
sons ici, parce qu'on n'y donne pas communément une notion
du mot de Puissance aussi nette que celle que nous venons de
donner ([64]).

Au point de vue de la distinction entre les vérités contingentes et les vérités nécessaires, nous pensons que les notes
mises aux deux citations précédentes ne laissent pas de doute
sur l'erreur commune à Euler et à d'Alembert relativement
au caractère purement rationnel de la Mécanique. Nous avons
rencontré à chaque pas des *affirmations physiques* qu'Euler

([64]) Remarquez le rôle que d'Alembert fait jouer au choc, comme représentation de l'action des forces, quand il se réfère ici, pour éclairer la notion de
force statique, aux théorèmes qui précèdent et qui concernent les quantités de
mouvement. A rapprocher de Mariotte (I, notes 149, 150.)

et d'Alembert n'ont pas vues. Deux causes ont contribué à les tromper. Tout d'abord, ils n'ont pas su distinguer ce qui provenait de l'expérience répétée et journalière. En second lieu, ils ont certainement été influencés par la tendance naturelle de l'esprit humain à voir des substances sous ses définitions, tendance qui a certainement joué un rôle dans les notions de masse et de force. C'est à ce titre que la Mécanique se présente comme un produit à la fois de l'expérience et du travail de l'esprit.

§ 3. — La démonstration directe du parallélogramme des forces.

Nous avons montré, dans le paragraphe 2 du Chapitre précédent, comment le principe des mouvements composés conduisait au théorème du parallélogramme des forces. Ce principe des mouvements composés n'est d'ailleurs rien moins qu'évident; c'est une *affirmation physique,* nous l'avons fait remarquer; le théorème du parallélogramme des forces est donc, pour employer le langage du xviiie siècle, une vérité contingente. D'Alembert cependant s'y est trompé. Mais c'est que, à l'image de Varignon (*voir* les notes 37 et 38), il n'a pas su distinguer la composition cinématique de la composition dynamique des mouvements : il n'a pas su voir qu'il fallait supposer, pour déduire la seconde de la première, que, lorsque deux forces agissent simultanément sur un point, l'action de l'une ne gêne pas celle de l'autre. Son erreur est manifeste dans le passage qu'il consacre, dans le *Traité de Dynamique,* à la composition des mouvements et que nous n'avons pas jugé utile de reproduire ici ([65]).

Cette erreur est assez étrange chez d'Alembert à la date de 1743, car Daniel Bernouilli l'avait signalée aux mathématiciens dès 1726 ([66]). Mais, après l'avoir signalée, Daniel Bernouilli a prétendu l'éviter et établir une démonstration . purement rationnelle de la règle du parallélogramme. Cette démonstration a été le prototype de plusieurs autres, données

([65]) *Voir* d'ailleurs le passage signalé par la note 62.
([66]) *Voir* la note 67 de la citation suivante.

libre dans les propositions précédentes sera vrai encore si, au lieu
des vitesses finies imprimées aux corps qui sont en équilibre, on
leur suppose des forces accélératrices qui soient entre elles comme
étaient ces vitesses finies ou ... des forces motrices qui soient
entre elles comme étaient leurs quantités de mouvement....

Remarque sur l'usage du mot de puissance *dans la Statique*. — Les puissances ou causes qui meuvent les corps ne
peuvent agir les unes sur les autres que par l'entremise des corps
mêmes qu'elles tendent à mouvoir. D'où il s'ensuit que l'action
mutuelle de ces puissances n'est autre chose que l'action même
des corps animés par les vitesses qu'elles leur donnent. On ne
doit donc entendre par l'action des puissances, et par le terme
même de *puissance* dont on se sert communément dans la Statique, que le produit d'un corps par sa vitesse ou par sa force
accélératrice. De cette définition et des articles précédents on
conclut aisément que deux puissances égales et directement opposées se font équilibre ; que deux puissances qui agissent en même
sens produisent le même effet que leur somme ; que si trois
puissances agissant sur un même point commun sont en équilibre, et qu'on fasse sur les directions de deux de ces puissances
un parallélogramme, la diagonale de ce parallélogramme sera dans
la direction prolongée de la troisième puissance et que les rapports
des trois puissances seront ceux de la diagonale aux côtés, etc...
et plusieurs autres théorèmes semblables que l'on démontre dans
la Statique, peut-être avec moins de précision que nous le faisons ici, parce qu'on n'y donne pas communément une notion
du mot de Puissance aussi nette que celle que nous venons de
donner ([64]).

Au point de vue de la distinction entre les vérités contingentes et les vérités nécessaires, nous pensons que les notes
mises aux deux citations précédentes ne laissent pas de doute
sur l'erreur commune à Euler et à d'Alembert relativement
au caractère purement rationnel de la Mécanique. Nous avons
rencontré à chaque pas des *affirmations physiques* qu'Euler

([64]) Remarquez le rôle que d'Alembert fait jouer au choc, comme représentation de l'action des forces, quand il se réfère ici, pour éclairer la notion de
force statique, aux théorèmes qui précèdent et qui concernent les quantités de
mouvement. A rapprocher de Mariotte (I, notes 149, 150.)

Hypothèse I. — Deux puissances quelconques peuvent être remplacées par des puissances équivalentes ([69]).

Hypothèse II. — Deux puissances de même direction équivalent à une puissance unique égale à leur somme et deux puissances directement opposées équivalent à une puissance unique égale à leur différence.

Ces deux dernières hypothèses n'apportent aucune autre affirmation que celle-ci : un tout est égal à l'ensemble de ses parties et deux puissances égales et opposées sont en équilibre, parce qu'il n'y a aucune raison pour que l'une l'emporte sur l'autre, axiome métaphysique qu'il faut considérer comme de vérité nécessaire ([70]).

Hypothèse III. — La puissance unique équivalente à deux puissances égales est également inclinée sur l'une et sur l'autre, c'est-à-dire est dirigée suivant la bissectrice intérieure des deux puissances. Cela résulte du même axiome métaphysique ([71]).

PROPOSITION I. — LEMME. — *Si trois puissances* DA, DB *et* DC *sont en équilibre, il en sera de même de trois puissances* D*m,* D*n,* D*p* *doubles* (*ou* *équimultiples quelconques*) *des premières* (*fig.* 11).

([69]) Supposons par exemple que nous ayons à composer les trois forces A, B, C, ce que nous noterons A $\dotplus$ B $\dotplus$ C, l'ordre étant d'ailleurs indifférent d'après l'hypothèse de la note 68. On peut remplacer B et C par la résultante (B $\dotplus$ C) de leur composition et faire l'opération A $\dotplus$ (B $\dotplus$ C). De même, si C est la résultante de la composition de D et de F, on peut remplacer l'opération A $\dotplus$ B $\dotplus$ C par l'opération A $\dotplus$ B $\dotplus$ D $\dotplus$ F. En somme, on suppose que la composition des forces est *associative;* on ne saurait d'ailleurs considérer cette hypothèse comme nécessaire. Comme cas particulier, on voit qu'on peut, à une force A, ajouter deux forces B et C se faisant équilibre, c'est-à-dire telles que B $\dotplus$ C = 0.

([70]) En somme, on suppose que l'opération $\dotplus$ se réduit à l'addition algébrique quand les forces ont la même direction. Il me paraît difficile d'ailleurs de souscrire à ce que dit Bernouilli sur la nécessité de cette hypothèse.

([71]) Cette hypothèse peut résulter des deux suivantes : on supposera d'abord que l'opération $\dotplus$ est commutative (note 68); puis on admettra que la résultante de deux forces est indépendante de l'orientation absolue des forces, qu'elle ne dépend que de la forme de la figure formée par ces deux forces. On peut alors invoquer le principe de symétrie. Nous allons retrouver la dernière de ces hypothèses plus loin. Elle se rattache à l'homogénéité de l'espace dont nous parlerons au Chapitre suivant.

Remarquer aussi qu'on admet que la composition des forces est *possible;* on verra plus loin (prop. III) que ce n'est pas seulement sur les forces égales qu'on fait cette supposition.

En effet, substituons aux puissances D*m*, D*n*, D*p* les suivantes : DA + DA, DB + DB, DC + DC, qui sont manifestement en équilibre. La vérité de la proposition apparaît aussitôt ([12]).

Fig. 11.

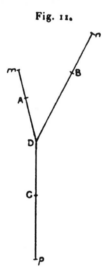

PROPOSITION II. — PROBLÈME. — *Chercher une puissance* DB *équivalente à deux puissances* DA, DC *égales et perpendiculaires entre elles.*

Fig. 12.

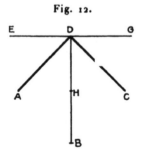

Solution. — Les puissances DA, DC étant égales, il n'y a aucun doute au sujet de la direction de la troisième puissance : ce sera la bissectrice de l'angle ADC. Nous cherchons donc seulement la grandeur de la puissance DB. Appelons-la *x*, et appelons DA ou DC *a*. Faisons DE égal à la troisième proportionnelle entre

---

([12]) On applique ici l'hypothèse I. Pour étendre la proposition au cas où les forces sont incommensurables, il faut admettre que l'opération de la composition est *continue*, c'est-à-dire que A $\dotplus$ B tend vers A en grandeur et en direction quand B tend vers zéro.

DB et DA et prenons $DG = DH = DE$. Par la proposition I, la puissance DA est équivalente aux deux puissances DE, DH ([73]) et DC aux deux puissances DG, DH. Remplaçons les puissances DA, DC par ces autres : DE, DH, DG, DH; il faut que ces quatre puissances agissant ensemble équivalent à DB (*fig.* 12); mais les puissances DE, DG se détruisent; il reste les deux puissances DH, soit la puissance $2 DH = DB$, donc $2 \frac{a^2}{x} = x = a\sqrt{2}$.

COROLLAIRE. — *Donc la puissance DB est représentée par la diagonale du carré dont les côtés représentent les puissances DA, DC.*

PROPOSITION III. — PROBLÈME. — *Chercher une puissance DB équivalente à deux puissances DA, DC perpendiculaires entre elles, mais inégales (fig.* 13).

Soit
$$DA = a, \qquad DC = b, \qquad DB = x.$$
Prenons
$$DR = \frac{a^2}{x}, \qquad DE = \frac{ab}{x}.$$

Cela posé, on voit que la puissance DA équivaut aux puissances DR, DE, parce que, par construction, DR, DA, DE sont

Fig. 13.

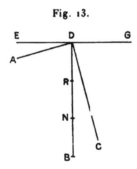

proportionnelles à DA, DB, DC et qu'elles sont en outre semblablement disposées, l'angle EDA étant égal à CDB. On peut donc remplacer DA par DE, DR. De même on peut remplacer DC par deux autres puissances équivalentes DN, DG, telles que DC, DB, DA soient proportionnelles à DN, DC, DG. De la sorte, les quatre puissances DE, DR, DN, DG équivaudront à DB. Mais

$$DN = \frac{b^2}{x}, \qquad DG = \frac{ab}{x}.$$

Donc DG et DE se détruisent et il reste les puissances DR, DN qui doivent être égalées à DB. D'où

$$\frac{a^2}{x} + \frac{b^2}{x} = x = \sqrt{a^2 + b^2}.$$

CorollairE I. — *La puissance DB est donc égale à celle qui serait représentée par la diagonale du rectangle dont les côtés représenteraient les puissances données.*

CorollairE II. — *Nous connaissons donc la valeur ou la grandeur de la puissance DB; mais nous ne savons rien encore sur sa direction. Si l'on pouvait démontrer que DB ne peut équivaloir aux deux puissances latérales si elle n'agit pas suivant la diagonale du rectangle qu'on vient de définir, on en déduirait facilement que des puissances quelconques DA, DC inclinées n'importe comment l'une sur l'autre sont équivalentes à une puissance unique DS qui est la diagonale du parallélogramme DASC.*

Fig. 14.

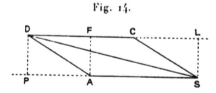

Substituons en effet à DA les deux puissances DP, DF perpendiculaires entre elles; on aura au lieu de DA, DC les trois puissances DP, DF, DC ou (SL étant perpendiculaire à DC) les deux puissances DP, DL équivalentes à DS. Mais DS est aussi la diagonale du parallélogramme obliquangle DASC. Donc la puissance équivalente à DA, DC est représentée par la diagonale DS (*fig.* 14).

[La fin de la démonstration de D. Bernouilli étant un peu longue et sans intérêt pour les principes, je ne la citerai pas. La règle du parallélogramme des forces est prouvée jusqu'ici pour les losanges carrés ; Bernouilli l'étend aux losanges dont l'angle est $\frac{1}{2^n}$ R (R désignant l'angle droit), puis à tous les losanges, à tous les rectangles et, par le corollaire II de la proposition III, à tous les parallélogrammes.]

Voici la forme que Poisson (1781-1840) a donnée à la démonstration de D. Bernouilli. Je donnerai ici le raisonnement complet. La citation est empruntée au *Traité de Mécanique* (1833; *Statique*, Chap. I).

DE LA COMPOSITION ET DE L'ÉQUILIBRE DES FORCES APPLIQUÉES A UN MÊME POINT.

24. Lorsqu'un point matériel est soumis à l'action simultanée de plusieurs forces qui ne se font pas équilibre, il se meut suivant une direction déterminée, et l'on peut attribuer le mouvement qu'il prend à une force unique agissant suivant cette direction. Cette force est ce qu'on appelle la *résultante* des forces qui ont mis le mobile en mouvement, et celles-ci sont nommées les *composantes* de la première. Appliquée en sens contraire de sa direction, la résultante fait équilibre aux composantes, puisqu'elle tend à imprimer au mobile un mouvement égal et contraire à celui qu'il recevrait de l'action simultanée des composantes, et qu'il n'y a pas de raison, par conséquent, pour qu'il se meuve plutôt d'un côté que de l'autre ([14]).

Si toutes les composantes sont dirigées suivant une même droite et agissent dans le même sens, il suit de la notion que nous avons donnée de la mesure des forces ([15]) que la résultante sera égale à

([14]) La composition des forces est *possible* (*voir* note 71). Poisson justifie d'ailleurs cette hypothèse par des considérations empruntées à Varignon.

([15]) Citons ici le paragraphe auquel renvoie Poisson et où sont exposées des idées analogues à celles qu'expose Euler dans les passages signalés par les notes 43 et 44.

« Les forces ne peuvent se mesurer qu'en prenant pour *unité* une force convenue et en exprimant par des nombres les rapports des autres forces à cette unité ; ce qui exige que l'on définisse, d'une manière précise, ce que l'on doit entendre par une force égale à une autre, et par force double, triple, quadruple, d'une autre, indépendamment de la nature particulière de ces diverses causes de mouvement.

» Deux forces sont *égales* lorsque, étant appliquées en sens contraire l'une de

leur somme. Si le mobile est sollicité par deux forces directement
contraires, on décomposera la plus grande en deux autres, dont
l'une, égale à la plus petite, sera détruite par celle-ci, et dont
l'autre, égale à l'excès de la plus grande sur la plus petite, sera
la résultante ([76])....

25. Il y a un autre cas dans lequel on détermine aussi très aisément la grandeur et la direction de la résultante.

Soient MA, MB, MC les directions de trois forces égales appliquées au point M; supposons ces trois forces comprises dans un
même plan et les trois angles AMB, BMC, CMA égaux entre eux
ou chacun à 120°; le point M demeurera en équilibre; car il n'y a

Fig. 15.

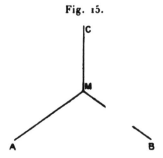

pas de raison pour qu'il sortît du plan des trois forces ni pour
qu'il se mît en mouvement plutôt dans l'un que dans l'autre de ces
trois angles. Chacune des trois forces sera donc égale et contraire
à la résultante de deux autres. *On voit alors facilement que la
résultante de deux forces est la diagonale du parallélogramme
construit sur elles* ([77])....

26. La résultante de deux forces égales coupe toujours en deux

---

l'autre à un même point matériel ou à deux points liés par une droite qui ne peut
changer de longueur, elles se font équilibre.

» Si, après avoir reconnu que deux forces sont égales, on les applique dans la
même direction à un même point, on aura une force *double;* si l'on réunit ainsi
trois forces égales, on aura une force *triple;* si l'on en réunit quatre, on aura une
force *quadruple;* et ainsi de suite. »

([76]) Ainsi la composition des forces se réduit à l'addition algébrique quand les
forces sont sur la même droite (*voir* la note 70).

([77]) La considération, dans ce raisonnement, de trois forces égales faisant entre
elles des angles de 120°, remonte à d'Alembert, qui a simplifié, grâce à elle, la
démonstration de D. Bernouilli où l'on part de la considération de forces rectangulaires.

parties égales l'angle compris entre leurs directions; car il n'y aurait pas de raison pour qu'elle se rapprochât davantage de l'une de ces deux forces, ni pour que sa direction s'écartât de leur plan plutôt d'un côté que de l'autre; sa direction est donc connue, et nous n'aurons que sa grandeur à déterminer ([78]).

Soient, pour y parvenir, MA et MB les directions des composantes dont la valeur commune sera représentée par P. Soient aussi $2x$ l'angle AMB et MD la direction de la résultante, de sorte qu'on ait AMD = BMD = x. Son intensité ne peut dépendre que des quantités P et x ([79]); en la désignant donc par R, nous aurons

$$R = f(P, x).$$

Dans cette équation, R et P sont les seules quantités dont l'expression numérique varie avec l'unité de force; d'après le principe de l'homogénéité des quantités ([80]), il faut donc que la fonction $f(P, x)$ soit de la forme $P\varphi(x)$. Ainsi on a

$$R = P\varphi(x),$$

et la question se réduit à déterminer la forme de la fonction $\varphi(x)$.

Fig. 16.

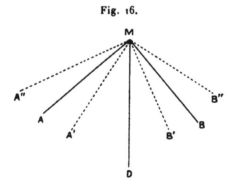

Pour cela, je mène arbitrairement, par le point M, les quatre lignes MA', MA'', MB', MB'' (*fig.* 16); je suppose les quatre angles A'MA, A''MA, B'MB, B''MB égaux entre eux et je représente chacun d'eux par z Je décompose la force P ([81]) dirigée suivant MA

([78]) *Voir* la note 71.

([79]) Poisson admet que la résultante ne dépend que de la forme de la figure constituée par les deux forces (*voir* la note 71).

([80]) Ce principe est à rapprocher de la *proposition I, lemme,* de D. Bernouilli.

([81]) On admet ici l'hypothèse I de D. Bernouilli; on suppose donc que la composition des forces est *associative.*

J. — II.

en deux forces égales dirigées suivant MA' et MA'. c'est-à-dire que je regarde la force P comme la résultante de deux forces égales dont la valeur est inconnue et qui agissent suivant MA' et MA': en désignant cette valeur par Q. j'aurai

$$P = Q\varphi(z),$$

car il doit exister entre les quantités P, Q, z la même relation qu'entre les quantités R, P, x. Je décompose de même la force P dirigée suivant MB en deux forces Q, dirigées suivant MB' et MB'; de cette manière les deux forces P se trouvent remplacées par les quatre forces Q; par conséquent, la résultante de celles-ci devra coïncider, en grandeur et en direction, avec la force R, résultante de deux forces P.

Or, en appelant Q' la résultante des deux forces Q dirigées suivant MA' et MB' et observant que A'MD = B'MD = $x - z$, cette force Q' sera dirigée suivant MD et l'on aura

$$Q' = Q\varphi(x - z),$$

De même, la résultante des deux autres forces Q sera encore dirigée suivant MD, puisque cette droite coupe aussi l'angle A"MB" en deux parties égales; et, à cause de A"MD = B"MD = $x + z$, on aura

$$Q'' = Q\varphi(x + z),$$

Q" désignant cette seconde résultante. Les deux forces Q' et Q" étant dirigées suivant la même droite MD, leur résultante, qui est aussi celle des quatre forces Q, sera donc égale à leur somme; par conséquent, on doit avoir

$$R = Q' + Q''.$$

Mais on a déjà

$$R = P\varphi(x) = Q\varphi(z)\varphi(x);$$

et en substituant cette valeur de R et celles de Q' et Q" dans l'équation précédente, et supprimant le facteur Q commun à tous les termes, il vient

(1) $$\varphi(x)\varphi(z) = \varphi(x + z) + \varphi(x - z).$$

C'est cette équation qui nous reste à résoudre pour en déduire l'expression de $\varphi(x)$.

27. On voit d'abord qu'on y satisfait en prenant

$$\varphi(x) = 2\cos ax;$$

a étant une constante arbitraire, de sorte qu'on ait en même temps

$$\varphi(z) = 2\cos az,$$
$$\varphi(x + z) = 2\cos a(x + z),$$
$$\varphi(x - z) = 2\cos a(x - z);$$

et, effectivement, si l'on substitue ces valeurs dans l'équation (1), on obtient l'équation connue

$$2\cos ax \cos az = \cos a(x + z) + \cos a(x - z).$$

Or, je dis que cette expression de la fonction $\varphi(x)$ est la seule qui satisfasse à l'équation (1), et que, de plus, dans la question qui nous occupe, la constante a est l'unité; en sorte qu'on a

$$(2) \qquad\qquad \varphi(x) = 2\cos x.$$

Cela est évident quand $x = 0$; car alors les directions des deux forces P coïncident et la résultante R est égale à 2P, ce qui suppose $\varphi(x) = 2$. Admettons qu'il y ait une autre valeur α de x pour laquelle on ait aussi $\varphi(\alpha) = 2\cos\alpha$; je dis que l'équation (2) subsistera également pour toutes les valeurs 2α, 3α, 4α, ..., $\frac{1}{2}\alpha$, $\frac{1}{4}\alpha$, $\frac{1}{8}\alpha$, ... de x et généralement pour

$$(3) \qquad\qquad x = \frac{m\alpha}{2^n};$$

m et n étant des nombres entiers quelconques.

En effet, si l'équation (2) se vérifie pour les trois angles x, z, $x - z$, de manière qu'on ait

$$\varphi(x) = 2\cos x, \qquad \varphi(z) = 2\cos z, \qquad \varphi(x - z) = 2\cos(x - z),$$

elle aura encore lieu pour un quatrième angle $x + z$; car, en vertu de l'équation (1), on aura alors

$$\varphi(x + z) = 4\cos x \cos z - 2\cos(x - z),$$

équation qui se réduit à

$$\varphi(x + z) = 2\cos(x + z).$$

Ainsi l'équation (2) ayant lieu pour $x = 0$ et $x = \alpha$, il s'ensuit qu'elle subsiste pour $x = 2\alpha$; ayant lieu pour $x = \alpha$ et $x = 2\alpha$, il s'ensuit qu'elle subsiste pour $x = 3\alpha$; et, en continuant de même, on verra qu'elle aura lieu pour $x = m\alpha$.

Je fais maintenant $m\alpha = \beta$; on aura donc

$$\varphi(\beta) = 2\cos\beta,$$

et de là on conclura que l'équation (2) aura encore lieu pour $x = \frac{1}{2}\beta$; car, en faisant $x = z = \frac{1}{2}\beta$, l'équation (1) deviendra

$$\left[\varphi\left(\frac{1}{2}\beta\right)\right]^2 = 2\cos\beta + 2,$$

d'où l'on tire

$$\varphi\left(\frac{\beta}{2}\right) = 2\cos\frac{\beta}{2}.$$

En faisant ensuite $x = z = \frac{\beta}{4}$, on aura, d'après l'équation (1) et cette dernière,

$$\left[\varphi\left(\frac{\beta}{4}\right)\right]^2 = 2\cos\frac{\beta}{2} + 2, \qquad \varphi\left(\frac{\beta}{4}\right) = 2\cos\frac{\beta}{4};$$

et, en continuant ainsi, l'équation (2) sera démontrée pour $x = \frac{\beta}{2^n}$, c'est-à-dire pour toutes les valeurs de x comprises dans la formule (3).

Or, les nombres m et n étant aussi grands qu'on voudra et pouvant même devenir infinis, on peut faire croître ces valeurs de x par degrés infiniment petits. La formule (3) comprend donc toutes les valeurs possibles de l'angle x, et l'équation (2) est complètement démontrée (²²), si toutefois elle est vraie pour une valeur particulière $x = \alpha$, différente de zéro. Mais, d'après le théorème du n° 25, la résultante R est égale à P, dans le cas de $x = 60°$; on a donc alors

$$\varphi(x) = 1 = 2\cos 60°;$$

donc l'équation (2) a lieu pour $x = 60°$, et conséquemment pour toutes les valeurs de x.

28. Au moyen de cette équation, on aura

$$R = 2\,P\cos x.$$

Si donc la résultante R et les deux composantes sont repré-sentées, comme dans le n° 25, par des droites prises sur leurs directions respectives, à partir de leur point d'application, la force R sera ... égale à la diagonale du losange construit sur les deux forces P.

Soient maintenant deux forces inégales P et Q appliquées au

(²²) On admet ici que la composition des forces est une opération continue, au sens de la note 72.

point M suivant les directions MA et MB; représentons leurs intensités par les lignes MG et MH, prises sur leurs directions, et
achevons le parallélogramme MGKH; il y aura deux cas à considérer : le premier où l'angle AMB sera droit, le second où il sera
aigu ou obtus.

Dans le premier cas, tirons les deux diagonales MK et GH qui
se coupent au point L (*fig.* 17); par les points G et H menons les

Fig. 17.

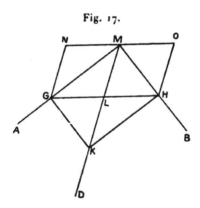

parallèles GN et HO à ML, qui rencontrent en N et O la parallèle
à GH menée par le point M; et comme, dans un rectangle, les
deux diagonales sont égales, il s'ensuit qu'on a GL = LH = LM.
Les deux parallélogrammes GLMN et HLMO sont donc des
losanges; par conséquent, d'après la proposition précédente, la
force MG pourra être regardée comme la résultante des deux
forces MN et ML et la force MH comme la résultante de MO
et ML ([83]). Donc, en substituant aux deux forces données leurs
composantes, nous aurons, au lieu de MH et MG, les deux forces
MN et MO, qui se détruisent, puisqu'elles sont égales et contraires,
et les deux forces ML, qui s'ajoutent et donnent une résultante
représentée en grandeur et en direction par la diagonale MK.

Dans le second cas, menons par les points G et H les perpendiculaires GE et HF à la diagonale MK, et les parallèles GN et HO
à cette même droite (*fig.* 18). Les deux parallélogrammes GEMN
et HFMO seront des rectangles qui auront leurs côtés MN et MO
égaux, comme étant les hauteurs des deux triangles égaux GMK
et HMK. D'après le premier cas, on pourra remplacer les forces MG

([83]) Même observation que dans la note 81.

et MH par leurs composantes rectangulaires ME et MN, MF et MO :
au lieu des deux forces données, on aura donc les deux forces MN
et MO, qui se détruiront comme étant égales et contraires, et les
deux forces ME et MF de même direction, qui s'ajouteront et
donneront, à cause de ME = FK, une résultante représentée en
grandeur et en direction par la diagonale MK.

Fig. 18.

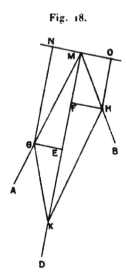

Concluons donc que la résultante de deux forces quelconques,
appliquées en un même point et représentées par des lignes prises
sur leurs directions à partir de ce point, est représentée en grandeur et en direction par la diagonale du parallélogramme construit
sur les deux forces données.

Nous pensons que les notes mises aux deux citations précédentes rendront clair le passage suivant de M. Andrade
(*Leçons de Mécanique physique*, Paris, Société d'éditions
scientifiques, 1898) :

La *méthode fonctionnelle* met en évidence la proposition suivante, intéressante par elle-même :

Si une opération quelconque, *mais bien déterminée* et que
nous désignerons par le symbole $+$, met en jeu des vecteurs
concourants A, B, C, D, E, F *envisagés dans un certain ordre*,
elle conduit à un certain vecteur par sa répétition, conformément

aux égalités suivantes :

$$A \dotplus B = A',$$
$$A' \dotplus C = A'',$$
$$A'' \dotplus D = A''',$$
$$A''' \dotplus E = A^{IV},$$
$$A^{IV} \dotplus F = S;$$

ce qu'on écrira d'une manière abrégée

$$A \dotplus B \dotplus C \dotplus D \dotplus E \dotplus F = S.$$

Supposons, de plus, que l'opération exprimée par le symbole $\dotplus$ jouisse des propriétés suivantes :

1° Elle est commutative, c'est-à-dire $A \dotplus B = B \dotplus A$;

2° Elle est associative, c'est-à-dire $A \dotplus (B \dotplus C) = A \dotplus B \dotplus C$;

3° Elle est continue, c'est-à-dire que, si ε désigne un vecteur dont la longueur tend vers zéro, si les directions des deux vecteurs A et $A \dotplus \varepsilon$ font un angle ω, et si $A \dotplus \varepsilon = \alpha$, la longueur de α a pour limite la longueur de A et ω tend vers zéro avec la longueur de ε;

4° Si les vecteurs A et B sont portés par la même droite, l'opération $A \dotplus B$ se confond avec l'*addition algébrique* des segments $A + B$ ([84]).

Toute opération qui jouit des propriétés énoncées se confond avec la composition géométrique des vecteurs qui donne la composition des forces.

Tel est le résultat de l'analyse logique de la démonstration de D. Bernouilli. Les hypothèses sur lesquelles elle repose ne sauraient être considérées comme évidentes de soi. Il reste un appel à l'expérience qu'on peut énoncer ainsi : il faut admettre que, dans la nature, on peut exécuter sur les forces, sans changer leurs effets mécaniques, l'opération jouissant des propriétés qui viennent d'être énumérées.

Il convient maintenant de remarquer l'analogie des affir-

([84]) M. Andrade oublie ici l'hypothèse que la résultante de deux forces est indépendante de la position des forces à l'égard du système de coordonnées et qu'elle ne dépend que de la figure invariable formée par ces forces. Mais c'est un simple oubli de rédaction, car M. Andrade mentionne explicitement cette hypothèse quelques pages avant le passage que nous citons.

mations physiques admises ici avec celles qui servent de base à la démonstration du parallélogramme des forces fondée sur la composition des mouvements. Dans cette dernière, on suppose que l'effet d'une force sur un point est indépendant de l'existence d'autres forces agissant sur le même point. Il y a quelque chose d'analogue dans l'hypothèse que l'opération $\dotplus$ est associative : par exemple, si B et C se font équilibre sur le point quand celui-ci n'est soumis à aucune autre force, on admet que, lorsque le point est soumis à la force A, elles se font encore équilibre et que $A \dotplus B \dotplus C$ équivaut à $A \dotplus (B \dotplus C)$, soit à A.

§ 4. — Les écoles modernes. Carnot, Saint-Venant et Mach.

Laissons de côté maintenant la question de la contingence des lois de la Mécanique. Sur ce point, les modernes sont aujourd'hui d'accord. Mais tous ne présentent pas de la même manière les notions fondamentales.

Les citations d'Euler et de d'Alembert faites au paragraphe 2 peuvent être considérées comme la source de deux écoles. Euler est l'ancêtre des auteurs qui, partant de la notion de force et de la mesure *statique* des forces, se demandent comment ces forces agissent sur les points en mouvement. D'Alembert, au contraire, annonce ceux qui, prenant la masse comme notion fondamentale, présentent la force comme une notion dérivée, issue de la considération du mouvement.

Lazare Carnot (1753-1823), dans son *Essai sur les machines en général* (1803), se rattache à la seconde école.

PRÉFACE.

Il y a deux manières d'envisager la Mécanique dans ses principes. La première est de la considérer *comme la théorie des forces*, c'est-à-dire des causes qui impriment les mouvements. La seconde est de la considérer *comme la théorie des mouvements eux-mêmes*. Dans le premier cas donc, on établit le raisonnement sur les causes, quelles qu'elles soient, qui impriment ou tendent à imprimer du mouvement aux corps, auxquels on les suppose appliqués. Dans le second, on regarde le mouvement comme déjà imprimé, acquis et résidant dans les corps ; et l'on cherche seulement quelles sont les lois suivant lesquelles ces mouvements acquis se propagent, se modifient ou se détruisent dans chaque circonstance. Chacune de ces deux manières d'envisager la Mécanique a ses avantages et ses inconvénients. La première est presque généralement suivie, comme la plus simple ; mais elle a le désavantage d'être fondée sur une notion métaphysique et obscure qui est celle des *forces.* Car quelle idée nette peut présenter à l'esprit en pareille matière le nom de *cause?* il y a tant d'espèces de cause! Et que peut-on entendre dans le langage précis des Mathématiques par une *force,* c'est-à-dire par une *cause* double ou triple d'une autre?...

Si l'on prend le parti de ne point distinguer la cause de l'effet, c'est-à-dire si l'on entend par le mot *force* la quantité de mouvement même qu'elle fait naître dans le mobile auquel elle est appliquée, on devient intelligible, mais alors on revient précisément à la seconde manière d'envisager la question, c'est-à-dire qu'alors la Mécanique n'est plus autre chose que la théorie des lois de la communication des mouvements. ... L'obscurité disparaît dans (cette) seconde manière..., mais on reconnaît bientôt la nécessité de recourir à l'expérience (⁸⁵).

Ainsi, par exemple, dans le premier cas, une fois qu'on a passé sur l'obscurité de la notion du mot *force,* on conçoit ce que c'est que plusieurs forces appliquées à un même point suivant différentes directions (⁸⁶) ; dans le second, on ne saurait concevoir ce que c'est que des quantités de mouvement dirigées en différents sens et cependant coexistantes dans un même corps, puisque ce corps ne peut aller par plusieurs chemins à la fois ; on ne peut donc considérer ces différents mouvements que dans des corps

---

(⁸⁵) C'est la distinction entre les deux écoles. Carnot montre bien que la première se heurte à des difficultés pour définir la force. Il ne remarque pas les difficultés de la seconde en ce qui concerne la définition de la masse. Quant à la nécessité de faire appel à l'expérience, elle existe avec la première comme avec la seconde école, et c'est par une reconstruction expérimentale seule qu'on peut, dans cette première, définir convenablement la force (*cf.* note 47 et § 6 du présent Chapitre).

(⁸⁶) Toutefois Carnot dit expressément, dans un passage que nous supprimons, qu'il ne saurait y avoir, selon lui, de démonstration rigoureuse du parallélogramme des forces, parce que le mot *force* est trop vague.

différents eux-mêmes qui, par le choc, sont forcés d'en changer.
et c'est la loi de ces changements qu'il faut trouver....

J'ai adopté ici la seconde méthode..., parce que j'ai voulu éviter
la notion métaphysique des forces, ne pas distinguer la cause de
l'effet; en un mot, tout ramener à la seule théorie de la communication des mouvements.

[La première Partie est consacrée aux définitions et aux hypothèses fondamentales. Carnot définit *la force* par le produit de la
masse par l'accélération. Et voici comment il définit la *masse*.]

L'espace apparent qu'occupe un corps s'appelle son *volume;*
l'espace effectif qu'occupe ce même corps ou sa quantité réelle de
matière se nomme sa *masse.* ... Les vides ou interstices logés
entre les parties de la matière et qui font que le volume ou l'espace apparent est plus grand que l'espace réel se nomment
pores ([87]).

. . . .

[Pour étudier les communications de mouvement, Carnot annonce qu'il étudiera d'abord le choc des corps, où se produisent
des changements brusques de vitesses, et qu'il ramènera ensuite
les forces continues à ce cas du choc.]

La pesanteur et toutes les forces de ce genre opèrent par degrés
insensibles et ne produisent aucun changement brusque. Cependant il paraît assez naturel de les considérer comme imprimant, à
des intervalles infiniment petits, des coups infiniment petits eux-
mêmes aux mobiles qu'elles animent. Dès lors, le produit de
chaque force motrice, multipliée par l'élément du temps pendant
lequel elle agit sur le corps considéré, pourra être regardé comme
une quantité de mouvement infiniment petite, imprimée tout
d'un coup à ce même corps, et l'expérience confirme la justesse
de cette hypothèse ([88]).

([87]) En somme, Carnot considère les corps comme formés de particules identiques. Nous avons déjà parlé de cette manière de définir la masse, qui ne nous
paraît pas très satisfaisante (*cf.* notes 7 et 48.).

([88]) Sur cette manière de concevoir l'action des forces **continues,** *voir* Bernouilli,
I, note 188; Mariotte, I, notes 149 et 150; Varignon, note 39; d'Alembert, note 64.
Elle s'explique historiquement, étant donné que le choc des corps a été un des
premiers problèmes résolus.

Je ne crois pas que la pensée de Carnot aille jusqu'à affirmer que toutes les

[Voici les hypothèses que Carnot prend pour fondement de sa théorie.]

Je répéterai d'abord qu'il ne s'agit point ici des causes premières qui font naître les mouvements dans les corps, mais seulement du mouvement déjà produit et inhérent à chacun d'eux. C'est cette quantité de mouvement déjà produite dans un corps qu'on nomme sa *force* ou sa *puissance*. Ainsi les forces, telles qu'on les considère en Mécanique, ne sont pas des êtres métaphysiques et abstraits : chacune d'elles réside dans une masse déterminée; elle est le produit de cette masse par la vitesse que le corps prendrait s'il n'était gêné par ceux des autres corps dont le mouvement est incompatible avec le sien. Cette incompatibilité fait perdre aux uns une portion de la quantité de mouvement qu'ils avaient; elle en fait gagner aux autres, elle en fait naître dans ceux qui n'en avaient pas; chacun d'eux prend une sorte de vitesse combinée entre celle qu'il pouvait avoir déjà et celles qui lui sont nouvellement imprimées de toutes parts. Or c'est cette vitesse combinée qu'il faut déterminer pour chaque instant et pour chaque point du système, lorsqu'on connaît la figure des diverses parties qui le composent, leurs masses et les vitesses qu'elles sont censées avoir reçues préalablement, soit par des chocs antérieurs, soit par des agents extérieurs, de quelque nature qu'ils soient. Ainsi, en un mot, ce ne sont pas précisément les lois du mouvement en général que nous recherchons, mais les lois de la communication des mouvements entre les différentes parties matérielles d'un même système. Pour cela, nous établissons d'abord certaines hypothèses, d'après lesquelles nous supposons que s'opère, en effet, cette communication des mouvements; nous comparons ensuite les conséquences qui en résultent avec les phénomènes et, si nous trouvons qu'ils s'accordent, nous concluons que nous pouvons considérer ces hypothèses comme les véritables lois de la nature.

Première hypothèse. — Un corps une fois mis en repos ne saurait en sortir de lui-même et, une fois mis en mouvement, il ne saurait de lui-même changer ni sa vitesse ni la direction de sa vitesse.

---

forces sont réellement produites, à la manière du choc, par le contact d'une matière, affirmation qui ferait de Carnot le précurseur de Hertz. Le choc ne me paraît être, pour lui, qu'une image servant à se représenter l'action des forces quelconques. Toutefois, Carnot, avec sa conception de la Mécanique comme théorie de la *communication* des mouvements, est peut-être assez près de cette idée.

Deuxième hypothèse. — Si, aux différentes parties d'un système quelconque de corps en équilibre, on imprime de nouvelles forces qui, si elles étaient seules, se feraient aussi mutuellement équilibre, l'équilibre du système ne sera pas troublé.

Troisième hypothèse. — Lorsque plusieurs forces... se font mutuellement équilibre, chacune de ces forces est toujours égale et directement opposée à la résultante de toutes les autres ([89]).

Quatrième hypothèse. — Les quantités de mouvement des forces motrices qui se détruisent à chaque instant dans un système de corps peuvent toujours être décomposées en d'autres forces égales deux à deux et directement opposées, suivant la ligne droite qui joint les mobiles auxquelles elles appartiennent; et ces forces peuvent être regardées comme détruites respectivement dans chacun de ces corps par l'action de l'autre ([90]).

Cinquième hypothèse. — L'action que deux corps contigus exercent l'un sur l'autre par choc, pression ou traction, ne dépend point de leur vitesse absolue, mais seulement de leur vitesse relative. Celle que deux corps ne se communiquent que par des corps interposés se transmet de proche en proche de l'un à l'autre par le moyen de ces corps intermédiaires : de sorte qu'elle se résout toujours en une suite d'actions qui s'exercent immédiatement entre deux corps contigus.

Sixième hypothèse. — Les quantités de mouvement ou les forces mortes que s'impriment réciproquement les corps par des fils ou des verges sont dirigées dans le sens de ces fils ou de ces verges, et celles qu'ils s'impriment par choc ou pression sont dirigées suivant la perpendiculaire élevée à leur surface commune au point de contact.

Septième hypothèse. — Lorsque les corps qui se choquent sont parfaitement durs ou parfaitement mous ([91]), ils marchent toujours de compagnie après le choc, c'est-à-dire suivant la ligne de leur

---

([89]) Il faut entendre la résultante *géométrique* des autres. C'est la loi du parallélogramme des forces. Avec la conception de la force admise par Carnot, il n'est pas douteux, Carnot l'a dit lui-même plus haut, que la représentation de deux forces coexistant sur un corps est délicate. Toutefois, l'assimilation au choc la facilite : on voit assez bien un corps choqué simultanément par deux autres.

([90]) C'est l'égalité de l'action et de la réaction. (*Voir* une application dans le théorème X de la citation faite au Livre III. Chap. I, § 1.)

([91]) C'est la distinction que nous avons trouvée chez Wallis (I, note 137).

action réciproque qui, suivant l'hypothèse précédente, est toujours perpendiculaire à leur surface commune au point de contact ([92]).

Lorsque les corps sont parfaitement élastiques, ils se séparent
après le choc avec une vitesse relative égale à celle qu'ils avaient
dans le sens opposé immédiatement avant le choc.

Lorsque les corps ne sont ni parfaitement durs, ni parfaitement
élastiques, les corps se séparent avec une vitesse relative plus ou
moins grande, suivant le degré d'élasticité.

[Carnot étaye ces hypothèses de considérations qu'il présente
comme des mélanges de raisonnements plus ou moins satisfaisants
et d'appels à l'expérience. Sur l'opinion de Carnot relativement à
l'expérience, voir d'ailleurs le § 1 du présent Chapitre.]

Les idées de Barré de Saint-Venant (1797-1886) ont une
parenté fort nette avec celles de Carnot.
Ce savant combat ainsi la notion de force.

Dans le fait ([93]), quel que soit un problème de Mécanique terrestre ou céleste proposé, les forces n'entrent jamais ni dans ses
données, qui sont toujours des choses sensibles, ni dans le résultat
cherché de la solution. On les fait intervenir pour résoudre, et on
les élimine ensuite afin de n'avoir finalement que des temps et des
distances ou des vitesses comme en commençant ([94]). On conçoit
très bien qu'un jour, à la place de ces sortes d'intermédiaires d'une
nature occulte et métaphysique, on puisse n'introduire et n'invoquer, pour la solution des divers problèmes de l'ordre physique,
que les lois avérées des vitesses et de leurs changements suivant les
circonstances, lois dont on ferait l'application, comme un juge, à
l'espèce, c'est-à-dire aux données de chaque problème et dont on
calculerait pour chaque cas l'accomplissement ([95]). Ce ne sera pas
bouleverser la Science, ce ne sera faire presque qu'en modifier le
langage.

([92]) *Voir* comment il faut comprendre cette hypothèse dans le théorème X de
la citation faite au Livre III, Chap. I, § 1.

([93]) Citation prise dans la *Notice sur Louis-Joseph comte du Buat* (*Mémoires
de la Société des sciences de Lille*, 1865).

([94]) Comparer avec Hertz, note 308.

([95]) C'est presque l'idée de la *description* de la nature, développée par
Kirchhoff et Mach.

C'est dans un *Mémoire sur les sommes et les différences géométriques et sur leur usage pour simplifier la Mécanique* (*Comptes rendus des séances de l'Académie des Sciences*, t. XXI, 1845) que Saint-Venant a présenté la première esquisse d'un exposé de la Mécanique d'après ses idées qui se rattachent, comme il le remarque, à d'Alembert et à Carnot. La méthode qu'il a définitivement adoptée est consignée dans un petit Ouvrage, d'apparence élémentaire, intitulé *Principes de Mécanique fondés sur la Cinématique* (lithographié, Paris, 1851).

[Après avoir étudié la cinématique du point, Saint-Venant passe à celle des systèmes de points. Il considérera tous les corps comme des systèmes formés de points matériels identiques (**). Il étudie alors les systèmes ainsi constitués, et introduit immédiatement, comme suit, la notion de leur centre de gravité.]

CINÉMATIQUE DES SYSTÈMES DE POINTS. — ... Nous appelons *déplacement moyen* d'un système, ou des points qui le composent, la droite résultante des déplacements de tous ces points divisée par leur nombre.

La vitesse moyenne de n points est de même la $n^{ième}$ partie de la résultante de leurs vitesses.... Leur accélération moyenne est la $n^{ième}$ partie de la résultante de leurs accélérations....

On appelle centre de gravité de plusieurs points un point dont les lignes de jonction avec ceux-ci, étant composées ensemble, donnent une résultante nulle.

[Il est facile de voir que ce point existe et est unique, et de démontrer les théorèmes suivants :

Le déplacement du centre de gravité d'un système est le déplacement moyen de ses points.

La vitesse et l'accélération du centre de gravité d'un système sont la vitesse et l'accélération moyenne de ses points.]

DYNAMIQUE. LOIS PHYSIQUES DU MOUVEMENT. LOI GÉNÉRALE. — ... Nous devons maintenant étudier les *lois physiques* du mouvement et chercher à connaître les circonstances matérielles dans lesquelles tel ou tel mouvement s'engendre.... L'observation peut

---

(⁹⁶) *Cf.* Carnot, note 87.

seule, avec l'induction qui en systématise les résultats, nous conduire à cette connaissance....

L'observation apprend que, pour qu'un corps en repos prenne une accélération et par suite une vitesse, il faut que d'autres corps changent de situation par rapport à lui, à moins que ces divers corps ne changent d'état physique, comme il arrive lorsqu'on les électrise ou qu'on les chauffe....

Il en est absolument de même lorsque le mobile, au lieu d'être primitivement en repos, se meut déjà d'une vitesse quelconque : et il faut toujours les mêmes circonstances de changement de situation relative ou d'état physique pour lui donner la même accélération *qui est, ainsi, tout à fait indépendante de la vitesse possédée.* On le reconnaît en observant ce qui se passe dans un bateau transporté d'un mouvement rectiligne et uniforme....

L'observation prouve encore que, lorsqu'un corps heurte un autre corps, sa vitesse change en même temps que la vitesse de celui-ci, de manière que leurs *gains* de vitesse ont des sens toujours opposés.... Une chose semblable se remarque lorsque les vitesses changent sans qu'il y ait choc : ainsi, si deux barreaux aimantés sont suspendus à une petite distance l'un de l'autre, quand le premier se porte vers le second, celui-ci se porte aussi vers le premier... (**97**).

De plus, si les deux corps qui se choquent sont de même matière et de même volume, on trouve, en mesurant leurs vitesses primitives et finales, *que celle gagnée par l'un a toujours été égale à celle de sens opposé qui a été gagnée par l'autre.*

Les vitesses ainsi mesurées sont, bien entendu, celles que nous avons appelées *moyennes* et qui s'estiment par celles *des centres de gravité* des corps... (**98**).

Si les deux corps diffèrent par la matière ou par le volume, les deux vitesses gagnées par le choc sont inégales, *mais constamment dans le même rapport* quelles que soient leurs grandeurs. Ce rapport est inverse des volumes si les deux corps sont de même matière....

(**97**) *Cf.* les expériences de Newton sur l'égalité de l'action et de la réaction.

(**98**) Pour pouvoir, dès à présent, utiliser le centre de gravité à une vérification expérimentale, il faut opérer (cela est certainement dans la pensée de Saint-Venant) avec des corps homogènes, pour lesquels la répartition des points élémentaires doit être naturellement prise uniforme, de sorte que le centre de gravité en est le centre de gravité géométrique.

Et, ce qui n'est pas moins digne de remarque, c'est que, si des corps quelconques A, A', A", ... sont mis successivement deux à deux en relation soit par le choc, soit par les autres moyens indiqués (tels que l'électrisation, ou l'effort musculaire, ou la détente d'un ressort faisant partie de l'un des mobiles), les vitesses qu'ils se communiquent mutuellement *sont dans des rapports marqués par des nombres constants affectés à chacun d'eux*....

Tous ces phénomènes ou, si l'on veut, ces lois physiques particulières, s'expliquent complètement au moyen de cette loi générale :

Les corps se meuvent comme des systèmes de points ayant à chaque instant, dans l'espace, des accélérations dont les composantes géométriques dirigées suivant leurs lignes de jonction deux à deux, et variables avec les grandeurs de ces lignes, mais non avec les vitesses des points ([99]), *sont constamment égales et opposées pour les deux points dont chaque ligne mesure la distance.*

. . . .

MASSES ET FORCES. — ... On donne le nom de *masses* à des nombres proportionnels à ceux des points élémentaires qu'il faut supposer dans les corps, comparativement les uns aux autres, pour expliquer leurs divers mouvements par la loi générale conformément à son énoncé ([100]).

On donne le nom de *forces* attractives ou répulsives des corps considérés deux à deux à des lignes proportionnelles aux résultantes... des accélérations réciproques de leurs points élémentaires les uns sur les autres d'après la même loi. Et l'on suppose généralement pour simplifier que le rapport constant et arbitraire des forces avec ces résultantes est le même que le rapport constant des masses avec les nombres de points.

On a ainsi ces deux définitions :

Masses. — *La masse d'un corps est le rapport de deux nombres exprimant combien de fois ce corps et un autre corps, choisi arbitrairement et constamment le même, contiennent de parties qui, étant séparées et heurtées deux à deux l'une contre l'autre, se communiquent, par le choc, des vitesses opposées égales.*

([99]) Cette restriction n'est pas essentielle et pourrait être supprimée.
([100]) *Voir* Carnot, note 87.

Forces. — *La force ou l'action attractive ou répulsive d'un corps sur un autre est une ligne ayant pour grandeur le produit de la masse de celui-ci par l'accélération moyenne de ses points vers ceux du premier et pour direction celle de cette accélération.*

A notre point de vue tout pratique, nous ne nous arrêterons pas à discuter si les masses ont quelque rapport avec les *quantités de matière* des divers corps hétérogènes et les forces, définies comme ci-dessus, avec les *causes efficientes* des mouvements qu'ils prennent.

. . . .

On considère aussi en Mécanique des *points matériels* qui ne sont que des corps extrêmement petits, pouvant avoir des masses inégales et dont chacun peut être regardé comme comprenant plusieurs des points élémentaires dont il est question dans la loi générale ([101]).

Dans un Livre intitulé *La Mécanique, exposé historique et critique de son développement* (1re édition, 1883), M. Mach a présenté, à propos de la discussion des idées de Newton,

_____

([101]) Dans l'esquisse donnée en 1845 dans son *Mémoire sur les sommes et les différences géométriques,* Saint-Venant avait admis des points élémentaires de masses différentes. Il avait énoncé la loi générale de la Mécanique en disant que les accélérations des points étaient décomposables en accélérations partielles dirigées vers d'autres points, l'accélération partielle d'un point vers l'autre étant constamment opposée à l'accélération de celui-ci vers celui-là, et ces deux accélérations partielles étant constamment rendues égales l'une à l'autre lorsqu'on multipliait chacune par un coefficient toujours le même pour chaque point et appelé *masse* de ce point. Les masses ainsi définies par le rapport inverse des accélérations pouvaient être comparées, par exemple, au moyen des changements de vitesse accompagnant le choc. C'était là la méthode de Mach, légèrement modifiée dans le sens indiqué par la note 110.

La conception des points élémentaires, et surtout celle des points élémentaires *identiques* à laquelle Saint-Venant s'est arrêté en dernier lieu, peut être envisagée de deux manières. On peut la considérer comme l'expression de la réalité; mais il faut reconnaître que c'est une réalité un peu hypothétique, malgré les indications que donne la Science sur l'existence des molécules, et les points élémentaires ainsi introduits sont au moins autant métaphysiques qu'expérimentaux. On peut, au contraire, la prendre comme purement formelle, et commode pour énoncer la loi générale. On sait que Saint-Venant était atomiste convaincu, ce qui tend à faire croire qu'il adoptait le premier point de vue. D'autre part, certains termes dont il se sert : « Les corps se meuvent *comme* des systèmes de points... les points élémentaires *qu'il faut supposer* dans les corps... », montrent qu'il ne méconnaissait pas le point de vue formel.

J. — II.

un mode d'exposition de la Mécanique qui a de grandes analogies avec celui de Saint-Venant tout en en différant sur certains points.

Nous citons la traduction française d'Émile Bertrand (Paris, 1904, chez Hermann).

CRITIQUE DU PRINCIPE DE L'ÉGALITÉ DE L'ACTION ET DE LA RÉACTION ET DU CONCEPT DE LA MASSE.

1. L'exposé précédent nous a rendu familières les idées de Newton ; il était la préparation nécessaire à leur critique. Nous nous limiterons d'abord au concept de masse et au principe de l'égalité de l'action et de la réaction. Ces deux notions sont inséparables ; elles renferment le point capital des contributions de Newton.

2. Tout d'abord, on ne reconnaît dans la notion de *quantité de matière* aucune représentation qui puisse élucider le concept de masse, car cette notion manque de clarté. Cette obscurité subsiste encore si, à l'exemple de maints auteurs ([102]), nous allons jusqu'au dénombrement des atomes, d'ailleurs hypothétiques. Ce procédé ne fait qu'accumuler des représentations qui demandent à être justifiées. En rassemblant un nombre donné de corps identiques et de même substance, nous pouvons sans doute mettre une idée claire en rapport avec l'idée de *quantité de matière* et reconnaître que la résistance au mouvement croît avec cette quantité. Si l'on n'exige plus l'identité chimique de la substance de ces corps, les expériences mécaniques conduisent fort près de l'hypothèse que, dans des corps *différents,* subsiste une chose mesurable par la *même* unité, et que nous pouvons appeler *quantité de matière;* mais une justification reste cependant toujours nécessaire. Dans la question de la pression due au poids, en faisant avec Newton l'hypothèse $p = mg$, $p' = m'g$ et en en déduisant $\frac{p}{p'} = \frac{m}{m'}$, on fait déjà usage de *l'hypothèse* qu'il s'agit de légitimer, et qui est celle de la mesurabilité de divers corps par la même unité.

Nous pourrions poser *a priori* $\frac{m}{m'} = \frac{p}{p'}$. Cela reviendrait à définir le rapport des masses par le rapport des pressions dues aux

---

([102]) *Cf.* Euler, note 48 ; Carnot, note 87 ; Saint-Venant, note 96.

poids pour une même valeur de g (^{103}), mais il resterait alors à *motiver* l'emploi de ce concept de masse dans le principe de l'égalité de l'action et de la réaction et dans d'autres questions.

3. Étant donnés deux corps identiques sous tous les rapports, le principe de symétrie fait que nous nous attendons à ce que les accélérations qu'ils peuvent se communiquer soient dirigées suivant la droite qui les joint, égales et opposées (^{104}). Dès que ces deux corps présentent quelque différence de forme ou de propriétés chimiques, etc., le principe de symétrie ne peut plus être

Fig. 19.

appliqué, à moins qu'*a priori* nous ne sachions ou nous ne fassions l'hypothèse que l'identité de forme ou de propriété chimique est sans influence. Mais, si l'expérience mécanique nous a rapproché de la notion de l'existence d'une caractéristique des corps déterminante d'accélération, rien ne nous empêche de poser *a priori* la proposition suivante :

On appelle corps de mêmes masses deux corps qui, agissant l'un sur l'autre, se communiquent des accélérations égales et directement opposées.

Cette proposition ne fait que dénommer une relation entre des faits.

Si, en agissant l'un sur l'autre, les corps A et B se communiquent des accélérations respectives $-\varphi$ et $+\varphi'$, dont les sens sont indiqués par les signes, nous dirons que le corps B a $\frac{\varphi}{\varphi'}$ fois la masse de A. D'après cela, *en faisant choix du corps A comme unité, on dira qu'un corps est de masse m lorsque ce corps, agissant sur le corps A, lui communique une accélération égale à m fois l'accélération qu'il reçoit par la réaction du corps A sur lui.* Le rapport des masses est le rapport inverse des accélérations pris avec le signe —. L'expérience apprend et seule peut apprendre que ces accélérations sont toujours de signes contraires

---

(^{103}) Il faudrait alors définir le *poids* avant tout. Cela reviendrait à partir de la force pour définir la masse, et ce serait plutôt la voie d'Euler et de Reech. C'est ce que fait Robin dans sa *Thermodynamique générale*.

(^{104}) Le principe de symétrie se rattache à l'idée d'*homogénéité de l'espace* dont nous parlons au Chapitre suivant.

et qu'il n'y a par conséquent, d'après la définition, que des masses
positives. Dans ce concept de masse ne se trouve aucune théorie;
la *quantité de matière* lui est tout à fait inutile; il ne contient
rien d'autre que la fixation précise, la désignation et la dénomination d'un fait.

[Mais il se présente une difficulté.]

4. Nous allons examiner de plus près cette difficulté qu'il est
indispensable de lever pour la formation d'un concept de masse
parfaitement clair. Comparons une série de corps A, B, C, D au
corps A pris pour unité :

A.	B.	C.	D.	E.	F.
1	m	m_1	m_2	m_3	m_4

nous trouvons les masses respectives 1, m, m_1, m_2, m_3, m_4. Dès
lors se pose la question suivante : en choisissant B comme étalon
ou unité, trouverions-nous pour C, D, ... les masses $\frac{m_1}{m}$, $\frac{m_2}{m}$, ...,
ou de tout autres nombres? Cette question peut être posée plus
simplement comme suit : deux corps B et C qui, agissant séparément sur A, se comportent comme étant de même masse, se com-
portent-ils encore comme d'égale masse dans une action mutuelle?
Il n'est pas de nécessité logique que deux masses égales à une
même troisième soient égales entre elles, car il s'agit ici non pas
d'un problème mathématique, mais d'une question physique. Une
comparaison fera mieux comprendre cette idée : prenons, de trois
substances A, B, C, des poids a, b, c, tels que les rapports $a:b:c$
soient les rapports des poids dans lesquels elles se combinent chi-
miquement pour former les composés AB et AC. Il n'y a aucune
nécessité logique à ce que, dans la combinaison BC, les poids des
corps B et C soient dans le rapport $b:c$. L'expérience cependant
nous apprend qu'il en est ainsi. Si nous considérons les poids
d'une série de corps proportionnels aux poids dans lesquels ils se
combinent avec un même corps A, ces corps se combinent aussi
entre eux dans les mêmes rapports de poids. Cette connaissance
ne peut être acquise que par l'expérience. Il en est de même des
nombres qui mesurent les masses des corps.

L'hypothèse que l'ordre dans lequel les corps ont été rangés
pour la détermination des valeurs de leurs masses a une influence
sur ces valeurs est, comme nous allons le voir, en contradiction
avec l'expérience. Considérons par exemple trois corps élastiques A, B, C mobiles sur un anneau fixe parfaitement poli

(*fig.* 20). Supposons que A et B se comportent mutuellement comme étant de même masse, de même que B et C. Nous devrons admettre, sous peine de contradiction avec l'expérience, que A et C se comportent mutuellement comme ayant des masses égales. Si l'on communique à A une vitesse quelconque, il la transmet par le choc à B et celui-ci la transmet à C. Si C se comportait envers A comme une masse plus grande, A prendrait par le choc

Fig. 20.

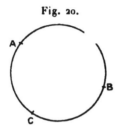

une vitesse plus grande que sa vitesse première, tandis que C conserverait un restant de vitesse. Chaque tour effectué dans le sens des aiguilles d'une montre augmenterait la force vive du système. Si C se comportait envers A comme une masse moindre, il suffirait de changer le sens du mouvement pour arriver au même résultat. Or, un tel accroissement de force vive est en complète contradiction avec nos expériences ([105]).

5. L'acquisition du concept de masse, faite comme nous venons de l'exposer, rend inutile la formulation particulière du principe de l'action égale à la réaction. Dans le concept de masse et dans le principe de l'action égale à la réaction, le même fait est énoncé deux fois.... Étant donné que les masses 1 et 2 agissent l'une sur l'autre, notre définition contient déjà l'énoncé du fait qu'elles se communiquent des accélérations opposées dont le rapport est 2:1.
. . . .

7. Ainsi donc une expérience nous fait découvrir dans les corps l'existence d'une caractéristique particulière déterminante d'accélération. Notre tâche se termine à la reconnaissance distincte et à la désignation précise de ce fait. Nous n'irons pas au delà de cette reconnaissance de fait, car, en le faisant, nous ne pourrions qu'apporter de l'obscurité. Toute difficulté disparaît dès que l'on conçoit clairement que le concept masse ne contient aucune théo-

---

([105]) Ces considérations sont fort intéressantes. Toutefois, on peut dire qu'elles n'ont joué aucun rôle, historiquement, dans l'acquisition du concept de masse.

rie, mais bien une expérience. Jusqu'ici ce concept s'est maintenu dans la Science. Il est très invraisemblable, mais non pas impossible, qu'il en disparaisse un jour, de la même façon que l'idée d'une quantité de chaleur invariable, qui reposait aussi sur l'expérience, a été modifiée par des expériences nouvelles ([106]).

....

5. Même en s'en tenant strictement au point de vue newtonien, et en faisant abstraction complète des difficultés et des obscurités que nous avons signalées ([107]) et que les dénominations abrégées de temps et d'espace ne font que cacher sans les écarter, il serait possible de simplifier beaucoup l'exposition de Newton et d'y introduire plus d'ordre et de méthode. On pourrait, à notre avis, s'exprimer ainsi :

A. *Principe expérimental*. — Deux corps, en présence l'un de l'autre, déterminent l'un sur l'autre, dans des circonstances qui doivent être données par la physique expérimentale, des accélérations opposées suivant la direction de la droite qui les unit ([108]). (Le principe de l'inertie se trouve déjà inclus dans cette proposition.)

B. *Définition*. — On appelle *rapport* des masses de deux corps l'inverse, pris en signe contraire, du rapport de leurs accélérations réciproques.

C. *Principe expérimental*. — Les rapports des masses des corps sont indépendants des circonstances physiques (qu'elles

---

([106]) On sait que, dans quelques théories modernes, d'origine électrique, l'invariabilité de la masse n'est pas conservée.

([107]) Il s'agit des difficultés relatives à l'espace et au temps absolus.

([108]) Il faut entendre *corps* par *point matériel*, sans quoi l'accélération prise par le corps n'est pas déterminée. Dans son exposé des principes de la Mécanique, inspiré de M. Mach (voir *Congrès de Philosophie de 1900*, t. III, p. 445), M. Blondlot substitue, en effet, la dénomination de point matériel à celle de corps. Ce sont là en somme les premières conceptions de Saint-Venant (note 101).

Remarquons ici une conséquence intéressante du mode d'exposition de Saint-Venant, Mach et Blondlot. L'égalité des actions au contact de deux corps finis qui, dans les idées de Newton, apparaît comme un fait primordial, une application immédiate du principe de l'égalité de l'action et de la réaction est maintenant une vérité détournée. En énonçant les principes comme Saint-Venant, Mach et Blondlot, on prend l'engagement de rapporter l'action au contact de deux corps à la composition des actions intermoléculaires. J'avoue que je vois là un certain inconvénient. Il me semble que, dans ce mode d'exposition, le point matériel devient quelque chose d'un peu trop différent *du corps sans dimensions appréciables;* il tourne trop à la *molécule* du physicien.

soient électriques, magnétiques ou autres) qui déterminent leurs accélérations réciproques. Ils restent aussi les mêmes, que ces accélérations soient acquises directement ou indirectement ([100]).

D. *Principe expérimental.* — Les accélérations que plusieurs corps A, B, C, ... déterminent sur un corps K sont indépendantes les unes des autres ([110]). (Le théorème du parallélogramme des forces est une conséquence immédiate de ce principe.)

([100]) Il faut, pour tenir compte des considérations exposées dans le passage signalé par la note 105, ajouter à ce principe un autre appel à l'expérience, un principe auxiliaire que M. Blondlot énonce ainsi :

« Le rapport des accélérations que deux points quelconques P et Q déterminent l'un sur l'autre est égal au rapport d'accélération de P et d'un autre point quelconque tel que A, divisé par le rapport d'accélération de Q et de A. »

([110]) Et nous ajouterons, avec M. Blondlot, que ces accélérations se composent suivant la règle du parallélogramme.

Il faudrait d'ailleurs modifier assez profondément l'énoncé de ce principe pour tenir compte d'une circonstance importante.

Deux points A et B, supposés isolés, exercent l'un sur l'autre une force motrice (au sens de la définition qui suit) f dirigée suivant AB. Les deux points A et C, isolés, exercent de même l'un sur l'autre une force φ. Mettons maintenant en présence les trois points A, B, C. Avec les énoncés de M. Mach et de M. Blondlot, il faut admettre que les actions de B et de C sur A, f et φ, ne sont pas changées par la présence de C ou de B. C'est l'hypothèse que M. Poincaré appelle des *forces centrales.* Elle est manifestement en défaut quand interviennent des forces de liaison : la tension du fil d'un pendule dépend de la présence de la Terre qui attire le pendule. On peut dire, il est vrai, que ce n'est là qu'une apparence, que la tension du fil est la résultante des actions moléculaires et que, si l'on tient compte de la déformation très petite du fil, on pourra expliquer le phénomène par le seul jeu de forces moléculaires centrales. Mais j'avoue que je trouve un certain inconvénient à faire dévier ainsi la conception du *point matériel,* c'est-à-dire du corps très petit, vers celle de la *molécule* du physicien. Et surtout je trouve mauvais qu'on s'engage ainsi, *a priori,* à faire toute la théorie de l'élasticité avec des forces centrales. Sans même rechercher si l'hypothèse des forces centrales donne bien, dans l'expression du potentiel élastique, le nombre de coefficients voulu, je ferai simplement remarquer que l'engagement est bien audacieux.

Je préférerais procéder ainsi : donner la définition de la force motrice après le principe C et faire remarquer que, toutes les fois qu'un point de masse m a une certaine accélération, il est soumis à une certaine force; énoncer ensuite le principe D en le complétant et en disant que, dans un système de points, les forces agissant sur chaque point sont les sommes géométriques d'une série de forces dirigées suivant les droites qui joignent les points et obéissant à l'égalité de l'action et de la réaction. Ce serait à peu près exactement le premier mode d'exposition de Saint-Venant (note 101).

Cette modification (ou une modification équivalente) me paraît indispensable. Il faut reconnaître que l'exposé de M. Mach perd alors quelques-unes de ses qualités. La loi de l'égalité de l'action et de la réaction réapparaît explicitement dans les principes et, avec elle, la notion des forces devient, si je puis dire, plus fondamentale. Dès lors, il me paraît assez souhaitable, pour qui cherche à pénétrer

E. *Définition*. — La force motrice est le produit de la valeur de la masse d'un corps par l'accélération déterminée sur ce corps.

§ 5. — Les écoles modernes. Kirchhoff.

Kirchhoff, dans sa *Mechanik* (1re édition, 1876; Leipzig, chez Teubner), donne, comme les auteurs précédents, l'importance prépondérante à la notion de masse, reléguant celle de force au rang des notions dérivées. Il se caractérise par un emploi très net du procédé formel.

PREMIÈRE LEÇON.

§ 1.

La Mécanique est la science du mouvement; nous lui assignons le but suivant : décrire *complètement* et de *la façon la plus simple* les mouvements se produisant dans la nature.

Le mouvement est un changement de lieu dans le temps; ce qui se meut est la matière. Pour concevoir un mouvement, les notions d'espace, de temps et de matière sont nécessaires, mais aussi suffisantes. C'est au moyen de ces notions que la Mécanique doit chercher à atteindre son but, et c'est avec elles qu'elle doit construire les concepts auxiliaires qui lui sont nécessaires pour cela, par exemple les concepts de force et de masse (¹¹¹).

La description des mouvements doit être *complète*. Le sens de cette condition est parfaitement clair : la Mécanique ne doit laisser sans réponse aucune des questions qui se posent relativement au mouvement. Moins précise est la signification de la deuxième condition, de celle qui exige que la description soit *la plus simple possible*. On conçoit bien, *a priori*, que des doutes peuvent subsister sur la question de savoir quelle est la plus simple de telle ou telle description de certains phénomènes; on conçoit bien aussi qu'une description de certains phénomènes, qui se trouve

---

le sens physique des notions, d'avoir sur la force quelques éclaircissements expérimentaux.

En résumé, peut-être peut-on dire que, dans l'exposé de M. Mach, la simplicité est acquise au prix d'une conception du point matériel assez éloignée de ce que donne immédiatement la réalité concrète. La même critique s'adresserait *a fortiori* au mode d'exposition définitivement adopté par Saint-Venant (*cf.* note 101).

(¹¹¹) A rapprocher de ce que dit d'Alembert, note 53.

aujourd'hui, sans aucun doute, la plus simple parmi celles qu'on peut donner, sera remplacée plus tard, par suite du développement de la Science, par une autre encore plus simple. Que cette circonstance s'est produite, l'histoire de la Mécanique en fournit de nombreux exemples.

§ 2.

Le mouvement d'un corps, c'est-à-dire d'une partie de la matière, est toujours, exactement observé, un phénomène très complexe. Un bâton solide qui est lancé en avant tourne, en même temps qu'il avance, tantôt dans un sens, tantôt dans l'autre; une liqueur qui s'échappe d'un vase change de forme, en tombant, d'une manière très compliquée. De telles rotations et de telles déformations se présentent sous une forme moins complexe dans tout mouvement d'un corps. Commençant par le simple, nous considérerons d'abord le cas où toutes les dimensions du corps sont *infiniment petites* : un tel corps s'appelle *un point matériel*. Généralement un point matériel, lui aussi, tourne et se déforme dans son mouvement; mais, comme il est infiniment petit, sa position à chaque instant est déterminée par un point géométrique. Nous nous bornerons à étudier ses changements de position sans considérer comment il tourne et comment il se déforme ([112]).

[On peut décrire le mouvement du point en se donnant ses coordonnées x, y, z en fonction du temps t. Les axes de coordonnées sont supposés rectangulaires. On peut prendre ceux qu'on veut. Si on les change, les coordonnées deviennent x', y', z', qui sont liés à x, y, z par les formules

$$(1) \quad \begin{cases} x' = a + \alpha_1 x + \alpha_2 y + \alpha_3 z, \\ y' = b + \beta_1 x + \beta_2 y + \beta_3 z, \\ z' = c + \gamma_1 x + \gamma_2 y + \gamma_3 z, \end{cases}$$

a, b, c et les α, β, γ ayant des significations classiques.]

§ 3.

Le mouvement d'un point peut se décrire d'une autre manière, moins directe, mais souvent plus simple que la précédente. Le but

---

([112]) *Voir* Reech, note 128.

est atteint si l'on se donne les valeurs de x, y, z pour *une* valeur de t, par exemple pour $t = 0$, et les valeurs de $\frac{dx}{dt}$, $\frac{dy}{dt}$, $\frac{dz}{dt}$ pour toutes les valeurs du temps. Pour cela, ces dérivées peuvent être données en fonction de t ou en fonction de x, y, z, ou, ce qui est le cas général que nous considérons, en fonction de x, y, z et t; mais, dans tous les cas, ces fonctions doivent être uniformes pour tous les systèmes de valeurs de leurs arguments qui peuvent se présenter dans le mouvement. On a, pour $t = 0$,

$$x = x_0, \qquad y = y_0, \qquad z = z_0,$$

et, en général,

$$(3) \qquad \frac{dx}{dt} = u, \qquad \frac{dy}{dt} = v, \qquad \frac{dz}{dt} = w;$$

x_0, y_0, z_0 sont des constantes données et u, v, w des fonctions données, de l'espèce susdite, de x, y, z et t. Dès lors, x, y, z sont déterminées d'une façon unique pour toute valeur de t, comme le montre la théorie des équations différentielles. Pour trouver x, y, z, on a à intégrer le système (3) et à déterminer, par les conditions valables pour $t = 0$, les trois constantes introduites par l'intégration.

Les grandeurs u, v, w, définies par les équations (3), s'appellent les *composantes* suivant les axes des x, y, z de la *vitesse* du point au temps t.

[La vitesse elle-même est le vecteur dont la grandeur est $\sqrt{u^2 + v^2 + w^2}$ et les cosinus directeurs $\dfrac{u}{\sqrt{u^2 + v^2 + w^2}}$, $\dfrac{v}{\sqrt{u^2 + v^2 + w^2}}$, $\dfrac{w}{\sqrt{u^2 + v^2 + w^2}}$. Cette vitesse ne dépend que du mouvement du point et pas des axes de coordonnées; cela est facile à voir en considérant les expressions $\frac{dx}{dt}$, $\frac{dy}{dt}$, $\frac{dz}{dt}$, et voyant ce qu'elles deviennent quand on prend de nouveaux axes de coordonnées fixes par rapport aux premiers. D'ailleurs, il est facile de se rendre compte que la vitesse, c'est le vecteur $\frac{ds}{dt}$ tangent à la trajectoire (ds étant l'élément d'arc).]

. . . .

§ 4.

Le mouvement d'un point matériel est de même complètement déterminé, en général, quand on donne la position et la vitesse au temps $t = 0$ et les valeurs de $\dfrac{d^2x}{dt^2}$, $\dfrac{d^2y}{dt^2}$, $\dfrac{d^2z}{dt^2}$ pour toutes les valeurs de t. On a alors, pour $t = 0$,

$$x = x_0, \qquad y = y_0, \qquad z = z_0,$$
$$\frac{dx}{dt} = u_0, \qquad \frac{dy}{dt} = v_0, \qquad \frac{dz}{dt} = w_0,$$

et, en général,

$$(5) \qquad \frac{d^2x}{dt^2} = X, \qquad \frac{d^2y}{dt^2} = Y, \qquad \frac{d^2z}{dt^2} = Z.$$

Les lettres affectées de l'indice o sont des constantes données; X, Y, Z sont des fonctions données de x, y, z, $\dfrac{dx}{dt}$, $\dfrac{dy}{dt}$, $\dfrac{dz}{dt}$, t, uniformes pour tous les systèmes de valeurs de leurs arguments. Si l'on intègre les équations différentielles (5) et si l'on détermine les six constantes arbitraires, introduites par l'intégration, de manière à vérifier les conditions valables pour $t = 0$, on obtient x, y, z en fonction de t.

Les quantités X, Y, Z, définies par les équations (5), sont les *composantes* suivant les axes de coordonnées de l'*accélération* qu'a le point ou de la *force accélératrice* qui agit sur le point. Nous commencerons par regarder comme entièrement équivalentes les expressions d'accélération et de force accélératrice, et nous emploierons indifféremment l'une ou l'autre. Pour la brièveté, nous omettrons, mais en le sous-entendant toujours, le mot *accélératrice,* jusqu'à ce que nous ayons introduit la *force motrice.*

[L'accélération est un certain vecteur, et Kirchhoff montre, comme pour la vitesse, en transformant les expressions $\dfrac{d^2x}{dt^2}$, $\dfrac{d^2y}{dt^2}$, $\dfrac{d^2z}{dt^2}$ par les formules de changement de coordonnées, que ce vecteur est indépendant des axes et ne dépend que du mouvement. On a donc, dans les axes x', y', z', fixes par rapport à x, y, z,

$$(7) \qquad \begin{cases} X' = \alpha_1 X + \alpha_2 Y + \alpha_3 Z, \\ Y' = \beta_1 X + \beta_2 Y + \beta_3 Z, \\ Z' = \gamma_1 X + \gamma_2 Y + \gamma_3 Z. \end{cases}$$]

De même que, dans le présent et dans le précédent paragraphe, on introduit les dérivées premières et secondes des coordonnées du point mobile par rapport au temps, de même on pourrait introduire les dérivées d'ordre 3 ou supérieur. Mais l'expérience montre que les mouvements de la nature sont tels que la simplicité de leur représentation ne gagnerait rien et perdrait, au contraire, à cette introduction. Cela vient de ce que, dans tous les mouvements naturels, ainsi que cela a été prouvé par l'expérience, les dérivées secondes des coordonnées du point sont des fonctions des coordonnées ne contenant pas les valeurs initiales des coordonnées et des composantes de la vitesse ([113]).

§ 5 et 6.

[A titre d'exemple, Kirchhoff étudie le mouvement des corps à accélération constante (pesanteur) et le mouvement des planètes. Il montre que les lois de Képler conduisent à la remarque que l'accélération des planètes est inversement proportionnelle au carré de la distance au Soleil. Il annonce que Newton a tiré de là une loi générale.]

§ 7.

Pour pouvoir énoncer cette loi de Newton, nous devons généraliser notre concept de force. Jusqu'ici, nous avons employé les expressions *force* et *accélération* comme entièrement équivalentes; nous ne pourrons plus le faire après la généralisation que nous allons donner du concept de force. Jusqu'ici, nous devions dire : sur un point agit toujours *une* force; maintenant nous allons nous servir de l'expression : sur un point agissent ensemble *plusieurs* forces ou agit un *système* de forces. Pour cela, nous déterminerons chaque force, comme nous l'avons fait jusqu'à présent, par ses composantes suivant les axes, de sorte que, si X_1, Y_1, Z_1 ; $X_2, Y_2, Z_2, \ldots$ sont les composantes des forces agissant sur le point (x, y, z), ces forces ont pour grandeur et direction celles des lignes qui sont tirées de l'origine des coordonnées aux points de coordonnées (X_1, Y_1, Z_1), $(X_2, Y_2, Z_2), \ldots$. Dire que ce système de forces agit sur le point, c'est dire que le mouvement du point se fait conformément aux équations

(15)
$$
\begin{cases}
\dfrac{d^2 x}{dt^2} = X_1 + X_2 + \ldots, \\[2mm]
\dfrac{d^2 y}{dt^2} = Y_1 + Y_2 + \ldots, \\[2mm]
\dfrac{d^2 z}{dt^2} = Z_1 + Z_2 + \ldots.
\end{cases}
$$

([113]) La Mécanique est, chez Kirchhoff, un langage logique. L'appel à l'expérience réside dans cette affirmation : « L'expérience montre que ce langage est avantageux pour décrire les mouvements de la nature. »

Un système de forces agissant sur un point est toujours équivalent à une force unique qu'on appelle la *résultante* du système. Soient X, Y, Z les composantes de la résultante du système considéré. On a, par (15) et (5),

$$X = X_1 + X_2 + \ldots$$
$$Y = Y_1 + Y_2 + \ldots,$$
$$Z = Z_1 + Z_2 + \ldots$$

Ce sont là les équations qui, lorsque le système comprend seulement deux forces, expriment analytiquement *le théorème du parallélogramme des forces* ([114]).

Il est manifeste que, lorsqu'on considère un mouvement déterminé d'un point comme produit par plusieurs forces, celles-ci ne sont pas isolément déterminées; leur résultante seule l'est; toutes les forces, sauf *une*, peuvent être prises arbitrairement et cette une peut ensuite être choisie de manière que la résultante soit égale à l'accélération ([115]). C'est du mouvement seul que la Mécanique peut, d'après notre conception, tirer les définitions des concepts qu'elle utilise. Il s'ensuit que, après l'introduction des systèmes de force à la place des forces simples, la Mécanique est incapable de donner une définition complète du concept de force. Néanmoins, cette introduction est de la plus haute importance. Elle repose sur le fait que, ainsi que l'expérience le montre, on peut toujours, dans les mouvements naturels, trouver de tels systèmes dont les forces séparées sont plus facilement données que leurs résultantes.

§ 8.

Un exemple est fourni par le mouvement des corps célestes. Soient 1, 2, … les corps considérés; m_1, m_2, … des constantes qui s'y rapportent ([116]); r_{12}, r_{13}, … les distances de ces corps

---

([114]) Voilà un exemple bien net de ce que nous disions dans la note 113. Le théorème du parallélogramme des forces n'est, chez Kirchhoff, qu'une manière de parler. On peut toujours, en effet, étant donnée l'équation (5), y considérer X, Y, Z comme des sommes de deux termes X_1 et X_2, Y_1 et Y_2, Z_1 et Z_2. C'est un truisme. Mais ce qu'il y a d'intéressant, c'est que l'expérience montre que cette manière de parler est souvent avantageuse.

([115]) Point à retenir.

([116]) Ce sont les *masses*. Les masses sont donc des coefficients constants caractéristiques des points. Et l'expérience montre que l'introduction de ces coefficients est utile pour la description des mouvements.

pris deux à deux au temps t. Leurs mouvements sont tels qu'ils peuvent être considérés comme produits par des forces, par des actions exercées respectivement par les points les uns sur les autres, et telles que le corps 1 tire le corps 2 avec une force $\frac{m_1}{r_{12}}$. Cette proposition est la loi de Newton.

. . . .

DEUXIÈME LEÇON.

§ 1.

L'introduction d'un *système* de forces agissant sur un point matériel à la place d'une force unique est très utile dans un cas que nous allons maintenant examiner. C'est celui où l'on connaît, *a priori,* une équation entre les coordonnées du point ou entre celles-ci et le temps. Cette circonstance se rencontre, par exemple, quand le point est placé dans une coupe de forme connue et qu'il se meut en restant en contact avec elle. Si la coupe est en repos, l'équation de sa surface est une équation entre les coordonnées du point; si la coupe est animée d'un mouvement connu, on a une équation entre ces coordonnées et le temps. Nous écrirons l'équation supposée

$$(1) \qquad \varphi(x, y, z, t) = c,$$

ou simplement $\varphi = c$, en désignant par c une constante. Conformément à l'usage, nous l'appelons une *équation de liaison* et nous disons que le point n'est pas *libre,* mais *assujetti* à se mouvoir suivant cette liaison; nous n'attachons à cette manière de parler d'autre signification que celle-ci : l'équation (1) est vérifiée *dans la réalité.*

Dans le cas spécifié, nous représentons le mouvement comme produit par deux forces; nous posons, en effet,

$$(2) \qquad \begin{cases} \dfrac{d^2 x}{dt^2} = X + X_1, \\[2mm] \dfrac{d^2 y}{dt^2} = Y + Y_1, \\[2mm] \dfrac{d^2 z}{dt^2} = Z + Z_1. \end{cases}$$

Les composantes de la première force X, Y, Z doivent être

complètement données; pour celles de la seconde, on doit poser des expressions contenant encore une grandeur inconnue que nous désignerons par λ. La quantité λ se détermine par l'équation de condition. Il suit de celle-ci, en effet, que l'on a, pour toutes les valeurs de t,

$$\frac{d\varphi}{dt} = 0,$$

c'est-à-dire

$$\frac{\partial\varphi}{\partial x}\frac{dx}{dt} + \frac{\partial\varphi}{\partial y}\frac{dy}{dt} + \frac{\partial\varphi}{\partial z}\frac{dz}{dt} + \frac{\partial\varphi}{\partial t} = 0,$$

et aussi

$$\frac{d^2\varphi}{dt^2} = 0,$$

c'est-à-dire

$$(3) \quad \left\{ \begin{aligned} &\frac{\partial\varphi}{\partial x}\frac{d^2 x}{dt^2} + \frac{\partial\varphi}{\partial y}\frac{d^2 y}{dt^2} + \frac{\partial\varphi}{\partial z}\frac{d^2 z}{dt^2} \\ &\quad + \frac{\partial^2\varphi}{\partial x^2}\left(\frac{dx}{dt}\right)^2 + \frac{\partial^2\varphi}{\partial y^2}\left(\frac{dy}{dt}\right)^2 + \frac{\partial^2\varphi}{\partial z^2}\left(\frac{dz}{dt}\right)^2 + \frac{\partial^2\varphi}{\partial t^2} \\ &\quad + 2\frac{\partial^2\varphi}{\partial x\,\partial y}\frac{dx}{dt}\frac{dy}{dt} + 2\frac{\partial^2\varphi}{\partial y\,\partial z}\frac{dy}{dt}\frac{dz}{dt} + 2\frac{\partial^2\varphi}{\partial z\,\partial x}\frac{dz}{dt}\frac{dx}{dt} \\ &\quad + 2\frac{\partial^2\varphi}{\partial x\,\partial t}\frac{dx}{dt} + 2\frac{\partial^2\varphi}{\partial y\,\partial t}\frac{dy}{dt} + 2\frac{\partial^2\varphi}{\partial z\,\partial t}\frac{dz}{dt} = 0. \end{aligned} \right.$$

Si l'on substitue dans la dernière équation, à la place de $\frac{d^2 x}{dt^2}$, $\frac{d^2 y}{dt^2}$, $\frac{d^2 z}{dt^2}$, leurs valeurs (2), on obtient une équation qui permet d'exprimer λ en fonction de x, y, z, $\frac{dx}{dt}$, $\frac{dy}{dt}$, $\frac{dz}{dt}$ et t. Nous poserons chacune des composantes X_1, Y_1, Z_1 égale à λ multiplié par un facteur indépendant de λ; l'équation en λ sera alors linéaire; λ et X_1, Y_1, Z_1, et par suite $\frac{d^2 x}{dt^2}$, $\frac{d^2 y}{dt^2}$, $\frac{d^2 z}{dt^2}$, seront déterminés d'une seule manière et finis, si l'on suppose que le coefficient de λ dans ladite équation ne disparaît pas. Tout le mouvement est par là complètement déterminé, pourvu qu'on donne encore les valeurs initiales des coordonnées et des composantes de la vitesse. Le fondement de ces conclusions se trouve dans l'hypothèse exprimée au paragraphe 4 de la première leçon sur les composantes d'une force et que nous conserverons, sans exception, je veux dire dans l'hypothèse que ces composantes sont, dans le cas le plus général, des fonctions uniformes de x, y, z, $\frac{dx}{dt}$, $\frac{dy}{dt}$, $\frac{dz}{dt}$, t. C'est sous la forme de fonctions de cette nature que doivent être donnés X, Y, Z et les coefficients de λ dans X_1, Y_1, Z_1.

D'ailleurs, ces derniers facteurs peuvent être choisis tout à fait arbitrairement (¹¹⁷); la description du mouvement est toujours complète. Mais nous allons faire un choix particulier et poser

$$X_1 = \lambda \frac{\partial \varphi}{\partial x}, \qquad Y_1 = \lambda \frac{\partial \varphi}{\partial y}, \qquad Z_1 = \lambda \frac{\partial \varphi}{\partial z},$$

de sorte que les équations (2) deviennent

$$\left\{ \begin{aligned} \frac{d^2 x}{dt^2} &= X + \lambda \frac{\partial \varphi}{\partial x}, \\ \frac{d^2 y}{dt^2} &= Y + \lambda \frac{\partial \varphi}{\partial y}, \\ \frac{d^2 z}{dt^2} &= Z + \lambda \frac{d\varphi}{dz}. \end{aligned} \right.$$

La *commodité* (*zweckmässigkeit*) (¹¹⁸) de ce choix repose essentiellement sur une propriété des équations (4) qui apparaît quand on remplace le système de coordonnées x, y, z par un autre système rectangulaire. C'est ce que nous allons faire, et les lettres relatives à ce nouveau système seront affectées d'un accent, comme dans la leçon précédente.

Dans le paragraphe 4 de la première leçon, on a montré, pour une force agissant seule sur un point, que sa grandeur et sa direction étaient indépendantes du système d'axes. On ne peut prouver cette propriété pour une force agissant avec une autre sur un point, parce que la définition donnée pour une telle force n'est pas suffisante pour cela. Mais, pour les forces dont les composantes sont maintenant appelées X, Y, Z, nous pouvons et nous voulons supposer ladite propriété.

$\Big[X'$, Y', Z' étant alors les composantes du vecteur X, Y, Z sur les nouveaux axes, et φ' désignant ce que devient la fonction φ quand on y remplace x, y, z par leurs valeurs en x', y', z' tirées des équations (1) de la première leçon, il suffit de multiplier les équations (4) par α_1, α_2, α_3 ou par β_1, β_2, β_3 ou par γ_1, γ_2, γ_3 et de les ajouter pour obtenir, le second système d'axes étant supposé

(¹¹⁷) Quand X, Y, Z sont données et que λ vérifie, comme on l'a expliqué, l'équation (3), il est manifeste que les équations (4) décrivent un mouvement se faisant sur la liaison. Mais il est clair aussi qu'un mouvement quelconque se faisant sur la liaison peut être décrit par des équations de la forme (4).

(¹¹⁸) Ce mot est caractéristique de la méthode de Kirchhoff.

fixe par rapport au premier :

$$(5) \quad \left\{ \begin{array}{l} \dfrac{d^2 x'}{dt^2} = X' + \lambda \dfrac{\partial \varphi'}{\partial x'}, \\[2mm] \dfrac{d^2 y'}{dt^2} = Y' + \lambda \dfrac{\partial \varphi'}{\partial y'}, \\[2mm] \dfrac{d^2 z'}{dt^2} = Z' + \lambda \dfrac{\partial \varphi'}{\partial z'}. \end{array} \right]$$

Ces équations... sont de la même forme que les équations (4). La propriété qui caractérise ces dernières et sur laquelle repose essentiellement leur commodité s'exprime ainsi : elles sont valables pour un système d'axes rectangulaires quelconque, si l'on suppose la force (X, Y, Z) indépendante en grandeur et en direction du système de coordonnées ([119]).

$\Big[$Il suit de (5) que $\lambda \dfrac{\partial \varphi}{\partial x}$, $\lambda \dfrac{\partial \varphi}{\partial y}$, $\lambda \dfrac{\partial \varphi}{\partial z}$ et $\lambda \dfrac{\partial \varphi'}{\partial x'}$, $\lambda \dfrac{\partial \varphi'}{\partial y'}$, $\lambda \dfrac{\partial \varphi'}{\partial z'}$ sont les projections d'un même vecteur. Employant la terminologie du paragraphe 4 de la première leçon, on peut dire que, sur le point, agit une seconde force $\lambda \dfrac{\partial \varphi}{\partial x}$, $\lambda \dfrac{\partial \varphi}{\partial y}$, $\lambda \dfrac{\partial \varphi}{\partial z}$ indépendante du système d'axes. La direction de cette force est perpendiculaire au temps t, à la surface $\varphi = c$, et sa grandeur est

$$\lambda \sqrt{\left(\dfrac{\partial \varphi}{\partial x}\right)^2 + \left(\dfrac{\partial \varphi}{\partial y}\right)^2 + \left(\dfrac{\partial \varphi}{\partial z}\right)^2}. \Big]$$

Les équations (4) ont encore une propriété remarquable. Si la force X, Y, Z est donnée, elles restent valables si la forme de l'équation de liaison change, c'est-à-dire si l'équation $\varphi = c$ est remplacée par $F = C$, F étant une fonction de φ et C la valeur que cette fonction prend pour $\varphi = c$. A la place des équations (4), on a alors

$$(6) \quad \left\{ \begin{array}{l} \dfrac{d^2 x}{dt^2} = X + L \dfrac{\partial F}{\partial x}, \\[2mm] \dfrac{d^2 y}{dt^2} = Y + L \dfrac{\partial F}{\partial y}, \\[2mm] \dfrac{d^2 z}{dt^2} = Z + L \dfrac{\partial F}{\partial z}, \end{array} \right.$$

([119]) Si, dans le second système d'axes, on applique au point précisément le vecteur dont les composantes étaient X, Y, Z dans le premier, la force supplémentaire qu'il faut supposer appliquée en sus (note 115) s'exprime de la même manière que dans le premier système $\left(\lambda \dfrac{\partial \varphi'}{\partial x'}, \dots, \text{comme } \lambda \dfrac{\partial \varphi}{\partial x}, \dots\right)$.

où L est une nouvelle inconnue à déterminer par l'équation $F=C$, ou, ce qui revient au même, par l'équation $\varphi = c$. Comme

$$\frac{\partial F}{\partial x} = \frac{dF}{d\varphi}\frac{\partial \varphi}{\partial x}, \qquad \frac{\partial F}{\partial y} = \frac{dF}{d\varphi}\frac{\partial \varphi}{\partial y}, \qquad \frac{\partial F}{\partial z} = \frac{dF}{d\varphi}\frac{\partial \varphi}{\partial z},$$

les équations (6) deviendront identiques aux équations (4) si l'on fait

$$L\frac{dF}{d\varphi} = \lambda.$$

Pour traduire en langage les équations (4) et l'équation $\varphi = c$, nous dirons : *Sur le point matériel considéré agit la force dont les composantes sont* X, Y, Z, *pendant que son mouvement est soumis à la liaison* $\varphi = c$.

On ne peut pas ne pas signaler que les équations (4) ne sont pas les seules qui possèdent les deux propriétés démontrées pour elles, d'être valables pour tous les systèmes d'axes et pour toutes les formes de l'équation de liaison quand la force X, Y, Z est donnée en grandeur et en direction. Ces propriétés appartiennent aux équations

$$(7) \quad \begin{cases} \dfrac{d^2x}{dt^2} = X + \lambda\left[\dfrac{\partial \varphi}{\partial x} + h\dfrac{dx}{dt}\sqrt{\left(\dfrac{\partial \varphi}{\partial x}\right)^2 + \left(\dfrac{\partial \varphi}{\partial y}\right)^2 + \left(\dfrac{\partial \varphi}{\partial z}\right)^2}\right], \\[3mm] \dfrac{d^2y}{dt^2} = Y + \lambda\left[\dfrac{\partial \varphi}{\partial y} + h\dfrac{dy}{dt}\sqrt{\left(\dfrac{\partial \varphi}{\partial x}\right)^2 + \left(\dfrac{\partial \varphi}{\partial y}\right)^2 + \left(\dfrac{\partial \varphi}{\partial z}\right)^2}\right], \\[3mm] \dfrac{d^2z}{dt^2} = Z + \lambda\left[\dfrac{\partial \varphi}{\partial z} + h\dfrac{dz}{dt}\sqrt{\left(\dfrac{\partial \varphi}{\partial x}\right)^2 + \left(\dfrac{\partial \varphi}{\partial y}\right)^2 + \left(\dfrac{\partial \varphi}{\partial z}\right)^2}\right], \end{cases}$$

quand h est une constante ou une fonction arbitrairement donnée de $\sqrt{\left(\dfrac{dx}{dt}\right)^2 + \left(\dfrac{dy}{dt}\right)^2 + \left(\dfrac{dz}{dt}\right)^2}$. Ces équations, quand on les met à la place de (4), sont essentiellement propres à la description de certains mouvements, des mouvements dans lesquels, comme on dit, un *frottement* est sensible. Nous conserverons néanmoins les équations (4) ([120]).

<h2 style="text-align:center">§ 2.</h2>

Nous allons utiliser la méthode exposée dans le précédent paragraphe à la description du mouvement d'un *pendule simple*. Le pendule simple se compose d'un corps qui est considéré comme

---

([120]) Pourquoi choisit-on les équations (4) ou (7) plutôt que telles ou telles autres qu'on pourrait imaginer ? pourquoi dans tel cas les équations (4), dans tel autre les équations (7)? Une seule chose guide le choix : il faut réussir à représenter le mouvement. L'expérience montre qu'on y parvient.

un point matériel et qui est suspendu à un point fixe par un fil. Le fil est supposé inextensible; pour le reste, son influence est négligée. Si le corps est mis convenablement en mouvement, il se meut en restant sur la surface de la sphère décrite du point de suspension pour centre avec la longueur du fil pour rayon. Nous supposerons un tel mouvement. Si, d'ailleurs, les hypothèses sont réalisées qui ont été énoncées, dans le § 5 de la première leçon, pour l'étude d'un corps libre ([121]) lancé, le mouvement du pendule est décrit en disant que sur lui agit la pesanteur pendant qu'il est assujetti à rester sur la sphère susdite.

Prenons un système d'axes dont l'origine soit au point de suspension et dont l'axe des z soit vertical et dirigé vers le bas. Soit l la longueur du fil. Cette affirmation est exprimée par les équations suivantes ([122]) :

(8)
$$\begin{cases} \dfrac{d^2x}{dt^2} = \lambda x, \\[2mm] \dfrac{d^2y}{dt^2} = \lambda y, \\[2mm] \dfrac{d^2z}{dt^2} = g + \lambda z, \\[2mm] x^2 + y^2 + z^2 = l^2. \end{cases}$$

. . . .

§ 3.

Nous considérerons maintenant le cas le plus général qui soit à envisager dans la mécanique des points matériels. Il s'agit d'un système de points matériels que nous appellerons 1, 2, ... Les lettres x, y, z avec les indices 1, 2, ... représentent leurs coordonnées au temps t. Entre ces coordonnées et le temps t, on connaît *a priori* n équations indépendantes les unes des autres, que nous écrirons

(14) $\varphi = c$, $\psi = e$,   ...,

___

([121]) Ces hypothèses sont les suivantes : le corps peut être considéré comme un point; le chemin qu'il décrit est très petit par rapport aux dimensions de la Terre; l'influence de l'air et du mouvement de la Terre sont négligeables.

([122]) Nous choisissons le type d'équations (4). De plus, nous admettons que la force X, Y, Z de ces équations est o, o, g (g étant l'accélération de la pesanteur en chute libre). Pourquoi tout cela? Uniquement parce que l'expérience montre que, dans ces conditions, le mouvement est bien décrit. Il faut avouer que cette méthode donne l'impression de quelque chose d'artificiel, et où voit-on que la force λx, λy, λz a une relation avec la rupture possible du fil ?

φ, ψ, ... étant des fonctions de toutes les coordonnées et du temps, c, e, ... étant des constantes. Nous allons donner aux équations différentielles du mouvement des points une forme qui correspond à celle dans laquelle nous avons écrit, au § 1, les équations différentielles du mouvement d'*un* point assujetti à *une* liaison. Nous représentons le mouvement de chaque point comme produit par $n+1$ forces; de toutes les forces en question, *une* pour chaque point doit être complètement donnée; pour les autres, on doit poser des expressions contenant ensemble n grandeurs inconnues. Nous posons en effet

$$(15) \quad \begin{cases} \dfrac{d^2 x_1}{dt^2} = X_1 + \dfrac{\lambda}{m_1}\dfrac{\partial \varphi}{\partial x_1} + \dfrac{\mu}{m_1}\dfrac{\partial \psi}{\partial x_1} + \ldots, \\[2mm] \dfrac{d^2 y_1}{dt_2} = Y_1 + \dfrac{\lambda}{m_1}\dfrac{\partial \varphi}{\partial y_1} + \dfrac{\mu}{m_1}\dfrac{\partial \psi}{\partial y_1} + \ldots, \\[2mm] \dfrac{d^2 z_1}{dt^2} = Z_1 + \dfrac{\lambda}{m_1}\dfrac{\partial \varphi}{\partial z_1} + \dfrac{\mu}{m_1}\dfrac{\partial \psi}{\partial z_1} + \ldots, \\[2mm] \dfrac{d^2 x_2}{dt^2} = X_2 + \dfrac{\lambda}{m_2}\dfrac{\partial \varphi}{\partial x_2} + \dfrac{\mu}{m_2}\dfrac{\partial \psi}{\partial x_2} + \ldots, \\[2mm] \dfrac{d^2 y_2}{dt^2} = Y_2 + \dfrac{\lambda}{m_2}\dfrac{\partial \varphi}{\partial y_2} + \dfrac{\mu}{m_2}\dfrac{\partial \psi}{\partial y_2} + \ldots, \\[2mm] \cdots\cdots\cdots\cdots\cdots\cdots\cdots\cdots\cdots\cdots; \end{cases}$$

X_1, Y_1, Z_1, X_2, Y_2, ... sont ici les composantes des forces qui, dans tous les cas où les équations sont employées, doivent être complètement données en fonction des coordonnées, des composantes de la vitesse et du temps; m_1, m_2, ... sont des constantes positives qui doivent être également données; λ, μ, ... sont les n inconnues dont la détermination uniforme se fait par les équations linéaires en λ, μ, ...,

$$\frac{d^2 \varphi}{dt^2} = 0, \qquad \frac{d^2 \psi}{dt^2} = 0, \qquad \ldots,$$

qui sont à développer comme l'équation (3).

Les équations (15) sont valables pour tous les systèmes d'axes rectangulaires si l'on stipule, ce que nous ferons, que les forces (X_1, Y_1, Z_1), (X_2, Y_2, Z_2) sont, en grandeur et en direction, indépendantes du système d'axes. Elles sont valables aussi pour toute forme des équations de liaison (14). Même démonstration que plus haut.

Nous remarquerons que l'applicabilité des équations (15) à chaque système d'axes ou à chaque forme des équations de liaison cesserait si, au lieu du même facteur $\frac{1}{m_1}$ qui se trouve dans les équations relatives au premier point, on choisissait des facteurs différents pour les mettre dans une colonne verticale ou dans une ligne horizontale. On voit d'ailleurs que les équations (15) ne sont pas les seules qui jouissent des propriétés que nous venons de démontrer. On pourrait facilement en faire d'autres sur le modèle des équations (7), et les équations (15) ne perdent pas ces propriétés si l'on prend les quantités m_1, m_2, ... non pas constantes, mais variables à volonté. Mais une telle généralisation des équations en question ne ferait rien gagner (l'expérience le montre) ([123]) au point de vue de la simplicité de la description des mouvements naturels.

Les grandeurs m_1, m_2, ... s'appellent les *masses* des points matériels 1, 2, ... ([124]).

Nous apporterons un autre changement à la forme des équations (15) et aux notations. Multiplions par m_1, m_2, ... qui se trouvent aux dénominateurs; nous faisons apparaître les produits $m_1 X_1$, $m_1 Y_1$, $m_1 Z_1$, $m_2 X_2$, $m_2 Y_2$, ... Ces produits seront maintenant notés X_1, Y_1, Z_1, X_2, Y_2, ... et appelés les composantes suivant les axes des *forces motrices* qui agissent sur les masses m_1, m_2, ... ou sur les points matériels 1, 2, ...

Quand nous disons que *sur un système de points dont les masses sont* m_1, m_2, ... *et qui sont assujettis aux liaisons* $\varphi = c$, $\psi = e$, ... *agissent des forces motrices dont les composantes sont* X_1, Y_1, Z_1, X_2, Y_2, ..., cela exprime que les mouvements des points se font conformément aux équations

$$(17) \begin{cases} m_1 \dfrac{d^2 x_1}{dt^2} = X_1 + \lambda \dfrac{\partial \varphi}{\partial x_1} + \mu \dfrac{\partial \psi}{\partial x_1} + \ldots, \\[2mm] m_1 \dfrac{d^2 y_1}{dt^2} = Y_1 + \lambda \dfrac{\partial \varphi}{\partial y_1} + \mu \dfrac{\partial \psi}{\partial y_1} + \ldots. \\[2mm] m_1 \dfrac{d^2 z_1}{dt^2} = Z_1 + \lambda \dfrac{\partial \varphi}{\partial z_1} + \mu \dfrac{\partial \psi}{\partial z_1} + \ldots, \\[2mm] m_2 \dfrac{d^2 x_2}{dt^2} = X_2 + \lambda \dfrac{\partial \varphi}{\partial x_2} + \mu \dfrac{\partial \psi}{\partial x_2} + \ldots, \\[2mm] m_2 \dfrac{d^2 y_2}{dt^2} = Y_2 + \lambda \dfrac{\partial \varphi}{\partial y_2} + \mu \dfrac{\partial \psi}{\partial y_2} + \ldots, \\[2mm] \ldots\ldots\ldots\ldots\ldots\ldots\ldots\ldots\ldots\ldots\ldots\ldots, \\[2mm] \varphi = c, \quad \psi = c, \quad \ldots. \end{cases}$$

([123]) C'est toujour la même idée. La Mécanique est un langage dont la validité est démontrée à l'usage.

([124]) Les masses sont des coefficients afférents aux points (*voir* note 116).

§ 6. — Les écoles modernes. Reech.

A l'inverse des auteurs précédents, Reech considère la notion de force comme primordiale. Il se rattache ainsi à Euler.

Les citations qui suivent sont prises dans le *Cours de Mécanique d'après la nature généralement flexible et élastique des corps* (Paris, chez Carilian-Gœury et V. Dalmont, 1852).

[Après avoir parlé du procédé de description des mouvements dans un sens analogue à celui de Kirchhoff et fait voir la difficulté qui en résulte pour la définition de la masse ([125]) (fin de la Section II, 1re Partie, de son Ouvrage), Reech expose ses idées ainsi qu'il suit :]

I. *Idées fondamentales* ([126]). — 1. La seule et véritable idée que nous devions nous faire de la force, c'est celle que nous acquérons quand, à l'aide de nos organes, nous cherchons à modifier l'état de repos ou de mouvement des corps qui nous environnent.

Nous éprouvons alors des sensations qui éveillent en nous plusieurs idées fondamentales : d'abord celle de l'existence des corps, puis celle de la forme des corps et des propriétés de l'espace, puis celle du mouvement et du temps, puis encore celle d'une certaine quantité que nous nommons *une pression* ou *une traction*.

Cette quantité est une cause de mouvement ou plutôt une cause de changement de mouvement pour les parties des corps que nous rencontrons à l'aide de nos organes; et, comme il nous est possible de produire des mouvements ou des changements de mouvements dans toutes les directions de l'espace, nous parvenons naturellement à concevoir la pression ou la traction comme agissant avec une certaine grandeur ou intensité sur un certain point et dans une certaine direction.

. . . .

([125]) Nous avons vu que Kirchhoff était obligé de poser la masse *a priori* comme un coefficient caractéristique. Reech n'a pas eu l'idée de la méthode de Saint-Venant et de Mach.

([126]) Ces sous-titres ne sont pas mis par Reech. C'est moi qui les ajoute pour la facilité de la lecture.

3. L'expérience nous apprend qu'avec de pareilles forces d'une action continue, nous ne pouvons jamais modifier brusquemen les vitesses des corps, et de là vient cet axiome ou principe fondamental : qu'une force d'intensité finie ne saurait produire que des changements de vitesse infiniment petits, dans un temps infiniment court.

4. Quand, au moyen de nos organes, nous agissons sur des corps entièrement libres, mais de grandes et petites dimensions, ou sur des corps de différentes espèces à dimensions égales, nous ne réussissons à produire des changements égaux dans les mouvements préalablement identiques de ces corps qu'avec des forces très inégales.

Nous sommes donc conduits à penser que dans le pur mouvement de translation d'un corps à volume fini, la force totale devra augmenter comme le nombre des particules identiques dont le corps sera formé ([127]).

Nous sommes conduits encore à regarder comme équivalentes, en Mécanique, des parcelles de matière de différentes espèces, dès l'instant qu'il nous faudra faire agir des forces égales sur ces parcelles pour leur faire subir des changements égaux dans leurs mouvements, et par là nous comprenons de suite la signification du mot *masse*.

5. Les masses des corps seront des nombres proportionnels aux intensités des forces de pression ou de traction qu'il nous faudra employer pour obtenir des changements identiques dans les mouvements de translation préalablement identiques de ces corps placés librement dans l'espace.

La condition restrictive du pur mouvement de translation des corps dont on voudra connaître les masses sera bien facile à concevoir, si l'on considère que, dans le mouvement de rotation d'un corps à volume fini, les trajectoires des différents points du corps seront très différentes les unes des autres, et varieront nécessairement avec la figure du corps.

([127]) Quand le corps est réellement formé de particules identiques. S'il ne l'est pas, Reech montre, par les lignes qui suivent, comment, par l'intermédiaire de la force, on peut définir des particules équivalentes.

6. Cependant, quelque idée qu'on veuille se faire des relations mécaniques, présentement encore inconnues, du double mouvement de translation et de rotation d'un corps à volume fini, on devra regarder comme évident qu'à la dernière limite de petitesse des parcelles de matière d'un pareil corps, toutes les trajectoires d'un nombre infini de points qu'on pourra concevoir encore dans une parcelle seront comme identiques, et qu'ainsi les effets dus à la rotation de la parcelle seront comme nuls; c'est-à-dire, en d'autres termes, que lorsqu'on voudra fonder la théorie du mouvement d'un simple point matériel, sans dimensions appréciables, on n'aura à s'occuper que de la translation du point matériel le long d'une certaine courbe ou trajectoire, sans tenir compte d'une rotation du point matériel à l'entour de la courbe ([128]).

7. Mais ce n'est pas seulement la qualité matière ou masse que nous reconnaissons ainsi, au moyen des forces de traction ou de pression que nous pouvons faire agir sur les corps par l'intermédiaire de nos organes; nous reconnaissons en même temps que les corps à volumes finis, les corps solides principalement, ont une tendance propre vers une certaine forme déterminée, et que cette tendance est la cause qui fait que l'état de repos ou de mouvement d'une seule partie d'un corps entraîne des états correspondants de repos ou de mouvement dans les autres parties du corps.

Il y a donc une autre propriété encore, que nous nommerons la *qualité liaison,* et qui servira à la transmission ou à la production même de la force entre toutes les parcelles de matière d'un corps à volume fini.

8. Cette autre propriété ou qualité existe bien réellement, car

---

([128]) A moins toutefois que la matière ne cesse d'être divisible à une certaine limite de petitesse de ses parcelles, et qu'à cette limite le mouvement de rotation d'une parcelle puisse être excessivement rapide, ce qu'on ne suppose pas ordinairement en Mécanique.

On entrevoit, au surplus, que, dans le cas où cette circonstance pourrait avoir lieu quelque part, nous aurions la ressource d'appliquer à chacune des parcelles excessivement petites d'un pareil assemblage, les relations que par la suite nous trouverons, au point de vue ordinaire des choses, dans la théorie du double mouvement de translation et de rotation des corps à volumes finis. (*Note de Reech.*)

l'expérience nous apprend que la figure ou le système de liaison d'un corps peut être rompu, et qu'alors la transmission cesse entre les parties séparées.

L'expérience nous apprend aussi que la rupture ou la séparation du système de liaison d'un corps n'a lieu qu'après un certain changement de figure, préalablement accompli, et par là nous comprenons que la qualité liaison des corps *pourra nous servir à trouver expérimentalement les intensités des forces dès le début et avant l'établissement d'aucune science mécanique.*

. . . .

Nous devons regarder un corps à volume fini comme étant formé à la fois de matière et de liaison.

La qualité matière ou masse comprendra toute chose indistinctement qui exigera de la force pour être dérangée de son état actuel de repos ou de mouvement, et la qualité liaison comprendra toute chose qui ne servira qu'à la transmission ou à la production même de la force entre les points auxquels elle aboutira ([129]).

11. Nos organes ne peuvent saisir, il est vrai, aucune liaison dépourvue de masse ni aucune masse dépourvue de liaison ; mais nous sommes bien libres d'isoler parfaitement ces deux choses dans notre esprit, en appelant *matière* l'une et *liaison* l'autre.

Alors la qualité liaison n'aura plus aucune des propriétés de la masse, et la chose que nous devrons nous représenter, comme faisant une pareille qualité dans le volume d'un corps, deviendra complètement indifférente à se mouvoir d'une manière plutôt que d'une autre, c'est-à-dire qu'une telle chose suivra spontanément les parcelles de matière qu'elle servira à relier entre elles, en faisant de la force sur ces parcelles et en n'exigeant elle-même aucune force pour participer à leur mouvement.

II. *Force et liaison.* — [Reech fait remarquer que la « chose qui fait la qualité liaison dans les corps » a été, jusqu'ici, conçue comme rigide et qu'il est au contraire avantageux, pour lui faire jouer le rôle de graduation des forces, de la considérer comme variable de forme et parfaitement élastique.]

18. Cela posé, nous ferons remarquer d'abord que la chose

([129]) C'est ce qui est dit à l'article 7.

élastique qui fera la qualité liaison d'un corps ne saurait être imaginée sous l'action d'une seule force dans l'espace, parce que, étant essentiellement mobile et complètement dépourvue des propriétés de la masse, cette chose obéirait instantanément à l'action de la force avec une vitesse infiniment grande, et, par conséquent, se soustrairait à l'action de la force sans éprouver le moindre changement de figure.

On ne pourra donc y concevoir que deux ou plusieurs forces qui se contre-balanceront ou qui s'équilibreront mutuellement, et, de même que sur une chose rigide, on entreverra de suite la possibilité d'un pareil équilibre, quand on y concevra à la fois deux forces égales et de sens opposés dans la direction d'une même ligne droite: mais alors on devra observer un changement de figure en rapport avec l'intensité des deux forces égales, et ce changement de figure pourra servir à faire trouver expérimentalement la commune intensité des forces: non pas qu'une déformation exactement double doive être l'indice d'un groupe de forces doubles, mais parce qu'on pourra faire agir à la fois deux groupes de forces égales, c'est-à-dire deux groupes de forces dont chacun isolément eût produit les mêmes effets, et qu'alors le changement de figure qu'on obtiendra par l'action simultanée de pareilles forces égales deviendra l'indice certain d'une intensité double pour tous les cas ultérieurs ([130]).

[Ce changement de figure est en général compliqué. Aussi convient-il de choisir un cas simple : c'est ce que nous ferons en concevant un fil flexible, d'épaisseur négligeable, doué de la qualité liaison et dépourvu de la qualité masse. Si ce fil est attaché entre deux points, sa figure est indifférente tant que la distance entre les deux points est inférieure à sa longueur; à partir du moment où cette distance devient égale à cette longueur, le fil prend et conserve une forme rectiligne.]

A partir du même instant, le fil servira à faire de la gêne ou de la force entre les deux points; mais il y aura deux cas à distinguer, selon qu'on voudra regarder le fil comme inextensible ou comme extensible.

. . . .

([130]) La déformation de la liaison est un moyen de reconnaître que l'on réalise telle ou telle force. On peut ainsi transporter une force déterminée d'un point sur un autre (*voir* note 47).

23. Avec un fil inextensible, la résistance du fil ne dépendra pas de la nature du fil; ce sera une quantité indéterminée que nous ne pourrons apprécier que par la commune intensité, supposée connue des forces extérieures ou à laquelle nous attribuerons une valeur fictive, selon le besoin des raisonnements que nous aurons à faire, pour nous rendre compte de l'état obligatoire de repos ou de mouvement des corps adjacents.

24. Dans le deuxième cas, au contraire, avec un fil extensible, et plus encore avec un fil élastique, la force ne dépendra que de la nature du fil et de l'allongement que le fil aura actuellement subi, par des causes quelconques de mouvement à chacune de ses extrémités.

25. Quelles que puissent être les causes de mouvement à chacune des extrémités du fil, tant que ces causes n'auront pas allongé le fil, il n'y aura point de force à concevoir (^{131}), et, quand ces forces auront amené un allongement quelconque dans le fil, la force dépendra directement de la quantité d'allongement qui aura lieu, ainsi que de la nature du fil, mais nullement du mouvement de translation ou de rotation du fil dans l'espace, ni de chacune des causes en particulier, parce que toutes les causes distinctes qui pourront servir à produire un allongement égal dans un même fil feront naître aussi des forces égales dans ce fil.

26. Donc, de prime abord, à l'aide d'un fil élastique, toutes les causes imaginables de mouvement pourront être classées dans l'ordre de leurs intensités respectives, et de plus encore elles pourront être mesurées dans leurs intensités, dès l'instant qu'on conviendra de regarder comme des causes doubles toutes celles qui produiront à la fois un égal allongement dans deux fils adjacents et identiques.

27. A ce point de vue, la force ne viendra plus du dehors sur les deux extrémités d'un fil, mais ce sera l'allongement du fil qui viendra du dehors et qui sera un effet complexe des causes quelconques de mouvement ou de changement de mouvement qu'il

---

(^{131}) Pour Reech, il n'y a *de force proprement dite* que celle qui provient de la déformation des liaisons.

pourra y avoir à chacune des extrémités du fil ; puis l'allongement
qui aura lieu à chaque instant fera de la force à cet instant, mais
une force réelle et absolue, parfaitement distincte de l'état de
repos ou de mouvement du fil, et parfaitement distincte aussi de
la nature des corps ou des systèmes de corps, ainsi que des causes
quelconques de repos ou de mouvement qui pourront se trouver
aux deux extrémités du fil, pourvu que l'allongement du fil n'en
soit pas changé ([132]).

. . . .

29. La direction de la force sera celle du fil dans lequel elle résidera, et l'intensité de la force dépendra de l'allongement ainsi
que de la nature du fil ; mais le sens de l'action sera double, ou, en
d'autres termes, il y aura deux forces mutuellement égales et opposées dans le fil sur les corps qui tiendront aux deux bouts du fil,
parce que le raccourcissement d'un fil élastique pourra se faire
indistinctement par l'une ou par l'autre extrémité, et que la pure
tendance au raccourcissement d'un fil élastique, supposé dépourvu
de sa qualité matière ou masse, ne pourra être conçue avec une
plus grande intensité dans un sens que dans l'autre.

30. Le fil entier pouvant être subdivisé en deux parties quelconques par la pensée, nous devrons concevoir encore deux forces
égales de contraction ou de raccourcissement dans chacune des
deux parties....

32. Les propriétés naturellement inhérentes à un fil tendu ne
pouvant être conçues que de cette manière-là dans chacune des
longueurs consécutives d'un fil, on ne pourra évidemment faire
autrement que de concevoir toute chose qui servira à tenir l'extrémité d'un fil, soit masse et vitesse, ou cause quelconque de mouvement, soit pure liaison, comme une simple force égale et contraire à celle du fil sur la chose.

. . . .

34. Nous pourrons nous représenter encore une ligne droite
élastique, non flexible et susceptible de résister à l'allongement
comme au raccourcissement, afin de pouvoir y considérer, tantôt

---

([132]) **Grâce à** sa conception de la force (note 131), **Reech** montre dans la
force quelque chose de *concret* et de **mesurable**.

des forces de traction, tantôt des forces de pression, et de voir ainsi par une seule image tout ce qui concernera :

1° La définition rigoureuse et complète du mot *force* en Mécanique;

2° La signification du mot *équilibre* au sujet des forces mutuellement égales et opposées qu'il y aura à considérer dans une ligne droite élastique actuellement allongée ou raccourcie;

3° Le principe ou axiome de la transposition facultative d'une force en un point quelconque de la ligne droite élastique, dont l'allongement ou le raccourcissement aura fait naître cette force ;

4° L'axiome de l'égalité mutuelle entre l'action et la réaction;

5° Le principe ou axiome de la parfaite équivalence de toute chose tenant à l'extrémité d'une ligne droite élastique, soit masse et vitesse, ou cause quelconque de mouvement, soit pure liaison, avec une simple force égale et contraire à celle de la droite élastique sur la chose.

35. Quant à la manière de nous représenter la qualité liaison d'un corps à volume fini, nous n'aurons qu'à relier entre elles, dans tous les sens et dans un ordre quelconque, autant de lignes droites élastiques élémentaires de longueurs finies ou infiniment petites que nous voudrons, pour que nous acquérions aussitôt une idée excessivement générale de ce qui pourra faire la qualité liaison ou la tendance propre d'un corps à trois dimensions vers une certaine forme déterminée.

36. Quand ensuite nous concevrons un nombre infiniment grand de parcelles de matière ([133]) en autant de points que nous voudrons de pareils systèmes ou réseaux de lignes droites élastiques, nous aurons une idée non moins générale de ce qui pourra faire la double qualité masse et liaison des corps.

37. Ce dernier point de vue ([134]) fera l'objet de la Dynamique, et le précédent nous conduira à la pure Statique; mais la Dynamique rentrera immanquablement dans la Statique, quand on y concevra l'effet complexe de la masse et du changement de mouvement d'un point matériel supposé attaché à l'extrémité

([133]) Avec leur qualité *masse.*
([134]) Celui dans lequel on voit les masses aux sommets du réseau de fils.

d'une ligne droite élastique, comme une simple force égale et contraire à celle de la droite élastique sur le point ([135]).

38. La force que, de cette manière, nous aurons à mettre en lieu et place de la double qualité masse et changement de mouvement d'un point sur la droite élastique à laquelle le point se trouvera attaché, est ce qu'on nomme habituellement une *force d'inertie,* et, par conséquent, au moyen de cette définition, la loi fondamentale de la Dynamique se réduira toujours à un état d'équilibre entre les forces d'inertie et les autres forces d'un système.

39. Mais, pour que cette loi puisse être développée sous forme explicite, il faudra que nous sachions trouver la direction et l'intensité de la force d'inertie d'un point matériel dans chaque cas donné, et, comme une telle force sera toujours égale et contraire à celle de la droite élastique qui servira à produire ou à modifier le mouvement d'un point, on voit qu'il nous faudra résoudre le problème qui consistera à trouver la relation de la force d'une ligne droite élastique avec l'effet géométriquement évident de cette force dans le mouvement d'un point matériel, ainsi qu'avec la masse du point, et que ce problème fera la seule et unique difficulté de la science de la Dynamique.

III. *Extension de la définition du mot « force ».* — 40. Car, une fois que ce problème-là sera résolu, il ne pourra y avoir de difficulté à comprendre que les causes de mouvement dites *électriques* ou *magnétiques,* et celles notamment de la pesanteur ou de la gravitation céleste, c'est-à-dire, en un mot, toutes les causes mystérieuses agissantes, dont il a été parlé dans la dernière Section de la première Partie ([136]), se prêteront toujours à une parfaite assimilation, dans notre esprit, avec les forces des lignes droites élastiques, qui produiraient les mêmes effets sur d'autres points matériels, non soumis à ces causes.

41. Nous entrevoyons donc très clairement que, par une telle voie d'assimilation, nous parviendrons tôt ou tard à étendre la signification du mot *force* à toutes les causes imaginables de mou-

---

([135]) *Voir* article 32.
([136]) Ce sont les causes de mouvement qu'on ne voit pas agir par un *intermédiaire matériel.*

vement qui n'émaneront pas directement de la qualité liaison de certains corps adjacents.

Mais, alors, il y aura une convention à faire. Il s'agira de savoir quelle sorte de mouvement, rectiligne ou curviligne, uniforme ou varié, nous devrons admettre, comme étant celui d'un point matériel entièrement libre en apparence, et parce que nous aurons une entière latitude à cet égard, ..., avec le seul avantage ou inconvénient d'en voir résulter de plus ou moins grandes simplifications dans les relations mécaniques des systèmes, nous serons conduits naturellement à faire servir à un tel usage l'état de mouvement rectiligne uniforme, et à rencontrer cette fameuse loi d'inertie de la matière, qui ne sera plus un principe ni un fait d'expérience, mais une pure convention, la plus simple de toutes celles parmi lesquelles nous nous trouverons obligés de choisir ([137]).

42. S'il arrivait, enfin, qu'au moyen d'une telle convention, et d'après les résultats de l'expérience, nous fussions conduits à regarder les forces mystérieusement agissantes de l'électricité, du magnétisme, de la pesanteur terrestre et de la gravitation céleste, etc., comme ne dérogeant pas au principe de l'égalité mutuelle entre l'action et la réaction, dans les directions des lignes droites menées par leurs points d'application, et aussi comme ne dépendant pas des vitesses de ces points, mais de leurs distances seulement, nous arriverions, à coup sûr, à l'idée la plus étonnante que nous puissions nous faire de l'Univers, car il nous faudrait admettre que cette chose que nous avons nommée la *qualité liaison,* et dont l'existence nous est révélée matériellement à l'aide de nos organes dans les corps à volumes finis à la surface de la terre, s'étend encore invisiblement et mystérieusement entre les corps terrestres comme entre les corps célestes les plus distants les uns des autres.

Telle est, en effet, l'immortelle découverte de Newton qui servira de couronnement à la science de la Mécanique, et qui nous permettra, au moyen des règles de cette science, de prédire les phases les plus variées des mouvements planétaires ([138]).

([137]) Ceci s'éclaircira plus tard (Chap. III, § 3).

([138]) Ainsi, dans les idées de Reech, le principe de l'égalité de l'action et de la réaction est *intuitif* pour les forces produites par les liaisons, forces proprement dites. Sa vérité pour les autres forces (au sens étendu de ce mot) constitue un des résultats importants de la Mécanique.

Mais avant de nous élever à ces hauteurs sublimes, et afin que nous parvenions plus sûrement à y atteindre avec une entière clarté, nous devrons, au début, ne reconnaître d'autre force que celle qui résidera dans la tension d'un fil ou d'une ligne droite élastique.

. . . .

[Ce qui précède constitue une sorte d'introduction, de préface annonçant les résultats et les idées que Reech va mettre en lumière dans son Ouvrage. Venons maintenant à son Chapitre sur la Dynamique, qui suit l'étude de la Statique.]

LES PRINCIPES DE LA DYNAMIQUE.

1. La Dynamique est la science complète des forces, des masses et des vitesses des corps.

2. Le mot *force* ne devant plus servir à désigner une cause quelconque de mouvement, mais bien cette cause particulière, ou plutôt cet effet particulier d'une cause quelconque qu'on nomme une pression ou une traction et que nous apprécions avec un si haut degré de clarté dans un fil tendu, supposé dépourvu de sa qualité matière ou masse, le problème fondamental de la Dynamique se présentera avec une grande apparence de simplicité.

Nous n'aurons qu'à nous représenter un point matériel attaché à l'une des extrémités d'un fil, pendant que nous ferons mouvoir l'autre extrémité du fil comme nous voudrons. Alors il est clair qu'en produisant de l'allongement dans le fil, nous y ferons naître de la force, et qu'au moyen de cette force le mouvement du point matériel pourra être modifié d'une multitude de manières.

3. Quand le fil se trouvera à l'état flottant, ou même à l'état rectiligne, mais sans allongement, il n'y aura pas de force en jeu, et le point matériel se mouvra de la manière qui lui sera propre, ou bien de la manière qui lui sera imposée par des causes quelconques. Ces causes feront alors du mouvement et ne feront pas de force ([139]).

_____

([139]) Rappelons qu'il n'y a de forces proprement dites que celles que produisent les liaisons (*voir* note 131).

4. Quand le fil se trouvera obligatoirement allongé, il y naîtra de la force (¹⁴⁰), et cette force fera changer le mouvement du point matériel; mais le changement de mouvement se ferait instantanément, avec une rapidité égale à celle de l'allongement du fil, de manière à empêcher cet allongement, et, par suite, à empêcher la naissance de la force, si le point matériel, en raison de sa masse et en raison du changement de mouvement qu'il subira en effet, n'avait pas la propriété de faire une force résistante égale et contraire à celle du fil (¹⁴¹).

. . . .

5. Si nous convenons d'appliquer la dénomination usitée de force d'inertie à cette action résistante d'un point matériel sur un fil, sans laquelle il ne pourrait plus y avoir d'allongement, ni par conséquent de force dans le fil, il sera bien évident que la règle fondamentale de la Dynamique deviendra une question de pure Statique, ou d'équilibre entre les forces d'inertie des différentes parcelles de matière d'un corps et toutes les autres forces du corps (¹⁴²).

Mais il faudra que nous résolvions le problème qui aura pour objet de faire trouver la direction et l'intensité de la force d'inertie d'un point matériel en fonction de la masse du point, et en fonction de tel changement de mouvement que nous voudrons supposer.

10. ... Nous devrons porter toute notre attention sur la masse d'un point matériel, supposé attaché à l'extrémité d'un fil, et sur le changement de mouvement que la force du fil servira à accomplir, ou bien sur le mouvement qui viendra à naître quand le fil sera coupé, parce que ce dernier mouvement, pris en sens contraire, représentera toujours le premier ou le changement en question, et que la force du fil devra être dans une certaine relation avec ce changement, ainsi qu'avec la masse du point.

11. Ce ne sera, à la vérité, que la force d'inertie du point matériel, qui sera dans une relation nécessaire avec la masse et avec le changement de mouvement du point; mais, comme une

_____

(¹⁴⁰) La force apparaît quand la liaison se déforme.
(¹⁴¹) *Voir* note 135.
(¹⁴²) Cette introduction de l'équilibre entre la force d'inertie et les autres forces est fort intéressante.

J. — II.

telle force d'inertie devra être toujours égale et contraire à la
force d'allongement du fil, il est clair que les deux manières de
voir seront parfaitement équivalentes, dès l'instant qu'on n'ou-
bliera pas ce principe fondamental qu'en pure Statique il ne devra
être question que de la force d'allongement du fil, et qu'en pure
Dynamique il ne devra être question que de la force d'inertie du
point matériel.

12. Ces deux forces seront toujours égales et contraires dans
la direction du fil, et, par conséquent, la connaissance de l'une
entraînera la connaissance de l'autre; mais ni l'une ni l'autre ne
seront des causes primitives de mouvement, ni même des causes
de changement, ainsi qu'on le dit ordinairement.

Ce ne seront véritablement que des effets, mais des effets simul-
tanés d'une cause commune.

....

14. Donc, au point de vue purement abstrait des choses, il
sera parfaitement indifférent de regarder la force d'un fil sur un
point matériel comme la cause du changement de mouvement du
point matériel, ou réciproquement de regarder le changement de
mouvement du point matériel comme la cause de la force du
point matériel sur le fil.

15. Mais, au point de vue physique et expérimental des choses,
il y aura une distinction capitale à faire en ce que la force F d'un
fil pourra être regardée comme une quantité élémentaire et directement mesurable par l'allongement du fil, tandis que l'idée du
changement de mouvement ne saurait nous conduire qu'au produit de la masse m d'un point matériel, par une certaine longueur
ou vitesse f qui servira à représenter le changement de mouvement
du point matériel, et parce qu'il n'y aura véritablement pas d'autre
moyen en Mécanique de connaître la masse m d'un corps, que
celui qui résultera de l'équation de principe même que nous rencontrerons sous la forme

$$F = mf,$$

en égalant l'intensité statique ou dynamométrique F de la force
d'un fil sur un point matériel, à la force égale et contraire, ou à la
force d'inertie mf du point matériel sur le fil.

A ce point de vue donc, une science mécanique non spéculative, mais réelle, ne saurait être fondée que de la manière que nous avons employée jusqu'ici et que nous allons développer jusqu'au bout.

16. Le problème qu'il nous faudra résoudre aura pour objet de faire trouver la relation d'une force avec le changement de mouvement correspondant et avec la masse du point matériel, ou bien la relation d'une force avec l'effet géométriquement évident de cette force ainsi qu'avec la masse du point, et cette relation que nous devrons établir généralement pour un fil à plomb, dont le point de suspension sera transporté obligatoirement comme on voudra, fera la seule et unique difficulté de la science de la Dynamique.

[Pour résoudre ce problème, Reech considère, rapportée aux trois axes rectangulaires ox, oy, oz, la trajectoire MS d'un point matériel attaché à l'extrémité d'un fil (*fig.* 21). Soient M la position du point au temps t, M, la position au temps $t + \theta$.

Fig. 21.

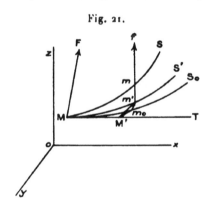

Supposons qu'à l'instant t le fil F soit *brusquement* coupé ([143]). Alors, le point, « en se mouvant de la manière qui lui sera propre ou bien de la manière qui lui sera imposée par des causes quelconques, non matériellement apparentes », suivra la trajectoire MS' et se trouvera au temps $t + \theta$ en m'.

L'expérience apprenant que la vitesse d'un point matériel ne saurait changer par le fait de la disparition ou de l'apparition brusque d'un fil, les deux trajectoires MS et MS' sont tangentes et les vitesses en M sont les mêmes. Mais les accélérations y sont

---

([143]) Comparez avec la méthode d'Huygens dans *De vi centrifuga*, I, note 197.

différentes. Désignons par f la différence géométrique des accélérations et par α, β, γ les angles de ce vecteur avec les axes. On a

$$f \cos \alpha = \frac{d^2 x}{dt^2} - \frac{d^2 x'}{dt^2},$$

$$f \cos \beta = \frac{d^2 y}{dt^2} - \frac{d^2 y'}{dt^2},$$

$$f \cos \gamma = \frac{d^2 z}{dt^2} - \frac{d^2 z'}{dt^2}.$$

On peut dire que l'apparition brusque d'une force F produit la variation f dans les accélérations ([144]).]

22. D'ailleurs c'est l'expérience seule qui pourra nous faire connaître ce que devront être les dérivées secondes $\frac{d^2 x'}{dt^2}$, $\frac{d^2 y'}{dt^2}$, $\frac{d^2 z'}{dt^2}$ dans le mouvement d'un point matériel entièrement libre en apparence le long de la trajectoire MS'.

Supposons donc que l'expérience nous ait fait trouver

$$\frac{d^2 x'}{dt^2} = a, \qquad \frac{d^2 y'}{dt^2} = b, \qquad \frac{d^2 z'}{dt^2} = c,$$

les quantités a, b, c pouvant être telles fonctions que l'on voudra du temps, ainsi que des coordonnées x, y, z et des vitesses $\frac{dx}{dt}$, $\frac{dy}{dt}$, $\frac{dz}{dt}$.

[Si θ est infiniment petit, la déviation $m'm$ a pour valeur principale $f \dfrac{\theta^2}{1 \cdot 2}.$]

. . . .

24. On ne pourra donc se refuser d'admettre que la force de traction F du fil dépendra principalement de la grandeur et de la direction de la longueur f des formules que nous venons de trouver, ainsi que de la masse m du point matériel, et qu'il ne saurait y avoir de force dans le fil si l'on avait soit $f = 0$, soit $m = 0$.

Le principe de la Dynamique que nous cherchons à découvrir se réduira, en effet, à ce qui suit :

_____

([144]) Il faut ajouter, comme Reech l'a certainement vu, et comme M. Andrade l'a explicitement remarqué, que le vecteur f est indépendant (en vertu du théorème de Coriolis) du système d'axes et du mouvement d'entraînement de ce système. Voir le passage qui suit la note 182.

1° La direction de la force sera celle de la longueur f des formules dont il est question;

2° L'intensité de la force sera égale au produit de la longueur f par la masse m du point matériel.

Mais ce principe sera-t-il une pure hypothèse, ou un fait d'expérience, ou une vérité mathématiquement évidente; voilà ce qui n'a pas encore été complètement éclairci dans la science de la Mécanique, et que nous allons tâcher de mettre dans un nouveau jour.

25. Que l'intensité de la force doive augmenter proportionnellement à la masse ou proportionnellement au nombre des points matériels parfaitement équivalents, que l'on pourra attacher à la fois à l'extrémité d'un fil, cela est tellement évident ou tellement nécessaire d'après la seule idée que nous puissions avoir du mot masse, qu'on ne saurait y voir le plus minime sujet de doute ([145]).

26. Ce qui regarde la direction de la force dans le sens de la longueur f n'est pas aussi clair de soi-même, mais on nous permettra peut-être de regarder comme évident que le plus ou moins de masse, qui fait naître plus ou moins de force, ne fait rien à la direction de la force, et, comme avec une masse nulle un point mobile ne saurait manquer de se mouvoir instantanément dans le sens d'un fil préalablement allongé et dépourvu lui-même de sa qualité matière ou masse, il s'ensuivra que toujours la direction de la force devra être celle de la longueur f de nos formules.

27. Il serait préférable, néanmoins, de ne pas être obligé de faire évanouir la grandeur de la masse dans le cours du raisonnement, et, pour y parvenir, nous décomposerons le mouvement du point matériel le long de la trajectoire MS en deux ou trois

---

([145]) L'évidence n'est pas aussi grande que le déclare Reech. D'ailleurs il serait préférable, et même plus conforme à ce que dit Reech lui-même, dans le passage qui suit celui que signale la note 127, de présenter les choses comme suit. On commencerait à poser, après justification analogue à celle des articles 30, 31, 32, 33 qui vont suivre, que, pour un point matériel déterminé, la force est proportionnelle au vecteur f. Puis on prendrait le rapport $\dfrac{F}{f}$ pour *définition* de la masse. Ce serait là, à mon avis, la marche logique à suivre avec les idées de Reech. *Voir* d'ailleurs l'article 35 ci-après.

autres, l'un dans la direction du fil, l'autre dans une ou dans deux directions perpendiculaires.

Alors nous concevrons parfaitement que dans la direction du fil il pourra y avoir une cause de changement de mouvement, et que même cette cause deviendrait une absolue nécessité, s'il nous plaisait de supposer un fil inextensible, dont le point de suspension se mouvrait obligatoirement comme on voudrait.

Il nous sera donc toujours loisible de produire tel changement de mouvement que nous voudrons dans la direction d'un fil ; mais, dans une direction perpendiculaire, le fil supposé dépourvu de sa qualité matière ou masse ne sera-t-il pas absolument indifférent à participer à telle vitesse finie ou infiniment petite qu'on voudra imaginer, et que le point matériel attaché au fil prendra ou de lui-même, ou en vertu d'autres causes quelconques non en rapport avec la force du fil ?

... Ainsi, le mouvement latéral du point matériel dans une direction perpendiculaire au fil ne devra pas changer ([146]), et, par suite, la direction de la force F devra être celle de la longueur f des formules dont il a été question.

28. L'expérience, au surplus, ne nous laissera aucun doute à cet égard. Il suffira que, dans notre figure, nous regardions le fil MF comme étant celui d'un fil à plomb mis dans un état de parfaite immobilité à la surface de la terre, pour que la courbe MS devienne la trajectoire du point matériel dans l'espace, à raison du mouvement de translation et de rotation du globe terrestre à l'égard de tels axes rectangulaires x, y, z, pris en dehors du globe que l'on voudra ([147]), et pour que la courbe MS′ devienne celle du mouvement correspondant du point matériel, dans le cas où le fil viendrait à être coupé à l'instant t, dans la position M du mobile, c'est-à-dire, enfin, pour que la petite ligne mm' devienne celle du mouvement apparent du point matériel à la surface de la terre. à partir de l'instant où la suspension du fil à plomb sera venue à manquer.

Or, dans cette expérience, il a toujours été constaté que la direction mm' tombait dans le prolongement du fil mF à quelque

---

heure du jour ou à quelque jour de l'année que l'on ait voulu s'en assurer.

Nous regarderons donc comme bien établi que la direction de la force F d'un fil sur un point matériel sera toujours celle de la longueur f des formules

$$f \cos \alpha = \frac{d^2 x}{dt^2} - a,$$

$$f \cos \beta = \frac{d^2 y}{dt^2} - b,$$

$$f \cos \gamma = \frac{d^2 z}{dt^2} - c.$$

29. Nous regarderons encore comme évident que la force F sera proportionnelle à la masse m du mobile, et que, par suite, on ne pourra avoir qu'une relation de la forme

$$F = m f \psi (f, \ldots)$$

entre l'intensité statique ou dynamométrique de la force F et entre la masse m, ainsi que la longueur f du changement de mouvement du point matériel; la fonction ψ qui multipliera le produit mf pouvant dépendre en toute rigueur, au point de vue purement abstrait des choses, de la longueur et de la direction de la droite f, du temps ainsi que de la position et de la vitesse du point mobile dans l'espace.

Sans rien préjuger à cet égard, il est clair qu'en désignant par X, Y, Z les trois composantes de la force F ([148]) parallèlement aux axes rectangulaires des x, y, z, on aura

$$X = F \cos \alpha = m \left(\frac{d^2 x}{dt^2} - a \right) \psi,$$

$$Y = F \cos \beta = m \left(\frac{d^2 y}{dt^2} - b \right) \psi,$$

$$Z = F \cos \gamma = m \left(\frac{d^2 z}{dt^2} - c \right) \psi.$$

Il restera donc à prouver encore que la fonction ψ de ces trois

---

([148]) Reech a fait précéder la Dynamique de la Statique, à la manière d'Euler. La décomposition des forces dont il parle ici est une opération physique et non un simple procédé de calcul. Nous indiquons, dans le passage qui suit la note 213, comment il démontre la règle du parallélogramme des forces. Il fait d'ailleurs remarquer que, quand on conçoit la force comme distincte de la qualité masse, il est naturel d'admettre que la loi de la composition des forces est indépendante de l'état de repos ou de mouvement.

formules devra être une constante, de telle sorte qu'en choisissant convenablement l'unité de masse, on pourra faire

$$\psi = 1,$$
$$F = mf.$$

30. Cette troisième et dernière partie du principe de la Dynamique n'est pas directement aussi évidente que les deux autres.

Il nous sera permis seulement de dire que la fonction ψ ne saurait dépendre de la position du mobile dans l'espace, parce que les propriétés de la matière devront être conçues comme étant partout les mêmes ([149]).

Il nous sera permis encore d'invoquer l'expérience déjà citée d'un fil à plomb à la surface de la terre, pour que l'hypothèse du mouvement de translation et de rotation du globe dans l'espace nous amène à conclure que la fonction ψ ne saurait dépendre ni de la direction de la longueur f, ni du temps, ni de la vitesse du point mobile dans l'espace, d'autant plus que la vitesse serait une quantité absolument arbitraire, si nous ne préjugions rien à l'état spécial de mouvement du système rigide auquel tiendraient les axes rectangulaires des x, y, z, et que cette vitesse serait égale à zéro, si dans l'expérience que nous invoquons les axes rectangulaires des x, y, z étaient fixement attachés au globe terrestre ([150]).

Mais voilà tout ce que nous pourrons voir directement, tant par le raisonnement que par l'expérience d'un fil à plomb supposé en repos à la surface de la terre, car, en prenant pour la quantité ψ une fonction arbitraire de la longueur f, nous aurons

$$F = mf \psi(f),$$

et, pour un autre fil à plomb mis aussi dans un état de parfaite immobilité à la surface de la terre,

$$F' = m'f' \psi(f');$$

puis, de ce que l'expérience nous fera trouver en un même lieu

$$f = f' = g,$$

([149]) *Voir* la note suivante.

([150]) Pour que ce dernier argument et celui qui est signalé par la note 149 soient valables, il faut *vouloir* que la relation entre F et f soit la même dans tous les systèmes d'axes et indépendante de la notion de mouvement absolu. Il n'y a à cela rien de nécessaire (*voir* Chap. suivant). Il me paraît préférable d'invoquer l'expérience, quoiqu'elle soit très incomplète.

nous conclurons de ces deux équations le même rapport

$$\frac{F}{F'} = \frac{m}{m'},$$

que celui que nous tirerions des équations usuelles

$$F = mg,$$
$$F' = m'g.$$

Ainsi, par l'expérience déjà citée d'un fil à plomb à la surface de la terre en un même lieu, nous ne saurions reconnaître si la quantité ψ variera ou ne variera pas avec la longueur f du changement de mouvement d'un point matériel.

Pour qu'une telle vérification pût avoir lieu, il faudrait qu'avec un même fil à plomb, transporté en différents lieux du globe, l'expérience nous fît trouver des longueurs f et des forces statiques ou dynamométriques correspondantes F très différentes les unes des autres.

On a reconnu, il est vrai, que des pôles à l'équateur, comme aussi du niveau de la mer aux sommets des montagnes et au fond des mines, les quantités F et f vont toujours en diminuant, mais pas assez pour qu'on puisse se servir de pareilles déterminations expérimentales au point de vue de la vérification de la formule de principe

$$F = mf \quad (^{151}).$$

31. Pour reconnaître l'exactitude de cette formule ou l'invariabilité de la quantité ψ, il nous faudra invoquer un autre principe, celui de l'indépendance des effets partiels de plusieurs forces simultanées X, Y, Z.

Il nous suffira, en effet, de regarder nos formules pour voir qu'une telle indépendance n'aurait pas lieu si la fonction ψ dépendait de la longueur résultante f du changement de mouvement que produirait la résultante F des trois forces simultanées X, Y, Z.

Les mêmes formules nous feront voir aussi que, du moment où la fonction ψ ne renfermera pas la longueur résultante f du chan-

---

(¹⁵¹) Cette remarque s'applique à la définition donnée par Robin pour la masse « La masse est le quotient du poids par l'accélération de la pesanteur » (*Thermodynamique générale*). Il est difficile de vérifier que la masse ainsi définie est une constante, et il faut l'admettre un peu à titre de principe en usant, dans une certaine mesure, du procédé formel (I, note 7).

gement de mouvement des trois forces simultanées X, Y, Z, chacune de ces trois forces ne dépendra plus que du changement partiel correspondant dans le sens de cette force, et que la même indépendance aura lieu pour des forces obliquangles comme pour des forces perpendiculaires.

. . . .

32. Le principe de l'indépendance des effets partiels de plusieurs forces simultanées n'est pas, à la vérité, directement évident, quand les forces sont obliquangles; mais, quand il n'y aura que deux forces perpendiculaires, on nous permettra, sans doute, de raisonner comme plus haut, en disant qu'avec une force de traction F dans un fil, il nous sera toujours loisible de produire tel changement de mouvement que nous voudrons dans la direction du fil, tandis que, dans une direction perpendiculaire, le fil supposé dépourvu de sa qualité matière ou masse, sera absolument indifférent à participer à telle vitesse finie ou infiniment petite que l'on voudra imaginer, et à laquelle le point matériel pourra obéir ou de lui-même, ou en vertu d'une cause quelconque, non en rapport avec la force du premier fil; que, par conséquent, le point matériel pourra être tiré par un deuxième fil dans une direction perpendiculaire au premier, et qu'alors on ne concevra pas ce qui pourrait empêcher l'un des fils à venir à l'appel de l'autre, ni ce qui pourrait empêcher le point matériel d'obéir à l'une des tractions, comme si l'autre n'agissait pas.

33. De ce seul raisonnement nous aurions à conclure qu'avec trois forces perpendiculaires et simultanées X, Y, Z ([152]), on ne saurait avoir que

$$X = m\left(\frac{d^2x}{dt^2} - a\right)A,$$

$$Y = m\left(\frac{d^2y}{dt^2} - b\right)B,$$

$$Z = m\left(\frac{d^2z}{dt^2} - c\right)C,$$

la fonction A ne devant dépendre que du changement partiel

$$\frac{d^2x}{dt^2} - a$$

([152]) *Voir* note 148.

dans le sens des x, et les fonctions B, C ne devant dépendre pareillement que des changements partiels correspondants dans les deux sens des y et des z.

Or, les trois forces simultanées X, Y, Z équivaudront à leur résultante F ([153]), et d'autre part les trois changements partiels équivaudront à la longueur résultante f qu'on trouvera par les formules

$$f \cos \alpha = \frac{d^2 x}{dt^2} - a,$$

$$f \cos \beta = \frac{d^2 y}{dt^2} - b,$$

$$f \cos \gamma = \frac{d^2 z}{dt^2} - c,$$

de telle sorte que la direction de la force résultante F ne pourra être celle de la longueur résultante f qu'autant qu'on aura

$$A = B = C.$$

Mais dans ce nouveau raisonnement, comme dans le précédent, à l'occasion de la fonction ψ, rien ne prouve, *a priori*, au point de vue purement abstrait des choses, que la commune valeur des quantités A, B, C ne puisse dépendre encore en toute rigueur du temps et des coordonnées x, y, z, ainsi que des vitesses

$$\frac{dx}{dt}, \quad \frac{dy}{dt}, \quad \frac{dz}{dt}.$$

L'expérience seule pourra nous faire exclure de telles suppositions, en nous apprenant que les propriétés de la matière devront

---

([153]) En vertu du parallélogramme des forces démontré en Statique et supposé ndépendant de l'état de repos ou de mouvement. *Voir* note 148.

Nous remarquerons, à propos de la présente note et de la note 148, qu'on pourrait très bien, sans abandonner les idées de Reech, ne pas étudier la Statique avant la Dynamique. On pourrait convenir de mesurer les forces des fils tendus, non pas par la Statique, mais par les variations d'accélérations f qu'elles impriment à un point matériel type qu'on prendrait pour unité de masse. On transporterait ensuite une force quelconque du point matériel type sur un point quelconque en se guidant sur la déformation du fil, comme c'est expliqué à l'article 18 (note 130). Il faudrait alors admettre comme principe que les variations d'accélération imprimées à cet autre point quelconque par diverses forces sont proportionnelles à ces forces; ce rapport serait pris, par définition, comme masse du point. Pour avoir le théorème du parallélogramme des forces, il faudrait admettre comme principe celui de la composition des mouvements. Il serait nécessaire, naturellement, de modifier la rédaction des articles 30, 31, 32, 33 pour justifier les principes sous cette forme; mais ce seraient les mêmes idées qu'on mettrait en lumière.

être conçues comme étant les mêmes dans toutes les positions et dans toutes les directions de l'espace, et les mêmes encore avec toutes les vitesses apparentes de mouvement ([154]).

34. En résumé, ce sera le sentiment physique et expérimental des choses ([155]) qui nous obligera de faire

$$A = B = C = \psi = \text{const.}$$

dans nos formules, et alors, en choisissant convenablement l'unité de la masse, nous aurons

$$F = mf,$$
$$X = m\left(\frac{d^2 x}{dt^2} - a\right),$$
$$Y = m\left(\frac{d^2 y}{dt^2} - b\right),$$
$$X = m\left(\frac{d^2 z}{dt^2} - c\right),$$

c'est-à-dire que la force d'inertie d'un point matériel sera dirigée en sens contraire de la longueur f des formules

$$f \cos \alpha = \frac{d^2 x}{dt^2} - a,$$
$$f \cos \beta = \frac{d^2 y}{dt^2} - b,$$
$$f \cos \gamma = \frac{d^2 z}{dt^2} - c,$$

avec une intensité égale au produit de la longueur f par la masse du point.

Mais on voit que ce ne sera pas une de ces vérités élémentaires qu'on puisse admettre en guise d'axiome dès le début de la science.

Ce ne sera pas non plus une vérité purement abstraite, ni purement expérimentale; il s'y trouvera beaucoup de l'une et beaucoup de l'autre, et les applications ultérieures de la science qui en dépendra devront en vérifier la parfaite justesse ([156]).

35. Ainsi, l'idée de l'indestructibilité de la masse d'un corps,

---

([154]) *Voir* les notes 149 et 150.
([155]) Formule très heureuse.
([156]) Cette phrase me paraît très heureuse.

soit avec le temps, soit par des causes physiques ou chimiques, ne sera que du ressort de l'expérience ([157]).

36. L'application de la formule

$$F = mf$$

aux phénomènes de la pesanteur terrestre sous la forme usuelle

$$P = mg,$$

à l'égard des poids P des corps qu'on trouvera avec une si grande précision à l'aide d'une balance; cette application, disons-nous, ne sera jamais une vérification du principe de la Dynamique ([158]); ce ne sera que le procédé expérimental le plus simple, dont nous nous servirons habituellement pour trouver la valeur numérique de la constante

$$m = \frac{P}{g}$$

en un lieu donné, sans nous occuper de l'intensité absolue ou dynamométrique de l'unité de poids en ce lieu.

. . . .

40. Quand nous ferons à la fois

$$X = 0, \qquad Y = 0, \qquad Z = 0$$

dans les formules de l'article 34, nous trouverons

$$\frac{d^2 x}{dt^2} = a,$$

$$\frac{d^2 y}{dt^2} = b,$$

$$\frac{d^2 z}{dt^2} = c,$$

pour le mouvement d'un point matériel entièrement libre, et l'expérience seule pourra nous apprendre ce que devront être les longueurs a, b, c ([159]).

([157]) A rapprocher de M. Mach (note 106).

([158]) *Voir* la note 151.

([159]) Le mouvement défini pour les équations précédentes, c'est-à-dire le mouvement d'un point entièrement libre de toute force *matérielle* agissant sur lui, est ce que M. Andrade appelle le *cours naturel des choses*. Cette conception est a rapprocher des idées d'Aristote sur le mouvement naturel, sur la tendance de tout corps à chercher son lieu, sur la tendance des graves, par exemple, à descendre vers le bas.

Or, l'expérience nous apprend à ce sujet qu'avec des axes fixement attachés au globe, celui des z étant pris de haut en bas dans la direction de la verticale, c'est-à-dire dans la direction d'un fil à plomb mis à l'état de repos, on a en chaque lieu de la terre, pour toutes les espèces de matière et pour toutes les vitesses,

$$a = 0,$$
$$b = 0,$$
$$c = \text{const. } g,$$

ce qui entraînera une trajectoire de forme parabolique dont nous ne développerons pas ici les équations.

. . . .

§ 7. — Résumé.

L'expérience journalière nous fournit la sensation de l'effort à faire pour modifier le mouvement d'un corps et nous montre que cette sensation est plus ou moins vive suivant la nature et les dimensions du corps. C'est de là que sont issues les deux notions de force et de masse.

Pour être introduites dans la Science, les notions fournies par l'expérience ont besoin d'être reconstruites par l'esprit : c'est l'objet des définitions. Les premiers mécaniciens n'ont pas toujours pris grande peine pour définir la force et la masse. Emportés par les tendances que nous avons appelées *réalistes* de l'esprit, ils ont souvent admis la force et la masse comme des notions primordiales : bien plus, ils les ont considérées, sans explications étendues, comme mesurables. C'est le *procédé métaphysique* (I, note 7). Sans doute la Statique fournissait une mesure simple de la force par l'addition de poids identiques (*voir* Archimède, I, note 7). Mais, quand on passe à la Dynamique, la production de la force sur un point par un poids suspendu ne donne plus sa mesure. Ce fait n'a pas échappé aux fondateurs de la Mécanique, qui n'en ont pas moins continué à parler de la force produite par le poids sur le point, et à la considérer comme mesurable, bien qu'elle ne soit pas mesurée par la valeur du poids (*voir* Varignon, note 35). De même l'association de plusieurs corps matériels identiques donnait une première idée de la mesure des masses. Mais que faire quand on change la nature des corps? Cette difficulté n'a pourtant pas empêché d'Alembert et Lagrange ([100]) de représenter la masse par un nombre.

Les progrès que nous avons suivis dans le présent Chapitre ont consisté, en grande partie, dans le perfectionnement des définitions fondamentales.

D'assez bonne heure se sont dessinées deux tendances : la première donnant une importance prépondérante à la notion de force, la seconde à la notion de masse. Il suffit, en effet, de définir l'une de ces deux notions pour définir l'autre par là-même, à condition d'invoquer quelques appels à l'expérience. Partant de la force, on peut définir la masse par le quotient, supposé expérimentalement constant, de la force par l'accélération (*voir* Reech, notes 125, 145 et 151); partant au contraire de la masse, dont la constance pour un point est donnée par l'expérience (*voir* le principe C de M. Mach et le passage de Saint-Venant précédant l'énoncé de sa loi générale), on peut définir la force par le produit de la masse par l'accélération.

Toute la difficulté revient donc, dans la première école, à définir la force, dans la seconde, à définir la masse. Nous avons vu comment elle a été résolue par Saint-Venant, Mach et Kirchhoff pour la masse, par Reech pour la force, comment ces savants sont parvenus à ne plus mesurer que des grandeurs géométriques, des temps et des espaces parcourus pour obtenir les accélérations, des allongements pour les fils. Ainsi se trouve réalisée, mais dans un sens un peu différent de ce que pensait Descartes, l'idée de ce philosophe de ramener tous les phénomènes physiques aux grandeurs de la Géométrie.

Au point de vue logique pur, les méthodes de Saint-Venant, de Mach et de Kirchhoff sont plus satisfaisantes que celle de Reech. Elles présentent la Mécanique comme une théorie bien coordonnée. Ce résultat est obtenu, d'ailleurs,

---

([100]) Pour les idées de Lagrange, *voir* ci-après Livre III, Chap. I, §§ 2 et 3.

grâce à un emploi suffisamment large du *procédé formel*
(I, note 7). Pour Kirchhoff, la Mécanique est un ensemble
d'équations permettant de décrire les mouvements de la
nature, équations où les masses s'introduisent comme de
simples coefficients caractéristiques des points. Saint-Venant
et Mach sont plus *expérimentaux;* le caractère formel est
encore néanmoins bien net dans leurs conceptions moléculaires, qui ne sont en somme qu'une représentation figurée au
même titre que la représentation par équations de Kirchhoff
(*voir* notes 101, 108, 110).

Un tel usage du procédé formel ne va pas sans quelque
apparence d'artificiel. « Le moyen d'obtenir une clarté complète, dit M. Blondlot, qui a repris le mode d'exposition de
M. Mach, est, selon moi, de *séparer complètement* la Mécanique en *Mécanique théorique, conventionnelle et fictive* et
Mécanique réelle et positive. A la Mécanique théorique, on
ne demandera que d'être logique et cohérente, et c'est
seulement après coup qu'on s'occupera d'examiner comment et jusqu'à quel point la théorie ainsi construite pourra
être utilisée dans la science de la nature ou dans les arts
mécaniques. » Mais, au point de vue logique, cet artificiel
même a un avantage : il met bien en évidence un caractère
important de la Mécanique, commun d'ailleurs à toutes les
théories physiques, celui d'être non pas l'expression exacte de
la réalité, mais simplement un moyen de représenter les phénomènes, une langue commode pour les exprimer. On sait
combien MM. Poincaré et Duhem ont insisté, chacun à sa
manière, sur ce point.

Toutefois le point de vue logique n'est pas le seul à considérer. En construisant trop à l'écart des faits une théorie
parfaitement coordonnée, on laisse un certain malaise dans
l'esprit, qui ne voit pas par quel hasard la théorie construite
se trouve utile pour représenter les phénomènes. Sans vouloir
enlever à la Mécanique son caractère logique de simple langage,
il est bon de ne pas se contenter de l'affirmation physique que
ce langage est commode et d'expliquer pourquoi il l'est en effet.
Pour cela, il convient de montrer le rôle de l'expérience dans

sa construction. A ce point de vue, Saint-Venant et Mach sont préférables à Kirchhoff. Le mode d'exposition de Reech, souvent long et ennuyeux à lire, répond peut-être encore mieux à ce desideratum. Il ne prétend pas tirer rigoureusement de l'expérience tous les principes de la Mécanique; il montre seulement que ces principes ne sont pas arbitraires et qu'il n'est pas trop surprenant que, choisis comme ils l'ont été, ils soient féconds.

La manière dont Reech présente les notions fondamentales de la Mécanique a d'ailleurs une rigueur comparable à celle de la plupart des théories physiques. La graduation des forces par les fils tendus n'est pas une pure conception théorique; c'est un procédé expérimental réel. C'est par des dynamomètres que les ingénieurs mesurent les grandes forces et les physiciens eux-mêmes mesurent les petites par la torsion (phénomène analogue à la tension) du fil d'une balance de Coulomb. Sans doute, Reech est obligé de supposer l'existence de fils parfaitement élastiques et sans masse, qu'on ne trouve pas dans la nature. Mais quand on définit la température d'un corps et surtout la température d'un corps qui se refroidit ou s'échauffe très vite, comme font les explosifs, par exemple, n'est-on pas obligé de supposer des thermomètres infiniment petits qui ne se rencontrent pas davantage?

Une chose me plait, je l'avoue, dans la méthode de Reech, c'est sa modestie. Reech ne cherche pas à expliquer le monde, à dévoiler la nature de ces forces « mystérieusement agissantes » qui font souvent mouvoir les corps. Mais il montre, dans l'action simple produite par un fil tendu, un *procédé expérimental* pour étudier, au moins dans une certaine mesure, l'effet de ces causes mystérieuses sur les corps attachés aux bouts du fil. Que ces causes mystérieuses, qui constituent ce qu'on peut appeler *le champ,* puissent ultérieurement se résoudre en forces obéissant à la loi de l'action et de la réaction, cela n'a rien d'essentiel. L'important, dans la méthode de Reech, est la manière dont il sonde le champ, dont il étudie les tendances au mouvement produites par le champ, en les équilibrant par un fil tendu. Le fil tendu pourra

servir, par exemple, à éclairer, dans la Mécanique énergétique, la notion d'Énergie d'un corps; ce sera ainsi, au fond,
que procédera Robin, dont toute la Thermodynamique supposera une définition préalable et statique (*voir* note 103) du
poids. Et cet emploi du fil tendu est indépendant, nous le
verrons au Chapitre suivant, de la notion de mouvement
absolu.

Je résumerai toute ma discussion en disant que la Mécanique
est une science physique semblable aux autres. C'est un système logique qui sert à représenter, à décrire, comme disent
Mach et Kirchhoff, les mouvements de la nature. On peut
l'exposer à deux points de vue, soit que l'on cherche à mettre
en évidence le caractère logique du système, soit qu'on veuille
expliquer les raisons profondes de son aptitude représenta-
tive; je crois qu'il faut prendre son parti de ne pas trouver
un mode d'exposition unique, mettant à la fois en lumière
ces deux faces de la question ([161]). C'est pourquoi les deux
méthodes ont leur mérite et s'éclairent mutuellement l'une
l'autre.

([161]) *Cf.* DUHEM, *La Théorie physique.*

CHAPITRE III.

L'EXPÉRIENCE ET LE TRAVAIL DE L'ESPRIT (suite).
LE MOUVEMENT ABSOLU.

---

§ 1. — Repères absolus. Repères privilégiés.

Les idées d'espace, de temps et de mouvement absolus sont dans l'esprit humain. Sans rechercher leur origine, il me suffit de constater qu'elles existent et qu'elles ont joué, l'exemple de Newton le prouve, un grand rôle dans la constitution de la Mécanique.

Il est incontestable toutefois qu'elles manquent de clarté. Tout homme a la notion générale d'espace et de déplacement dans l'espace : c'est sur elle que repose la Géométrie, et, laissant de côté les difficultés relatives à la Géométrie non euclidienne, je la suppose suffisamment claire. Mais la notion d'espace et de mouvement absolu n'est pas celle-là : elle n'est pas purement abstraite et s'applique à la réalité. On peut rapporter les mouvements de la nature à bien des systèmes de comparaison : à la Terre, au Soleil, aux Étoiles. Accepter sans discussion la notion d'espace et de mouvement absolu, c'est trouver une signification à la phrase suivante : « Un de ces systèmes est physiquement fixe. » Or, il est manifeste qu'une semblable affirmation n'a aucun sens : un objet n'est fixe que par rapport à un autre objet. Je ne vois qu'un moyen de lui en donner un : c'est d'admettre l'existence d'une sorte de matière, d'ailleurs indéformable dans son ensemble, au sein de laquelle se meuvent les corps et qui peut servir de repère. Je ne crois pas qu'il faille nécessairement écarter cette hypothèse ; mais j'estime qu'il ne faut pas l'admettre *a priori* et qu'il n'est pas convenable de faire reposer la Mécanique sur elle; c'est bien plutôt elle qui doit, s'il y a lieu, reposer sur la Mécanique.

Le Mécanicien doit pouvoir se placer dans un système d'axes quelconques. Il doit pouvoir étudier les mouvements naturels par rapport à la Terre, ou par rapport au Soleil, ou par rapport aux Étoiles. Sa science doit donner les lois du mouvement quel que soit le système de comparaison adopté.

Mais il est bien évident qu'il n'y a aucune raison pour que ces lois soient exactement les mêmes dans tous les systèmes de comparaison. Pourquoi les lois du mouvement par rapport à la Terre seraient-elles les mêmes que par rapport aux Étoiles? Ne connaissons-nous pas, par le théorème cinématique de Coriolis, les complications qui peuvent résulter d'un changement d'axes dans l'étude de l'accélération? Il est infiniment probable que les lois de la Mécanique doivent se composer de deux parties : l'une énonçant des propriétés vraies dans tous les systèmes d'axes: l'autre variable avec les axes pris pour repères. Dès lors on doit s'attendre à ce que cette seconde partie des lois soit d'un énoncé plus ou moins facile suivant les repères adoptés, et l'on peut prévoir l'existence de *repères privilégiés* par rapport auxquels les lois de la Mécanique seront particulièrement simples. Ces repères ne seront pas *absolus,* mais ils seront *commodes,* et leur découverte sera un des objets importants de la Mécanique.

En prenant ainsi les choses, le point de vue est changé, l'absolu et son caractère métaphysique sont éliminés, mais au fond le résultat principal de Copernic, de Galilée et de Newton est conservé : les axes qu'ils ont choisis comme absolus doivent être retenus comme commodes.

Il n'y a donc à rejeter, dans la notion d'espace absolu, que son tour métaphysique. Au fond, elle contient une grande vérité. Elle affirme que, pour faire une science physique comme la Mécanique, il n'est pas indifférent de se placer dans tel ou tel système d'axes. La Géométrie, au contraire, est la même dans tous les systèmes d'axes, à la surface de la Terre comme à la surface du Soleil, et ceci montre bien, pour le dire en passant, que, comme nous l'affirmions plus haut, la notion générale d'espace, base de la Géométrie, n'est nullement la notion d'espace absolu; ce n'est que la notion d'espace abstraction faite des points de repère laissés indéterminés.

Nous ne nous étonnerons donc pas si la notion d'espace absolu, malgré ses erreurs, a joué, historiquement, un rôle heureux. En effet, elle a été, avec la circonstance physique que la Terre est, pour la plupart des mouvements que nous observons et pour la précision avec laquelle nous les observons, un système de repères plutôt privilégié, elle a été, dis-je, le grand artisan de la découverte en Mécanique des systèmes d'axes commodes et des lois du mouvement par rapport à ces axes.

Ce que nous venons de dire de l'espace absolu est à répéter du temps absolu. Laissons de côté les difficultés relatives à la simultanéité de deux phénomènes, comme tout à l'heure celles qui se rapportaient à la Géométrie non euclidienne. Même après cette élimination, il reste celles de la définition des temps égaux. Pour mesurer les temps, on fait choix d'un phénomène qui se développe d'une manière continue et l'on appelle *temps égaux* les temps nécessaires à l'accomplissement de phases identiques de ce phénomène. Cela revient à dire qu'on rapporte tout à une horloge déterminée. Mais on pourrait évidemment changer d'horloge, et il n'existe pas d'horloge absolue; on conçoit seulement qu'il y ait des horloges *privilégiées*.

Dans le présent Chapitre, nous essaierons de montrer le rôle qu'a eu l'idée de mouvement absolu dans la découverte des repères privilégiés. Et, en même temps, nous nous efforcerons de distinguer ce qui, dans les lois de la Mécanique, est indépendant des repères du temps et de l'espace et ce qui, au contraire, exige la considération des repères privilégiés pour être exprimé simplement.

§ 2. — L'homogénéité de l'espace et du temps absolu.

Voici comment Euler expose, dans sa *Mécanique*, le principe de l'inertie ([162]) :

([162]) Le passage cité ici précède celui que nous avons cité dans le Chapitre II, § 2.

CHAPITRE I.

DU MOUVEMENT EN GÉNÉRAL.

DÉFINITION I. — *Le mouvement est le transport d'un corps du lieu* (locus) *qu'il occupait dans un autre. Le repos, au contraire, est le séjour d'un corps dans le même lieu.*

DÉFINITION II. — *Le lieu* (locus) *est une partie de l'espace immense ou infini dans lequel se trouve l'univers. Le lieu, pris dans ce sens, est habituellement qualifié d'absolu pour le distinguer du lieu relatif, dont il sera bientôt parlé.*

. . . .

Corollaire II. — On a l'habitude de concevoir par la pensée des repères fixes de cet espace (immense et infini) auxquels on rapporte les corps....

SCHOLIE II. — Les choses que nous disons ici touchant l'espace immense et infini et ses repères (*termini*) doivent être considérées comme des concepts purement mathématiques. Ces concepts, quoiqu'ils paraissent contraires aux spéculations métaphysiques, ne s'en adaptent pas moins bien à notre objet. En effet, nous ne prétendons pas indiquer un espace infini de cette sorte qui ait des limites fixes et immobiles; mais, sans rechercher s'il existe ou non, nous demandons seulement à celui qui veut examiner le mouvement et le repos absolus de se représenter un tel espace et de juger par lui de l'état de repos et de mouvement des corps. Les raisonnements se feront, en effet, d'une façon très commode si, faisant abstraction du monde dans notre esprit, nous imaginons un espace infini et vide et si nous concevons que les corps *y* sont placés; si les corps gardent leur situation dans cet espace, ils seront en repos absolu; si, au contraire, ils vont d'une partie de cet espace dans une autre, ils doivent être considérés comme en mouvement absolu ([163]).

([163]) Ces considérations sont obscures. Toutefois, elles manifestent des idées fort intéressantes. Euler a compris que la notion d'espace absolu n'était pas une notion physique, que c'était un concept de l'esprit surajouté à l'expérience. Il n'a pas éclairci nettement les rapports entre elle et la réalité. Mais il faut voir, semble-t-il, dans ce passage, l'origine d'une idée moderne, celle dont on trouve l'expression plus loin chez M. Blondlot (§ 3 du présent Chapitre).

Euler admet aussi implicitement dans ce qui va suivre l'idée du temps absolu, bien qu'il ne le dise pas.

DÉFINITION III. — *Le mouvement relatif est un changement de situation par rapport à un espace quelconque, pris à volonté. Le repos relatif est le séjour dans la même situation par rapport au même espace.*

. . . .

PROPOSITION VII. — THÉORÈME. — *Un corps en repos absolu doit rester perpétuellement en repos, à moins qu'il ne soit sollicité à se mouvoir par une cause étrangère.*

Concevons que ce corps existe dans l'espace infini et vide; il est évident qu'il n'y a aucune raison pour qu'il se meuve vers une région de l'espace plutôt que vers une autre (¹⁰⁴). Par suite de cette absence de raison suffisante à son mouvement, il devra rester perpétuellement au repos. Et ce raisonnement ne perd pas sa valeur dans l'univers, bien qu'on puisse objecter que, dans l'univers, il peut y avoir une raison suffisante de mouvement dans un sens plutôt que dans un autre. En effet, il ne faut pas croire que, dans cet espace infini et vide, le défaut de raison suffisante au mouvement est la cause du maintien du repos; il est certain que la cause de ce phénomène se trouve dans la nature même des corps. Le défaut de raison suffisante ne peut être tenu pour la cause vraie et essentielle d'un événement quelconque; il est seulement une démonstration rigoureuse de sa vérité. Et, en même temps, il indique qu'il y a, dans la nature même des choses, une cause véritable cachée, qui ne cesse pas de valoir quand le défaut de raison disparaît. C'est ainsi que la démonstration d'Archimède sur l'équilibre d'un levier dont les deux bras sont identiques montre la vérité du fait non seulement dans le vide, mais encore dans l'univers. Mais il y a à cet équilibre une autre raison, et celle-là naturelle, qui a lieu dans l'univers.

Donc, puisqu'il est vrai que, dans l'espace vide, un corps en repos doit rester en repos, il y a, dans la nature même du corps, une raison de ce phénomène qui fait que, dans l'univers aussi, un

_____

(¹⁰⁴) Euler considère que l'espace absolu est *homogène*. C'est là une idée fondamentale et qui se retrouve au fond de presque toutes les démonstrations et de tous les principes invoquant l'absence de raison suffisante. Tel est par exemple le principe d'Archimède sur l'équilibre d'un levier dont les deux bras sont identiques, lequel est fondé sur l'idée de symétrie (I, note 18); telles sont aussi certaines considérations qui sont à la base de la démonstration donnée par D. Bernouilli pour le parallélogramme des forces (note 71).

corps en repos est forcé de rester en repos si aucune cause étrangère ne vient agir sur lui ([165]).

. . . .

Corollaire III. — De même que nous avons montré qu'un corps une fois en repos doit y rester à moins qu'il ne subisse l'action d'une cause extérieure, de même on peut montrer qu'un corps, actuellement en repos absolu, a toujours été en repos antérieurement si toutefois il a été abandonné à lui-même. En effet, il n'y a aucune raison pour qu'il soit venu en la place qu'il occupe de telle région de l'espace plutôt que de telle autre.

. . . .

PROPOSITION VIII. — THÉORÈME. — *Un corps qui a actuellement un mouvement absolu était animé, à un instant quelconque antérieur, de la même vitesse, et conservera perpétuellement dans l'avenir un mouvement uniforme, pourvu toutefois qu'aucune cause externe n'ait agi ou n'agisse sur lui.*

Si en effet le corps en mouvement ne conservait pas toujours la même vitesse, celle-ci devrait soit augmenter, soit diminuer. Si elle diminuait, le corps tendrait vers le repos, ce qui ne peut arriver, puisque jamais le repos ne peut se produire ([166]). Si elle augmentait, on devrait penser qu'on est parti du repos, ce qui est également absurde ([167]). D'ailleurs, si l'on conçoit le corps placé dans l'espace vide et infini et si l'on considère la trajectoire qu'il a prise ou qu'il prendra, il n'y a aucune raison pour qu'il ait une vitesse supérieure ou inférieure à celle qu'il a au point où il se trouve actuellement; il doit donc se mouvoir perpétuellement avec la même vitesse.

. . . .

PROPOSITION IX. — THÉORÈME. — *Un corps doué d'un mouvement absolu avance en ligne droite, c'est-à-dire que sa trajectoire est une ligne droite.*

([165]) Nous avons déjà dit, dans la note 163, que la manière dont Euler essayait de souder à la réalité la notion d'espace absolu était, à nos yeux, assez obscure, mais intéressante.

([166]) En vertu du corollaire III.

([167]) Même en acceptant le point de vue d'Euler sur l'espace absolu, cette démonstration n'est pas rigoureuse. La vitesse pourrait diminuer sans cesse sans devenir nulle.

Il n'y a en effet aucune raison, si l'on conçoit le corps placé dans l'espace infini et vide, pour qu'il s'écarte de la ligne droite d'un côté plutôt que d'un autre ([168]). De là il faut conclure qu'il suit de la nature même du corps que ledit corps se meuve en ligne droite. C'est pourquoi dans l'univers même, où certes ce principe de raison suffisante ne vaut plus, il n'en faut pas moins poser que tout corps en mouvement avance en ligne droite à moins qu'il n'en soit empêché.

. . . .

Définition IX. — *La force d'inertie est cette faculté résidant dans tous les corps de persévérer dans le repos ou de continuer à se mouvoir uniformément en ligne droite.*

Corollaire I. — C'est par le principe de raison suffisante que nous avons démontré que le repos se conserve et que le mouvement se continue uniformément en ligne droite. Cependant, nous avons remarqué que la cause efficiente du phénomène n'était pas celle-là et qu'elle résidait dans la nature même des corps. Cette cause de la conservation du repos et du mouvement, qui dépend de la nature des corps, est ce qu'on appelle *force d'inertie* ([169]).

Le principe de l'inertie est, d'autre part, exposé comme suit par d'Alembert dans son *Traité de Dynamique*.

2. J'appelle, avec M. Newton, *force d'inertie* la propriété qu'ont les corps de rester dans l'état où ils sont; c'est cette propriété qu'il faut démontrer ici. Or un corps est nécessairement dans l'état de repos ou dans celui de mouvement ([170]); il faut donc démontrer les lois suivantes :

Première loi. — **3.** *Un corps en repos y persistera, à moins qu'une cause étrangère ne l'en tire. Car un corps ne peut se déterminer de lui-même au mouvement, puisqu'il n'y a pas de raison pour qu'il se meuve d'un côté plutôt que. d'un autre* ([171]).

———————————

([168]) Toujours l'idée de l'homogénéité de l'espace absolu.
([169]) *Cf.* Newton, note 4.
([170]) D'Alembert admet donc implicitement l'idée de *mouvement absolu*, c'est à-dire d'espace et de temps absolus.
([171]) C'est l'idée de l'homogénéité de l'espace absolu.

COROLLAIRE. — 4. *De là il s'ensuit que, si un corps reçoit du mouvement par quelque cause que ce puisse être, il ne pourra de lui-même accélérer ni retarder ce mouvement* ([172]).

5. On appelle en général *puissance* ou *cause motrice* tout ce qui oblige un corps à se mouvoir.

DEUXIÈME LOI. — 6. *Un corps, mis une fois en mouvement par une cause quelconque, doit y persister toujours uniformément et en ligne droite, tant qu'une nouvelle cause, différente de celle qui l'a mis en mouvement, n'agira pas sur lui; c'est-à-dire que, à moins qu'une cause étrangère et différente de la cause motrice n'agisse sur ce corps, il se mouvra perpétuellement en ligne droite, et parcourra en temps égaux des espaces égaux.*

Car, ou l'action indivisible et instantanée de la cause motrice au commencement du mouvement suffit pour faire parcourir au corps un certain espace, ou le corps a besoin pour se mouvoir de l'action continue de la cause motrice.

Dans le premier cas, il est visible que l'espace parcouru ne peut être qu'une ligne droite décrite uniformément par le corps mû. Car (hyp.), passé le premier instant, l'action de la cause motrice n'existe plus, et le mouvement néanmoins subsiste encore : il sera donc nécessairement uniforme, puisque (art. 4) un corps ne peut accélérer ni retarder son mouvement de lui-même. De plus, il n'y a pas de raison pour que le corps s'écarte à droite plutôt qu'à gauche ([173]). Donc, dans ce premier cas, où l'on suppose qu'il soit capable de se mouvoir de lui-même pendant un certain temps, indépendamment de la cause motrice, il se mouvra de lui-même pendant ce temps et uniformément et en ligne droite.

Or un corps qui peut se mouvoir de lui-même uniformément et en ligne droite pendant un certain temps doit continuer perpétuellement à se mouvoir de la même manière, si rien ne l'en empêche. Car supposons le corps partant de A (*fig.* 22), et capable de parcourir de lui-même uniformément la ligne AB; soient pris

---

([172]) D'Alembert considère ici un accroissement de vitesse comme une détermination au mouvement. On remarquera qu'admettre la constance de la vitesse revient à admettre implicitement l'*homogénéité du temps absolu*.

([173]) Homogénéité de l'espace.

sur la ligne AB deux points quelconques C, D, entre A et B. Le
corps étant en D est précisément dans le même état que lorsqu'il
est en C, si ce n'est qu'il se trouve dans un autre lieu. Donc il doit
arriver à ce corps la même chose que quand il est en C ([174]). Or
étant en C il peut (hyp.) se mouvoir de lui-même uniformément
jusqu'en B. Donc étant en D il pourra se mouvoir de lui-même
uniformément jusqu'au point G, tel que DG = CB, et ainsi de
suite.

Fig. 22.

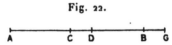

Donc, si l'action première et instantanée de la cause motrice est
capable de mouvoir le corps, il sera mû uniformément et en ligne
droite, tant qu'une nouvelle cause ne l'en empêchera pas.

Dans le second cas, puisqu'on suppose qu'aucune cause étrangère et différente de la cause motrice n'agit sur le corps, rien ne
détermine donc la cause motrice à augmenter ni à diminuer; d'où
il s'ensuit que son action continuée sera uniforme et constante, et
qu'ainsi, pendant le temps qu'elle agira, le corps se mouvra en
ligne droite et uniformément. Or, la même raison qui a fait agir la
cause motrice constamment et uniformément pendant un certain
temps subsistant toujours tant que rien ne s'oppose à son
action ([175]), il est clair que cette action doit demeurer continuellement la même, et produire constamment le même effet.
Donc, etc.

Donc, en général, un corps mis en mouvement par quelque
cause que ce soit y persistera toujours et en ligne droite, tant
qu'aucune cause nouvelle n'agira sur lui.

La ligne droite qu'un corps décrit ou tend à décrire est nommée
sa direction.

Remarque. — 7. Je me suis un peu étendu sur la preuve de la
seconde loi, parce qu'il y a eu et qu'il y a peut-être encore quelques
philosophes qui prétendent que le mouvement d'un corps doit de

---

([174]) Toujours l'homogénéité de l'espace et du temps. Mais nous trouvons ici
également une autre idée : d'Alembert dit que le corps est, en D, dans le même
état qu'en C parce qu'il a la même vitesse, et il considère que cet état commande
les états ultérieurs. Nous avons déjà rencontré cette idée dans Galilée (I, note 106)
et nous la discuterons à fond plus loin (§ 4 du présent Chapitre).

([175]) Homogénéité de l'espace et du temps.

lui-même se ralentir peu à peu, comme il semble que l'expérience le prouve ([176]).

Il est bien certain qu'il faut renoncer à voir, dans les deux citations qui précèdent, des démonstrations du principe de l'inertie. Mais les raisonnements d'Euler et de d'Alembert sont intéressants, parce qu'ils sont une analyse des notions d'espace et de temps absolus et qu'ils montrent qu'elles contiennent, comme élément essentiel, l'idée d'homogénéité.

De ces raisonnements il faut rapprocher les considérations par lesquelles Aristote cherchait à démontrer l'impossibilité du vide ([177]). Le philosophe remarquait déjà que, dans le vide, il n'y a aucune raison pour qu'un corps, une fois en mouvement, s'arrête, parce qu'il n'y a aucune raison pour qu'il le fasse en un point plutôt qu'en un autre : c'est l'idée d'homogénéité de l'espace. Mais, de cette remarque, au lieu de conclure, comme Euler et d'Alembert, au principe de l'inertie, il concluait à l'impossibilité du vide. Cet exemple montre assez bien comment un simple changement de point de vue peut être important dans les sciences. Au fond, il est très vrai qu'un mouvement, dans la nature, ne se poursuit jamais indéfiniment et que cela est dû à l'action des corps étrangers sur le mobile, c'est-à-dire au fait que la nature n'est pas vide. Aristote et les modernes diffèrent seulement sur le point suivant : tandis que le premier juge sans intérêt l'étude de ce qui se passe dans le vide, les seconds considèrent comme commode de rapporter à ce cas idéal les mouvements de la réalité. La divergence est presque uniquement dans le langage; au lieu de dire : le mouvement naturel des corps est amorti, les modernes disent : le mouvement des corps est, en principe, rectiligne et uniforme, mais il y a toujours, dans la nature, des causes extérieures qui l'amortissent.

Dans *La Science et l'hypothèse* ([178]), pour analyser le sens

---

([176]) On sait que c'était l'idée de Léonard de Vinci. Cette idée d'ailleurs a été reprise par la Thermodynamique moderne (*voir* Livre III, Chap. II).

([177]) *Cf.* I, Introduction.

([178]) Chez Flammarion, 1900.

exact des mots *mouvement absolu,* M. Poincaré se demande si l'homme aurait pu, sans observer les astres, s'apercevoir que la Terre tourne.

Il imagine pour cela la fiction suivante :

D'épais nuages cachent les astres aux hommes, qui ne peuvent les observer et en ignorent même l'existence; comment ces hommes sauront-ils que la Terre tourne? Plus encore que nos ancêtres, sans doute, ils regarderont le sol qui les porte comme fixe et inébranlable; ils attendront bien plus longtemps l'avènement d'un Copernic. Mais enfin ce Copernic finirait par venir; comment viendrait-il?

[Les mécaniciens de ce monde attribueraient d'abord une existence réelle aux forces que nous appelons *centrifuge* et *centrifuge composée.* Mais bien des difficultés ne tarderaient pas à éveiller leur attention. Ils ne verraient pas la force centrifuge s'annuler aux grandes distances, c'est-à-dire à mesure que l'isolement serait mieux réalisé. Ils pourraient sans doute se tirer de cette difficulté en imaginant quelque éther baignant les corps et exerçant sur eux une action répulsive ([179]). Quant à la force centrifuge composée, qui produit, par exemple, la déviation du pendule de Foucault, elle les frapperait par sa dissymétrie.]

L'espace est symétrique et pourtant les lois du mouvement ne présenteraient pas de symétrie; elles devraient distinguer entre la droite et la gauche. On verrait, par exemple, que les cyclones tournent toujours dans le même sens, tandis que, par raison de symétrie, ces météores devraient tourner indifféremment dans un sens et dans l'autre ([180])....

[Nos savants s'en tireraient encore sans doute.]

Ils inventeraient quelque chose qui ne serait pas plus extraordinaire que les sphères de verre de Ptolémée, et l'on irait ainsi, accumulant les complications, jusqu'à ce que le Copernic attendu les balaye toutes d'un seul coup, en disant : Il est bien plus simple d'admettre que la Terre tourne.

Et de même que notre Copernic à nous nous a dit : Il est plus commode de supposer que la Terre tourne, parce qu'on exprime

---

([179]) *Cf.* § 3 du présent Chapitre.
([180]) C'est l'homogénéité de l'espace.

ainsi les lois de l'Astronomie dans un langage bien plus simple, celui-là dirait : Il est plus commode de supposer que la Terre tourne, parce qu'on exprime ainsi les lois de la Mécanique dans un langage bien plus simple.

[De cette analyse on peut conclure que ces deux propositions : « La Terre tourne » et « Il est plus commode de supposer que la Terre tourne » ont un seul et même sens : il n'y a rien de plus dans l'une que dans l'autre.]

Par là, on voit bien qu'il ne faut pas attribuer d'existence objective aux repères absolus. On voit bien que le principe de l'inertie a deux sources. Il se rattache assurément à l'expérience du mouvement des corps à la surface de la Terre et au fait que la Terre est un système de repères plutôt privilégié, par rapport auquel il est approximativement vrai qu'un corps isolé décrit une droite (*voir* les travaux de Galilée, t. I, notes 44, 115, 122). Mais on y trouve aussi la trace d'une exigence de l'esprit qui veut que l'espace et le temps soient homogènes.

Mais cette exigence elle-même, quelle est sa nature? n'est-elle pas, elle aussi, d'ordre expérimental? C'est là un sujet trop difficile pour que je l'approfondisse. L'expérience a certainement joué un rôle dans la conception que l'esprit se fait de l'espace et du temps. Si notre éducation s'était faite sur un astre tournant cent fois plus vite que la Terre, où les effets de la force centrifuge composée auraient été très sensibles, est-il sûr que nous nous serions fait de l'espace une idée *homogène*? Il ne semble pas, malgré tout, que l'idée d'homogénéité de l'espace et du temps soit uniquement expérimentale; la question me paraît être du même ordre et comporter les mêmes réponses que celles qu'a discutées M. Poincaré, à propos des géométries non euclidiennes, dans *La Science et l'hypothèse*. Cette idée est suggérée par l'expérience sans être imposée par elle. L'ayant une fois acquise à la surface de la Terre, nous la garderions probablement, malgré l'expérience, si nous étions transportés subitement dans un autre astre qui tournerait beaucoup plus vite que notre planète et dont les habitants ne l'auraient peut-être pas. L'expérience seule ne pourrait donc pas la ruiner : elle a donc quelque chose d'étranger à l'expérience.

§ 3. — Les affirmations physiques. Existence des repères privilégiés.

L'introduction, dans la Mécanique, des repères privilégiés sous le nom de *repères absolus* apparaît donc très nettement comme résultant de la combinaison des données de l'expérience et du travail de l'esprit qui les a élaborées. Nous allons insister ici sur son côté expérimental, sur les affirmations physiques qu'elle entraîne, et nous chercherons à voir comment ces affirmations peuvent être soumises au c ntrôle de l'expérience.

Il sera instructif, pour cela, d'étudier le rôle que joue la notion de mouvement absolu dans les écoles modernes de la Mécanique.

Pour Kirchhoff, la Mécanique se réduit, en somme, au fait que le mouvement d'un point est représenté par les équations

$$m \frac{d^2 x}{dt^2} = X, \qquad m \frac{d^2 y}{dt^2} = Y, \qquad m \frac{d^2 z}{dt^2} = Z,$$

X, Y, Z ne dépendant que du temps, de la position et de la vitesse du point. Or, si cette affirmation est vraie dans un certain système d'axes et avec une certaine horloge, elle l'est encore avec d'autres axes et une autre horloge. Nous reviendrons là-dessus (§ 4) et nous verrons qu'il y a là une propriété des lois de la Mécanique indépendante des repères. La notion de mouvement absolu n'interviendra dans la Mécanique de Kirchhoff que comme dans celle de Reech (*voir* plus loin).

M. Blondlot expose les principes de la Mécanique à la manière de M. Mach. La citation suivante nous montrera le rôle qu'il fait jouer à l'idée du mouvement absolu (*Congrès de Philosophie de* 1900, t. III).

Le moyen d'obtenir une clarté complète est, suivant moi, *de séparer complètement* la Mécanique en *Mécanique théorique, conventionnelle et fictive* et *Mécanique réelle ou positive*. A la Mécanique théorique on ne demandera que d'être logique et cohérente; on la développera à l'aide de la déduction, en restant complètement dans la convention, et c'est seulement après coup que l'on s'occupera d'examiner comment et jusqu'à quel point la théorie ainsi construite pourra être utilisée dans la science de la nature ou dans les arts mécaniques.

Les fondements de la Mécanique théorique, tels que je les conçois, sont les suivants :

Les positions de tous les corps seront rapportées à un système *idéal* de repères.

Admettant la notion qualitative de temps, on imaginera un mobile se mouvant par rapport aux repères, sans s'arrêter; par définition, on appellera *durée écoulée entre deux instants* la longueur de trajectoire parcourue par le mobile pendant l'intervalle de ces deux instants. On a ainsi une horloge *conventionnelle*.

[Suivent les principes de la Mécanique exposés d'une manière analogue à celle de M. Mach. A signaler seulement que M. Blondlot énonce, en premier lieu, le principe suivant : *Tout point matériel supposé seul ne prendrait aucune accélération.*]

Il reste à expliquer comment la Mécanique théorique peut être appliquée à la description de la réalité.

L'observation et l'expérience ont montré que si l'on prend pour système de repères le centre de masse du système solaire et les étoiles, et pour temps le temps moyen défini en Cosmographie, la Mécanique théorique donne la description des mouvements qui ont lieu dans la nature, avec une exactitude qui n'a jamais été trouvée en défaut ([181]); la détermination des masses des corps et celle de leurs accélérations, autrement dit des forces qu'ils exercent les uns sur les autres, sont du ressort des sciences expérimentales.

Maintenant, à moins que l'on n'ait affaire à des phénomènes astronomiques ou à quelques phénomènes terrestres exceptionnels, tels que le mouvement du pendule de Foucault, on peut, sans erreur appréciable, prendre pour système de repères la Terre. Plus encore, sur un bateau, on pourra prendre, faute de mieux, le

---

([181]) Voilà l'appel à l'expérience. On admet donc qu'il existe, dans la nature, des repères de l'espace et du temps qui peuvent jouer le rôle des **repères** *absolus* de la Mécanique théorique.

bateau lui-même, à condition qu'il ne soit pas trop agité et qu'une grande exactitude ne soit pas nécessaire....

La Mécanique théorique est ainsi à la Mécanique positive ce qu'un *modèle* est à une *construction réelle*.

Lorsqu'on veut appliquer la première à la seconde, il faut faire choix d'un système de repères et d'une horloge; selon le choix que l'on aura fait, on obtiendra une description plus ou moins exacte de la réalité : plus exacte avec les repères astronomiques qu'avec la Terre, plus exacte, peut-être, avec certaines étoiles qu'avec d'autres....

Maintenant, il est *infiniment invraisemblable* que ce choix puisse être fait de façon que la description soit *absolument* exacte. Il faut conclure de là que notre Mécanique réelle ne peut avoir un caractère d'exactitude absolue, bien que celle qu'elle possède dépasse de beaucoup les besoins actuels des sciences positives. Les principes de la Mécanique n'ont ainsi qu'un caractère provisoire : comme le dit M. Mach, « les propositions de la Mécanique qui paraissent précisément les plus simples sont de nature très compliquée; elles reposent sur des expériences non achevées et qui ne pourront jamais être achevées; pratiquement elles sont suffisamment assurées pour servir de fondement à la déduction, étant donnée la stabilité suffisante de notre entourage, mais elles doivent être considérées, non comme des vérités mathématiques définitives, mais, au contraire, comme des propositions qui non seulement sont susceptibles, mais encore ont besoin d'une vérification continuelle ».

Il ne faudrait pas s'étonner de voir la Mécanique théorique, toute fictive et conventionnelle qu'elle est, s'appliquer si bien à la description de la réalité, car la bonne foi oblige à déclarer qu'elle a été faite pour cet objet. Suivant l'expression de M. H. Poincaré, « notre choix parmi toutes les conventions possibles a été guidé par les faits expérimentaux ».

La note 181 nous montre que la Mécanique de Mach-Blondlot affirme l'existence physique de repères privilégiés pouvant jouer le rôle des repères absolus de la Mécanique théorique.

Venons maintenant à la Mécanique de Reech. Et montrons d'abord, par la citation suivante de M. Andrade, ce qu'il y a

dans cette Mécanique d'indépendant de la notion de mouvement absolu (*Leçons de Mécanique physique,* 1898).

Cette conception de la force ([142]) autorise à se demander quel
sera l'effet de l'application d'une force à un point matériel. Quelle
modification va-t-elle apporter au mouvement acquis?

Pour rendre plus nette la réponse à cette question, revenons sur
les définitions de la vitesse et de l'accélération, au point de vue de
la continuité.

Étant considéré un instant t, on peut envisager le mouvement
dans le passé antérieur à t et dans le futur postérieur à t; nous
faisons agir la force durant cette seconde phase; la force étant
constante en grandeur et direction, il y a lieu de se demander
comment elle va modifier les éléments du mouvement.

Elle pourrait modifier brusquement la vitesse, et il y aurait alors
lieu de distinguer entre une vitesse *finissante* et une vitesse *commençante* de valeurs inégales.

De même pour l'accélération. Or, on admet que la vitesse reste
invariable, mais que l'accélération finissante n'est pas égale à l'accélération commençante; l'excès géométrique de la seconde sur la
première est, on l'admet, proportionnel à la force qui agit sur le
point matériel considéré.

Cette loi étant admise, il est bon d'observer qu'elle a une signification indépendante du système de coordonnées : en effet, la
vitesse finissante à l'époque t étant égale à la vitesse commençante
à l'époque t, le théorème de Coriolis montre alors que, si l'accélération commençante et l'accélération finissante dépendent séparément du système de coordonnées adopté, la différence de
ces deux accélérations imputable à la force est indépendante de
ce système, pourvu, bien entendu, que les deux systèmes de
coordonnées soient en mouvement continu l'un par rapport
à l'autre.

Quant au changement d'horloge, il est facile d'apprécier son
effet sur la loi qui nous occupe.

Soient j et γ les accélérations commençantes sur l'horloge a qui
marque le temps t et sur l'horloge α qui marque le temps θ; soient
j' et γ' les accélérations finissantes sur les mêmes horloges; on a,

---

([142]) Il s'agit de la force conçue comme un fil tendu.

comme on l'a vu, en désignant par u la vitesse sur l'horloge a,

$$\gamma = j\left(\frac{dt}{d\theta}\right)^2 + u\,\frac{d^2 t}{d\theta^2};$$

on a de même

$$\gamma' = j'\left(\frac{dt}{d\theta}\right)^2 + u\,\frac{d^2 t}{d\theta^2};$$

on conclut de là

$$\gamma' - \gamma = (j' - j)\left(\frac{dt}{d\theta}\right)^2;$$

donc, sauf l'introduction d'un facteur dépendant des horloges, *la proportionnalité de la force à l'excès de l'accélération finissante sur l'accélération commençante ne dépend pas des repères du mouvement.* Si par exemple l'expérience faisait connaître qu'une force F statiquement connue produit à différentes époques expérimentales θ des variations $\gamma' - \gamma$ d'accélération dans le mouvement naturel d'un même point matériel, et si l'on avait $F = H(\gamma' - \gamma)$, H désignant un coefficient positif, fonction de θ ([183]), on pourrait toujours définir un temps t tel que l'on eût $F = A(j' - j)$ (A = const.); il suffirait de définir la marche de l'horloge a par rapport à l'horloge α au moyen de la relation

$$t = \int \frac{d\theta\sqrt{A}}{\sqrt{H}},$$

et l'on pourrait appeler t le temps absolu ([184]).

Voici comment Reech lui-même, s'exprime sur le principe de l'inertie. Ce savant ne s'est pas préoccupé de la relativité du temps; il a seulement considéré la relativité de l'espace. Plaçons-nous à son point de vue pour le lire, ou, si l'on veut,

([183]) Il faut admettre ici que l'expérience apprend que le coefficient H ne dépend que de θ, et nullement de la force et du point qu'on considère. Grâce à cette hypothèse, le temps absolu défini dans ce qui va suivre est bien défini sans ambiguïté.
([184]) Cette définition du temps absolu *par la force* est à rapprocher du rôle que Newton fait jouer à la force pour la détermination de l'espace absolu (note 10). On voit que cette définition du temps absolu repose sur l'idée que l'on veut un temps homogène, un temps dans lequel les relations entre la force et l'accélération soient les mêmes à tout instant. Il est intéressant de remarquer aussi que, une fois admise comme fait d'expérience la loi $F = H(\gamma' - \gamma)$ au sens de la note 183, l'existence du *temps absolu* devient une *tautologie*. Cette manière de présenter les choses rattache l'idée que nous nous faisons du temps absolu à l'observation de la permanence des lois naturelles, et c'est une remarque fort juste.

adoptons la définition du temps absolu que M. Andrade a
donnée en développant ses idées.

47. Or, la théorie du mouvement d'un seul point matériel est
complète au moyen de ce qui précède ([185]), sans que nous ayons eu
besoin d'invoquer cette fameuse loi d'inertie au sujet de l'état de
mouvement rectiligne uniforme d'un point matériel qui n'est sollicité par aucune force.

Par quel artifice avons-nous réussi à nous passer de cette loi
d'inertie, qui a été regardée comme indispensable jusqu'à présent
dans l'établissement de la Mécanique? Par l'attention que nous
avons eue de remonter plus haut, en n'appliquant le mot force
qu'à la traction d'un fil, et en acceptant comme état naturel de
mouvement, sans l'intervention d'une force, celui d'une trajectoire
quelconque MS'([186]) de notre figure, telle que cette trajectoire
pourra nous être donnée par l'expérience dans le mouvement d'un
point matériel entièrement libre en apparence.

Dans les phénomènes de la pesanteur terrestre, cette trajectoire
sera toujours l'une des courbes paraboliques, dont nous avons
parlé ([187]) sans en développer les équations, et, s'il n'y avait que
l'action de la pesanteur qui pût se manifester impalpablement à nos
organes, nous ne penserions sans doute pas à rien changer à cette
manière de voir, car nous pourrions nous représenter l'état du
mouvement parabolique des corps libres à la surface de la Terre
comme étant la manière d'être de toute espèce de matière débar-
rassée d'obstacles, et à ce point de vue il n'y aurait à chercher
rien de plus.

48. Mais l'expérience nous apprend qu'il y a encore des causes
électriques, magnétiques, etc., qui font mouvoir les corps tout
aussi impalpablement et mystérieusement que celle de la pesanteur.

Dès lors nous concevons que l'état de mouvement naturel pourrait être tout autre que ce que nous le voyons être dans un cas
donné, et nous tombons dans l'embarras de savoir s'il y aura plus

---

([185]) Ce passage fait suite, après une courte interruption, à celui qui est cité
dans le Chapitre II, § 6.
([186]) *Voir* la figure 21.
([187]) *Voir* le passage qui suit la note 159.

de motifs pour employer comme état naturel de mouvement celui de la trajectoire MS′ de notre figure, ou bien celui de quelque autre courbe MS₀ qui aurait même tangente et même vitesse que la trajectoire MS à l'instant t, et qui pourrait être réalisée par d'autres causes impalpables que celles de la trajectoire MS′.

49. Or, il est clair qu'à ce point de vue nous serons parfaitement libres de choisir telle courbe MS₀ que nous voudrons, et que cela se réduira à décomposer arbitrairement les longueurs a, b, c de la courbe MS′ ([144]), de manière à avoir

$$a = a_0 + a_0',$$
$$b = b_0 + b_0',$$
$$c = c_0 + c_0',$$

les longueurs a_0, b_0, c_0 étant, sauf l'omission du facteur $\dfrac{\theta^2}{1.2}$, les projections de la longueur $M'm_0$ de la trajectoire MS₀ sur les axes rectangulaires des x, y, z, et les longueurs a_0', b_0', c_0' étant les projections analogues de la longueur complémentaire $m_0 m'$.

Alors nos formules du mouvement d'un point matériel pourront être mises sous la forme

$$X_0 = X + m a_0' = m\left(\frac{d^2 x}{dt^2} - a_0\right),$$
$$Y_0 = Y + m b_0' = m\left(\frac{d^2 y}{dt^2} - b_0\right),$$
$$Z_0 = Z + m c_0' = m\left(\frac{d^2 z}{dt^2} - c_0\right),$$

et pour que cette transformation ait une véritable utilité, pour qu'elle ne soit pas une vaine complication, l'on se trouvera amené à faire

$$a_0 = 0, \qquad b_0 = 0, \qquad c_0 = 0,$$

c'est-à-dire à choisir l'état de mouvement rectiligne uniforme pour celui d'un point matériel qui ne sera sollicité par aucune force ([145]).

([144]) *Voir* la définition de a, b, c dans le passage qui suit la note 144. Le point m_0, dont il va être question, est la position du mobile sur la trajectoire MS₀ au temps $t + \theta$; le point M′ est la position où serait le mobile à l'instant $t + \theta$ si, à partir de M, son mouvement se poursuivait rectiligne et uniforme avec la vitesse qu'il a en M.

([145]) Ainsi se trouve réalisée la promesse que Reech avait faite (*voir* note 137) de montrer que la loi de l'inertie est une pure convention. Nous examinons ce qu'il faut penser de cela un peu plus loin.

Il s'ensuivra

$$a'_0 = a, \qquad b'_0 = b, \qquad c'_0 = c,$$

et les nouvelles formules

$$X_0 = X + ma = m\,\frac{d^2x}{dt^2},$$

$$Y_0 = Y + mb = m\,\frac{d^2y}{dt^2},$$

$$Z_0 = Z + mc = m\,\frac{d^2z}{dt^2}$$

s'interpréteront simplement en disant que les quantités

$$ma, \quad mb, \quad mc$$

devront être comptées comme autant de forces mystérieuses, dont la réunion aux forces effectives X, Y, Z fera les forces totales X_0, Y_0, Z_0, desquelles dépendra le mouvement d'un point matériel dans cette manière de voir.

....

54. Nous avons à faire remarquer... que la pure convention qui servira de base aux formules précédentes n'aura jamais une signification absolue, et qu'on sera toujours libre de faire une telle convention par rapport à des axes rectangulaires des x, y, z qui participeront à un mouvement quelconque de translation et de rotation dans l'espace; que, de plus, une telle convention faite pour de certains axes se reproduira naturellement pour tous les autres, et nous conduira à des relations éminemment simples entre les forces correspondantes (X, Y, Z), (X', Y', Z') d'un même état de mouvement à l'égard de deux systèmes d'axes, dont l'un se mouvra par rapport à l'autre, ainsi qu'on le verra par la suite dans la théorie des mouvements relatifs, sans que jamais il faille connaître ni invoquer un état absolu de mouvement rectiligne uniforme dans l'espace.

Dans la Mécanique de Reech, le fait que le mouvement d'un point est rectiligne et uniforme quand aucune force n'agit sur lui est donc simplement conventionnel ([190]). Si le mouvement n'est pas rectiligne et uniforme, on dit, par définition,

---

([190]) Je laisse de côté, comme je l'ai dit plus haut, la question de la relativité du temps.

qu'il est soumis à une force, à une de ces forces mystérieusement agissantes, qui ne sont pas visiblement produites par des liaisons matérielles. Il est inutile de parler de repères privilégiés et, par conséquent, de mouvement absolu. La convention que nous venons d'énoncer peut s'appliquer dans n'importe quel système d'axes.

La Mécanique de Reech rejoint par là celle de Kirchhoff. Comme Kirchhoff, Reech arrive à donner le nom de *forces* aux seconds membres des équations

$$m \frac{d^2 x}{dt^2} = \mathrm{X}, \qquad m \frac{d^2 y}{dt^2} = \mathrm{Y}, \qquad m \frac{d^2 z}{dt^2} = \mathrm{Z}.$$

L'affirmation physique de l'existence des repères privilégiés n'est pas pour cela éliminée de la Mécanique. Elle n'est que déplacée. Elle réapparaîtra avec le principe de l'égalité de l'action et de la réaction, et nous retrouvons ici une parenté déjà signalée entre le principe de l'inertie et celui de l'égalité de l'action et de la réaction (note 23). Reech considère en effet (note 138) qu'une des principales découvertes de Newton est d'avoir montré que les forces *mystérieusement agissantes* satisfont, comme les forces matérielles, à l'égalité de l'action et de la réaction. Or, cela n'est pas vrai dans tous les systèmes d'axes. Il faut donc supposer, comme le dit M. Andrade, « qu'il existe un système de coordonnées dans lequel tous les points matériels exercent les uns sur les autres des forces mutuelles égales deux à deux » et, ajouterai-je, où toutes les forces sont produites de cette manière ([191]).

On voit qu'on retombe ainsi exactement sur l'affirmation physique que comporte l'application de la Mécanique de Mach-Blondlot.

Dans quelle mesure une semblable affirmation est-elle vérifiable par l'expérience? Que l'on se reporte, pour répondre à cette question, à la citation de M. Poincaré donnée à la fin

---

([191]) Ainsi, dans Kirchhoff, le paragraphe 8 de la première Leçon suppose qu'on a choisi ce système d'axes particulier.

du paragraphe 2, notamment au passage signalé par la note 179. Il est bien évident que, si l'on use sans réserve de la faculté qu'a le physicien d'imaginer des corps non apparents, un éther, par exemple, pour expliquer les phénomènes naturels, il est bien évident, dis-je, qu'on pourra toujours inventer des corps fictifs pour produire, conformément à la loi de l'égalité entre l'action et la réaction, toutes les forces que l'observation mettra en évidence. Au point de vue purement logique donc, la vérification est impossible. Mais il est bien certain que, si l'on est obligé, pour sauvegarder le principe, d'avoir recours à tout un monde caché de corps imaginaires, on y renoncera. La vérification expérimentale, bien que non entièrement logique, peut donc être parfaitement efficace.

§ 4. — Les affirmations physiques indépendantes de la notion de mouvement absolu.

Les citations et les discussions qui précèdent nous ont montré comment Reech et Kirchhoff avaient mis en évidence, chacun à son point de vue, les parties des lois de la Mécanique qui sont indépendantes des repères choisis, c'est-à-dire les affirmations physiques indépendantes de la notion de mouvement absolu.

Reech a montré, et c'est là son principal mérite, que toute la mécanique du fil, que la méthode expérimentale d'étude du champ fournie par le fil, subsiste quel que soit le système d'axes.

Seules les lois relatives à l'inertie de la matière, le principe de l'inertie proprement dit pour le point, et le principe de l'action et de la réaction pour les systèmes, exigent la considération de repères particuliers ([192]).

([192]) Pour la question des repères du temps, je me réfère au texte de M. Andrade (notes 183 et 184) et j'accepte la notion de temps absolu comme dérivant, par les considérations qui y sont exposées, de l'expérience. Je reconnais d'ailleurs que cette attitude est critiquable. Si l'on veut, je ne l'adopte que pour simplifier la discussion.

Toutefois ces lois elles-mêmes participent à une affirmation importante, indépendante du mouvement absolu, sur laquelle nous allons insister maintenant. Voici comment M. Poincaré expose et discute cette affirmation au point de vue de la possibilité de sa vérification expérimentale (*La Science et l'hypothèse*) :

Je proposerai pour ce principe général l'énoncé suivant :

L'accélération d'un corps ne dépend que de la position de ce corps et des corps voisins et de leurs vitesses (¹⁰³).

Les mathématiciens diraient que les mouvements de toutes les molécules matérielles de l'univers dépendent d'équations différentielles du second ordre.

Pour faire comprendre que c'est bien là la généralisation naturelle de la loi d'inertie, je demanderai qu'on me permette une fiction. La loi d'inertie, je l'ai dit plus haut, ne s'impose pas à nous *a priori;* d'autres lois seraient, tout aussi bien qu'elle, compatibles avec le principe de raison suffisante. Si un corps n'est soumis à aucune force, au lieu de supposer que sa vitesse ne change pas, on pourrait supposer que c'est sa position, ou encore son accélération qui ne doit pas changer.

Eh bien, imaginons pour un instant que l'une de ces deux lois hypothétiques soit celle de la nature et remplace notre loi d'inertie. Quelle en serait la généralisation naturelle? Une minute de réflexion nous le fera voir.

(¹⁰³) C'est ce qu'énonce Kirchhoff quand il dit que les quantités X, Y, Z de ses équations (5) ne dépendent que de $x, y, z, \frac{dx}{dt}, \frac{dy}{dt}, \frac{dz}{dt}, t$. De même Reech (passage qui suit la note 144). Ou plus exactement, pour mettre les deux énoncés rigoureusement d'accord, il conviendrait d'ajouter, dans celui de M. Poincaré, que l'accélération peut dépendre du temps. Cette modification légère ne change pas la suite du raisonnement.

Il est très important, pour le but que nous avons en vue ici, que cette propriété soit indépendante des repères du mouvement. Si elle est vraie pour un certain système d'axes et pour une certaine horloge, elle l'est aussi pour un autre système d'axes et pour une autre horloge. Cela résulte immédiatement du théorème de Coriolis pour le changement d'axes et des formules données par M. Andrade (§ 3) pour le changement d'horloge.

Nous avons rencontré la première apparition de la loi énoncée ici par M. Poincaré dans Galilée (I, note 106) et nous avons vu que ce savant la présentait d'ailleurs non comme un fait d'expérience, mais comme évidente *a priori*. Nous savons aussi que d'Alembert a reproduit presque textuellement le raisonnement de Galilée (note 174).

Dans le premier cas, on devrait supposer que la vitesse d'un corps ne dépend que de sa position et de celle des corps voisins ; dans le second cas, que la variation de l'accélération d'un corps ne dépend que de la position de ce corps et des corps voisins, de leurs vitesses et de leurs accélérations.

Ou bien, pour parler le langage mathématique, les équations différentielles du mouvement seraient du premier ordre dans le premier cas, et du troisième ordre dans le second cas ([194]).

Modifions un peu notre fiction. Je suppose un monde analogue à notre système solaire, mais où, par un singulier hasard, les orbites de toutes les planètes soient sans excentricité et sans inclinaison. Je suppose de plus que les masses de ces planètes soient ro p faibles pour que leurs perturbations mutuelles soient sensibles. Les astronomes qui habiteraient l'une de ces planètes ne manqueraient pas de conclure que l'orbite d'un astre ne peut être que circulaire et parallèle à un certain plan ; la position d'un astre à un instant donné suffirait alors pour déterminer sa vitesse et toute sa trajectoire. La loi d'inertie qu'ils adopteraient serait la première des deux lois hypothétiques dont je viens de parler.

Imaginons maintenant que ce système vienne un jour à être traversé avec une grande vitesse par un corps de grande masse, venu de constellations lointaines. Toutes les orbites seront profondément troublées. Nos astronomes ne seraient pas encore trop étonnés ; ils devineraient bien que cet astre nouveau est seul coupable de tout le mal. Mais, diraient-ils, quand il sera éloigné, l'ordre se rétablira de lui-même ; sans aucun doute les distances des planètes au Soleil ne redeviendront pas ce qu'elles étaient avant le cataclysme, mais, quand l'astre perturbateur ne sera plus là, les orbites redeviendront circulaires.

Ce serait seulement quand le corps troublant serait loin et

([194]) Comme toute généralisation, la loi qui nous occupe ne généralise la loi d'inertie que dans un sens. L'idée de perpétuité du mouvement, qui est dans la loi d'inertie, ne se retrouve pas dans notre énoncé général. D'autre part, et inversement, la loi d'inertie, c'est-à-dire le fait que l'accélération d'un point isolé est nulle, pourrait être le cas particulier d'une autre loi générale où l'accélération d'un point dépendrait de la variation d'accélération des points voisins. Peut-être serait-il préférable de donner, avec Robin, à notre loi générale le nom de *Principe d'inhérédité*.

Quoi qu'il en soit, du moment qu'il y a généralisation, il y a ici *postulat expérimental* nouveau. Nous allons voir comment il a été introduit dans la Mécanique et comment on peut le vérifier.

quand cependant les orbites, au lieu de redevenir circulaires, deviendraient elliptiques, ce serait alors seulement que ces astronomes s'apercevraient de leur erreur et de la nécessité de refaire toute leur Mécanique.

J'ai un peu insisté sur ces hypothèses; car il me semble qu'on ne peut bien comprendre ce que c'est que notre loi d'inertie généralisée qu'en l'opposant à une hypothèse contraire.

Eh bien, maintenant, cette loi d'inertie généralisée a-t-elle été vérifiée par l'expérience et peut-elle l'être? Quand Newton a écrit les *Principes,* il regardait bien cette vérité comme acquise et démontrée expérimentalement. Elle l'était à ses yeux, non seulement par l'idole anthropomorphique dont nous reparlerons, mais par les travaux de Galilée ([105]). Elle l'était aussi par les lois de Kepler elles-mêmes; d'après ces lois, en effet, la trajectoire d'une planète est entièrement déterminée par sa position et par sa vitesse initiales; c'est bien là ce qu'exige notre principe d'inertie généralisé.

Pour que ce principe ne fût vrai qu'en apparence, pour qu'on pût craindre d'avoir un jour à le remplacer par un des principes analogues que je lui opposais tout à l'heure, il faudrait que nous eussions été trompés par quelque surprenant hasard, comme celui qui, dans la fiction que je développais plus haut, avait induit en erreur nos astronomes imaginaires.

Une pareille hypothèse est trop invraisemblable pour qu'on s'y arrête. Personne ne croira qu'il puisse y avoir de tels hasards; sans doute la probabilité pour que deux excentricités soient précisément toutes deux nulles, aux erreurs près d'observation, n'est pas plus petite que la probabilité pour que l'une soit précisément égale à o, 1, par exemple, et l'autre à o, 2, aux erreurs près d'observation. La probabilité d'un événement simple n'est pas plus petite que celle d'un événement compliqué; et pourtant, si le premier se produit, nous ne consentirons pas à l'attribuer au hasard, nous ne voudrons pas croire que la nature ait fait exprès de nous tromper. L'hypothèse d'une erreur de ce genre étant écartée, on peut donc admettre qu'en ce qui concerne l'Astronomie, notre loi a été vérifiée par l'expérience.

Mais l'Astronomie n'est pas la Physique tout entière.

([105]) Pour la pesanteur. Galilée a montré que, dans la chute des corps pesants, l'accélération est donnée.

Ne pourrait-on craindre que quelque expérience nouvelle ne vînt un jour mettre la loi en défaut dans quelque canton de la Physique? Une loi expérimentale est toujours soumise à la revision ; on doit toujours s'attendre à la voir remplacée par une autre loi plus précise.

Personne cependant ne redoute sérieusement que celle dont nous parlons doive être jamais abandonnée ou amendée. Pourquoi? Précisément parce qu'on ne pourra jamais la soumettre à une épreuve décisive.

Tout d'abord, pour que cette épreuve fût complète, il faudrait qu'après un certain temps tous les corps de l'univers revinssent à leurs positions initiales avec leurs vitesses initiales. On verrait alors si, à partir de ce moment, ils reprennent les trajectoires qu'ils ont déjà suivies une fois.

Mais cette épreuve est impossible, on ne peut la faire que partiellement, et, si bien qu'on la fasse, il y aura toujours quelques corps qui ne reviendront pas à leur position initiale ; ainsi toute dérogation à la loi trouvera facilement son explication.

Ce n'est pas tout : en Astronomie, nous *voyons* les corps dont nous étudions les mouvements, et nous admettons le plus souvent qu'ils ne subissent pas l'action d'autres corps invisibles. Dans ces conditions, il faut bien que notre loi se vérifie ou ne se vérifie pas.

Mais, en Physique, il n'en est pas de même : si les phénomènes physiques sont dus à des mouvements, c'est aux mouvements de molécules que nous ne voyons pas. Si alors l'accélération d'un des corps que nous voyons nous paraît dépendre d'*autre chose* que des positions ou des vitesses des autres corps visibles ou des molécules invisibles dont nous avons été amenés antérieurement à admettre l'existence, rien ne nous empêchera de supposer que cette *autre chose* est la position ou la vitesse d'autres molécules dont nous n'avions pas jusque-là soupçonné la présence. La loi se trouvera sauvegardée.

Qu'on me permette d'employer un instant le langage mathématique pour exprimer la même pensée sous une autre forme. Je suppose que nous observions n molécules et que nous constations que leurs $3n$ coordonnées satisfont à un système de $3n$ équations différentielles du quatrième ordre (et non du deuxième ordre, comme l'exigerait la loi d'inertie). Nous savons qu'en introduisant $3n$ variables auxiliaires, un système de $3n$ équations du quatrième ordre peut être ramené à un système de $6n$ équations du deuxième ordre. Si alors nous supposons que ces $3n$ variables auxiliaires représentent les coordonnées de n molécules invisibles, le résultat est de nouveau conforme à la loi d'inertie.

En résumé, cette loi, vérifiée expérimentalement dans quelques cas particuliers, peut être étendue sans crainte aux cas les plus généraux, parce que nous savons que dans ces cas généraux l'expérience ne peut plus ni la confirmer ni la contredire ([196]).

([196]) Il reste vrai, cependant, que, si l'on est obligé, pour sauver la loi, d'imaginer une trop grande quantité de corps hypothétiques, on la rejettera comme compliquée. Au point de vue logique pur, la vérification est incomplète; elle n'en est pas moins efficace. Une explication à la fois compliquée et hypothétique peut être tenue pour peu probable.

LIVRE II.

LES SYSTÈMES ET LES NOTIONS DE LIAISON ET DE TRAVAIL.

———••••———

CHAPITRE I.

LES SYSTÈMES MATÉRIELS ET LES LIAISONS DE LAGRANGE.

———

Jusqu'ici, dit Lagrange (¹⁹⁷), nous avons considéré les corps comme des points, et nous avons vu comment on détermine les lois de l'équilibre de ces points, en quelque nombre qu'ils soient et quelques forces qui agissent sur eux. Or un corps d'un volume et d'une figure quelconques n'étant que l'assemblage d'une infinité de parties ou points matériels, il s'ensuit qu'on peut déterminer aussi les lois de l'équilibre des corps de figure quelconque par l'application des principes précédents....

Je remarque ensuite qu'au lieu de considérer la masse donnée comme un assemblage d'une infinité de points contigus, il faudra, suivant l'esprit du Calcul infinitésimal, la considérer plutôt comme composée d'éléments infiniment petits qui soient du même ordre de dimension que la masse entière.

En somme, le mouvement des systèmes s'étudiera en les considérant comme formés de plusieurs points matériels.

Mais dans l'étude, faite dans le Livre précédent, du mouvement du point matériel, nous avons négligé sa *deforma-*

(¹⁹⁷) Citation de la *Mécanique analytique* de Lagrange.

tion. Il faut donc prévoir que notre méthode pourra être impuissante à représenter d'une manière satisfaisante la déformation et, par suite, le mouvement de certains corps dans lesquels la déformation des éléments est partie essentielle du mouvement.

Considérons par exemple les fluides. Si nous voulons éviter les hypothèses sur la constitution de la matière et faire, ce qui me paraît souhaitable, une Mécanique préalable à toute Physique, nous devons nous garder de faire du point matériel une molécule. Nous sommes alors conduits à partager, par la méthode indiquée par Lagrange à la fin de la citation précédente, la masse fluide en éléments infiniment petits dont chacun sera un point matériel. Même si ces éléments ne se mêlent pas au cours du mouvement, tout au moins se déforment-ils, et il n'y aurait rien d'étonnant à ce que les lois relatives aux systèmes de points matériels ne conviennent pas à leur ensemble.

En fait c'est, au moins dans une certaine mesure, ce qui se passe. Certes, l'application de la Mécanique classique aux fluides n'est pas entièrement illégitime, et ses fondateurs se sont occupés avec succès des mouvements des liquides et des gaz ; beaucoup de ses idées fondamentales peuvent se transporter dans ce domaine ; mais, quand on étudie les choses de près, on s'aperçoit qu'il est tributaire de principes plus étendus. Il y aurait à faire une étude historique spéciale, complétant celle que nous faisons ici, du développement des recherches relatives aux mouvements des fluides. Si je parvenais, comme je le souhaite, à donner un jour cette suite au présent Ouvrage, je l'intitulerais *les Bornes de la Mécanique*.

Ici donc, nous ne nous occuperons que de ce qu'on pourrait appeler les *systèmes de points*, qui sont le champ incontesté de la Mécanique classique. Ce sont les ensembles formés de corps rigides, indéformables, et *très petits*, les déformations de l'ensemble provenant seulement des déplacements de ces petits corps, de ces points, les uns par rapport aux autres.

Donnons quelques exemples.

Le système solaire, dans une première approximation, est un tel système, les dimensions des astres étant si petites par rapport à leurs distances respectives qu'on peut les traiter comme des points. Plusieurs points réunis par des élastiques fournissent un autre exemple. Ici les forces s'exerçant entre les points sont produites par un intermédiaire matériel; *ce sont des forces de liaison au sens de Reech.* Mais les deux cas se trouveront identiques pour le point de vue que nous allons développer dans le présent Livre.

Dans d'autres exemples, les points agissent les uns sur les autres « par impulsion ou par pression, soit immédiatement comme dans le choc ordinaire, ou par le moyen de fils ou de leviers inflexibles auxquels ils sont attachés » (Lagrange)(¹⁹⁸).

C'est le cas d'un réseau de verges inflexibles, avec de petits corps, des points matériels, disposés aux sommets. Les verges peuvent d'ailleurs être en tel nombre que le système entier soit indéformable, et si, faisant croître indéfiniment le nombre des points et décroître la longueur des verges, on tend vers la limite où les petits corps placés aux sommets du réseau sont contigus, on parvient à une représentation du *corps solide continu,* décomposé, comme Lagrange l'indique dans la citation ci-dessus et comme nous l'avons fait plus haut pour les fluides, en éléments qui sont des points matériels sans être des molécules. Le corps solide rentre ainsi dans les *systèmes de points,* et, avec lui, y rentrent tous les ensembles de corps solides : dès lors, dans une seconde approximation où les astres sont considérés comme des solides dont on ne néglige pas les dimensions, le système solaire est encore un système de points. Ces ensembles de corps solides peuvent d'ailleurs être tels que les différents corps soient en contact et agissent « par pression », comme dit Lagrange : alors les corps en contact glissent, roulent et pivotent les uns sur les autres. Le cas où un point décrit une courbe ou une surface

---

(¹⁹⁸) *Voir* Livre III, Chapitre I, § 3. Ce sont aussi les termes dont se sert d'Alembert (note 227).

déterminée rentre dans celui-là, la courbe (ou la surface) étant un corps solide qui agit « par pression » sur le point ([199]).

Peut-être trouvera-t-on que notre conception du corps solide, inspirée de Reech (note 133), laisse à désirer. Nous ne ferons aucune difficulté pour reconnaître qu'il s'agit ici, non d'un raisonnement rigoureux, mais d'une représentation dont la validité doit être démontrée par le succès. Précisément parce que nous considérons les lois de la Mécanique comme applicables seulement à certains systèmes simples, c'est-à-dire comme la première expression de lois probablement plus compliquées, nous ne nous étonnerons pas si la frontière de leur champ d'application ne peut se fixer que par des intuitions plus ou moins satisfaisantes. On précisera cette délimitation quand on connaîtra les lois générales du mouvement de tout le monde matériel et qu'on verra la place du corps solide dans ce monde.

Dans les divers exemples de systèmes de points que nous venons de donner, nous avons signalé deux modes d'action des points entre eux : le premier est celui qui s'exerce entre les astres du système solaire ou entre les points reliés par des élastiques; le second est celui qui se fait, comme dit Lagrange, « par impulsion ou par pression ». A la vérité, le second n'est pas essentiellement différent du premier. Il est matériel, tandis que les actions newtoniennes ne le sont pas; mais les actions des élastiques le sont comme lui. Et, suivant une remarque de M. Poincaré qui a repris une idée de Poisson, l'action mutuelle de deux corps réunis par une barre rigide n'est autre chose que celle de deux corps réunis par un élastique excessivement raide, ou encore que celle de deux corps s'attirant suivant une force non matérielle devenant très vite très grande quand leur distance s'éloigne d'une certaine valeur. Si l'on veut, les actions du second mode sont

---

([199]) Lagrange, dans la citation du Livre III, Chapitre I, § 3, sépare ce cas de celui où les points « agissent par impulsion ou par pression, etc. ». Mais c'est qu'il n'a pas exactement en vue, dans cette citation, les idées que nous voulons développer ici.

comme un cas limite de celles du premier. Mais précisément, à mesure qu'on s'approche de cette limite, les actions réciproques des corps prennent un caractère particulier dont on n'a d'abord qu'un *sentiment vague,* et que précisément les travaux rapportés dans le présent Livre vont éclaircir. Ce sentiment vague se trouve chez Descartes dans ses études sur la réflexion (I, note 91), chez Huygens dans son *Horologium oscillatorium* (I, note 183) : les actions en question sont envisagées comme produisant de simples déviations des trajectoires et ne modifiant pas la *force des corps en mouvement.* Évidemment il convient de préciser cette idée.

Nous appellerons les actions en question *liaisons de Lagrange* ([200]) ou simplement *liaisons* pour les distinguer des *liaisons de Reech* qui ne sont que les actions *matérielles* des points les uns sur les autres. Toutes les liaisons de Lagrange sont matérielles, mais la réciproque n'est pas vraie. Mathématiquement, les forces de liaison de Lagrange ne sont pas données par la connaissance de leurs valeurs en fonction de la position et de la vitesse des mobiles, comme le sont les autres forces : ce qu'on se donne, ce sont des équations de condition que doivent vérifier les coordonnées des points. Toutefois cette particularité n'est pas essentielle : la remarque de M. Poincaré, rappelée ci-dessus, le montre bien. En tout cas, ce n'est pas leur particularité *physique.* Celle-ci réside dans la propriété dont nous avons trouvé la notion vague chez Descartes, chez Huygens. Donner un énoncé précis et clair de cette propriété, en éliminant les obscurités de la notion de force des corps en mouvement, tel est maintenant notre objet. Il s'agit, en somme, d'analyser un phénomène naturel, d'exprimer *un fait d'expérience :* c'est donc un véritable principe de la Mécanique que nous cherchons à formuler.

([200]) C'est ce que Hertz appelle *Starre Verbindungen* ou *Feste Verbindungen* (liaisons solides). Il faut remarquer toutefois que la rigidité n'est pas essentielle dans ces liaisons; ce qui est essentiel c'est la propriété de ne pas travailler : on peut trouver, dans le mouvement des fluides, des liaisons non rigides dont les réactions ne travaillent pas.

Nous allons voir comment les travaux rapportés dans le présent Livre mettent en lumière les idées suivantes :

« Soit un système matériel soumis à des liaisons, et en même temps à d'autres forces F. A la place des forces F, faisons agir sur lui, sans changer les liaisons, des forces F′. Le mouvement du système sera le même, pourvu que F′ et F donnent le même *travail* dans les déplacements compatibles avec les liaisons. D'où l'importance de la notion de travail ([201]).

» La raison de cette loi est le *fait expérimental* (c'est le principe que nous cherchons) que les forces de liaison ne travaillent pas dans les déplacements compatibles avec les liaisons. Ce fait expérimental n'est d'ailleurs pas général : il est caractéristique des *liaisons sans frottement.* »

C'est cette propriété de ne pas travailler qui constitue la caractéristique des forces de liaison et qui justifie, quel que soit d'ailleurs le mécanisme qui les produise, la place spéciale que leur donne la Mécanique classique.

([201]) Pour employer les expressions de M. Mach, le travail est la *déterminante* de l'équilibre et du mouvement.

CHAPITRE II.

LA STATIQUE DES SYSTÈMES A LIAISONS.

La propriété essentielle des forces de liaison de ne pas travailler dans les déplacements compatibles avec les liaisons a été découverte par les études de Statique. Mais elle n'a pas été aperçue tout de suite sous cette forme. Nous allons, en examinant les diverses Statiques qui se sont succédé, montrer quels ont été les divers appels qu'elles ont faits à l'expérience, concernant les liaisons, avant qu'on n'en vienne à cet énoncé.

§ 1. — La Statique fondée sur le levier.

Nous avons vu dans la première Partie comment on pouvait fonder la Statique des machines simples sur le principe du levier. Qu'il y ait des appels à l'expérience dans cette manière de faire, ce n'est pas douteux : il y en a dans le principe du levier lui-même; il y en a aussi un, très important, que nous discuterons plus loin, dans ses applications, quand on admet que des liaisons donnant même mobilité sont équivalentes au point de vue de l'équilibre.

Nous avons vu aussi que ces premières études sur les machines simples avaient conduit à apercevoir le *principe du travail virtuel :* à savoir que, dans une machine en équilibre, le travail des forces données est nul dans un déplacement compatible avec les liaisons, principe qui n'est, nous le montrerons plus loin, que la combinaison de la notion de force et de ses lois avec le fait expérimental que les forces de liaison ne travaillent pas. Dans cet ordre d'idées, on doit à

Fourier (1768-1830) une démonstration générale du principe du travail virtuel fondée sur le levier [*Mémoire sur la
Statique, contenant la démonstration du principe des
vitesses virtuelles et la théorie des moments* (**Journal de
l'École Polytechnique**, Cahier V, an VI)].

[Considérant un petit déplacement quelconque d'un système,
Fourier appelle, avec Jean Bernouilli, *vitesse virtuelle* d'un point
la projection du déplacement de ce point sur la direction de la
force qui agit sur lui. Il appelle *moment* de la force le produit de
cette force par la vitesse virtuelle du point d'application, avec
un signe inverse. C'est notre travail virtuel changé de signe.]

17. ..... Au lieu de transformer, comme nous l'avons fait
jusqu'ici (²⁰²), les forces qui sollicitent le système, nous substitue-
rons à ce système, sur lequel elles agissent, un corps plus simple,
mais susceptible d'être déplacé de la même manière, et par là nous
ferons dépendre les conditions de l'équilibre du système des propriétés de l'équilibre du corps qui le remplace (²⁰³).

Supposons que les puissances appliquées à un système matériel
solide ou fluide, assujetti à des conditions quelconques, aient un
moment total nul pour un certain déplacement; il sera facile de
reconnaître, comme nous allons le prouver rigoureusement, que
les puissances ne peuvent point opérer dans le système le dérangement en question. Soient p, q, r, s, ... les points où les forces
P, Q, R, S, ... sont appliquées; considérons en particulier le dérangement qui a lieu lorsque les points p, q, r, s, ... venant à se
mouvoir suivant des lignes que nous pouvons désigner par p', q',
r', s', ... prennent les vitesses virtuelles initiales dp, dq, dr,
ds, ... rapportées aux directions des forces. La valeur du moment
est $\mathrm{P}\,dp + \mathrm{Q}\,dq + \mathrm{R}\,dr + \dots$, et on la suppose nulle; d'où il s'agit
de conclure que ce déplacement ne peut pas résulter de l'action
des forces. Nous imaginerons un corps différent du système, qui
passe aussi par les points de l'espace désignés par les lettres p, q,
r, s, et qui puisse être tellement dérangé que les points p, q, r, s,

---

(²⁰²) Le passage qui précède celui-ci est cité plus loin, § 3.

(²⁰³) La base de cette démonstration va être le remplacement des liaisons réalisées dans le système étudié par d'autres liaisons permettant aux points le même
déplacement. Nous discuterons, après cette citation, la validité du principe de
l'équivalence des liaisons assurant la même mobilité.

étant mus sur les lignes p', q', r', s', décrivent les espaces infiniment petits contemporains dp, dq, dr, ds, ... Il nous sera aisé de démontrer le théorème en transportant l'action des forces sur ce nouveau corps, qui est, comme on le voit, capable des mêmes vitesses virtuelles que le système, et que nous supposerons de plus ne pouvoir être déplacé que de cette manière. Mais il faut auparavant examiner quel peut être ce corps que nous substituons au système.

18. On cherchera d'abord de quelle manière il faut unir le point p au point q, pour qu'en faisant mouvoir ce premier point avec une certaine vitesse, selon la ligne donnée p', le point q commence à se mouvoir suivant la ligne q' avec une vitesse donnée. Que l'on fasse passer par le point p un plan perpendiculaire à la ligne p', et par le point q un plan perpendiculaire à la ligne q'; que par le point p on abaisse une perpendiculaire h sur la commune intersection des deux plans, et que, par le point où cette perpendiculaire rencontre la commune intersection, on élève dans le plan qui passe par le point q une seconde perpendiculaire h'; enfin que par le point q on abaisse une troisième perpendiculaire h'' sur la seconde perpendiculaire h' : on pourra regarder les deux perpendiculaires h et h' comme formant un levier dont les deux rayons font un angle invariable mobile autour de la commune intersection, considérée comme un axe. La troisième perpendiculaire h'' peut aussi représenter un levier droit mobile autour d'un axe fixe, qui serait placé dans le second plan, et perpendiculaire au levier en un point dont le lieu est arbitraire. Si donc on fait mouvoir le point p suivant la ligne p', le levier angulaire communiquera le mouvement à l'extrémité du second rayon; cette extrémité fera mouvoir celle du levier droit, et le mouvement initial passera ainsi au point q, dans la direction donnée q'. La position du point d'appui du levier droit étant arbitraire, on la déterminera de manière que la condition de la raison ([201]) proposée des deux vitesses soit remplie. Si l'on conçoit un assemblage analogue de leviers entre le point q et le point r, entre le point r et le point s, . . ., on aura un nouveau système capable des vitesses virtuelles dp, dq, dr, ds, . . ., c'est-à-dire susceptible d'éprouver le déplacement particulier qu'on attribue au premier système, et qui ne pourra être dérangé que de cette manière.

([201]) C'est-à-dire du rapport.

Au reste, il n'est ici question que du mouvement initial, et les leviers que nous venons de décrire sont propres à le transmettre. Mais, si l'on supposait que les espaces parcourus suivant les lignes p', q', r', ... sont de grandeur finie, il faudrait faire quelque changement à la construction des leviers, en plaçant à chacune de leurs extrémités un secteur qu'un fil envelopperait.

19. Nous pouvons prouver maintenant que les forces qui sollicitent le système n'y occasionneront pas le déplacement qui répond aux vitesses virtuelles dp, dq, dr, ds, ... En effet, si ces mêmes forces sollicitaient aux points p, q, r, ... l'assemblage des leviers qu'on ne suppose point d'abord unis au système, il est certain qu'elles se feraient équilibre. Cela résulte assez clairement du principe du levier et de celui de la composition des forces, pour que nous ne nous arrêtions point à le démontrer : or, on doit en conclure que ces mêmes forces, appliquées au système seul, ne feraient point éprouver le déplacement qui peut lui être commun avec les leviers. Supposons le contraire, afin de juger si cette hypothèse peut subsister. Les points p, q, r, s, ... venant donc à prendre les vitesses virtuelles dp, dq, dr, ..., si l'on conçoit que le point p du premier système est uni au point p du second, il en résultera que l'assemblage des leviers sera entraîné lors du déplacement que l'on suppose occasionné par les forces, et, par hypothèse, les points q et q, r et r, ... des deux systèmes ne se sépareront point. De là il s'ensuit évidemment que les mêmes mouvements auraient lieu si ces points q et q, r et r, ... n'étaient pas seulement coïncidants, mais unis, ainsi que les points p et p, conséquence qu'il serait superflu de démontrer. Ainsi nous sommes obligés de supposer que les forces P, Q, R, ... agissant sur les deux systèmes réunis aux points p, q, r, s, ... produiraient du mouvement : or cela est impossible; car nous avons vu que les forces appliquées aux seuls leviers se détruiraient mutuellement. Si dans cet état on fait coïncider le premier système avec le second, et qu'on les unisse, il est manifeste que l'équilibre ne peut être troublé. Donc on est parti d'une supposition fausse, savoir, que les puissances, appliquées au premier système seulement, y occasionneraient le déplacement auquel répondent les vitesses virtuelles dp, dq, dr, ... On prouvera de la même manière que tout autre dérangement pour lequel le moment total des forces est nul ne peut être occasionné par ces forces; et de là on

tire cette conséquence particulière, en quoi consiste le principe
des vitesses virtuelles, que si, parmi tous les dérangements possibles, il n'y en a aucun qui ne réponde à un moment nul, il doit
y avoir équilibre ([205]).

20. Il n'est pas même nécessaire, pour que les forces se détruisent, que la somme des moments soit toujours nulle; il suffit
qu'elle ne soit pas négative, en sorte qu'il n'y ait aucun déplacement possible pour lequel cette somme ne soit nulle ou positive.
En effet, si cette condition est remplie, en conservant la construction qui sert de fondement à la démonstration précédente, on sera
conduit aux mêmes conséquences. On prouve aisément, par la
simple théorie du levier, que ces forces, appliquées au second
système seulement, ne peuvent y occasionner un dérangement
pour lequel le moment total est positif; et comme on suppose que
la présence des obstacles rend tout autre déplacement impossible,
il faut que les forces, agissant sur les leviers, les maintiennent
en équilibre. Cet état ne cessera point, si l'on applique le premier système sur le second. Donc ces forces ne peuvent produire
séparément, dans le premier système, le déplacement en question;
car cela aurait encore lieu si l'on appliquait le second système
sur le premier, et nous venons de voir que cet effet est impossible.

21. Réciproquement, si des puissances tiennent un système
matériel quelconque en équilibre, il ne peut y avoir aucun dérangement possible pour lequel la somme des moments soit négative : ce qui se démontre ainsi. Si l'on admet que le système
puisse passer dans une telle position que le moment des forces
soit négatif, il faut en conclure qu'il n'y a point équilibre; car
l'équilibre ne cesserait point si ce déplacement devenait seul possible. Il est aisé de se représenter ce dernier effet, en concevant
entre tous les points p, q, r, s, ... du système des assemblages
de leviers pareils à ceux que nous avons décrits ci-dessus, et ca-

---

([205]) On applique ici la première partie du principe de l'équivalence des liaisons
assurant la même mobilité (cf. les explications qui suivent la présente citation).
Soit un système de points soumis à des liaisons (L) sur lequel agissent les
forces F. Remplaçons les liaisons (L) par des liaisons (L') conservant la même
mobilité élémentaire que (L). Il suffit que les forces F soient en équilibre sur les
liaisons (L') pour qu'elles le soient aussi sur les liaisons (L).

pables des vitesses virtuelles qui répondent au déplacement dont il s'agit. On n'a pas besoin de démontrer que l'équilibre ne serait pas troublé par l'apposition de ces leviers : or il est impossible qu'il n'y ait pas du mouvement; car les forces se trouveraient alors appliquées à un assemblage de leviers qui ne manquerait pas d'être déplacé si la somme des moments des forces était négative, ainsi qu'il résulte de la théorie du levier. Donc il est nécessaire, dans le cas de l'équilibre, que la somme des moments des forces ne soit jamais négative ([206]).

22. Toutes les fois que les déplacements que le corps peut éprouver sont déterminés par des équations de condition auxquelles ils doivent satisfaire, le moment total des forces qui se font équilibre ne peut pas être positif, parce que, si cela avait lieu, le moment qui répond au déplacement contraire serait négatif; et comme ce dernier déplacement est également possible, puisqu'il satisfait aux équations de condition, les forces ne pourraient point se détruire, comme il suit de l'article précédent. C'est pourquoi il est nécessaire, dans ce cas, que la somme des moments des forces soit nulle, pour qu'il y ait équilibre, ce qui est le véritable sens du principe des vitesses virtuelles. Mais si les déplacements ne sont point assujettis à des équations de condition, ce qui arrive souvent, l'équilibre peut subsister sans que le moment des forces soit nul, pourvu qu'il ne soit pas négatif ([207]).

Il n'en est pas de même lorsqu'on regarde les résistances occasionnées par des obstacles comme des forces appliquées au système. La somme des moments des forces doit toujours être égalée à zéro; mais il faut, de plus, avoir égard au signe que le calcul donne pour les forces qui tiennent lieu des résistances.

Le principe de l'équivalence des liaisons assurant la même mobilité, auquel nous renvoyons dans les notes 203, 205, 206, a déjà été rencontré chez les précurseurs (I, notes 46, 49, 56). Il comprend deux parties. On peut, en effet, l'énoncer ainsi :

([206]) On applique ici la seconde partie du principe de l'équivalence des liaisons assurant la même mobilité. Pour que les forces F (cf. note précédente) soient en équilibre sur les liaisons (L), il faut qu'elles le soient sur les liaisons (L').

([207]) Distinction des liaisons bilatérales et des liaisons unilatérales. Le cas de certaines liaisons unilatérales donne lieu à une discussion qu'on trouvera dans les explications qui suivent la présente citation.

Soit un système de points soumis à des forces F et assujetti à des liaisons (L). *Remplaçons les liaisons* (L) *par des liaisons* (L′) *conservant aux points la même mobilité élémentaire que* (L). *Pour que le système soit en équilibre,*

1° *il suffit,*
2° *il faut*

que les forces F soient en équilibre sur les liaisons (L′).

Fourier prend même ce principe un peu différemment. Il considère tous les déplacements permis par les liaisons (L). Il remplace alors les liaisons (L) *successivement* par divers groupes de liaisons (*l*), (*l*′), (*l*″), ..., chaque groupe permettant un des déplacements permis par (L), et ces groupes étant en nombre suffisant pour permettre tous les déplacements permis par (L). L'ensemble de ces groupes (*l*), (*l*′), (*l*″), ... sera désigné par (L′). Pour qu'il y ait équilibre, il faut et il suffit que les forces F se fassent équilibre sur les liaisons (*l*), sur les liaisons (*l*′), sur les liaisons (*l*″), etc. Essayons d'analyser ce principe.

Le passage de Fourier signalé par la note 205 montre l'analyse de la première partie du principe. Les forces étant supposées en équilibre sur (L′), c'est-à-dire séparément sur chacune des liaisons (*l*), (*l*′), (*l*″), ... [pour le cas de Fourier, (L′) c'est le système de leviers], on démontre par l'absurde que le système (L) ne peut se mettre en mouvement. Imaginons, en effet, qu'il s'y mette. Il ira, par exemple, par le chemin que permettent les liaisons (*l*). Il se mettra aussi en mouvement si l'on ajoute au système les barres, tringles, fils, etc., sans masse, qui réalisent (*l*), puisque le déplacement que le système va prendre est compatible avec (*l*). Toutefois, cette affirmation n'est exacte que *si la manière dont les liaisons* (*l*), *ou d'une manière générale les liaisons* (L′), *sont réalisées n'introduit aucune résistance au mouvement :* il pourrait se faire, nous le montrerons clairement plus loin, que, tout en conservant la même mobilité cinématique, l'introduction de (*l*) introduise des résistances spéciales au mouvement. Admettons que tel ne soit pas le cas. Donc le système $(L)(l)$ se met en mouvement. Mais cette conclusion est absurde : les forces F sont en équilibre sur (l); elles le sont *a fortiori* si l'on ajoute au système (l) les barres, fils, etc., qui réalisent les liaisons (L).

L'analyse de la seconde partie du principe est analogue. Qu'on se reporte au passage de Fourier signalé par la note 206. Le système (L) est supposé en équilibre. On démontre par l'absurde que les forces F doivent être en équilibre sur un quelconque des groupes (l), (l'), (l''), ..., c'est-à-dire sur (L'). En effet, ajoutons la liaison (l); l'équilibre n'est pas troublé et, par suite, le système (L) (l) est en équilibre. Or, si j'imagine que les forces F ne sont pas en équilibre sur (l), il est impossible que le système (L) (l) soit en équilibre. Les forces F mettent en effet en mouvement le système (l); elles mettront donc en mouvement aussi le système $(l)(L)$, si toutefois *les liaisons* (L) *n'introduisent pas de résistance au mouvement.*

Notre principe sera donc vrai si la réalisation des liaisons (L) et (L') n'introduit pas de résistance au mouvement. Or, des résistances au mouvement peuvent être introduites, on va le voir, même si (L) et (L') assurent la même mobilité cinématique. Ce n'est pas seulement la mobilité cinématique qui doit être respectée, c'est encore, pour ainsi dire, la mobilité dynamique.

Cette condition n'est pas remplie par exemple si les liaisons (L) sont sans frottement et si les liaisons (L') en présentent, ou inversement. Il convient donc de n'appliquer notre principe qu'aux liaisons sans frottement, et le principe du travail virtuel n'est donc démontré par Fourier que pour les liaisons sans frottement.

Voici un autre exemple.

Imaginons un cylindre circulaire droit C (*fig.* 23) assujetti à rouler sans glisser sur un plan PQ parfaitement rugueux, mais simplement posé sur ledit plan et pouvant, par suite, se séparer de lui d'un côté. C'est une liaison unilatérale. Elle est d'ailleurs sans frottement, parce que, bien que le plan soit parfaitement rugueux, le frottement ne travaille dans aucun des déplacements compatibles avec la liaison.

Une translation dans laquelle le point A décrirait le chemin élémentaire AB est compatible avec la liaison. Il est facile de voir que le principe du travail virtuel, tel qu'il est donné par Fourier pour le cas des liaisons unilatérales (note 207), est ici en défaut. En effet, une force F, appliquée en A comme l'indique la figure et faisant avec AB un angle aigu, laisse C en équilibre. Cependant son travail virtuel dans le déplacement AB est positif, c'est-à-dire que son moment (au sens de Fourier) est négatif.

Fig. 23.

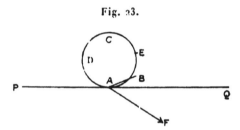

D'où vient donc que la démonstration de Fourier est ici en défaut? Les liaisons (L) sont, dans ce cas, les conditions auxquelles le cylindre C est assujetti par rapport au plan PQ. Quelle sera la liaison (*l*) permettant le déplacement AB? Il suffira, pour l'avoir, d'imaginer que C est fixé d'une façon rigide à un levier dont le bras, situé dans le plan de la figure, est perpendiculaire à AB et dont le point fixe est à l'infini; on supposera, en outre. pour empêcher tout déplacement dans le sens de BA prolongé, que C bute, en D par exemple, contre un butoir. Les liaisons (L) et (*l*), bien que donnant la même mobilité suivant AB, ne sont pas équivalentes. Si C est porté par le levier (*l*), il se déplace suivant AB sous l'action de F, tandis qu'il ne le fait pas s'il est soumis aux liaisons (L). C'est que les liaisons (L) introduisent une résistance spéciale au mouvement.

La liaison qui vient de nous servir d'exemple présente une particularité intéressante. La liaison bilatérale assujettissant C à rouler sans glisser sur PQ s'exprime par deux équations: l'une, $\delta a = 0$, exprime que la vitesse de A est nulle parallèlement à PQ; l'autre, $\delta b = 0$, que cette même vitesse est

nulle perpendiculairement à PQ. Quant à la liaison unilatérale que nous considérons, elle comporte d'abord les déplacements situés sur la liaison bilatérale, c'est-à-dire tels que
$\delta a = 0$, $\delta b = 0$, ensuite les déplacements séparant C de PQ,
pour lesquels la seule condition est $\delta b > 0$. Cette liaison unilatérale est, si l'on peut dire, *incomplète;* la liaison unilatérale
complète serait celle qui s'exprimerait par $\delta a \geq 0$, $\delta b \geq 0$. On
la réaliserait en attachant un fil en P au plan PQ, et en E au
cylindre C. Avec elle, on ne retrouverait pas la singularité
que nous avons signalée.

Mais cette particularité analytique de la liaison n'explique
nullement, *a priori,* pourquoi elle échappe au principe de
l'équivalence des liaisons et à la démonstration de Fourier :
nulle part, dans la démonstration de Fourier, on n'a fait intervenir le fait que les liaisons unilatérales étaient *complètes* (au
sens que nous venons de définir). La Mécanique est une science
physique et ce sont les particularités physiques qu'il faut considérer pour y voir clair. Nous conclurons donc que la démonstration donnée par Fourier pour le principe du travail
virtuel doit être accompagnée par l'examen des conditions
physiques dans lesquelles sont réalisées les diverses liaisons;
c'est le seul moyen de distinguer nettement les cas où elle est
valable.

§ 2. — La Statique fondée sur le principe du travail virtuel.

L'inconvénient de la Statique fondée sur le principe du
levier est le caractère un peu artificiel de ses démonstrations
qui cherchent à trouver des leviers dans toutes les machines.
« C'est une chose ridicule, a dit Descartes dans une de ses
lettres, que de vouloir employer la raison du levier dans la
poulie. » Le mot est un peu vif, mais le reproche a quelque
chose de fondé.

On sait qu'effectivement Descartes a renoncé à la Statique
déduite du levier et qu'il a fondé cette science sur le principe
du travail virtuel, accepté sans démonstration comme prin-

cipe premier (I, Liv. I, Chap. III). Au xviiie siècle, Lagrange
a pris, lui aussi, le principe du travail virtuel pour base de la
Statique. Il va nous dire à quelles conditions il estime qu'il
peut jouer ce rôle.

17. Le principe des vitesses virtuelles peut être rendu très
général de cette manière :

*Si un système quelconque de tant de corps ou points qu'on
veut, tirés chacun par des puissances quelconques, est en équilibre, et qu'on donne à ce système un petit mouvement quelconque, en vertu duquel chaque point parcoure un espace infiniment petit qui exprimera sa vitesse virtuelle, la somme des
puissances, multipliées chacune par l'espace que le point où
elle est appliquée parcourt suivant la direction de cette même
puissance, sera toujours égale à zéro, en regardant comme
positif les petits espaces parcourus dans le sens des puissances,
et comme négatifs les espaces parcourus dans un sens opposé.*
....

En général, je crois pouvoir avancer que tous les principes
généraux qu'on pourrait peut-être encore découvrir dans la science
de l'équilibre ne seront que le même principe des vitesses virtuelles envisagés différemment et dont ils ne différeront que dans
l'expression.

Mais ce principe est non seulement en lui-même très simple et
très général; il a, de plus, l'avantage précieux et unique de pouvoir se traduire en une formule générale qui renferme tous les
problèmes qu'on peut proposer sur l'équilibre des corps....

18. Quant à la nature du principe des vitesses virtuelles, il faut
convenir qu'il n'est pas assez évident par lui-même pour pouvoir
être érigé en principe primitif; mais on peut le regarder comme
l'expression générale des lois de l'équilibre, déduites des deux
principes que nous venons d'exposer ([208]). Aussi, dans les démonstrations qu'on a données de ce principe, on l'a toujours fait dépendre de ceux-ci par des moyens plus ou moins directs. Mais il
y a, en Statique, un autre principe général et indépendant du

------

([208]) Il s'agit du *principe du levier* et de celui de la *composition des forces* dont
Lagrange a raconté l'histoire dans le passage qui précède la présente citation.

levier et de la composition des forces, quoique les mécaniciens l'y rapportent communément, lequel paraît être le fondement naturel du principe des vitesses virtuelles : on peut l'appeler le *principe des poulies.*

Si plusieurs poulies sont jointes ensemble sur une même chape, on appelle cet assemblage *polispaste* ou *moufle,* et la combinaison de deux moufles, l'une fixe et l'autre mobile, embrassées par une même corde dont l'une des extrémités est fixement attachée et l'autre est attirée par une puissance, forme une machine dans laquelle la puissance est au poids porté sur la moufle mobile comme l'unité est au nombre des cordons qui aboutissent à cette moufle, en les supposant tous parallèles et faisant abstraction du frottement et de la roideur de la corde; car il est évident qu'à cause de la tension uniforme de la corde dans toute sa longueur [209], le poids est soutenu par autant de puissances égales à celle qui tend la corde qu'il y a de cordons qui soutiennent la moufle mobile, puisque ces cordons sont parallèles et qu'ils peuvent même être regardés comme n'en faisant qu'un, en diminuant, si l'on veut, à l'infini le diamètre des poulies.

En multipliant ainsi les moufles fixes et mobiles, et les faisant toutes embrasser par la même corde au moyen de différentes poulies fixes de renvoi, la même puissance, appliquée à son extrémité mobile, pourra soutenir autant de poids qu'il y a de moufles mobiles, et dont chacun sera à cette puissance comme le nombre des cordons de la moufle qui le soutient est à l'unité.

Substituons, pour plus de simplicité, un poids à la place de la puissance, après avoir fait passer sur une poulie fixe le dernier cordon qui soutient le poids, que nous prendrons pour l'unité; et imaginons que les différentes moufles mobiles, au lieu de soutenir des poids, soient attachées à des corps regardés comme des points et disposés entre eux en sorte qu'ils forment un système quelconque donné. De cette manière, le même poids produira, par le moyen de la corde qui embrasse toutes les moufles, différentes puissances qui agiront sur les différents points du système, suivant la direction des cordons qui aboutissent aux moufles attachées

---

[209] C'est là un appel à l'expérience. Il contient diverses choses, par exemple sur les propriétés de la poulie. Mais il contient notamment le principe de l'égalité de l'action et de la réaction dans le cas du fil. Comme Reech (note 138), Lagrange donne donc une place à part à l'égalité de l'action et de la réaction dans le cas du fil.

à ces points, et qui seront au poids comme le nombre des cordons est à l'unité; en sorte que ces puissances seront représentées elles-mêmes par le nombre des cordons qui concourent à les produire par leur tension.

Or, il est évident que, pour que le système tiré par ces différentes puissances demeure en équilibre, il faut que le poids ne puisse pas descendre par un déplacement quelconque infiniment petit des points du système ([210]); car, le poids tendant toujours à descendre, s'il y a un déplacement du système qui lui permette de descendre, il descendra nécessairement et produira ce déplacement dans le système.

Désignons par α, β, γ, ... les espaces infiniment petits que ce déplacement ferait parcourir aux différents points du système suivant la direction des puissances qui les tirent, et par P, Q, R, ... le nombre des cordons des moufles appliquées à ces points pour produire ces mêmes puissances; il est visible que les espaces α, β, γ, ... seraient aussi ceux par lesquels les moufles mobiles se rapprocheraient des moufles fixes qui leur répondent, et que ces rapprochements diminueraient la longueur de la corde qui les embrasse des quantités Pα, Qβ, Rγ, ..., de sorte qu'à cause de la longueur invariable de la corde, le poids descendrait de l'espace

$$P\alpha + Q\beta + R\gamma + ...$$

Donc il faudra, pour l'équilibre des puissances représentées par

---

([210]) On a objecté, avec raison, à cette assertion de Lagrange, l'exemple d'un point pesant en équilibre au sommet le plus élevé d'une courbe; il est évident qu'un déplacement infiniment petit le ferait descendre, et pourtant ce déplacement ne se produit pas. La première démonstration rigoureuse du principe des vitesses virtuelles est due à Fourier (*Journal de l'École Polytechnique*, t. II, an VI). Le même Cahier du *Journal* contient la démonstration que Lagrange reproduit ici.   (J. BERTRAND.)

Nous ne souscrirons pas entièrement à l'objection de J. Bertrand. On peut y répondre en disant que Lagrange accepte de considérer le cas de la courbe comme le cas limite d'un polygone ayant un grand nombre de côtés; ce qui le prouve bien, c'est que, plus bas, il ne considère que des déplacements α, β, γ, ... infiniment petits. Si l'on prend un tel polygone avec un côté horizontal, le point placé sur ce côté ne peut pas descendre. Sans doute cette manière de raisonner n'est-elle pas entièrement rigoureuse. Mais il ne faut pas oublier qu'il s'agit ici d'une démonstration physique pour laquelle il ne faut pas être trop difficile et qui a le droit de n'être qu'une interprétation approchée des faits dans un langage mathématique.

les nombres P, Q, R, ..., qu'on ait l'équation

$$P\alpha + Q\beta + R\gamma + \ldots = o,$$

ce qui est l'expression analytique du principe **général des vitesses** virtuelles.

19. Si la quantité $P\alpha + Q\beta + R\gamma + \ldots$, au lieu d'être nulle, était négative, il semble que cette condition suffirait pour établir l'équilibre, parce qu'il est impossible que le poids monte de lui-même; mais il faut considérer que, quelle que puisse être la liaison des points qui forment le système donné, les relations qui en résultent entre les quantités infiniment petites α, β, γ, ... ne peuvent être exprimées que par des équations différentielles et, par conséquent, linéaires entre ces quantités, de sorte qu'il y en aura nécessairement une ou plusieurs d'entre elles qui resteront indéterminées et qui pourront être prises en plus ou en moins; par conséquent, les valeurs de toutes ces quantités seront toujours telles qu'elles pourront changer de signe à la fois. D'où il s'ensuit que si, dans un certain déplacement du système, la valeur de la quantité $P\alpha + Q\beta + R\gamma + \ldots$ est négative, elle deviendra positive en prenant les quantités α, β, γ, ... avec des signes contraires; ainsi le déplacement opposé étant également possible ferait descendre le poids et détruirait l'équilibre ([211]).

20. Réciproquement, on peut prouver que, si l'équation

$$P\alpha + Q\beta + R\gamma + \ldots = o$$

a lieu pour tous les déplacements possibles infiniment petits du système, il sera nécessairement en équilibre; car, le poids demeurant immobile dans ces déplacements, les puissances qui agissent sur le système restent dans le même état, et il n'y a plus de raison pour qu'elles produisent l'un plutôt que l'autre des deux déplace-

---

([211]) Lagrange considère ici, contrairement à ce que fait Fourier dans la citation du paragraphe précédent, et à ce qu'il fera lui-même plus tard (*voir* note 242), notre moderne travail virtuel *avec son signe*.

Ces considérations excluent les liaisons unilatérales. Il en résulte évidemment que, si Lagrange avait voulu considérer les liaisons unilatérales, il aurait exprimé sa condition d'équilibre en disant que le travail virtuel des forces données est positif. Or, nous savons qu'il y a des liaisons unilatérales, celle notamment qui a été étudiée à la fin du paragraphe précédent, qui échappent à cette condition. Nous y reviendrons à la fin du présent paragraphe.

ments dans lesquels les quantités α, β, γ, … ont des signes contraires. C'est le cas de la balance qui demeure en équilibre, parce qu'il n'y a pas de raison pour qu'elle s'incline d'un côté plutôt que de l'autre (²¹²).

Le principe des vitesses virtuelles, étant ainsi démontré pour des puissances commensurables entre elles, le sera aussi pour des puissances quelconques incommensurables, puisqu'on sait que toute proposition qu'on démontre pour des quantités commensurables peut se démontrer également par la réduction à l'absurde, lorsque ces quantités sont incommensurables.

En résumé, Lagrange estime que le principe du travail virtuel ne doit pas être posé *a priori* et qu'il convient de le justifier. La justification qu'il donne n'est pas, à proprement parler, une démonstration mathématique; c'est une démonstration physique, la seule espèce de démonstration d'ailleurs dont soit susceptible un tel principe. Lagrange admet certaines propriétés simples des poulies (égalité de tension du fil dans toute sa longueur, égalité de l'action et de la réaction pour ce fil) qu'on peut considérer comme des faits d'expérience ou, si l'on veut, rattacher en partie au levier. Il admet aussi le principe à démontrer dans un cas très simple (*voir* note 212) où il n'est qu'un cas particulier, très voisin de notre expérience journalière, du principe de Torricelli (²¹³).

Reech a modifié comme suit la démonstration de Lagrange.

(²¹²) Il est toujours dangereux de dire qu'il n'y a pas de raison pour que le déplacement se fasse dans un sens plutôt que dans l'autre : il y a peut-être une raison qui nous échappe. En somme, si l'on rapproche le passage actuel de la phrase qui suit la note 210, on voit que Lagrange fait appel à l'intuition expérimentale pour admettre les deux faits suivants : si le poids peut descendre, il descendra; si le poids ne peut pas descendre, il ne se déplacera pas. Cela revient à dire que Lagrange considère que la condition nécessaire et suffisante d'équilibre du poids, c'est que le travail virtuel de la pesanteur dans tous les déplacements compatibles avec les liaisons des moufles soit nul ou négatif. Lagrange, pour démontrer le principe du travail virtuel dans toute sa généralité, l'admet donc dans un cas particulier où il est très proche de notre intuition expérimentale. Une pareille réduction à un cas simple mérite vraiment, dans une science physique, le nom de *démonstration* et de belle démonstration.

(²¹³) Dans le même ordre d'idées, il est intéressant de savoir que, à la section suivante de la *Mécanique analytique,* Lagrange fait voir que, si le principe du travail virtuel est admis pour deux puissances, il s'en déduit dans toute sa généralité.

Il produit les forces par un fil ayant une tendance indéfinie au raccourcissement et admet qu'un tel fil n'est en équilibre que lorsqu'il a une longueur minima.

Voici, par exemple, un point M sur lequel agissent trois forces MA, MB, MC (*fig.* 24). Reech se représente le point M

Fig. 24.

comme un anneau. En A, B, C il place des anneaux fixes. Il place son fil de la façon suivante. Partant de l'anneau M, le fil va à l'anneau A et revient en M, et cela P' fois. Puis il va à l'anneau B et en revient P″ fois; puis il va à l'anneau C et en revient P‴ fois. Le fil alors se ferme sur lui-même. l, l', l'' étant les longueurs MA, MB, MC, la longueur du fil sera

$$2Pl + 2P'l' + 2P''l''.$$

L'équilibre s'obtiendra quand cette expression sera minima. On remarquera que $2P, 2P', 2P''$ sont les mesures des trois forces. On trouve ainsi la règle du parallélogramme.

Ce sont là, en somme, les moufles de Lagrange, avec une manière un peu différente de produire les forces.

Ce n'est nullement diminuer la valeur du magnifique raisonnement de Lagrange que de signaler que l'affirmation dont il part contient implicitement des restrictions sur la nature des liaisons assujettissant les points et des forces provoquées par ces liaisons, et que, par là, certains cas peuvent lui échapper. Nous trouvons ici exactement les mêmes exceptions que nous avons rencontrées dans le paragraphe précédent à propos de l'équivalence des liaisons assurant la même mobilité. Les liaisons doivent être sans frottement pour qu'on puisse dire que le poids descendra toutes les fois qu'il pourra descendre. De même, dans le cas du cylindre C posé sur un plan PQ et assujetti à y rouler sans glissement, si l'on produit la force F par un fil qui passe sur une poulie II et tiré par un poids R, le déplacement AB (*fig.* 25) ferait des-

Fig. 25.

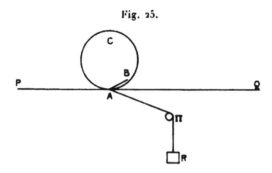

cendre R, et cependant il ne se produira pas. Notre conclusion sera donc, encore ici, qu'il convient, avant tout, d'examiner la réalisation physique des liaisons pour juger si la démonstration de Lagrange est applicable.

§ 3. — La Statique fondée sur les propriétés newtoniennes de la force.

Les deux Statiques des paragraphes précédents ont un inconvénient commun. Elles sont fondées sur des principes expérimentaux qui sont un mélange des propriétés générales des forces et des propriétés particulières des liaisons. Le mélange est d'ailleurs assez intime et l'on ne distingue pas nettement ce qui, dans le principe du levier ou dans celui du travail virtuel, provient des lois de la force, étudiées dans le Livre I, lois que nous appellerons *newtoniennes,* et ce qui est dû à la nature physique des liaisons. Il serait intéressant d'avoir un mode d'exposition qui fasse exactement le départ, de manière à mettre en évidence quels sont vraiment les éléments expérimentaux nouveaux que l'introduction des liaisons nous oblige à envisager, en dehors de ceux qui figurent dans les propriétés newtoniennes de la force.

La Statique de Varignon répond à ce desideratum. Elle part du principe de la composition des forces concourantes, qui est une des lois newtoniennes de la force, et fait intervenir quelques appels à l'expérience au sujet des liaisons rencontrées dans les machines, par exemple l'idée que deux forces égales et directement opposées appliquées en deux points d'un corps *solide* se font équilibre (note 30).

On peut voir d'ailleurs, par la citation suivante de Lagrange, comment cette idée permet de rattacher la Statique de Varignon au principe du levier.

5. On peut établir une liaison immédiate entre le principe de la composition des forces et celui du levier par le théorème que Varignon a donné dans sa *Nouvelle Mécanique* (1re section, lemme XVI), et qui consiste en ce que si, d'un point quelconque pris dans le plan d'un parallélogramme, on abaisse des perpendiculaires sur la diagonale et sur les deux côtés qui comprennent cette diagonale, le produit de la diagonale par sa perpendiculaire est égal à la somme des produits des deux côtés par leurs perpendiculaires respectives, si le point tombe hors du parallélogramme, ou à leur différence, s'il tombe dans le parallélogramme....

Ce théorème aurait lieu également... si sur le prolongement de la diagonale et des côtés on prenait partout où l'on voudrait des parties égales à ces lignes; de sorte que, comme toute puissance peut être supposée appliquée à un point quelconque de sa direction ([214]), on peut conclure en général que deux puissances, représentées en quantité et en direction par deux droites placées dans un plan, ont une composée ou résultante représentée en quantité et en direction par une droite placée dans le même plan qui, étant prolongée, passe par le point de concours des deux droites et qui soit telle, qu'ayant pris dans ce plan un point quelconque, et abaissé de ce point des perpendiculaires sur ces trois droites prolongées s'il est nécessaire, le produit de la résultante par sa perpendiculaire soit égal à la somme ou à la différence des produits respectifs des deux puissances composantes par leurs perpendiculaires, selon que le point d'où partent les trois perpendiculaires sera pris au dehors ou au dedans des droites qui représentent les puissances composantes.

([214]) C'est ici que s'introduit le postulat physique nouveau. On voit donc que le principe du levier contient, outre le principe newtonien de la composition des forces, un principe relatif à la liaison de solidité.

Lorsque ce point est supposé tomber sur la direction de la résultante, cette puissance n'entre plus dans l'équation, et l'on a l'égalité entre les deux produits des composantes par leurs perpendiculaires : c'est le cas de tout levier droit et angulaire, dont le point d'appui est le même que le point dont il s'agit, parce qu'alors l'action de la résultante est détruite par la résistance de l'appui.

Ce théorème, dû à Varignon, est le fondement de presque toutes les Statiques modernes, où il constitue le principe général appelé des *moments*. Son grand avantage consiste en ce que la composition et la résolution des forces y sont réduites à des additions et des soustractions; de sorte que, quel que soit le nombre des puissances à composer, on trouve facilement la puissance résultante, laquelle doit être nulle dans le cas d'équilibre.

La base de la Statique de Varignon se compose donc en premier lieu du principe newtonien de la composition des forces et, en second lieu, des propriétés de certaines liaisons. Mais ces propriétés des liaisons, Varignon n'a pas su trouver leur énoncé général : à savoir que les forces de liaison ne travaillent pas, du moins dans les liaisons bilatérales. Il a bien pu démontrer, dans tous les cas particuliers étudiés par lui, la vérité du principe du travail virtuel, qui lui avait été fourni par Jean Bernouilli, mais cette vérité apparaît chez lui comme un résultat détourné et non comme une conséquence immédiate du fait que les forces de liaison ne travaillent pas.

Il est possible d'échapper à ce défaut. Qu'on se reporte, par exemple, à la démonstration classique du principe du travail virtuel exposée par M. Appell dans son *Traité de Mécanique*. Elle est basée uniquement sur les lois newtoniennes de la force et sur le fait expérimental, vérifié sur les principales liaisons et admis par induction pour les autres, que les forces de liaison ne travaillent pas. L'origine de cette démonstration peut être trouvée dans la suivante, donnée par Fourier dans son *Mémoire sur la Statique*. Le passage que nous allons citer est intercalé dans la citation du § 1, au point marqué par la note 202.

2. .... Nous examinerons, en premier lieu, l'équilibre des

forces qui sollicitent un point; et nous chercherons quelle est la valeur du moment total lorsque ce point est infiniment peu dérangé de sa situation. De là nous passerons à la recherche des conditions de l'équilibre, lorsque les forces agissent sur une ligne droite inflexible ou sur deux surfaces qui se résistent mutuellement; on peut toujours faire dépendre de ces éléments l'équilibre d'un système matériel quelconque.

3. En généralisant le théorème de Stevin, on reconnaît que les forces qui se font équilibre sur un point sont représentées en quantité et en direction par les côtés d'un polygone situé ou non dans le même plan; et cela prouve que, si l'on projette les droites proportionnelles aux forces sur une ligne qui passe par le point qu'elles sollicitent, la somme des projections est nulle (²¹⁵). Maintenant, si l'on appelle p, p', p'', ... les forces en équilibre, u, u', u'', ... les angles formés par les directions de ces forces et une ligne droite quelconque qui passe par le point où elles sont appliquées, et dr l'espace parcouru sur la ligne lors du déplacement de ce point, la somme des projections sera

$$p \cos u + p' \cos u' + p'' \cos u'' + \ldots$$

et la somme des moments (²¹⁶)

$$p \, dr \cos u + p' \, dr \cos u' + p'' \, dr \cos u'' + \ldots.$$

Cette dernière quantité sera donc nulle, de quelque manière que le point soit dérangé de sa position actuelle.

. . . .

4. Supposons maintenant que deux forces égales et contraires, appliquées aux extrémités d'une ligne droite inflexible, agissent dans sa direction, et cherchons la valeur du moment total pour un dérangement quelconque de la ligne. Si l'on regarde d'abord comme entièrement libres les deux points que les forces sollicitent et qu'on prenne chacun des deux points pour le centre fixe de la force qui sollicite l'autre, il sera aisé de voir que, leur distance étant une fonction de leurs coordonnées, la vitesse virtuelle du premier sera égale à la différentielle de la distance, prise en faisant

---

(²¹⁵) C'est l'expression d'une propriété newtonienne de la force.
(²¹⁶) Avec la définition donnée par Fourier pour les moments (*voir* § 1), il faudrait dire que le moment est $- p \, dr \cos u - p' \, dr \cos u' - \ldots$.

varier seulement les coordonnées de ce point; il en sera de même du second; en sorte que le moment total, qui est ici proportionnel à la somme des vitesses virtuelles, le sera aussi à la somme des différentielles partielles qui représentent ces vitesses, c'est-à-dire à la différentielle complète de la distance entre les deux points. (*Voyez* la *Mécanique analytique*, 1ʳᵉ Partie, Sect. II, art. 4.) Ainsi, dans le cas où la distance est constante, la valeur du moment total est nulle....

Il suit encore de l'expression du moment total que, si la distance des deux points est variable et que les forces tendent à l'augmenter, la somme des moments sera négative si cette distance devient en effet plus grande, et positive si la distance diminue. Si les deux forces tendent à rapprocher les deux points, leur moment total sera négatif ou positif, selon que ces deux points s'approcheront ou s'éloigneront ([217]).

5. Si les deux forces, au lieu d'être opposées, agissent dans le même sens, il est clair, d'après ce qui vient d'être dit, que le moment de la première sera égal au moment de la seconde pour un même déplacement de la ligne supposée inflexible. Il en est donc du moment d'une force comme de son effet; l'un et l'autre ne changent point, lorsqu'on applique cette force à différents points de sa direction, considérée comme une ligne solide....

6. Si l'on considère deux forces qui se font équilibre, étant appliquées aux extrémités d'un fil inextensible, il sera facile de connaître leur moment total pour un déplacement compatible avec la nature du corps en équilibre. Il suit de l'article précédent que le moment est nul toutes les fois que la distance est conservée, c'est-à-dire lorsque l'équation de condition est satisfaite. Pour tous les autres déplacements possibles, le moment est positif, et le système en équilibre ne peut être troublé de manière que le moment total soit négatif.

7. Concevons maintenant que deux surfaces inflexibles se résistent mutuellement, étant pressées au point du contact par deux

---

([217]) Fourier fait intervenir dans cet alinéa, outre les propriétés newtoniennes de la force, la propriété spéciale à la liaison de solidité que deux forces égales et directement opposées se font équilibre, même quand leurs points d'application sont différents.

forces égales, contraires et perpendiculaires au plan du contact : il s'agit de trouver la valeur du moment total pour un dérangement quelconque du système en équilibre. Si l'on regarde chacune des normales comme une ligne inflexible, on pourra appliquer les forces à des points quelconques de leur direction, sans que la valeur du moment total dû à un déplacement quelconque du système diffère de celle qu'on aurait obtenue d'abord pour ce même déplacement. Or on peut remarquer que, si l'on désigne en dedans des surfaces deux points des perpendiculaires très voisins du point de contact, ces deux points ne peuvent être moins distants qu'ils ne le sont présentement dans la situation de l'équilibre; en sorte que la distance augmente ou ne change point toutes les fois que le système est dérangé. Cette première distance est donc la moindre de toutes celles qui ont lieu lorsqu'on fait varier la position respective des deux superficies qui ne cessent pas de se toucher; et, la loi de continuité étant observée, il est nécessaire que la différentielle soit nulle. D'un autre côté, le moment total des deux forces est proportionnel à la variation de la distance des deux points qu'elles sollicitent; donc ce moment total est nul, quel que soit le déplacement.

8. ... Il n'en est pas de même si les deux surfaces se séparaient entièrement lors du déplacement.... Le moment total, qui est toujours proportionnel à la variation de la distance des deux points que les forces sollicitent, et qui est de même signe, parce que les forces tendent à diminuer la distance, est nécessairement nul ou positif, quel que soit le dérangement qui survienne dans la situation des deux surfaces. Ainsi on ne peut pas les faire sortir de la position actuelle de l'équilibre de manière que le moment ait une valeur négative ([218]).

9. Les principes qui viennent d'être exposés suffisent pour déterminer directement et, pour ainsi dire, *a priori* la valeur du moment des forces qui se font équilibre sur un système quelconque, solide, flexible ou fluide.

([218]) Fourier suppose implicitement, dans les articles 7 et 8, que rien n'empêche le glissement de deux surfaces l'une sur l'autre, puisqu'il suppose que les surfaces ne sont en équilibre que si elles sont pressées l'une contre l'autre par deux forces normales à leur plan tangent commun. Il élimine ainsi les contacts entre corps parfaitement rugueux et, en particulier, la liaison signalée à la fin du paragraphe 1.

On peut remarquer d'abord qu'il suit de l'article 3 que, si des forces sont appliquées à un point et qu'on leur substitue leur résultante, le moment de cette dernière force, dû à un déplacement quelconque, est le même que la somme des moments des composantes pour ce même déplacement. D'un autre côté, le moment d'une force ne change point lorsqu'on l'applique à différents points de sa direction (art. 4). De plus, si plusieurs forces parallèles sollicitent un plan, la somme de leurs moments sera égale au moment de leur résultante pour un dérangement quelconque du plan. Nous ne nous arrêterons point à la démonstration de cette dernière proposition, qui peut d'ailleurs être regardée comme une conséquence des deux précédentes. Les procédés de la composition et de la décomposition des forces se réduisant à prolonger les directions des forces et à composer les forces parallèles ou celles qui agissent sur un point, il en résulte cette propriété générale des moments qu'on ne change pas le moment total des forces pour un déplacement quelconque en leur substituant leurs résultantes ou les combinant suivant les règles connues de la composition et décomposition des forces ([210]). Ainsi le moment des forces est constant tant que l'effet qu'elles tendent à produire n'est point changé.

10. Cette remarque s'applique naturellement à l'équilibre des corps durs : en effet, si l'on suppose que plusieurs forces appliquées à un corps solide se font équilibre et qu'on se propose de connaître la valeur du moment de ces forces, lorque le corps éprouve un déplacement quelconque, il suffira de déterminer les résultantes des forces et d'estimer le moment de ces résultantes pour le même déplacement. Or, si l'on prolonge les directions des forces jusqu'à la rencontre d'un plan commun, qu'à ces points de rencontre on décompose chaque force en deux, dont l'une sera dans le plan et la seconde perpendiculaire au plan, il sera d'abord nécessaire, comme on peut s'en assurer, que les forces perpendiculaires se détruisent séparément et se réduisent à deux résultantes égales, contraires et appliquées au même point. De même, en prolongeant les directions des forces qui agissent dans le plan jusqu'à la rencontre d'une commune ligne, et décomposant chacune d'elles en deux, dont l'une est perpendiculaire à la ligne et l'autre est dirigée suivant cette ligne, il faudra que ces forces perpendiculaires à la

---

([210]) Appliquées a un corps solide.

ligne aient deux résultantes égales, contraires et appliquées au
même point. Enfin, les forces qui agissent dans la direction de la
ligne se réduisent aussi à deux qui se détruisent entièrement; en
sorte qu'en tout équilibre d'un corps dur il se trouve toujours un
plan, une ligne et un point sollicités par deux forces égales et contraires. Les six résultantes étant ainsi déterminées, il est manifeste
que leur moment total est toujours nul; d'où l'on doit conclure
que, de quelque manière qu'on déplace un corps solide soumis à
l'action de plusieurs forces qui se détruisent, la somme des moments de ces forces est toujours nulle.

11. On peut prouver par les mêmes moyens la proposition réciproque, qui consiste en ce que les forces qui sollicitent un corps
solide se font nécessairement équilibre, si la somme de leur moment
est nulle pour tous les déplacements possibles.

L'équilibre d'un corps solide libre se réduit toujours à l'opposition directe des forces égales. Si le corps n'est pas libre, ce sont
les résistances qui détruisent les dernières résultantes. Les équations de condition expriment alors que les points du système où
les forces résultantes agissent sont fixés à des points immobiles ou
ne peuvent être transportés hors de certaines surfaces. C'est pourquoi, pour tous les dérangements qui satisfont aux équations de
condition, le moment des résultantes est nul; donc le moment
total des forces appliquées est nul pour ces mêmes déplacements.

Comme il arrive souvent que les points du système s'appuient
seulement sur les obstacles fixes, sans y être attachés, il est évident qu'il y a des déplacements possibles qui ne satisfont pas aux
équations de condition : on voit encore que, pour ces déplacements, le moment des résultantes est nécessairement positif,
puisque la direction de ces forces doit être perpendiculaire aux
surfaces résistantes ([220]). Ainsi, la somme des moments des forces
appliquées est positive pour tous les déplacements de cette espèce;
mais il est impossible qu'on dérange un corps dur en équilibre de
sorte que le moment total des forces appliquées soit négatif. Au
reste, si l'on considère les résistances comme des forces, ce qui
fournit, comme on le sait, le moyen d'estimer ces résistances, le
corps peut être regardé comme libre, et la somme des moments
est nulle pour tous les déplacements possibles.

([220]) *Voir* la note 218.

12. ... Cette propriété des moments, qui consiste en ce que la valeur du moment des forces appliquées est la même que celle du moment correspondant des résultantes, présente une analogie manifeste avec le principe des vitesses virtuelles ; car, si l'équilibre d'un certain système peut être réduit par les procédés de la composition des forces à l'opposition directe de résultantes égales, il s'ensuit que la somme des moments des forces appliquées est nulle. On ne peut opérer cette réduction sans démontrer en même temps la vérité du principe des vitesses virtuelles. Il nous semble que cette simple remarque aurait épargné à Varignon les détails dans lesquels il se crut obligé d'entrer lorsqu'il voulut prouver la proposition de Bernouilli : car, ayant le premier expliqué différentes espèces d'équilibre, avec beaucoup de sagacité et d'exactitude, par les seuls principes de la composition des forces, il avait par cela même établi dans tous ces cas la vérité de cette proposition.

La considération des forces se lie donc naturellement à celle des moments. Ils se composent de la même manière et se transforment par les mêmes procédés. De là vient qu'ils se détruisent en même temps, dans le cas de l'équilibre ([221]).

13. Il est facile d'appliquer à l'équilibre des corps flexibles les principes exposés ci-dessus.

Concevons un système de corps solides unis par des fils inextensibles et sollicités par des forces quelconques, telles qu'il y ait équilibre indépendamment de toute résistance extérieure ; il est question de déterminer la valeur du moment total pour un déplacement du système. On remarquera d'abord que les forces qui sollicitent chacun des corps pris en particulier se détruisent mutuellement ; et ces forces ne sont pas seulement celles qui lui

---

([221]) Dans les articles 3 à 12, Fourier a, en somme, examiné individuellement un certain nombre de systèmes soumis à certaines liaisons et montré que le principe du travail virtuel est vrai pour tous les cas examinés. Il s'est appuyé pour cela sur les propriétés physiques des diverses liaisons et sur le principe newtonien de la composition des forces concourantes ; il a invoqué aussi la composition des forces appliquées au corps solide, mais celle-ci se déduit (*voir* l'article 10) de la composition des forces concourantes et du transport d'une force suivant sa direction, propriété de la liaison de solidité. C'est donc bien là la méthode que nous avons annoncée. Toutefois, elle n'est pas appliquée avec toute la clarté désirable, parce que Fourier ne fait pas intervenir explicitement les *forces* de liaison. Au contraire, dans les passages qui vont suivre, elle se dessine bien plus nettement.

étaient appliquées, mais aussi celles qui proviennent des résistances ou tensions des fils placés entre les points de ce corps et les points des corps voisins; la somme des moments de ces forces qui agissent sur chacun des corps est donc nulle en particulier. C'est pourquoi, en considérant à la fois toutes les forces qui agissent sur tous les corps, on peut dire que leur moment total est nul pour tous les déplacements imaginables, même pour ceux que la présence des fils ne permet pas. Il faut maintenant choisir, parmi ces déplacements, ceux qui satisfont aux équations de condition et chercher quelle est, pour ces derniers, la valeur du moment total des seules forces qui proviennent des tensions. On reconnaît bientôt que cette valeur est nulle (²²²). En effet, chacun des fils est tiré à ses deux extrémités par deux forces égales et contraires; et ces mêmes forces, prises en sens opposé, sont précisément celles qu'on pourrait substituer au fil sans que l'équilibre fût troublé. Or la distance des points que ces deux forces tendent à rapprocher étant conservée. leur moment total est nul, et il en est de même de toutes les forces de tension prises deux à deux. On doit conclure de là que la somme des moments des seules forces appliquées au système en équilibre est nulle pour tous les déplacements qui satisfont aux équations de condition.

Si la distance des extrémités des fils n'est pas conservée lors du déplacement, comme elle ne peut que devenir moindre et que les forces que nous appelons *forces de tension* tendent en effet à la diminuer, il s'ensuit que la somme des moments de toutes ces dernières forces est négative : c'est pourquoi la somme des moments des seules forces appliquées est nécessairement positive pour les dérangements de cette espèce, et le système en équilibre ne peut jamais être déplacé de manière que le moment des forces soit négatif.

14. Supposons maintenant qu'un amas indéfini de corps durs, de figure et de dimensions quelconques, soit sollicité par des forces auxquelles ces corps résistent, en se servant mutuellement

---

(²²²) Voilà, comme nous l'avons annoncé dans la note précédente, les idées fondamentales de la question bien séparées : d'un côté les principes newtoniens, de l'autre la propriété fondamentale qu'ont les forces de liaison de ne pas travailler (dans les liaisons bilatérales). A la vérité, il reste une petite imperfection dans l'exposé de Fourier. Les principes newtoniens ne sont pas dégagés dans toute leur pureté. Mais la correction de cette imperfection sera facile.

d'appui, tellement qu'il y ait équilibre; on propose de déterminer la valeur du moment total pour un dérangement du système. Pour y parvenir, on remarquera que chacun des corps est en équilibre en vertu des forces qui peuvent lui être appliquées et de celles qui équivalent aux résistances des corps voisins, que ces dernières forces de pression sont égales deux à deux et dirigées en sens contraire, selon la perpendiculaire au plan de contact; en sorte que deux forces conjuguées, étant prises en sens opposé, tiendraient seules en équilibre les superficies auxquelles elles sont appliquées. Il suit de cette dernière condition que, si le contact dont la pression résulte est conservé, quoique en des points différents, lors du déplacement du système, le moment total des deux forces est nul, mais que ce moment est négatif si ces deux corps se séparent entièrement. Maintenant, en considérant à la fois toutes les forces qui agissent sur tous les corps, il est certain que la somme de leurs moments doit être nulle pour tous les dérangements qu'on peut concevoir, même pour ceux qui sont empêchés par l'impénétrabilité mutuelle des solides. Or, pour les déplacements compatibles avec cette dernière condition, le moment de toutes les forces de pression est nul ou négatif. Donc, pour tous les dérangements possibles, la somme des moments des seules forces appliquées est nulle ou positive : elle est nulle lorsque les équations qui expriment que le contact doit avoir lieu sont satisfaites, et positive toutes les fois que deux corps qui se touchaient et se pressaient sont entièrement séparés; il n'y a aucun dérangement possible pour lequel la somme des moments soit négative....

15. [Fourier étend ce mode de raisonnement aux fluides incompressibles en considérant que les liaisons réalisées au sein de ceux-ci sont produites par des forces s'exerçant entre les divers points et s'opposant à toute variation de distance entre ces points.]

16. Nous avons été conduits naturellement à reconnaître, dans un système matériel quelconque, des forces qui s'opposent, dans certains corps, au rapprochement des éléments voisins, dans d'autres à leur éloignement ou quelquefois à tout changement de la distance. Au reste, ces expressions ne doivent pas être prises dans un sens absolu : les forces dont il s'agit ne sont jamais excitées que par quelque variation dans la distance. La matière des

corps durs et des fluides incompressibles n'est pas privée d'élasticité. Les raisonnements précédents supposent seulement l'existence de ces forces, qui n'est pas incertaine, mais il se mêle à l'idée que nous nous en formons aujourd'hui quelque chose d'obscur. L'ignorance où nous sommes de la constitution intérieure de la matière ne permet guère de juger clairement de cette action réciproque des points physiques qui conserve les distances et protège en quelque sorte, contre toute action étrangère, la forme particulière du composé ([223]). Nous avons déjà évité ces considérations, en traitant de l'équilibre des corps solides, et l'on peut y parvenir de la même manière dans les deux autres cas; mais il y a des moyens plus généraux de trouver les conditions de l'équilibre; nous allons en faire usage, et nous établirons le principe des vitesses virtuelles, sans avoir égard à la nature particulière du système que les forces sollicitent. Nous avons pensé qu'on ne pouvait apporter trop de soins à présenter avec clarté la démonstration d'un principe qui doit servir de base à la Mécanique ([224]).

J'indiquerai ici en quelques mots la marche de la démonstration classique du principe du travail virtuel qui se trouve dans le Traité de M. Appell et qui est l'aboutissant logique de la méthode de Fourier.

Une analyse des principales liaisons bilatérales et unilatérales montre que *le travail des forces de liaison est nul ou positif dans les déplacements virtuels compatibles avec les liaisons*. Ce résultat se démontre en faisant certaines hypo-

---

([223]) L'obscurité dont parle Fourier existe certainement au sujet des forces s'exerçant entre les différents points d'un fluide incompressible : peut-être est-elle due au fait que Fourier cherche à se représenter la constitution de la matière. Mais je laisse de côté les fluides, et j'avoue que je ne vois pas d'obscurité dans la notion des forces au contact entre deux corps durs (art. 14) : cela me paraît être une notion expérimentale immédiate.

([224]) La démonstration que Fourier annonce ainsi est celle qui repose sur le levier (citée dans le paragraphe 1). On a vu, par les notes que j'ai mises à tout ce qui précède, que je lui reproche précisément ce qui fait son mérite aux yeux de Fourier, de n'avoir pas égard à la nature particulière du système que les forces sollicitent. Je lui préfère celle qui est citée ici et qui est fondée sur l'analyse physique des principales liaisons. A remarquer toutefois que cette dernière est présentée incomplètement ici. Fourier ne s'y occupe pas de la suffisance de la condition d'équilibre.

thèses sur la direction des forces de liaison : c'est donc une *interprétation des faits d'expérience.* On remarquera tout de suite qu'il est inexact pour les liaisons avec frottement et pour la liaison unilatérale envisagée à la fin des paragraphes 1 et 2 du présent Chapitre; ces cas-là échapperont donc à la loi qu'on va trouver.

Prenons donc le fait comme exact. Il suffit alors de raisonner comme Fourier dans les articles 13 et 14 de la citation ci-dessus pour démontrer que, si le système est en équilibre, le travail virtuel des forces directement appliquées doit être nul ou négatif. Réciproquement, si le travail virtuel des forces directement appliquées n'est pas positif, le système est en équilibre. Supposons en effet qu'il n'y soit pas. Les points étant abandonnés sans vitesse initiale, quelques-uns au moins vont se mettre en mouvement et ils le feront chacun dans la direction de la force résultante qui lui est appliquée. Il y a donc au moins un déplacement compatible avec les liaisons, celui que le système va prendre spontanément, pour lequel le travail de toutes les forces résultantes est positif. Mais quelle est la force résultante provoquant le déplacement d'un point? Si le déplacement se fait conformément aux *équations* de condition, le point est poussé par la force donnée et par la force de liaison agissant sur lui. Si le déplacement se fait conformément aux *inégalités* de condition, le point est poussé par la seule force donnée. Pour les deux cas, le travail des forces de liaison est nul dans le déplacement spontané, soit parce que les chemins sont normaux aux réactions, soit parce que les réactions sont nulles. Il s'ensuit que le travail des forces données seul est positif, ce qui est contraire à l'hypothèse. Le système ne peut donc pas se mettre en mouvement : il est en équilibre.

Ce mode de raisonnement remplit bien le programme que nous nous étions proposé : séparation des principes newtoniens et des propriétés spéciales aux liaisons.

Il repose essentiellement, nous en revenons toujours là, sur l'analyse et l'interprétation dynamique, c'est-à-dire physique, des principaux types de liaisons. Par là on voit très bien comment lui échappe la liaison envisagée à la fin des paragraphes 1 et 2.

A propos de la nécessité où l'on se trouve d'envisager la réalisation dynamique de la liaison, nécessité sur laquelle j'ai tant insisté dans tout le présent Chapitre, je ferai connaître que Lazare Carnot, dans son *Essai sur les machines en général* (1783) et dans ses *Principes fondamentaux de l'équilibre et du mouvement* (1803) qui en sont le développement, a considéré les déplacements virtuels sous le nom de *mouvements géométriques,* et en a donné la définition suivante ([225]) :

Tout mouvement qui, imprimé à un système de corps, ne change rien à l'intensité de l'action qu'ils exercent ou pourraient exercer les uns sur les autres si on leur imprimait d'autres mouvements quelconques, sera nommé mouvement géométrique.

Dans cette conception, la dynamique des liaisons devient quelque chose d'essentiel. Pour une liaison unilatérale, un déplacement séparant les deux corps en contact ne serait pas géométrique, car il ferait varier l'action des deux corps entre eux (Carnot le fait remarquer explicitement dans son *Essai*). Il m'a paru intéressant de signaler ce point de vue.

([225]) *Voir* note 235.

CHAPITRE III.

LA DYNAMIQUE DES SYSTÈMES A LIAISONS.

§ 1. — Les Précurseurs.

La dynamique des systèmes à liaisons a été inaugurée par le problème du centre d'oscillation (t. I, Livre II, Chap. III), résolu par Huygens, puis par Jacques Bernouilli.

La solution d'Huygens repose sur deux idées (I, note 183). Elle invoque d'abord l'impossibilité du mouvement perpétuel. C'est là une loi que la Mécanique classique n'a retenue que partiellement dans ses principes; au point de vue de cette science, elle doit être considérée comme une propriété de la force particulière, la pesanteur, qui est en jeu dans le pendule (*voir* Livre III, Chapitre II).

En second lieu, Huygens admet, et c'est là ce qui nous intéresse spécialement ici, que les forces de liaison sont sans importance au point de vue de ce que nous appelons aujourd'hui *le travail*.

Jacques Bernouilli fait intervenir les forces de liaison dans le problème du centre d'oscillation comme elles interviennent dans l'équilibre du levier. Il leur attribue par là les mêmes propriétés qu'en Statique, notamment celle de ne pas travailler.

En résumé donc, Huygens et J. Bernouilli admettent implicitement que les forces développées par les liaisons dans le cas du mouvement sont, comme les forces développées par les liaisons dans le cas de l'équilibre, des forces qui ne travaillent pas dans les déplacements virtuels compatibles avec les liaisons. (Je laisserai de côté dans le présent Chapitre le cas des liaisons unilatérales.) Il y a là un postulat *physique* nouveau. Il serait fort possible que la propriété de ne pas travailler fût vraie pour les forces de liaison en équilibre et fausse pour les forces de liaison en mouvement; la réaction d'une surface fixe sur un point pourrait être normale si le point était en repos, et inclinée si le point se déplaçait; la réaction d'une surface sur un point pourrait être normale si la surface était fixe et oblique si elle était mobile ou déformable. Ce postulat nouveau exprime, pour employer le langage de M. Duhem, que les liaisons, qui sont déjà supposées sans frottement, sont aussi sans *viscosité*.

Ce que nous disons ici des travaux d'Huygens et de Jacques Bernouilli est vrai aussi, naturellement, des solutions données par divers auteurs à divers problèmes, solutions où était utilisé le principe formulé par Huygens et dont Lagrange nous parle en ces termes :

Il serait trop long ([226]) de parler des autres problèmes de Dynamique qui ont exercé la sagacité des géomètres, après celui du centre d'oscillation et avant que l'art de les résoudre fût réduit à des règles fixes. Ces problèmes, que les Bernouilli, Clairaut, Euler se proposaient entre eux, se trouvent répandus dans les premiers Volumes des *Mémoires de Saint-Pétersbourg et de Berlin,* dans les *Mémoires de Paris* (années 1736 et 1742), dans les *Œuvres de Jean Bernouilli* et dans les *Opuscules d'Euler.* Ils consistent à déterminer les mouvements de plusieurs corps, pesants ou non, qui se poussent ou se tirent par des fils ou des leviers inflexibles où ils sont fixement attachés, ou le long desquels ils peuvent couler librement, et qui, ayant reçu des impulsions quelconques, sont ensuite abandonnés à eux-mêmes, ou contraints de se mouvoir sur des courbes ou des surfaces données.

Le principe d'Huygens était presque toujours employé dans la solution de ces problèmes; mais, comme ce principe ne donne qu'une seule équation, on cherchait les autres par la considération des forces inconnues avec lesquelles on concevait que les corps

---

([226]) Ce passage fait suite immédiate à celui qui est cité dans la première Partie, Livre II, Chapitre III, § 1.

devaient se pousser ou se tirer, et qu'on regardait comme des forces élastiques agissant également en sens contraire. L'emploi de ces forces dispensait d'avoir égard à la liaison des corps et permettait de faire usage des lois du mouvement des corps libres; ensuite les conditions qui, par la nature du problème, devaient avoir lieu entre les mouvements des différents corps servaient à déterminer les forces inconnues qu'on avait introduites dans le calcul. Mais il fallait toujours une adresse particulière pour démêler, dans chaque problème, toutes les forces auxquelles il était nécessaire d'avoir égard, ce qui rendait ces problèmes piquants et propres à exciter l'émulation.

Le *Traité de Dynamique* de d'Alembert, qui parut en 1743, mit fin à ces espèces de défis, en offrant une méthode directe et générale pour résoudre, ou du moins pour mettre en équations tous les problèmes de Dynamique qu'on peut imaginer. Cette méthode réduit toutes les lois du mouvement des corps à celles de leur équilibre et ramène ainsi la Dynamique à la Statique. Nous avons déjà remarqué que le principe employé par Jacques Bernouilli dans la recherche du centre d'oscillation avait l'avantage de faire dépendre cette recherche des conditions de l'équilibre du levier; mais il était réservé à d'Alembert d'envisager ce principe d'une manière générale et de lui donner toute la simplicité et la fécondité dont il pouvait être susceptible.

§ 2. — Le principe de d'Alembert.

Le passage suivant est emprunté au *Traité de Dynamique* de d'Alembert.

PRINCIPE GÉNÉRAL POUR TROUVER LE MOUVEMENT DE PLUSIEURS CORPS QUI AGISSENT LES UNS SUR LES AUTRES D'UNE MANIÈRE QUELCONQUE.

Les corps n'agissent les uns sur les autres que de trois manières différentes qui nous soient connues : ou par impulsion immédiate, comme dans le choc ordinaire; ou par le moyen de quelque corps interposé entre eux et auquel ils sont attachés; ou enfin par une vertu d'attraction réciproque, comme font, dans le système newtonien, le Soleil et les Planètes. Les effets de cette dernière espèce d'action ayant été suffisamment examinés, je me bornerai à traiter ici du mouvement des corps qui se choquent d'une manière quelconque, ou de ceux qui se tirent par des fils ou des verges inflexibles (²²⁷). Je m'arrêterai d'autant plus volontiers sur ce sujet, que les plus grands géomètres n'ont résolu jusqu'à présent (en 1742) qu'un très petit nombre de problèmes de ce genre et que j'espère, par la méthode générale que je vais donner, mettre . tous ceux qui sont au fait du calcul et des principes de la Mécanique en état de résoudre les plus difficiles problèmes de cette espèce.

DÉFINITION. — *J'appellerai dans la suite* mouvement *d'un corps la vitesse de ce même corps considérée en ayant égard à sa direction, et par* quantité de mouvement *j'entendrai, à l'ordinaire, le produit de la masse par la vitesse.*

PROBLÈME GÉNÉRAL. — *Soit un système de corps* (²²⁸) *disposés les uns par rapport aux autres d'une manière quelconque, et supposons qu'on imprime à chacun de ces corps un mouvement particulier, qu'il ne puisse suivre à cause de l'action des autres corps; trouver le mouvement que chaque corps doit prendre.*

Solution. — Soient A, B, C, … les corps qui composent le système, et supposons qu'on leur ait imprimé les mouvements *a*, *b*, *c*, … (²²⁹) qu'ils soient forcés, à cause de leur action mutuelle, de charger dans les mouvements **a**, **b**, **c**, …. Il est clair qu'on peut regarder le mouvement *a* imprimé au corps A comme composé du mouvement **a** qu'il a pris et d'un autre mouvement α; qu'on peut

---

(²²⁷) En d'autres termes, d'Alembert va s'occuper des forces de liaison (*voir* note 198).

(²²⁸) Le mot *corps* est pris ici dans le sens de *point matériel*.

(²²⁹) Aux termes de la définition qui précède, il faut entendre par *mouvements a, b, c* des vitesses. Le mouvement *a*, c'est la variation de vitesse infiniment petite *du* que la force active agissant sur A lui imprimerait dans le temps *dt*. On peut aussi, et c'est quelquefois plus clair, considérer *a* comme l'élément de chemin $\frac{1}{2}d^2e$ que parcourrait A pendant le temps *dt* sous l'influence de la force active. On a vu, par la note 58, que ces deux manières de mesurer la force accélératrice sont équivalentes, *du* et $\frac{1}{2}d^2e$ étant proportionnels. De même pour **a** qui peut être soit la variation réelle de vitesse que subit A dans le temps *dt* sous l'influence combinée de la force active et de la réaction, soit le petit chemin parcouru par A dans ce temps sous l'effet de ces deux forces. De même pour α qui est la mesure de la force accélératrice (au sens de d'Alembert, c'est-a-dire de l'accélération) de la réaction.

de même regarder les mouvements b, c, ... comme composés des
mouvements **b**, β, **c**, γ, ..., d'où il s'ensuit que le mouvement des
corps A, B, C, ... entre eux aurait été le même si, au lieu de leur
donner les impulsions a, b, c, ..., on leur eût donné à la fois les
doubles impulsions **a**, α; **b**, β; **c**, γ; .... Or, par la supposition,
les corps A, B, C, ... ont pris d'eux-mêmes les mouvements **a**,
b, **c**, ... Donc les mouvements α, β, γ, ... doivent être tels qu'ils
ne dérangent rien dans les mouvements **a**, **b**, **c**, ..., c'est-à-dire
que, si les corps n'avaient reçu que les mouvements α, β, γ, ..., ces
mouvements auraient dû se détruire mutuellement et le système
demeurer en repos (^{230}).

De là résulte le principe suivant, pour trouver le mouvement de
plusieurs corps qui agissent les uns sur les autres : *Décomposez
les mouvements a, b, c, ... imprimés à chaque corps, chacun
en deux autres* **a**, α; **b**, β; **c**, γ, ... *qui soient tels que si l'on
n'eût imprimé aux corps que les mouvements* **a**, **b**, **c**, ... *ils
eussent pu conserver ces mouvements sans se nuire réciproquement, et que si l'on ne leur eût imprimé que les mouvements α,
β, γ, ... le système fût demeuré en repos; il est clair que* **a**,
b, **c**, ... *seront les mouvements que ces corps prendront en
vertu de leur action.*   C Q. F. D.

Corollaire. — Lorsqu'un des mouvements imprimés est égal
à zéro, il est visible que les mouvements dans lesquels on le
décompose sont des mouvements égaux et contraires. Par exemple,
si a est égal à *zéro*, on aura le mouvement α égal et de direction
contraire au mouvement **a**; en effet, a est dans tous les cas la
diagonale d'un parallélogramme dont **a** et α sont les côtés; or,
quand la diagonale est égale à *zéro*, les côtés sont égaux et
directement opposés. Donc, etc.

. . . .

Voici l'application, faite par d'Alembert, de son principe
au *centre d'oscillation*.

PROBLÈME. — *Trouver la vitesse d'une verge* CR *fixe en* C,
et chargée de tant de corps A, B, R *qu'on voudra, en supposant que ces corps, si la verge ne les en empêchait, décrivissent*

dans des temps égaux les lignes infiniment petites AO, BQ, RT, *perpendiculaires à la verge* ([231]).

Toute la difficulté se réduit à trouver la ligne RS parcourue par un des corps R dans le même temps qu'il eût parcouru RT; car alors les vitesses BG, AM de tous les autres corps sont connues.

Fig.

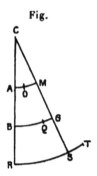

Or regardons les vitesses imprimées RT, BQ, AO comme composées des vitesses RS, ST; BG, — GQ; AM, — MO; par notre principe, le levier CAR serait demeuré en repos si les corps R, B, A n'avaient reçu que les mouvements ST, — GQ, — MO. Donc

$$A.MO.AC + B.QG.BC = R.ST.CR \quad ([232]);$$

c'est-à-dire qu'en nommant AO a, BQ b, RT c, CA r, CB r', CR ρ et RS z, on aura

$$R(c - z)\rho = A r\left(\frac{zr}{\rho} - a\right) + B r'\left(\frac{zr'}{\rho} - b\right).$$

Par conséquent,

$$z = \frac{A ar\rho + B br'\rho + R c\rho^2}{A r^2 + B r'^2 + R \rho^2}.$$

Corollaire. — Soient F, f, φ les forces motrices des corps

([231]) AO, BQ, RT sont donc les petits chemins que parcourraient A, B, R dans le temps dt sous l'action des seules *forces actives* agissant sur eux. Mais on peut aussi les considérer (note 229) comme les petites vitesses que les forces actives imprimeraient à A, B, R si elles agissaient sur eux dans le temps dt à partir du repos. Dans la suite de la démonstration d'Alembert les considère plutôt comme de *petites vitesses*. — On remarquera que, dans le passage cité, le problème n'est traité qu'en supposant les forces actives perpendiculaires à la verge. La solution serait la même pour le cas général.

([232]) On applique ici la théorie du levier. La force accélératrice proportionnelle à MO correspond à une force motrice proportionnelle à A.MO (*voir* note 58).

A, B, R, et l'on trouvera, pour la force accélératrice du corps R.

$$\frac{F\,r + f\,r' + \varphi\rho}{A\,r^2 + B\,r^2 + R\,\rho^2} \times \rho,$$

en mettant pour a, b, c leurs valeurs $\frac{F}{A}$, $\frac{f}{B}$, $\frac{\varphi}{R}$. Donc, si l'on prend ds pour l'élément de l'arc décrit du rayon CR et u pour la vitesse du corps R, on aura en général

$$\frac{F\,r + f\,r' + \varphi\rho}{A\,r^2 + B'\,r^2 + R\,\rho^2}\,\rho\,ds = u\,du,$$

quelles que soient les forces F, f, φ. Il est aisé, par ce moyen, de résoudre le problème des centres d'oscillation dans une hypothèse quelconque.

Lagrange signale, dans les termes suivants, une manière un peu différente de présenter le principe de d'Alembert :

Si l'on voulait éviter les décompositions de mouvements que le principe de d'Alembert exige, il n'y aurait qu'à établir tout de suite l'équilibre entre les forces et les mouvements engendrés, mais pris dans des directions contraires. Car si l'on imagine qu'on imprime à chaque corps, en sens contraire, le mouvement qu'il doit prendre, il est clair que le système sera réduit au repos; par conséquent, il faudra que ces mouvements détruisent ceux que les corps avaient reçus et qu'ils auraient suivis sans leur action mutuelle; ainsi il doit y avoir équilibre entre tous ces mouvements, ou entre les forces qui peuvent les produire [233].

---

[233] Ce raisonnement donne lieu aux remarques suivantes; celui qui est signalé plus haut par la note 230 comporterait d'ailleurs des remarques analogues.

Pour que le raisonnement soit bien clair, il faut prendre le système sans *vitesses initiales*. Faisons agir sur lui des forces données F, dont l'action, modifiée d'ailleurs par les liaisons, *tend* à produire certaines accélérations. Ajoutons en outre à F des forces directement opposées à ces accélérations et égales à ces accélérations multipliées par les masses (forces d'inertie). Il est clair que le système restera en équilibre; par suite, les forces F et les forces d'inertie se font équilibre sur le système.

Maintenant, dans le cas où le système est dans un état où ses vitesses ne sont pas nulles, tout ce qu'on peut dire c'est que les forces F et les forces d'inertie sont telles que leur action, combinée avec celle des liaisons, *ne tend pas à faire varier les vitesses.* Pour pouvoir dire que F et les forces d'inertie *se font équilibre sur le système,* il faudrait être assuré que l'action des liaisons, dans l'état de mouvement, est de celles que les liaisons pourraient produire dans l'état d'équilibre;

Cette manière de rappeler les lois de la Dynamique à celles de la Statique est à la vérité moins directe que celle qui résulte du principe de d'Alembert, mais elle offre plus de simplicité dans les applications ; elle revient à celle d'Herman et d'Euler ([234]) qui l'ont employée dans la solution de beaucoup de problèmes de Mécanique, et on la trouve dans quelques Traités de Mécanique sous le nom de *Principe de d'Alembert.*

Les notes 230 et 233 montrent que nous retrouvons toujours le postulat signalé dans le paragraphe 1 du présent Chapitre.

La dynamique des systèmes à liaisons repose donc sur la propriété des forces mises en jeu, dans le mouvement, par les liaisons, de ne pas travailler dans les déplacements virtuels compatibles avec lesdites liaisons. C'est une propriété expérimentale, et même une propriété expérimentale distincte de celle que nous avons trouvée aux forces développées par les liaisons dans le cas de l'équilibre, puisqu'elle introduit la condition que les liaisons sont sans viscosité.

---

par exemple, si un point se déplace sur une surface fixe, il faut qu'on soit assuré que dans l'état de mouvement la réaction reste normale comme dans l'état d'équilibre ; si un point se déplace sur une surface mobile, il faut être assuré que la réaction reste normale comme si la surface était fixe. On ne peut avoir cette assurance que par un postulat spécial. C'est ce que nous avons dit dans le précédent paragraphe.

([234]) *Voir* 1re Partie, Livre II, Chapitre III, § 1 (*in fine*).

LIVRE III.
LA MÉCANIQUE ORGANISÉE.

— ·—·—

CHAPITRE I.
FORME DE LA MÉCANIQUE CLASSIQUE.

§ 1. — L'exposition de Carnot.

C'est principalement dans la *Mécanique analytique* de Lagrange, parue pour la première fois en 1788, qu'il faut chercher la forme de la Mécanique classique.

Toutefois, dès 1783, Lazare Carnot avait, dans son *Essai sur les machines en général,* présenté une méthode dont on peut dire au moins qu'elle annonçait celle de Lagrange. Nous ferons connaître cette méthode en citant les *Principes fondamentaux de l'équilibre et du mouvement* (1803), où Carnot l'a exposée sans grande modification, malgré l'apparition, entre 1783 et 1803, de la *Mécanique analytique.*

Nous avons déjà analysé la première Partie des *Principes fondamentaux,* dans le Chapitre II du Livre I. Passons à la seconde Partie, et rappelons-nous que Carnot ramène toutes les forces au cas du choc.

[La seconde Partie est consacrée au développement mathématique des principes posés dans la première. Nous nous contenterons de quelques indications, dût même la continuité du raisonnement en être un peu masquée.]

Définition. — Tout mouvement qui, imprimé à un système de

corps, ne change rien à l'intensité de l'action qu'ils exercent ou pourraient exercer les uns sur les autres si on leur imprimait d'autres mouvements quelconques sera nommé *mouvement géométrique*.

La vitesse que prend alors chaque mobile sera nommée sa *vitesse géométrique*.

[Suivent quelques exemples montrant que, pour Carnot, les mouvements géométriques sont les déplacements virtuels compatibles avec les liaisons, ces déplacements étant aussi bien finis qu'infiniment petits (²³⁵). Carnot fait d'ailleurs remarquer que la somme ou la différence de deux mouvements géométriques est un mouvement géométrique.]

. . . .

THÉORÈME IV. — *Dans un système quelconque de corps durs, s'il survient un choc ou une action instantanée quelconque, soit immédiate, soit par le moyen d'une machine quelconque sans ressort, le mouvement que prendra le système après le choc sera nécessairement un mouvement géométrique.*

Car (*voir* les hypothèses)(²³⁶) les corps contigus qui seuls agissent immédiatement l'un sur l'autre et par lesquels se propage le mouvement de proche en proche ont deux à deux, après le choc, la même vitesse dans la ligne de leur action réciproque; c'est-à-dire qu'ils ont, après le choc, une vitesse relative nulle. Donc les mouvements dont ils sont animés après le choc, c'est-à-dire leurs mouvements réels et non détruits par le choc, ne peuvent produire aucune nouvelle action entre ces corps. Donc le mouvement du système après le choc est géométrique.   C. Q. F. D.

THÉORÈME V. — *Tout mouvement géométrique imprimé à un système quelconque de corps est reçu par ce même système sans altération.*

. . . .

THÉORÈME VI. — *Dans un système quelconque de corps durs agissant les uns sur les autres, soit immédiatement, soit par l'entremise d'une machine quelconque sans ressort, si, au mo-*

(²³⁵) *Voir* toutefois le passage qui suit la note 225.
(²³⁶) Se reporter à la première Partie citée au Livre I, Chapitre II, § 4, notamment à la 7ᵉ hypothèse.

ment où le choc va s'opérer, on décompose le mouvement général en deux autres dont l'un soit celui qui doit avoir lieu après le choc, l'autre sera nécessairement celui qui doit être détruit, et ces deux mouvements composants sont tels que, si le premier était seul, il serait pris sans altération, et que, si c'était le second qui fût seul, il y aurait équilibre dans le système général.

[Cela tient à ce que le mouvement qui suit le choc est géométrique et n'a, par conséquent, aucune influence sur l'action des corps entre eux.]

. . . .

THÉORÈME VII. — *Dans un système de corps durs agissant les uns sur les autres, soit immédiatement, soit par l'entremise d'une machine sans ressort, si, au moment où le choc va s'opérer, on décompose le mouvement général en deux autres, dont l'un soit celui qui doit être détruit par le choc et qu'à la place du second on substitue un autre mouvement quelconque géométrique, ce nouveau mouvement sera celui qui devra réellement avoir lieu après le choc.*

. . . .

THÉORÈME X. — *Dans le choc de deux corps durs, soit que l'un et l'autre soient mobiles, ou qu'il y en ait un de fixe, la somme des produits de la quantité de mouvement perdue par chacun d'eux, multipliée par sa vitesse après le choc, estimée dans le sens de cette quantité de mouvement, est égale à zéro.*

Soient A et B les deux corps proposés. Je suppose que leurs vitesses avant le choc soient représentées, tant pour leurs gran-

Fig. 27.

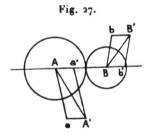

deurs que pour leurs directions, respectivement par AA′, BB′, que les vitesses après le choc le soient par A*a*, B*b* et qu'enfin les vitesses perdues par le choc le soient par Aa' et Bb'.... Puisque l'action et la réaction doivent être égales et contraires, les directions Aa', Bb' se trouveront sur une même ligne droite AB et l'on aura

(A) $$A.Aa' = - B.\overline{Bb'}.$$

Mais, par le principe de la vitesse relative après le choc égale à zéro pour les corps durs, comme on les suppose ici, c'est-à-dire de l'égalité de leurs vitesses estimées dans le sens de l'action de l'un sur l'autre, ... on doit avoir l'équation

(B) $$Aa \times \cos\widehat{aAa'} = Bb\cos\widehat{bBb'}.$$

Multipliant cette dernière équation par l'équation (A) et transposant, on aura

(C) $$A.Aa'\left(Aa \times \cos\widehat{aAa'}\right) + B.Bb'\left(\overline{Bb}\cos\widehat{bBb'}\right) = 0.$$

... Cette équation (C) n'est que la traduction algébrique du théorème énoncé.

Cependant nous avons supposé, dans la démonstration, que les deux corps A et B sont mobiles l'un et l'autre. Si l'un des deux, B par exemple, était fixe, la réaction ne serait plus égale et contraire à l'action et l'équation (A) n'aurait plus lieu; mais l'équation B serait toujours vraie.... Donc, à cause de $Bb = 0$..., l'équation (C) subsisterait....   C. Q. F. D.

[La proposition du théorème X est ensuite étendue (théorème XI) à un ensemble formé d'un nombre quelconque de corps durs en considérant les vitesses perdues dans le choc des divers corps deux à deux, et composant les mouvements perdus, en vertu de la troisième hypothèse, par la règle du parallélogramme.

Du théorème XI Carnot déduit alors facilement (c'est une déduction connue) le théorème qui porte aujourd'hui son nom dans les Traités classiques :]

THÉORÈME XII. — *Dans l'étude des corps durs, ... la somme des forces vives avant le choc est toujours égale à la somme des forces vives après le choc, plus la somme des forces vives qui auraient lieu si chacun des corps se mouvait librement avec la seule vitesse qu'il a perdue par le choc.*

Théorème XIII. — *Dans le choc des corps parfaitement élastiques, en quelque nombre qu'ils soient, la somme des forces vives après le choc est toujours égale à la somme des forces vives qui avaient lieu avant le choc.*

[Ce théorème se déduit du précédent et du fait que l'élasticité double, sans changer sa direction, la quantité de mouvement perdue.

Faisant intervenir le théorème VII et le théorème XI, Carnot démontre facilement que :]

Théorème XIV. — *Dans un système quelconque de corps durs en contact immédiat les uns avec les autres ou appliqués à une machine quelconque sans ressort, s'il survient un choc, et si, au moment où ce choc va s'opérer, on décompose le mouvement avec lequel le système tend à se mouvoir en deux dont l'un est celui qui doit être détruit, l'autre est tel que, si on le supprime tout à coup seul et qu'on lui substitue un autre mouvement quelconque géométrique, la somme des produits de la quantité de mouvement perdue par chacun des corps du système multipliée par sa vitesse géométrique, estimée dans le sens de cette quantité de mouvement, sera égale à zéro.*

Fig. 28.

[U étant la vitesse perdue, *u* la vitesse géométrique du point de masse M, ce théorème s'exprime par

$$(1) \qquad S \, M \, U \, u \cos\left(\widehat{U, u}\right) = 0 \quad (^{237}).$$

De cette équation Carnot tire le théorème suivant :]

Théorème XV. — *Parmi les mouvements dont est susceptible un système de corps parfaitement durs agissant les uns*

(²³⁷) C'est exactement l'équation générale de la théorie des percussions, quand il n'y a pas de percussions données (*voir*, dans la *Mécanique analytique*, le passage signalé par la note 271)

*sur les autres par un choc immédiat ou par des machines quel-
conques sans ressort, de manière qu'il en résulte un changement brusque dans l'état du système, celui de tous ces mouvements qui aura lieu réellement après l'action est le mouvement
géométrique qui est tel que la somme des produits de chacune
des masses par le carré de la vitesse qu'elle perdra est un
minimum, c'est-à-dire moindre que la somme des produits des
masses par le carré de la vitesse qu'elle aurait perdue si le système eût pris un autre mouvement quelconque géométrique.*

[Soient W la vitesse avant le choc, V la vitesse après, U la vitesse

Fig. 29.

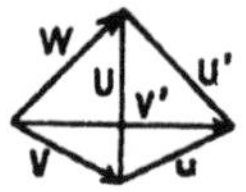

perdue. Supposons qu'après le choc la vitesse soit V′, la vitesse
perdue serait U′. Comme V et V′ sont géométriques, leur différence u l'est aussi. Or $U'^2 = U^2 + u^2 - 2 U u \cos \widehat{U, u} = 0$. Donc

$$\int MU'^2 = \int MU^2 + \int M u^2 - 2 \int MU u \cos \widehat{U, u} = 0.$$

Or le dernier terme est nul, par le théorème XIV. Donc

$$\int MU'^2 > \int MU^2 \quad {}^{(238)}.$$

Carnot fait remarquer que ce théorème n'est autre chose que le
principe de la moindre action de Maupertuis précisé pour le cas des
changements brusques (²³⁹).]

Cette loi s'étend avec les modifications convenables aux chocs
qui peuvent avoir lieu dans un système de corps parfaitement élas-

---

(²³⁸) J'ai modifié un peu le raisonnement de Carnot. Cet auteur montre seulement que $\delta \int m U^2 = 0$. Aussi croit-il (il le dit formellement) que le minimum
peut se transformer en maximum ou même qu'il peut n'y avoir ni l'un ni l'autre.
On voit, au contraire, qu'il y a toujours minimum.

(²³⁹) *Voir* t. I, Liv. II, Chap. IV, § 3. Le théorème en question est désigné
parfois sous le nom de *théorème de Robin*. Robin l'a, en effet, donné dans les
Comptes rendus de l'Académie des Sciences, t. CV, 1887, page 61 (*Sur les
explosions au sein des liquides*). Il a d'ailleurs ajouté deux choses à l'énoncé
de Carnot : d'abord il a remarqué qu'il y a toujours minimum ; ensuite son énoncé
est plus complet et s'applique aussi au cas où il y a des percussions données.

tiques ou même doués d'une élasticité quelconque constante, c'est-
à-dire qui soit la même pour tous les corps du système.

Car, si nous supposons que U′ représente alors la vitesse perdue
par M, on aura, dans le cas des corps parfaitement élastiques,
U′ = 2U et en général, pour un degré d'élasticité exprimé par n,
U′ = nU ou U = $\frac{1}{n}$U′. Substituant dans la formule $\delta \int MU^2 = o$,
elle deviendra $\delta \int \frac{1}{n^2} MU'^2 = o$. Donc, si n est constante ou la
même pour tous les corps, on aura $\delta \int MU'^2 = o$. Ainsi, cette formule appartient à tout système de corps dont le degré d'élasticité
est le même.

Mais il faut observer qu'alors, U devenant nU, le corps M rejaillit en sens contraire avec cette vitesse nU, moins la vitesse U.
Donc la vitesse avec laquelle le corps rejaillit est $(n-1)$U; donc
la vitesse relative après le choc est à la vitesse relative avant le
choc comme $n-1$ est à 1. C'est-à-dire que la formule $\delta \int MU^2 = o$
aura toujours lieu, mais que la variation doit être prise en supposant que la vitesse relative après le choc est égale à la vitesse relative avant le choc multipliée par $n-1$ et prise en sens contraire.
Ainsi, dans le cas des corps durs ou mous, c'est-à-dire quand $n=1$,
la vitesse relative après le choc doit être supposée o, ou, ce qui
revient au même, le mouvement doit être supposé géométrique.
Lorsque les corps sont parfaitement élastiques, c'est-à-dire lorsque
$n=2$, la vitesse relative après le choc doit être supposée égale à
la vitesse relative avant le choc et prise en sens contraire : ainsi
des autres.

[Carnot étend enfin la formule (1) au cas des corps quelconques.
Il remarque pour cela que les mouvements qui sont détruits dans
le choc des corps quelconques seraient aussi détruits (les forces
étant formées *de groupes de deux forces égales et directement
opposées*) si les corps étaient mous. Un système de corps mous,
animés de mouvements détruits, s'équilibrerait. D'où le théorème,
par application du théorème XIV.

... Voici enfin comment on passe au cas où il y a des forces
continues agissant sur le système.]

THÉORÈME XX. — *Lorsqu'un système de corps durs, libre ou
appliqué à une machine quelconque sans ressort, et animé de
forces motrices quelconques, change de mouvement par degrés*

insensibles, si, pour un instant quelconque du mouvement, on nomme m chacun des corpuscules du système, **V** *sa vitesse,* **P** *sa force motrice, u la vitesse qu'il prendrait si, supprimant tout à coup le mouvement actuel, on lui substituait un autre mouvement géométrique, dt l'élément du temps, on aura*

$$\mathbf{S}\, mu\, d\left[V\cos\left(\widehat{u,V}\right)\right] - \mathbf{S}\, mu\, P\, dt\cos\left(\widehat{u,P}\right) = 0.$$

En effet, ... $P\, dt\cos\left(\widehat{u,P}\right)$ est la vitesse que la force motrice P aurait fait naître dans m pendant dt dans le sens de u, si ce corps eût été libre. De plus, $d\left[V\cos\left(\widehat{u,V}\right)\right]$ est celle que gagne ce corps dans le sens de u pendant dt; donc

$$P\, dt\cos\left(\widehat{u,P}\right) - d\left[V\cos\left(\widehat{u,V}\right)\right]$$

est la vitesse que perd m pendant dt dans le sens de u en vertu de l'action réciproque des corps. C'est donc cette quantité qu'il faut mettre pour $U\cos\left(\widehat{U,u}\right)$ en même temps que m à la place de M dans la formule générale $\mathbf{S}\, MU\, u\cos\left(\widehat{U,u}\right) = 0$. Or cette formule devient, par cette substitution,

$$\mathbf{S}\, mu\, d\left[V\cos\left(\widehat{u,V}-\right)\right]\mathbf{S}\, mu\, P\, dt\cos\left(\widehat{u,P}\right) = 0.$$

§ 2. — La Statique de Lagrange.

La première Partie de la *Mécanique analytique* de Lagrange (1736-1813) est consacrée à la Statique (1re édition, 1788; dernière édition du vivant de l'auteur, 1811).

SECTION I. — SUR LES DIFFÉRENTS PRINCIPES DE LA STATIQUE.

La Statique est la science de l'équilibre des forces. On entend, en général, par *force* ou *puissance* la cause, quelle qu'elle soit, qui imprime ou tend à imprimer du mouvement au corps auquel on la suppose appliquée; et c'est aussi par la quantité de mouvement imprimé, ou prêt à imprimer, que la force ou puissance doit s'estimer ([210]). Dans l'état d'équilibre, la force n'a pas d'exercice actuel; elle ne produit qu'une simple tendance au mouvement; mais on doit toujours la mesurer par l'effet qu'elle produirait si elle n'était pas arrêtée. En prenant une force quelconque ou son effet pour l'unité, l'expression de toute autre force n'est plus qu'un rapport, une quantité mathématique, qui peut être représentée par des nombres ou des lignes; c'est sous ce point de vue que l'on doit considérer les forces dans la Mécanique.

[Lagrange donne ensuite un résumé historique des études de Statique, qui ont été fondées sur l'un des trois principes du levier, de la composition des forces ou des vitesses virtuelles. Les développements que Lagrange consacre au levier sont cités dans le Tome I, Livre I, Chapitre I, § 2. Un passage de ce qu'il dit sur la composition des forces est cité dans le Tome II, Livre II, Chapitre II, § 3. Enfin, ce qui est relatif au principe des vitesses virtuelles se trouve dans le Tome II, Livre II, Chapitre II, § 2.]

SECTION II. — FORMULE GÉNÉRALE DE LA STATIQUE POUR L'ÉQUILIBRE D'UN SYSTÈME QUELCONQUE, AVEC LA MANIÈRE DE FAIRE USAGE DE CETTE FORMULE.

1. ... Pour réduire le principe des vitesses virtuelles en formule, supposons que des puissances P, Q, R, ..., dirigées suivant des lignes données, se fassent équilibre. Concevons que, des points où ces puissances sont appliquées, on mène des lignes droites égales à p, q, r, ... et placées dans les directions de ces puissances; et désignons, en général, par dp, dq, dr, ... les variations ou différences de ces lignes, en tant qu'elles peuvent résulter d'un changement quelconque infiniment petit dans la position des différents corps ou points du système.

Il est clair que ces différences exprimeront les espaces parcourus dans un même instant par les puissances P, Q, R, ... suivant leurs propres directions, en supposant que ces puissances tendent à augmenter les lignes respectives p, q, r, ... Les différences dp,

---

([210]) En ce qui concerne les notions fondamentales (force, masse) on a certainement fait des progrès depuis Lagrange, et nous avons suivi ces progrès dans le Livre I. Le rôle d'organisateur de Lagrange se montre surtout dans le choix des principes et dans la forme de la Mécanique. Il n'en est pas moins intéressant d'étudier les idées de Lagrange sur les notions fondamentales. Elles se développeront au cours des présentes citations.

dq, *dr*, ... seront ainsi proportionnelles aux vitesses virtuelles des puissances P, Q, R, ... et pourront, pour plus de simplicité, être prises pour ces vitesses.

. . . .

On a donc, en général, pour l'équilibre d'un nombre quelconque de puissances P, Q, R, ..., dirigées suivant les lignes *p*, *q*, *r*, ... et appliquées à un système quelconque de corps ou points disposés entre eux d'une manière quelconque, une équation de cette forme :

$$P\,dp + Q\,dq + R\,dr + \ldots = 0.$$

[L'expression du premier membre représente, en effet, le *travail virtuel* des forces, ce que Lagrange appelle le *moment* ([211]).

Lagrange dit ensuite qu'à l'avenir il considérera les forces P, Q, R comme *tendant à diminuer les longueurs p, q, r*, c'est-à-dire qu'il les considérera comme positives lorsqu'elles tendront à diminuer les longueurs *p*, *q*, *r*. Le moment sera alors notre travail virtuel changé de signe ([212]), et la formule de l'équilibre sera encore

$$P\,dp + Q\,dq + R\,dr + \ldots = 0.$$

Lagrange montre alors que les différentielles *dp*, *dq*, *dr* peuvent s'exprimer en fonction des différentielles des coordonnées des points du système, et que les liaisons auxquelles le système est soumis peuvent s'exprimer par des équations de condition ([213]).]

. . . .

10. Ayant trouvé les équations de condition, il faudra par leur moyen éliminer autant de différentielles qu'on pourra dans les expressions *dp*, *dq*, *dr*, ..., en sorte que les différentielles restantes soient absolument indépendantes les unes des autres et n'expriment plus que ce qu'il y a d'arbitraire dans le changement de situation du système. Mais, comme la formule générale de la Statique doit avoir lieu quel que puisse être ce changement, il faudra y égaler séparément à zéro la somme de tous les termes qui

---

([211]) Il est sous-entendu que cette équation ne doit être vérifiée que pour les *dp*, *dq*, *dz* compatibles avec les liaisons. — Sur les *p*, *q*, *r*, ... *voir* note 268.

([212]) C'est la définition qu'a adoptée Fourier. *Voir* Livre II, Chap. II, § 1.

([213]) Lagrange laisse de côté les liaisons unilatérales.

se trouveront affectés de chacune des différentielles indéterminées ; d'où il viendra autant d'équations particulières qu'il y aura de ces mêmes différentielles ; et ces équations, étant jointes aux équations données, renfermeront toutes les conditions nécessaires pour la détermination de l'état d'équilibre du système ; car il est aisé de concevoir que toutes ces équations ensemble seront toujours en même nombre que les différentes variables qui servent de coordonnées à tous les points du système.

. . . .

SECTION IV. — MANIÈRE PLUS SIMPLE ET PLUS GÉNÉRALE DE FAIRE USAGE DE LA FORMULE DE L'ÉQUILIBRE, DONNÉE DANS LA SECTION II.

1. Ceux qui jusqu'à présent ont écrit sur le principe des vitesses virtuelles se sont plutôt attachés à prouver la vérité de ce principe par la conformité de ses résultats avec ceux des principes ordinaires de la Statique, qu'à montrer l'usage qu'on en peut faire pour résoudre directement les problèmes de cette science. Nous nous sommes proposé de remplir ce dernier objet avec toute la généralité dont il est susceptible, et de déduire du principe dont il s'agit des formules analytiques qui renferment la solution de tous les problèmes sur l'équilibre des corps, à peu près de la même manière que les formules des sous-tangentes, des rayons osculateurs, etc., renferment la détermination de ces lignes dans toutes les courbes.

La méthode exposée dans la deuxième Section peut être employée dans tous les cas, et ne demande, comme on l'a vu, que des opérations purement analytiques ; mais, comme l'élimination immédiate des variables ou de leurs différences par le moyen des équations de condition peut conduire à des calculs trop compliqués, nous allons présenter la même méthode sous une forme plus simple, en réduisant en quelque manière tous les cas à celui d'un système entièrement libre.

Méthode des multiplicateurs. — 2. Soient

$$L = o, \qquad M = o, \qquad N = o$$

les différentes équations de condition données par la nature du système, les quantités L, M, N, … étant des fonctions finies des variables x, y, z, x', y', z' (^{244}); en différentiant ces équations, on aura celles-ci :

$$dL = o, \quad dM = o, \quad dN = o, \quad \ldots,$$

lesquelles donneront la relation qui doit avoir lieu entre les différentielles des mêmes variables. En général, nous représenterons par

$$dL = o, \quad dM = o, \quad dN = o, \quad \ldots$$

les équations de condition entre ces différentielles, soit que ces équations soient elles-mêmes des différences exactes ou non, pourvu que les différentielles n'y soient que linéaires.

Maintenant, comme ces équations ne doivent servir qu'à éliminer un pareil nombre de différentielles dans la formule générale de l'équilibre, après quoi les coefficients des différentielles restantes doivent être égalés chacun à zéro, il n'est pas difficile de prouver, par la théorie de l'élimination des équations linéaires, qu'on aura les mêmes résultats si l'on ajoute simplement à la formule dont il s'agit les différentes équations de condition

$$dL = o, \quad dM = o, \quad dN = o, \quad \ldots,$$

(^{244}) Les liaisons réalisées dans un système mécanique ne peuvent pas toujours s'exprimer par des équations finies entre les variables x, y, z, x', y', z', ... ou, comme on dit, ne sont pas toujours holonomes. Il y en a qui s'expriment par des équations de la forme $a\,dx + b\,dy + \ldots = o$, le premier membre n'admettant pas de facteur intégrant. (Remarque de C. Neumann.)

Supposons qu'il y ait n points et h équations de liaison.

Dans le cas des liaisons holonomes, on peut exprimer, grâce aux équations de liaison, les coordonnées de tous les points en fonction de $3n - h$ d'entre elles, ou de $3n - h$ paramètres $\xi, \psi, \varphi, \ldots$; les différentielles des coordonnées sont alors des fonctions linéaires de $d\xi, d\psi, d\varphi, \ldots$. Dans le cas des liaisons non holonomes, les différentielles des coordonnées peuvent encore s'exprimer en fonctions linéaires des différentielles de $3n - h$ paramètres $d\xi, d\psi, d\varphi, \ldots$; mais les coordonnées elles-mêmes ne peuvent s'exprimer qu'en fonction d'un nombre supérieur de paramètres.

La condition, pour un solide, de rouler sans glisser sur un autre, est une liaison non holonome. Par exemple, le roulement élémentaire d'un cerceau sur un plan fixe s'obtient en faisant tourner ledit cerceau autour d'un axe arbitraire passant par le point de contact A. Cette rotation se décompose en trois : une rotation d'un angle infiniment petit autour de la normale au plan, une autre autour de la tangente au cerceau en A, une troisième autour de la normale au cerceau en A, située dans le plan fixe. Ce déplacement dépend donc des différentielles de 3 angles. Mais, pour définir la position du cerceau, il faut 5 paramètres.

On verra facilement que la méthode des multiplicateurs s'applique à ces cas comme à celui des liaisons holonomes.

multipliées chacune par un coefficient indéterminé; qu'ensuite on
égale à zéro la somme de tous les termes qui se trouvent multipliés
par une même différentielle, ce qui donnera autant d'équations
particulières qu'il y a de différentielles; qu'enfin on élimine de
ces dernières équations les coefficients indéterminés par lesquels
on a multiplé les équations de condition.

3. De là résulte donc cette règle extrêmement simple pour
trouver les conditions de l'équilibre d'un système quelconque proposé.

On prendra la somme des *moments* de toutes les puissances
qui doivent être en équilibre et l'on y ajoutera les différentes fonctions différentielles qui doivent être nulles par les conditions du
problème, après avoir multiplié chacune de ces fonctions par un
coefficient indéterminé; on égalera le tout à zéro, et l'on aura
ainsi une équation différentielle qu'on traitera comme une équation ordinaire *de maximis et minimis*, et d'où l'on tirera autant
d'équations particulières finies qu'il y aura de variables. Ces
équations, étant ensuite débarrassées, par l'élimination, des coefficients indéterminés, donneront toutes les conditions nécessaires
pour l'équilibre.

L'équation différentielle dont il s'agit sera donc de cette forme.

$$\mathrm{P}\,dq + \mathrm{Q}\,dq + \mathrm{R}\,dr + \ldots + \lambda\,d\mathrm{L} + \mu\,d\mathrm{M} + \nu\,d\mathrm{N} + \ldots = 0,$$

dans laquelle λ, μ, ν sont des quantités indéterminées; nous la
nommerons dans la suite *équation générale de l'équilibre*.

Cette équation donnera, relativement à chaque coordonnée,
telle que x, de chacun des corps du système, une équation de la
forme suivante :

$$\mathrm{P}\,\frac{\partial p}{\partial x} + \mathrm{Q}\,\frac{\partial q}{\partial x} + \mathrm{R}\,\frac{\partial r}{\partial x} + \ldots + \lambda\,\frac{\partial \mathrm{L}}{\partial x} + \mu\,\frac{\partial \mathrm{M}}{\partial x} + \nu\,\frac{\partial \mathrm{N}}{\partial x} + \ldots = 0,$$

en sorte que le nombre de ces équations sera égal à celui de
toutes les coordonnées des corps. Nous les appellerons *équations
particulières de l'équilibre*.

4. Toute la difficulté consistera à éliminer de ces dernières
équations les indéterminées $\lambda, \mu, \nu, \ldots$; or c'est ce qu'on pourra
toujours exécuter par les moyens connus, mais il conviendra, dans
chaque cas, de choisir ceux qui pourront conduire aux résultats

les plus simples. Les équations finales renfermeront toutes les
conditions nécessaires pour l'équilibre proposé; et, comme le
nombre de ces équations sera égal à celui de toutes les coordonnées des corps du système moins celui des indéterminées λ, μ,
ν, ... qu'il a fallu éliminer, que, d'ailleurs, ces mêmes indéterminées sont en même nombre que les équations de conditions finies
$L = o$, $M = o$, $N = o$, ..., il s'ensuit que les équations dont il
s'agit, jointes à ces dernières, seront toujours en même nombre
que les coordonnées de tous les corps; par conséquent, elles suffiront pour déterminer ces coordonnées et faire connaître la position que chaque corps doit prendre pour être en équilibre.

5. Je remarque maintenant que les termes $\lambda\, dL$, $\mu\, dM$, ... de
l'équation générale de l'équilibre peuvent être aussi regardés
comme représentant les moments de différentes forces appliquées
au même système.

En effet, supposant dL une fonction différentielle des variables
x', y', z', x'', y'', ... qui servent de coordonnées à différents corps
du système, cette fonction sera composée de différentes parties
que je désignerai par dL', dL'', ..., en sorte que

$$dL = dL' + dL' + \ldots;$$

dL' ne renfermant que les termes affectés de dx', dy', dz'; dL'' ne
renfermant que ceux qui contiennent dx'', dy'', dz'', et ainsi de
suite.

De cette manière, le terme $\lambda\, dL$ de l'équation générale sera
composé des termes $\lambda\, dL'$, $\lambda\, dL''$, ...

Or, si l'on donne au terme $\lambda\, dL'$ la forme suivante :

$$\lambda \sqrt{\left(\frac{\partial L'}{\partial x'}\right)^2 + \left(\frac{\partial L'}{\partial y'}\right)^2 + \left(\frac{\partial L'}{\partial z'}\right)^2} \times \frac{dL'}{\sqrt{\left(\frac{\partial L'}{\partial x'}\right)^2 + \left(\frac{\partial L'}{\partial y'}\right)^2 + \left(\frac{\partial L'}{\partial z'}\right)^2}},$$

il est clair que cette quantité peut représenter le moment d'une
force

$$\lambda \sqrt{\left(\frac{\partial L'}{\partial x'}\right)^2 \left(\frac{\partial L'}{\partial y'}\right)^2 \left(\frac{\partial L'}{\partial z'}\right)^2}$$

appliquée au corps dont les coordonnées sont x', y', z' et dirigée
perpendiculairement à la surface qui aura pour équation $dL' = o$,
en n'y regardant que x', y', z' comme variables. De même, le

terme $\lambda\,d\mathrm{L}''$ pourra représenter le moment d'une force

$$\lambda\sqrt{\left(\frac{\partial \mathrm{L}''}{\partial x''}\right)^2\left(\frac{\partial \mathrm{L}''}{\partial y''}\right)^2\left(\frac{\partial \mathrm{L}''}{\partial z''}\right)^2}$$

appliquée au corps qui a pour coordonnées x'', y'', z'' et dirigée perpendiculairement à la surface courbe dont l'équation sera $d\mathrm{L}'' = 0$, en n'y regardant que x'', y'', z'' comme variables, et ainsi de suite.

Donc, en général, le terme $\lambda\,d\mathrm{L}$ sera équivalent à l'effet de différentes forces exprimées par

$$\lambda\sqrt{\left(\frac{\partial \mathrm{L}}{\partial x'}\right)^2+\left(\frac{\partial \mathrm{L}}{\partial y'}\right)^2+\left(\frac{\partial \mathrm{L}}{\partial z'}\right)^2},\quad \lambda\sqrt{\left(\frac{\partial \mathrm{L}}{\partial x''}\right)^2+\left(\frac{\partial \mathrm{L}}{\partial y''}\right)^2+\left(\frac{\partial \mathrm{L}}{\partial z''}\right)^2}$$

et appliquées respectivement aux corps qui répondent aux coordonnées x', y', z', x'', y'', z'', ... suivant des directions perpendiculaires aux différentes surfaces courbes représentées par l'équation $d\mathrm{L} = 0$, en y faisant varier premièrement x', y', z', ensuite x'', y'', z'', et ainsi du reste.

. . . .

7. Il résulte de là que chaque équation de condition est équivalente à une ou plusieurs forces appliquées au système, suivant des directions données, en sorte que l'état d'équilibre du système sera le même, soit qu'on emploie la considération de ces forces, ou qu'on ait égard aux équations de condition.

Réciproquement, ces forces peuvent tenir lieu des équations de condition résultantes de la nature du système donné; de manière qu'en employant ces forces on pourra regarder les corps comme entièrement libres et sans aucune liaison. Et de là on voit la raison métaphysique, pourquoi l'introduction des termes $\lambda\,d\mathrm{L} + \mu\,d\mathrm{M} + \ldots$ dans l'équation générale de l'équilibre fait qu'on peut ensuite traiter cette équation comme si tous les corps du système étaient entièrement libres; c'est en quoi consiste l'esprit de la méthode de cette Section.

A proprement parler, les forces en question tiennent lieu des résistances que les corps devraient éprouver en vertu de leur liaison mutuelle, ou de la part des obstacles qui, par la nature du système, pourraient s'opposer à leur mouvement; ou plutôt ces forces ne sont que les forces mêmes de ces résistances, lesquelles doivent être égales et directement opposées aux pressions exercées

les plus simples. Les équations finales renfermeront toutes les conditions nécessaires pour l'équilibre proposé; et, comme le nombre de ces équations sera égal à celui de toutes les coordonnées des corps du système moins celui des indéterminées λ, μ, ν, ... qu'il a fallu éliminer, que, d'ailleurs, ces mêmes indéterminées sont en même nombre que les équations de conditions finies $L = 0$, $M = 0$, $N = 0$, ..., il s'ensuit que les équations dont il s'agit, jointes à ces dernières, seront toujours en même nombre que les coordonnées de tous les corps; par conséquent, elles suffiront pour déterminer ces coordonnées et faire connaître la position que chaque corps doit prendre pour être en équilibre.

5. Je remarque maintenant que les termes $\lambda\, dL$, $\mu\, dM$, ... de l'équation générale de l'équilibre peuvent être aussi regardés comme représentant les moments de différentes forces appliquées au même système.

En effet, supposant dL une fonction différentielle des variables x', y', z', x'', y'', ... qui servent de coordonnées à différents corps du système, cette fonction sera composée de différentes parties que je désignerai par dL', dL'', ..., en sorte que

$$dL = dL' + dL'' + \ldots;$$

dL' ne renfermant que les termes affectés de dx', dy', dz'; dL'' ne renfermant que ceux qui contiennent dx'', dy'', dz'', et ainsi de suite.

De cette manière, le terme $\lambda\, dL$ de l'équation générale sera composé des termes $\lambda\, dL'$, $\lambda\, dL''$, ...

Or, si l'on donne au terme $\lambda\, dL'$ la forme suivante :

$$\lambda \sqrt{\left(\frac{\partial L'}{\partial x'}\right)^2 + \left(\frac{\partial L'}{\partial y'}\right)^2 + \left(\frac{\partial L'}{\partial z'}\right)^2} \times \frac{dL'}{\sqrt{\left(\frac{\partial L'}{\partial x'}\right)^2 + \left(\frac{\partial L'}{\partial y'}\right)^2 + \left(\frac{\partial L'}{\partial z'}\right)^2}},$$

il est clair que cette quantité peut représenter le moment d'une force

$$\lambda \sqrt{\left(\frac{\partial L'}{\partial x'}\right)^2 \left(\frac{\partial L'}{\partial y'}\right)^2 \left(\frac{\partial L'}{\partial z'}\right)^2}$$

appliquée au corps dont les coordonnées sont x', y', z' et dirigée perpendiculairement à la surface qui aura pour équation $dL' = 0$, en n'y regardant que x', y', z' comme variables. De même, le terme $\lambda\,dL''$ pourra représenter le moment d'une force

$$\lambda\sqrt{\left(\frac{\partial L''}{\partial x''}\right)^2\left(\frac{\partial L''}{\partial y''}\right)^2\left(\frac{\partial L''}{\partial z''}\right)^2}$$

appliquée au corps qui a pour coordonnées x'', y'', z'' et dirigée perpendiculairement à la surface courbe dont l'équation sera $dL''=0$, en n'y regardant que x'', y'', z'' comme variables, et ainsi de suite.

Donc, en général, le terme $\lambda\,dL$ sera équivalent à l'effet de différentes forces exprimées par

$$\lambda\sqrt{\left(\frac{\partial L}{\partial x'}\right)^2+\left(\frac{\partial L}{\partial y'}\right)^2+\left(\frac{\partial L}{\partial z'}\right)^2},\quad \lambda\sqrt{\left(\frac{\partial L}{\partial x''}\right)^2+\left(\frac{\partial L}{\partial y''}\right)^2+\left(\frac{\partial L}{\partial z''}\right)^2}$$

et appliquées respectivement aux corps qui répondent aux coordonnées x', y', z', x'', y'', z'', ... suivant des directions perpendiculaires aux différentes surfaces courbes représentées par l'équation $dL=0$, en y faisant varier premièrement x', y', z', ensuite x'', y'', z'', et ainsi du reste.

. . . .

7. Il résulte de là que chaque équation de condition est équivalente à une ou plusieurs forces appliquées au système, suivant des directions données, en sorte que l'état d'équilibre du système sera le même, soit qu'on emploie la considération de ces forces, ou qu'on ait égard aux équations de condition.

Réciproquement, ces forces peuvent tenir lieu des équations de condition résultantes de la nature du système donné; de manière qu'en employant ces forces on pourra regarder les corps comme entièrement libres et sans aucune liaison. Et de là on voit la raison métaphysique, pourquoi l'introduction des termes $\lambda\,dL+\mu\,dM+\ldots$ dans l'équation générale de l'équilibre fait qu'on peut ensuite traiter cette équation comme si tous les corps du système étaient entièrement libres; c'est en quoi consiste l'esprit de la méthode de cette Section.

A proprement parler, les forces en question tiennent lieu des résistances que les corps devraient éprouver en vertu de leur liaison mutuelle, ou de la part des obstacles qui, par la nature du système, pourraient s'opposer à leur mouvement; ou plutôt ces forces ne sont que les forces mêmes de ces résistances, lesquelles doivent être égales et directement opposées aux pressions exercées

les plus simples. Les équations finales renfermeront toutes les conditions nécessaires pour l'équilibre proposé ; et, comme le nombre de ces équations sera égal à celui de toutes les coordonnées des corps du système moins celui des indéterminées λ, μ, ν, ... qu'il a fallu éliminer, que, d'ailleurs, ces mêmes indéterminées sont en même nombre que les équations de conditions finies $L = o$, $M = o$, $N = o$, ..., il s'ensuit que les équations dont il s'agit, jointes à ces dernières, seront toujours en même nombre que les coordonnées de tous les corps ; par conséquent, elles suffiront pour déterminer ces coordonnées et faire connaître la position que chaque corps doit prendre pour être en équilibre.

5. Je remarque maintenant que les termes $\lambda\,dL$, $\mu\,dM$, ... de l'équation générale de l'équilibre peuvent être aussi regardés comme représentant les moments de différentes forces appliquées au même système.

En effet, supposant dL une fonction différentielle des variables x', y', z', x'', y'', ... qui servent de coordonnées à différents corps du système, cette fonction sera composée de différentes parties que je désignerai par dL', dL'', ..., en sorte que

$$dL = dL' + dL' + \ldots ;$$

dL' ne renfermant que les termes affectés de dx', dy', dz' ; dL'' ne renfermant que ceux qui contiennent dx'', dy'', dz'', et ainsi de suite.

De cette manière, le terme $\lambda\,dL$ de l'équation générale sera composé des termes $\lambda\,dL'$, $\lambda\,dL''$, ...

Or, si l'on donne au terme $\lambda\,dL'$ la forme suivante :

$$\lambda\sqrt{\left(\frac{\partial L'}{\partial x'}\right)^2 + \left(\frac{\partial L'}{\partial y'}\right)^2 + \left(\frac{\partial L'}{\partial z'}\right)^2} \times \frac{dL'}{\sqrt{\left(\frac{\partial L'}{\partial x'}\right)^2 + \left(\frac{\partial L'}{\partial y'}\right)^2 + \left(\frac{\partial L'}{\partial z'}\right)^2}},$$

il est clair que cette quantité peut représenter le moment d'une force

$$\lambda\sqrt{\left(\frac{\partial L'}{\partial x'}\right)^2 \left(\frac{\partial L'}{\partial y'}\right)^2 \left(\frac{\partial L'}{\partial z'}\right)^2}$$

appliquée au corps dont les coordonnées sont x', y', z' et dirigée perpendiculairement à la surface qui aura pour équation $dL' = o$, en n'y regardant que x', y', z' comme variables. De même, le terme $\lambda\,d\mathrm{L}''$ pourra représenter le moment d'une force

$$\lambda\sqrt{\left(\frac{\partial \mathrm{L}''}{\partial x''}\right)^2 \left(\frac{\partial \mathrm{L}''}{\partial y''}\right)^2 \left(\frac{\partial \mathrm{L}''}{\partial z''}\right)^2}$$

appliquée au corps qui a pour coordonnées x'', y'', z'' et dirigée perpendiculairement à la surface courbe dont l'équation sera $d\mathrm{L}'' = 0$, en n'y regardant que x'', y'', z'' comme variables, et ainsi de suite.

Donc, en général, le terme $\lambda\,d\mathrm{L}$ sera équivalent à l'effet de différentes forces exprimées par

$$\lambda\sqrt{\left(\frac{\partial \mathrm{L}}{\partial x'}\right)^2 + \left(\frac{\partial \mathrm{L}}{\partial y'}\right)^2 + \left(\frac{\partial \mathrm{L}}{\partial z'}\right)^2}, \quad \lambda\sqrt{\left(\frac{\partial \mathrm{L}}{\partial x''}\right)^2 + \left(\frac{\partial \mathrm{L}}{\partial y''}\right)^2 + \left(\frac{\partial \mathrm{L}}{\partial z''}\right)^2}$$

et appliquées respectivement aux corps qui répondent aux coordonnées x', y', z', x'', y'', z'', ... suivant des directions perpendiculaires aux différentes surfaces courbes représentées par l'équation $d\mathrm{L} = 0$, en y faisant varier premièrement x', y', z', ensuite x'', y'', z'', et ainsi du reste.

. . . .

7. Il résulte de là que chaque équation de condition est équivalente à une ou plusieurs forces appliquées au système, suivant des directions données, en sorte que l'état d'équilibre du système sera le même, soit qu'on emploie la considération de ces forces, ou qu'on ait égard aux équations de condition.

Réciproquement, ces forces peuvent tenir lieu des équations de condition résultantes de la nature du système donné; de manière qu'en employant ces forces on pourra regarder les corps comme entièrement libres et sans aucune liaison. Et de là on voit la raison métaphysique, pourquoi l'introduction des termes $\lambda\,d\mathrm{L} + \mu\,d\mathrm{M} + \ldots$ dans l'équation générale de l'équilibre fait qu'on peut ensuite traiter cette équation comme si tous les corps du système étaient entièrement libres; c'est en quoi consiste l'esprit de la méthode de cette Section.

A proprement parler, les forces en question tiennent lieu des résistances que les corps devraient éprouver en vertu de leur liaison mutuelle, ou de la part des obstacles qui, par la nature du système, pourraient s'opposer à leur mouvement; ou plutôt ces forces ne sont que les forces mêmes de ces résistances, lesquelles doivent être égales et directement opposées aux pressions exercées

par les corps. Notre méthode donne, comme l'on voit, le moyen de déterminer ces forces et ces résistances ; ce qui n'est pas un des moindres avantages de cette méthode.

§ 3. — La Dynamique de Lagrange.

La deuxième Partie de la *Mécanique analytique* est consacrée à la Dynamique.

SECTION I. — SUR LES DIFFÉRENTS PRINCIPES DE LA DYNAMIQUE ([245]).

La Dynamique est la science des forces accélératrices ou retardatrices et des mouvements variés qu'elles doivent produire....

1. La théorie des mouvements variés et des forces accélératrices qui les produisent est fondée sur ces lois générales : que tout mouvement imprimé à un corps ([246]) est, par sa nature, uniforme et rectiligne, et que différents mouvements imprimés à la fois ou successivement à un même corps se composent de manière que le corps se trouve à chaque instant dans le même point de l'espace où il devrait se trouver, en effet, par la combinaison de ces mouvements, s'ils existaient chacun réellement et séparément dans le corps. C'est dans ces deux lois que consistent les principes connus de la force d'inertie et du mouvement composé. Galilée a aperçu le premier ces deux principes et en a déduit les lois du mouvement des projectiles, en composant le mouvement oblique, effet de l'impulsion communiquée au corps, avec sa chute perpendiculaire due à l'action de la gravité.

A l'égard des lois de l'accélération des graves, elles se déduisent naturellement de la considération de l'action constante et uniforme de la gravité, en vertu de laquelle les corps, recevant dans des instants égaux des degrés égaux de vitesse suivant la même direction, la vitesse totale acquise au bout d'un temps quelconque doit être proportionnelle à ce temps ([247]) ; et il est clair que le rapport

---

([245]) Cette Section est consacrée à l'histoire de la Dynamique.
([246]) Corps signifie *point matériel.*
([247]) C'est l'idée de Benedetti, Descartes et Bekmann, Gassendi, Huygens (*Horologium oscillatorium*).

constant des vitesses au temps doit être lui-même proportionnel à l'intensité de la force que la gravité exerce pour mouvoir le corps ; de sorte que, dans le mouvement sur des plans inclinés, ce rapport ne doit pas être proportionnel à la force absolue de la gravité, comme dans le mouvement vertical, mais à sa force relative, laquelle dépend de l'inclinaison du plan et se détermine par les règles de la Statique ; ce qui fournit un moyen facile de comparer entre eux les mouvements des corps qui descendent sur des plans différemment inclinés (^{218})....

2. Le rapport constant qui, dans les mouvements uniformément accélérés, doit subsister entre les vitesses et les temps, ou entre les espaces et les carrés des temps, peut donc être pris pour la mesure de la force accélératrice qui agit continuellement sur le mobile, parce que, en effet, cette force ne peut être estimée que par l'effet qu'elle produit dans le corps et qui consiste dans les vitesses engendrées ou dans les espaces parcourus dans des temps donnés (^{219}).

[La force accélératrice se mesure donc par l'accélération. C'est ainsi qu'Huygens a pu estimer la force qui retient un mobile dans une trajectoire circulaire, et que Newton a pu résoudre le même problème pour une trajectoire quelconque.

En décomposant, par application du principe des mouvements composés rappelé plus haut, l'accélération suivant la tangente et les normales à la trajectoire, on trouve les formules connues de la force accélératrice tangentielle et de la force accélératrice centripète.

Huygens et Newton ont toujours raisonné avec la méthode géométrique. La *Mécanique* d'Euler (1736) est le premier grand Ouvrage où l'Analyse ait été appliquée à la science du mouvement. Elle est entièrement fondée sur la considération des forces tangentielles et centripètes. Dans son *Traité des flexions*, paru en 1742, Mac Laurin a inauguré une autre méthode : celle qui

---

(^{218}) Ce sont les idées du Galilée de l'édition de Bologne et de l'Huygens du *De vi centrifuga*. Comme ces savants, Lagrange prend la force définie statiquement et *admet* sa proportionnalité aux accélérations. Il a d'ailleurs tort de considérer cette proportionnalité comme évidente.

(^{219}) A partir du repos. Les deux modes de mesure de la force que donne ici Lagrange ne sont d'ailleurs équivalents qu'au facteur ½ près. C'est sans importance. Le mot *force accélératrice* a le même sens ici que chez Newton et d'Alembert.

consiste à projeter l'accélération sur trois axes rectangulaires fixes.]

4. Par les principes qui viennent d'être exposés, on peut donc déterminer les lois du mouvement d'un corps libre, sollicité par des forces quelconques, pourvu que le corps soit regardé comme un point.

On peut aussi appliquer ces principes à la recherche du mouvement de plusieurs corps qui exercent les uns sur les autres une attraction mutuelle suivant une loi qui soit comme une fonction connue des distances; enfin, il n'est pas difficile de les étendre aux mouvements dans des milieux résistants, ainsi qu'à ceux qui se font sur des surfaces courbes données ; car la résistance du milieu n'est autre chose qu'une force qui agit dans une direction opposée à celle du mobile, et, lorsqu'un corps est forcé de se mouvoir sur une surface donnée, il y a nécessairement une force perpendiculaire à la surface qui l'y retient, et dont la valeur inconnue peut se déterminer d'après les conditions qui résultent de la nature de la même surface.

Mais si l'on cherche le mouvement de plusieurs corps qui agissent les uns sur les autres par impulsion ou par pression, soit immédiatement, comme dans le choc ordinaire, ou par l'organe de fils ou de leviers inflexibles auxquels ils soient attachés, ou, en général, par quelque autre moyen que ce soit, alors la question est d'un ordre plus relevé, et les principes précédents sont insuffisants pour les résoudre. Car ici les forces qui agissent sur les corps sont inconnues, et il faut déduire ces forces de l'action que les corps doivent exercer entre eux, suivant leur disposition mutuelle.

Il est donc nécessaire d'avoir recours à un nouveau principe qui serve à déterminer la force des corps en mouvement, eu égard à leur masse et à leur vitesse ([250]).

5. Ce principe consiste en ce que, pour imprimer à une masse donnée une certaine vitesse suivant une direction quelconque, soit que cette masse soit en repos ou en mouvement, il faut une

---

([250]) On peut voir dans ce passage l'embryon de la manière dont Reech conçoit l'équilibre entre les forces et la force d'inertie (note 142).

multipliées chacune par un coefficient indéterminé; qu'ensuite on égale à zéro la somme de tous les termes qui se trouvent multipliés par une même différentielle, ce qui donnera autant d'équations particulières qu'il y a de différentielles; qu'enfin on élimine de ces dernières équations les coefficients indéterminés par lesquels on a multiplé les équations de condition.

3. De là résulte donc cette règle extrêmement simple pour trouver les conditions de l'équilibre d'un système quelconque proposé.

On prendra la somme des *moments* de toutes les puissances qui doivent être en équilibre et l'on y ajoutera les différentes fonctions différentielles qui doivent être nulles par les conditions du problème, après avoir multiplié chacune de ces fonctions par un coefficient indéterminé; on égalera le tout à zéro, et l'on aura ainsi une équation différentielle qu'on traitera comme une équation ordinaire *de maximis et minimis*, et d'où l'on tirera autant d'équations particulières finies qu'il y aura de variables. Ces équations, étant ensuite débarrassées, par l'élimination, des coefficients indéterminés, donneront toutes les conditions nécessaires pour l'équilibre.

L'équation différentielle dont il s'agit sera donc de cette forme.

$$P\,dq + Q\,dq + R\,dr + \ldots + \lambda\,dL + \mu\,dM + \nu\,dN + \ldots = 0,$$

dans laquelle λ, μ, ν sont des quantités indéterminées; nous la nommerons dans la suite *équation générale de l'équilibre*.

Cette équation donnera, relativement à chaque coordonnée, telle que x, de chacun des corps du système, une équation de la forme suivante :

$$P\frac{\partial p}{\partial x} + Q\frac{\partial q}{\partial x} + R\frac{\partial r}{\partial x} + \ldots + \lambda\frac{\partial L}{\partial x} + \mu\frac{\partial M}{\partial x} + \nu\frac{\partial N}{\partial x} + \ldots = 0,$$

en sorte que le nombre de ces équations sera égal à celui de toutes les coordonnées des corps. Nous les appellerons *équations particulières de l'équilibre*.

4. Toute la difficulté consistera à éliminer de ces dernières équations les indéterminées $\lambda, \mu, \nu, \ldots$; or c'est ce qu'on pourra toujours exécuter par les moyens connus, mais il conviendra, dans chaque cas, de choisir ceux qui pourront conduire aux résultats

mera la force élémentaire ou naissante ([254]); et cette quantité, si on la considère comme la mesure de l'effort que le corps peut faire en vertu de la vitesse élémentaire qu'il a prise ou qu'il tend à prendre, constitue ce qu'on nomme *pression;* mais, si on la regarde comme mesure de la force ou puissance nécessaire pour imprimer ,cette même vitesse, elle est alors ce qu'on nomme *force motrice.* Ainsi, des pressions ou des forces motrices se détruiront ou se feront équilibre si elles sont égales et directement opposées, ou si, étant appliquées à une machine quelconque, elles suivent les lois de l'équilibre de cette machine ([255]).

([254]) C'est le passage de la force vive à la force morte, comme chez Leibniz. Seulement, la force du corps en mouvement étant évaluée ici par mv et non par mv^2, Lagrange divise par l'élément de temps au lieu de diviser par l'élément de chemin, pour parvenir à la force motrice. *Cf.* I, note 209.

Lagrange parvient ici à la notion de force motrice par les voies énergétiques. Dans les articles précédents, il paraissait se rattacher plutôt au courant statique (*voir* note 248). Il y a là un certain flottement qui tient sans doute à ce qu'il s'agit ici d'un historique où Lagrange veut mettre en lumière les points de vue des divers auteurs.

([255]) Lagrange ne fait intervenir la *force motrice,* avec la masse en facteur, que lorsque la Mécanique s'occupe de points liés entre eux. Pour le point isolé, il ne considère que la *force accélératrice,* et non la force motrice. Les lois de la Mécanique du point isolé expriment en somme, pour lui, que l'accélération a une certaine valeur. En forçant un peu sa pensée, on pourrait dire que la Mécanique se divise en deux Parties. Une première Partie, la Mécanique descriptive, apprendrait à déterminer, par la connaissance de leurs accélérations, le mouvement des points libres, ce que Reech et Andrade appellent le *cours naturel des choses;* elle serait l'expression cinématique des lois fournies par l'observation et le premier Chapitre en serait l'étude de la chute libre des graves faite par Galilée. La seconde Partie comprendrait l'étude des modifications apportées au cours naturel des choses par les liaisons des points entre eux. Cette seconde Partie nécessiterait l'introduction de principes nouveaux, comme celui qu'admet Galilée touchant les relations entre la *force statique* et le mouvement, quand il veut étudier la chute des corps sur les plans inclinés.

Nous croyons toutefois qu'il faudrait un peu forcer la pensée de Lagrange pour arriver à cette conception. En effet, cet auteur laisse subsister les liaisons simples (point sur une courbe, etc.) parmi les problèmes se traitant par la seule force accélératrice : il ne place pas exactement sa coupure où nous venons de la mettre. Ajoutons que la *force accélératrice* n'est probablement pas pour lui une conception purement cinématique. Il y voit sans doute une réalité physique, puisqu'il l'éclaire [*voir* note 248] par des résultats statiques: quand il la décompose suivant trois axes rectangulaires, il semble bien avoir dans l'idée qu'il applique un principe physique et non, comme Kirchhoff, un procédé de calcul commode. Il n'en est pas moins vrai qu'il s'approche beaucoup de la distinction que nous venons de faire avec Reech et M. Andrade.

D'ailleurs, pour avoir une vue d'ensemble des idées de Lagrange sur les notions de force et de masse, il faut achever la lecture des passages de lui que nous citons ici. Pour nous, Lagrange a certainement à part les deux notions de masse

[L'historique se continue par l'exposé des recherches sur la dynamique des systèmes à liaisons. Lagrange fait l'histoire du problème du centre d'oscillation (passage cité Tome I, Livre II, Chap. III, § 1); puis il parle des autres problèmes analogues et de la découverte du principe de d'Alembert (citations Tome II, Livre II, Chap. II, §§ 1 et 2). Il annonce que le principe de d'Alembert combiné avec le principe statique des vitesses virtuelles permet de mettre les lois de la Dynamique sous forme d'une formule unique (²⁵⁶).]

13. Un des avantages de la formule dont il s'agit est d'offrir immédiatement les équations générales qui renferment les principes ou théorèmes connus sous les noms de *conservation des forces vives*, de *conservation du mouvement du centre de gravité*, de *conservation des moments de rotation* ou *principe des aires*, et de *principe de la moindre quantité d'action*. Ces principes doivent être regardés plutôt comme des résultats généraux des lois de la Dynamique que comme des principes primitifs de cette science; mais, étant souvent employés comme tels dans la solution des problèmes, nous croyons devoir en parler ici, en indiquant en quoi ils consistent et à quels auteurs ils sont dus, pour ne rien laisser à désirer dans cette exposition préliminaire des principes de la Dynamique.

---

et de force, et même celle de masse correspond, dans son esprit, à un nombre. Ayant ainsi ces deux notions, il pourrait les développer de deux manières. Ou bien convenir de *mesurer* la force (dont il a la *notion* par ailleurs) par le produit de la masse par l'accélération : ce serait la voie de d'Alembert; ou bien mesurer la force par la Statique, par la tension d'un fil, par un poids, et admettre la loi physique de la proportionnalité de la force à l'accélération et à la masse : ce serait la voie d'Euler. Nous croyons qu'en somme il a été assez indifférent à cette question. Dans ce qu'il dit au début de la Section II ci-après, il paraît adopter nettement la première méthode et donner une définition du poids par le produit de la masse par l'accélération de la pesanteur. D'autre part, le fait que sa *Mécanique analytique* débute par la Statique, ce qu'il dit dans cette Statique sur la force et la manière dont il démontre le principe du travail virtuel montrent qu'il considère d'abord les forces comme produites par des fils tendus par des poids, tandis qu'il ne définit dynamiquement les poids que plus tard. Lagrange a donc mêlé les deux points de vue sans se soucier de ce mélange. Nous aurions toutefois une tendance à croire que ses idées étaient plus voisines de celles de d'Alembert que de celles d'Euler.

Terminons en insistant sur le fait que la notion de masse n'est pas plus définie chez Lagrange que chez Newton ou d'Alembert. La masse et sa mesure sont posées *a priori*.

(²⁵⁶) C'est la formule donnée plus loin (Section II).

14. Le premier de ces quatre principes, celui de la conservation des forces vives, a été trouvé par Huygens, mais sous une forme un peu différente de celle qu'on lui donne présentement (^{237}): et nous en avons déjà fait mention à l'occasion du problème des centres d'oscillation. Le principe, tel qu'il a été employé dans la solution de ce problème, consiste dans l'égalité entre la descente et la montée du centre de gravité de plusieurs corps pesants qui descendent conjointement, et qui remontent ensuite séparément, étant réfléchis en haut chacun avec la vitesse qu'il avait acquise. Or, par les propriétés connues du centre de gravité, le chemin parcouru par ce centre, dans une direction quelconque, est exprimé par la somme des produits de la masse de chaque corps par le chemin qu'il a parcouru suivant la même direction, divisée par la somme des masses. D'un autre côté, par les théorèmes de Galilée, le chemin vertical parcouru par un corps grave est proportionnel au carré de la vitesse qu'il a acquise en descendant librement, et avec laquelle il pourrait remonter à la même hauteur. Ainsi le principe d'Huygens se réduit à ce que, dans le mouvement des corps pesants, la somme des produits des masses par les carrés des vitesses à chaque instant est la même, soit que les corps se meuvent conjointement d'une manière quelconque, ou qu'ils parcourent librement les mêmes hauteurs verticales. C'est aussi ce qu'Huygens lui-même a remarqué en peu de mots, dans un petit Écrit relatif aux méthodes de Jacques Bernouilli et de l'Hôpital pour les centres d'oscillation.

Jusque-là ce principe n'avait été regardé que comme un simple théorème de Mécanique; mais, lorsque Jean Bernouilli eut adopté la distinction établie par Leibniz entre les forces mortes ou pressions qui agissent sans mouvement actuel et les forces vives qui accompagnent ce mouvement, ainsi que la mesure de ces dernières par les produits des masses et des carrés des vitesses, il ne vit plus dans le principe en question qu'une conséquence de la théorie des forces vives et une loi générale de la nature, suivant laquelle la somme des forces vives de plusieurs corps se conserve la même, pendant que ces corps agissent les uns sur les autres par de simples pressions, et est constamment égale à la simple force vive

---

(^{25}) Nous savons d'ailleurs que le principe des forces vives n'a pas été découvert comme résultat des lois de la Mécanique. Il s'est présenté d'abord comme principe distinct. *Voir* I, Livre II, Chap. III, § 2.

constant des vitesses au temps doit être lui-même proportionnel à l'intensité de la force que la gravité exerce pour mouvoir le corps; de sorte que, dans le mouvement sur des plans inclinés, ce rapport ne doit pas être proportionnel à la force absolue de la gravité, comme dans le mouvement vertical, mais à sa force relative, laquelle dépend de l'inclinaison du plan et se détermine par les règles de la Statique; ce qui fournit un moyen facile de comparer entre eux les mouvements des corps qui descendent sur des plans différemment inclinés ([248])....

2. Le rapport constant qui, dans les mouvements uniformément accélérés, doit subsister entre les vitesses et les temps, ou entre les espaces et les carrés des temps, peut donc être pris pour la mesure de la force accélératrice qui agit continuellement sur le mobile, parce que, en effet, cette force ne peut être estimée que par l'effet qu'elle produit dans le corps et qui consiste dans les vitesses engendrées ou dans les espaces parcourus dans des temps donnés ([249]).

[La force accélératrice se mesure donc par l'accélération. C'est ainsi qu'Huygens a pu estimer la force qui retient un mobile dans une trajectoire circulaire, et que Newton a pu résoudre le même problème pour une trajectoire quelconque.

En décomposant, par application du principe des mouvements composés rappelé plus haut, l'accélération suivant la tangente et les normales à la trajectoire, on trouve les formules connues de la force accélératrice tangentielle et de la force accélératrice centripète.

Huygens et Newton ont toujours raisonné avec la méthode géométrique. La *Mécanique* d'Euler (1736) est le premier grand Ouvrage où l'Analyse ait été appliquée à la science du mouvement. Elle est entièrement fondée sur la considération des forces tangentielles et centripètes. Dans son *Traité des flexions*, paru en 1742, Mac Laurin a inauguré une autre méthode : celle qui

---

([248]) Ce sont les idées du Galilée de l'édition de Bologne et de l'Huygens du *De vi centrifuga*. Comme ces savants, Lagrange prend la force définie statiquement et *admet* sa proportionnalité aux accélérations. Il a d'ailleurs tort de considérer cette proportionnalité comme évidente.

([249]) A partir du repos. Les deux modes de mesure de la force que donne ici Lagrange ne sont d'ailleurs équivalents qu'au facteur ½ près. C'est sans importance. Le mot *force accélératrice* a le même sens ici que chez Newton et d'Alembert.

distance, le centre de gravité doit décrire la même courbe que si les corps étaient libres ; à quoi l'on peut ajouter que le mouvement de ce centre est, en général, le même que si toutes les forces des corps, quelles qu'elles soient, y étaient appliquées, chacune suivant sa propre direction.

Il est visible que ce principe sert à déterminer le mouvement du centre de gravité indépendamment des mouvements respectifs des corps, et qu'ainsi il peut toujours fournir trois équations finies entre les coordonnées des corps et le temps, lesquelles seront des intégrales des équations différentielles du problème (²⁵⁰).

16. Le troisième principe est beaucoup moins ancien que les deux précédents et paraît avoir été découvert en même temps par Euler, Daniel Bernouilli et d'Arcy, mais sous des formes différentes.

Selon les deux premiers, ce principe consiste en ce que, dans le mouvement de plusieurs corps autour d'un centre fixe, la somme des produits de la masse de chaque corps par sa vitesse de circulation autour du centre et par sa distance au même centre est toujours indépendante de l'action mutuelle que les corps peuvent exercer les uns sur les autres, et se conserve la même tant qu'il n'y a aucune action ni aucun obstacle extérieur. Daniel Bernouilli a donné ce principe dans le premier Volume des *Mémoires de l'Académie de Berlin,* qui a paru en 1746, et Euler l'a donné la même année dans le Tome I de ses *Opuscules ;* et c'est aussi le même problème qui les y a conduits, savoir, la recherche du mouvement de plusieurs corps mobiles dans un tube de figure donnée et qui ne peut que tourner autour d'un point ou centre fixe.

Le principe de d'Arcy, tel qu'il l'a donné à l'Académie des Sciences, dans les *Mémoires* de 1747, qui n'ont paru qu'en 1752, est que la somme des produits de la masse de chaque corps par l'aire que son rayon vecteur décrit autour d'un centre fixe sur un même plan de projection est toujours proportionnelle au temps. On voit que ce principe est une généralisation du beau théorème de Newton sur les aires décrites en vertu de forces centripètes quelconques ; et pour en apercevoir l'analogie ou plutôt l'identité avec celui d'Euler et de Daniel Bernouilli, il n'y a qu'à considérer

---

(²⁵⁰) Il faut cependant mettre cette restriction : que les forces qui sollicitent ces corps ne dépendent pas de leur position inconnue   (J. BERTRAND.)

force dont la valeur ([251]) soit proportionnelle au produit de la masse par la vitesse et dont la direction soit la même que celle de cette vitesse.

Ce produit de la masse d'un corps multipliée par sa vitesse s'appelle communément la *quantité de mouvement de ce corps,* parce qu'en effet c'est la somme des mouvements de toutes les parties matérielles du corps. Ainsi les forces se mesurent par les quantités de mouvement qu'elles sont capables de produire, et réciproquement la quantité de mouvement d'un corps est la mesure de la force que le corps est capable d'exercer contre un obstacle, et qui s'appelle *la percussion.* D'où il s'ensuit que, si deux corps non élastiques viennent à se choquer directement en sens contraire avec des quantités de mouvement égales, leurs forces doivent se contre-balancer et se détruire, par conséquent les corps doivent s'arrêter et demeurer en repos. Mais, si le choc se faisait par le moyen d'un levier, il faudrait, pour la destruction du mouvement des corps, que leurs forces suivissent la loi connue de l'équilibre du levier.

Il paraît que Descartes a aperçu le premier le principe que nous venons d'exposer; mais il s'est trompé dans son application au choc des corps, pour avoir cru que la même quantité de mouvement absolu devait toujours se conserver ([252]).

Wallis est proprement le premier qui ait eu une idée nette de ce principe et qui s'en soit servi avec succès pour découvrir les lois de la communication du mouvement dans le choc des corps durs ou élastiques, comme on le voit dans les *Transactions philosophiques* de 1669 et dans la troisième Partie de son Traité *De motu,* imprimé en 1671 ([253]).

De même que le produit de la masse et de la vitesse exprime la force finie d'un corps en mouvement, ainsi le produit de la masse et de la force accélératrice, que nous avons vu être représentée par l'élément de la vitesse divisé par l'élément du temps, expri-

---

([251]) Lagrange laisse subsister, dans la rédaction du présent article, une confusion entre la *force des corps en mouvement,* entendue au sens de Descartes et de Leibniz, et la *force assimilable à un poids.* Ici, il faut entendre *force* dans le sens de *force des corps en mouvement.* Lagrange la mesure par le produit *mv.* Et pour suivre la pensée de Lagrange dans le présent article, il faut se rappeler les idées de Leibniz sur la force vive et la force morte.

([252]) *Cf.* I, Liv. II, Chap. I, § 1.

([253]) *Cf.* I. Liv. II, Chap. II, § 1.

minimum). L'auteur en a déduit les lois de la réflexion et de la réfraction de la lumière, ainsi que celles du choc des corps, dans deux Mémoires lus, l'un à l'Académie des Sciences de Paris, en 1744, et l'autre, 2 ans après, à celle de Berlin.

Mais ces explications sont trop particulières pour servir à établir la vérité d'un principe général; elles ont d'ailleurs quelque chose de vague et d'arbitraire, qui ne peut que rendre incertaines les conséquences qu'on en pourrait tirer pour l'exactitude même du principe. Aussi l'on aurait tort, ce me semble, de mettre ce principe, présenté ainsi, sur la même ligne que ceux que nous venons d'exposer. Mais il y a une autre manière de l'envisager, plus générale et plus rigoureuse, et qui mérite seule l'attention des géomètres. Euler en a donné la première idée à la fin de son *Traité des isopérimètres,* imprimé à Lausanne en 1744, en y faisant voir que, dans les trajectoires décrites par des forces centrales, l'intégrale de la vitesse multipliée par l'élément de la courbe fait toujours un maximum ou un minimum ([260]).

Cette propriété, qu'Euler avait trouvée dans le mouvement des corps isolés, et qui paraissait bornée à ces corps, je l'ai étendue, par le moyen de la conservation des forces vives, au mouvement de tout système de corps qui agissent les uns sur les autres d'une manière quelconque; et il en est résulté ce *nouveau principe général,* que la somme des produits des masses par les intégrales des vitesses multipliées par les éléments des espaces parcourus est constamment un maximum ou un minimum.

Tel est le principe auquel je donne ici, quoique improprement, le nom de *moindre action,* et que je regarde, non comme un principe métaphysique, mais comme un résultat simple et général des lois de la Mécanique. On peut voir, dans le Tome II des *Mémoires de Turin* ([261]), l'usage que j'en ai fait pour résoudre plusieurs problèmes difficiles de la Dynamique. Ce principe, combiné avec celui des forces vives et développé suivant les règles du calcul des variations, donne directement toutes les équations nécessaires pour la solution de chaque problème; et de là naît une méthode également simple et générale pour traiter les questions qui concernent le mouvement des corps; mais cette méthode n'est elle-même qu'un corollaire de celle qui fait l'objet de la seconde

---

([260]) *Voir* I, Livre II, Chapitre IV, § 3.
([261]) *Œuvres de Lagrange,* t. I, p. 365.

[L'historique se continue par l'exposé des recherches sur la dynamique des systèmes à liaisons. Lagrange fait l'histoire du problème du centre d'oscillation (passage cité Tome I, Livre II, Chap. III, § 1); puis il parle des autres problèmes analogues et de la découverte du principe de d'Alembert (citations Tome II, Livre II, Chap. II, §§ 1 et 2). Il annonce que le principe de d'Alembert combiné avec le principe statique des vitesses virtuelles permet de mettre les lois de la Dynamique sous forme d'une formule unique (²⁵⁶).]

13. Un des avantages de la formule dont il s'agit est d'offrir immédiatement les équations générales qui renferment les principes ou théorèmes connus sous les noms de *conservation des forces vives*, de *conservation du mouvement du centre de gravité*, de *conservation des moments de rotation* ou *principe des aires*, et de *principe de la moindre quantité d'action*. Ces principes doivent être regardés plutôt comme des résultats généraux des lois de la Dynamique que comme des principes primitifs de cette science; mais, étant souvent employés comme tels dans la solution des problèmes, nous croyons devoir en parler ici, en indiquant en quoi ils consistent et à quels auteurs ils sont dus, pour ne rien laisser à désirer dans cette exposition préliminaire des principes de la Dynamique.

---

et de force, et même celle de masse correspond, dans son esprit, à un nombre. Ayant ainsi ces deux notions, il pourrait les développer de deux manières. Ou bien convenir de *mesurer* la force (dont il a la *notion* par ailleurs) par le produit de la masse par l'accélération : ce serait la voie de d'Alembert; ou bien mesurer la force par la Statique, par la tension d'un fil, par un poids, et admettre la loi physique de la proportionnalité de la force à l'accélération et à la masse : ce serait la voie d'Euler. Nous croyons qu'en somme il a été assez indifférent à cette question. Dans ce qu'il dit au début de la Section II ci-après, il paraît adopter nettement la première méthode et donner une définition du poids par le produit de la masse par l'accélération de la pesanteur. D'autre part, le fait que sa *Mécanique analytique* débute par la Statique, ce qu'il dit dans cette Statique sur la force et la manière dont il démontre le principe du travail virtuel montrent qu'il considère d'abord les forces comme produites par des fils tendus par des poids, tandis qu'il ne définit dynamiquement les poids que plus tard. Lagrange a donc mêlé les deux points de vue sans se soucier de ce mélange. Nous aurions toutefois une tendance à croire que ses idées étaient plus voisines de celles de d'Alembert que de celles d'Euler.

Terminons en insistant sur le fait que la notion de masse n'est pas plus définie chez Lagrange que chez Newton ou d'Alembert. La masse et sa mesure sont posées *a priori*.

(²⁵⁶) C'est la formule donnée plus loin (Section II).

force accélératrice, la vitesse qu'elle est capable d'imprimer à un
mobile en agissant toujours de la même manière, pendant un certain temps que nous prendrons pour l'unité des temps, et nous
mesurerons la *force accélératrice* par cette même vitesse, qui
doit s'estimer par l'espace que le mobile parcourrait dans le même
temps si elle était continuée uniformément; or on sait, par les
théorèmes de Galilée, que cet espace est toujours double de celui
que le corps a parcouru réellement par l'action constante de la
force accélératrice.

On peut d'ailleurs prendre une force accélératrice connue pour
l'unité et y rapporter toutes les autres. Alors il faudra prendre
pour l'unité des espaces le double de l'espace que la même force
continuée également ferait parcourir dans le temps qu'on veut
prendre pour l'unité des temps, et la vitesse acquise dans ces
temps par l'action continue de la même force sera l'unité des
vitesses. De cette manière, les forces, les espaces, les temps et les
vitesses ne seront que de simples rapports, des quantités mathématiques ordinaires.

Par exemple, si l'on prend la gravité sous la latitude de Paris
pour l'unité des forces accélératrices et qu'on compte le temps par
secondes, on devra prendre alors 30,196 pieds de Paris pour
l'unité des espaces parcourus, parce que 15,698 pieds est la hauteur un d'où un corps abandonné à lui-même tombe dans 1 seconde
sous cette latitude; et l'unité des vitesses sera celle qu'un corps
pesant acquiert en tombant de cette hauteur ([265]).

3. Ces notions préliminaires supposées, considérons un système de corps ([266]) disposés les uns par rapport aux autres comme
on voudra et animés par des forces accélératrices quelconques.

Soit *m* la masse de l'un quelconque de ces corps, regardé
comme un point; rapportons, pour la plus grande simplicité, à
trois coordonnées rectangles x, y, z la position absolue du même
corps au bout d'un temps quelconque *t*. Ces coordonnées sont
supposées toujours parallèles à trois axes fixes dans l'espace et
qui se coupent perpendiculairement dans un point nommé *l'ori-*

([265]) Lagrange ne parle que de la force accélératrice. Pour avoir la force *motrice,*
il faut multiplier la première par la masse, notion posée *a priori* et sans définition.

([266]) *Corps* est pris dans le sens de *point matériel.*

gine des coordonnées; elles expriment, par conséquent, les distances rectilignes du corps à trois plans passant par les mêmes axes.

Ainsi, à cause de la perpendicularité de ces plans, les coordonnées x, y, z représentent les espaces par lesquels le corps en mouvement s'éloigne des mêmes plans; par conséquent,

$$\frac{dx}{dt}, \quad \frac{dy}{dt}, \quad \frac{dz}{dt}$$

représenteront les vitesses que ce corps a dans un instant quelconque pour s'éloigner de chacun de ces plans-là et se mouvoir suivant le prolongement des coordonnées x, y, z; et ces vitesses, si le corps était ensuite abandonné à lui-même, demeureraient constantes dans les instants suivants, par les principes fondamentaux de la théorie du mouvement.

Mais, par la liaison des corps et par l'action des forces accélératrices qui les sollicitent, ces vitesses prennent, pendant l'instant dt, les accroissements

$$d\frac{dx}{dt}, \quad d\frac{dy}{dt}, \quad d\frac{dz}{dt}$$

qu'il s'agit de déterminer. On peut regarder ces accroissements comme de nouvelles vitesses imprimées à chaque corps, et, en les divisant par dt, on aura la mesure des forces accélératrices employées immédiatement à les produire; car, quelque variable que puisse être l'action d'une force, on peut toujours, par la nature du Calcul différentiel, la regarder comme constante pendant un temps infiniment petit, et la vitesse engendrée par cette force est alors proportionnelle à la force multipliée par le temps; par conséquent, la force elle-même sera exprimée par la vitesse divisée par le temps.

En prenant l'élément dt du temps pour constant, les forces accélératrices dont il s'agit seront exprimées par

$$\frac{d^2x}{dt^2}, \quad \frac{d^2y}{dt^2}, \quad \frac{d^2z}{dt^2},$$

et, en multipliant ces forces par la masse m du corps sur lequel elles agissent, on aura

$$m\frac{d^2x}{dt^2}, \quad m\frac{d^2y}{dt^2}, \quad m\frac{d^2z}{dt^2}$$

pour les forces employées immédiatement à mouvoir le corps m
pendant le temps dt, parallèlement aux axes des coordonnées x,
y, z. On regardera donc chaque corps m du système comme
poussé par de pareilles forces; par conséquent, toutes ces forces
devront être équivalentes à celles dont on suppose que le système
est sollicité, et dont l'action est modifiée par la nature même du
système; et il faudra que la somme de leurs *moments* soit toujours égale à la somme des *moments* de celles-ci, par le théorème
donné dans la première Partie (Sect. II, art. 15) ([267]).

4. Nous emploierons dans la suite la caractéristique ordinaire d
pour représenter les différentielles relatives au temps, et nous
dénoterons les variables qui expriment les vitesses virtuelles par
la caractéristique δ, comme nous l'avons déjà fait dans quelques
problèmes de la première Partie.

Ainsi on aura

$$m\,\frac{d^2x}{dt^2}\,\delta x, \quad m\,\frac{d^2y}{dt^2}\,\delta y, \quad m\,\frac{d^2z}{dt^2}\,\delta z,$$

pour les moments des forces

$$m\,\frac{d^2x}{dt^2}, \quad m\,\frac{d^2y}{dt^2}, \quad m\,\frac{d^2z}{dt^2}$$

qui agissent suivant les coordonnées x, y, z et tendent à les augmenter; la somme de leurs moments pourra donc être représentée
par la formule

$$\mathbf{S}\,m\left(\frac{d^2x}{dt^2}\,\delta x + \frac{d^2y}{dt^2}\,\delta y + \frac{d^2z}{dt^2}\,\delta z\right),$$

en supposant que le signe d'intégration $\mathbf{S}$ s'étende à tous les corps
du système.

5. Soient maintenant P, Q, R, ... les forces accélératrices
données, qui sollicitent chaque corps m du système vers les
centres auxquels ces forces sont supposées tendre ([268]); et soient
p, q, r, ... les distances rectilignes de chacun de ces corps aux

---

([267]) *Voir* le théorème signalé par la note 233. Ce n'est pas à ce passage que
renvoie ici Lagrange; mais le théorème qu'il invoque est analogue à celui-là.

([268]) Cela ne veut pas dire que les forces P, Q, R, ... soient de ces forces
qu'on appelle aujourd'hui *centrales*. Les *centres* dont parle Lagrange sont des
points quelconques pris sur les directions des forces.

mêmes centres. Les différentielles δp, δq, δr, ... représenteront les variations des lignes p, q, r, ... provenant des variations δx, δy, δz des coordonnées x, y, z du corps m; mais, comme les forces P, Q, R, ... sont censées tendre à diminuer ces lignes, leurs vitesses virtuelles doivent être représentées par $-\delta p$, $-\delta q$, $-\delta r$, ... (Partie I, Section II, art. 3); donc les moments des forces mP, mQ, mR, ... seront exprimés par $-m$Pδp, $-m$Qδq, $-m$Rδr, ..., et la somme des moments de toutes ces forces sera représentée par

$$-\mathop{S} m(\mathrm{P}\,\delta p + \mathrm{Q}\,\delta q + \mathrm{R}\,\delta r + \ldots).$$

Égalant donc cette somme à celle de l'article précédent, on aura

$$\mathop{S} m\left(\frac{d^2x}{dt^2}\,\delta x - \frac{d^2y}{dt^2}\,\delta y + \frac{d^2z}{dt^2}\,\delta z\right) = -\mathop{S} m(\mathrm{P}\,\delta p + \mathrm{Q}\,\delta q + \mathrm{R}\,\delta r + \ldots)$$

et, transposant le second membre,

$$\mathop{S} m\left(\frac{d^2x}{dt^2}\,\delta x - \frac{d^2y}{dt^2}\,\delta y + \frac{d^2z}{dt^2}\,\delta z\right) + \mathop{S} m(\mathrm{P}\,\delta p + \mathrm{Q}\,\delta q + \mathrm{R}\,\delta r + \ldots) = 0.$$

C'est la formule générale de la Dynamique pour le mouvement d'un système quelconque de corps.

6. Il est visible que cette formule ne diffère de la formule générale de la Statique, donnée dans la seconde Section de la première Partie ([269]), que par les termes dus aux forces $m\dfrac{d^2x}{dt^2}$, $m\dfrac{d^2y}{dt^2}$, $m\dfrac{d^2z}{dt^2}$, qui produisent l'accélération du corps m suivant les prolongements des trois coordonnées x, y, z. En effet, nous avons vu dans la Section précédente ([270]) que ces forces étant prises en sens contraire, c'est-à-dire étant regardées comme tendant à diminuer les lignes x, y, z, doivent faire équilibre aux forces actuelles P, Q, R, ... qui sont supposées agir pour diminuer les lignes p, q, r, ...; de sorte qu'il n'y a qu'à ajouter aux *moments* de ces dernières forces ceux des forces $m\dfrac{d^2x}{dt^2}$, $m\dfrac{d^2y}{dt^2}$, $m\dfrac{d^2z}{dt^2}$ pour chacun des corps m, pour passer tout d'un coup des conditions de l'équilibre aux propriétés du mouvement.

....

([269]) *Voir* le paragraphe précédent
([270]) *Voir* note 233.

11. Quoiqu'on puisse toujours calculer les effets de l'impulsion et de la percussion comme ceux des forces accélératrices, cependant, lorsqu'on ne demande que la vitesse totale imprimée, on peut se dispenser de considérer ses accroissements comme successifs; et l'on peut, tout de suite, regarder les forces d'impulsion comme équivalentes aux mouvements imprimés.

Soient donc P, Q, R, ... les forces d'impulsion (^{271}) appliquées à un corps quelconque m du système, suivant les lignes p, q, r, ...; supposons que la vitesse imprimée à ce corps soit décomposée en trois vitesses représentées par $\overline{x}$, $\overline{y}$, $\overline{z}$, suivant les directions des axes des coordonnées x, y, z; on aura, comme dans l'article 5, en changeant les forces accélératrices $\frac{d^2x}{dt^2}$, $\frac{d^2y}{dt^2}$, $\frac{d^2z}{dt^2}$ dans les vitesses $\overline{x}$, $\overline{y}$, $\overline{z}$, l'équation générale

$$\textstyle\sum m(\overline{x}\,\delta x + \overline{y}\,\delta y + \overline{z}\,\delta z) + \sum(P\,\delta p + Q\,\delta q + R\,\delta r + \ldots) = 0.$$

Cette équation donnera autant d'équations particulières qu'il y restera de variations indépendantes après avoir réduit toutes les variations marquées par δ au plus petit nombre possible, d'après les conditions du système.

SECTION IV. — ÉQUATIONS DIFFÉRENTIELLES POUR LA SOLUTION DE TOUS LES PROBLÈMES DE DYNAMIQUE.

. . . .

2. La formule [obtenue dans la deuxième Section] est composée de deux parties différentes qu'il faut considérer séparément.

La première contient les termes $\sum m\left(\frac{d^2x}{dt^2}\,\delta x + \frac{d^2y}{dt^2}\,\delta y + \frac{d^2z}{dt^2}\,\delta z\right)$ qui proviennent uniquement des forces résultantes de l'inertie des corps.

La seconde est composée des termes $\sum m(P\,\delta p + Q\,\delta q + R\,\delta r + \ldots)$ dus aux forces accélératrices P, Q, R, ... qu'on suppose agir effectivement sur chaque corps suivant les lignes p, q, r, ... et qui tendent à diminuer ces lignes. La somme de ces deux quantités, étant égalée à zéro, constitue la formule générale de la Dynamique (Section II, art. 5).

(^{271}) Ce que nous appelons aujourd'hui les *impulsions des forces.*

Partie de cet Ouvrage et qui a, en même temps, l'avantage d'être tirée des premiers principes de la Mécanique.

SECTION II. — FORMULE GÉNÉRALE DE LA DYNAMIQUE POUR LE MOUVEMENT D'UN SYSTÈME DE CORPS ANIMÉS PAR DES FORCES QUELCONQUES.

1. Lorsque les forces qui agissent sur un système de corps sont disposées conformément aux lois exposées dans la première Partie de ce Traité (²⁶²), ces forces se détruisent mutuellement et le système demeure en équilibre. Mais, quand l'équilibre n'a pas lieu, les corps doivent nécessairement se mouvoir, en obéissant en tout ou en partie à l'action des forces qui les sollicitent. La détermination des mouvements produits par des forces données est l'objet de cette seconde Partie.

Nous y considérerons principalement les forces accélératrices et retardatrices dont l'action est continue, comme celle de la gravité, et qui tendent à imprimer à chaque instant une vitesse infiniment petite et égale à toutes les particules de matière.

Quand ces forces agissent librement et uniformément, elles produisent nécessairement des vitesses qui augmentent comme le temps (²⁶³); et l'on peut regarder les vitesses ainsi engendrées dans un temps donné comme les effets les plus simples de ces sortes de forces et, par conséquent, comme les plus propres à leur servir de mesure. Il faut, dans la Mécanique, prendre les effets simples des forces pour connus, et l'art de cette science consiste uniquement à en déduire les effets composés qui doivent résulter de l'action combinée et modifiée des mêmes forces (²⁶⁴).

2. Nous supposerons donc que l'on connaisse, pour chaque

(²⁶²) Partie consacrée à la Statique.

(²⁶³) Cela n'est pas nécessaire (*voir* la note 248 et la note suivante).

(²⁶⁴) Bien que Lagrange indique, dans ce qui va suivre, le moyen de mesurer la force par l'accélération, ces mots me paraissent indiquer qu'il considérait la force comme une réalité en dehors de l'accélération qu'elle produit, puisqu'il admet que les *mêmes* forces subsistent dans des circonstances différentes. A remarquer aussi que Lagrange a fait toute la Statique sans donner la mesure de la force qu'il va développer ici : évidemment il a, en Statique, mesuré les forces en les considérant comme produites par divers poids. Il est obligé d'abandonner ce mode de mesure en Dynamique, parce que, lorsqu'un poids tire un fil en mouvement, la tension du fil ne dépend pas seulement du poids, mais encore du mouvement. Il lui en substitue un autre et considère comme évident que cet autre est équivalent au premier (*voir* note 248). Cette évidence, d'ailleurs, est trompeuse.

11. Quoiqu'on puisse toujours calculer les effets de l'impulsion et de la percussion comme ceux des forces accélératrices, cependant, lorsqu'on ne demande que la vitesse totale imprimée, on peut se dispenser de considérer ses accroissements comme successifs; et l'on peut, tout de suite, regarder les forces d'impulsion comme équivalentes aux mouvements imprimés.

Soient donc P, Q, R, ... les forces d'impulsion ([211]) appliquées à un corps quelconque m du système, suivant les lignes p, q, r, ...; supposons que la vitesse imprimée à ce corps soit décomposée en trois vitesses représentées par $\overline{x}$, $\overline{y}$, $\overline{z}$, suivant les directions des axes des coordonnées x, y, z; on aura, comme dans l'article 5, en changeant les forces accélératrices $\frac{d^2x}{dt^2}$, $\frac{d^2y}{dt^2}$, $\frac{d^2z}{dt^2}$ dans les vitesses $\overline{x}$, $\overline{y}$, $\overline{z}$, l'équation générale

$$\mathbf{S}\,m(\overline{x}\,\delta x + \overline{y}\,\delta y + \overline{z}\,\delta z) + \mathbf{S}(P\,\delta p + Q\,\delta q + R\,\delta r + \ldots) = 0.$$

Cette équation donnera autant d'équations particulières qu'il y restera de variations indépendantes après avoir réduit toutes les variations marquées par δ au plus petit nombre possible, d'après les conditions du système.

SECTION IV. — ÉQUATIONS DIFFÉRENTIELLES POUR LA SOLUTION DE TOUS LES PROBLÈMES DE DYNAMIQUE.

. . . .

2. La formule [obtenue dans la deuxième Section] est composée de deux parties différentes qu'il faut considérer séparément.

La première contient les termes $\mathbf{S}\,m\left(\frac{d^2x}{dt^2}\,\delta x + \frac{d^2y}{dt^2}\,\delta y + \frac{d^2z}{dt^2}\,\delta z\right)$ qui proviennent uniquement des forces résultantes de l'inertie des corps.

La seconde est composée des termes $\mathbf{S}\,m(P\,\delta p + Q\,\delta q + R\,\delta r + \ldots)$ dus aux forces accélératrices P, Q, R, ... qu'on suppose agir effectivement sur chaque corps suivant les lignes p, q, r, ... et qui tendent à diminuer ces lignes. La somme de ces deux quantités, étant égalée à zéro, constitue la formule générale de la Dynamique (Section II, art. 5).

([211]) Ce que nous appelons aujourd'hui les *impulsions des forces*.

gine des coordonnées; elles expriment, par conséquent, les distances rectilignes du corps à trois plans passant par les mêmes axes.

Ainsi, à cause de la perpendicularité de ces plans, les coordonnées x, y, z représentent les espaces par lesquels le corps en mouvement s'éloigne des mêmes plans; par conséquent,

$$\frac{dx}{dt}, \quad \frac{dy}{dt}, \quad \frac{dz}{dt}$$

représenteront les vitesses que ce corps a dans un instant quelconque pour s'éloigner de chacun de ces plans-là et se mouvoir suivant le prolongement des coordonnées x, y, z; et ces vitesses, si le corps était ensuite abandonné à lui-même, demeureraient constantes dans les instants suivants, par les principes fondamentaux de la théorie du mouvement.

Mais, par la liaison des corps et par l'action des forces accélératrices qui les sollicitent, ces vitesses prennent, pendant l'instant dt, les accroissements

$$d\frac{dx}{dt}, \quad d\frac{dy}{dt}, \quad d\frac{dz}{dt}$$

qu'il s'agit de déterminer. On peut regarder ces accroissements comme de nouvelles vitesses imprimées à chaque corps, et, en les divisant par dt, on aura la mesure des forces accélératrices employées immédiatement à les produire; car, quelque variable que puisse être l'action d'une force, on peut toujours, par la nature du Calcul différentiel, la regarder comme constante pendant un temps infiniment petit, et la vitesse engendrée par cette force est alors proportionnelle à la force multipliée par le temps; par conséquent, la force elle-même sera exprimée par la vitesse divisée par le temps.

En prenant l'élément dt du temps pour constant, les forces accélératrices dont il s'agit seront exprimées par

$$\frac{d^2 x}{dt^2}, \quad \frac{d^2 y}{dt^2}, \quad \frac{d^2 z}{dt^2},$$

et, en multipliant ces forces par la masse m du corps sur lequel elles agissent, on aura

$$m\frac{d^2 x}{dt^2}, \quad m\frac{d^2 y}{dt^2}, \quad m\frac{d^2 z}{dt^2}$$

11. Quoiqu'on puisse toujours calculer les effets de l'impulsion et de la percussion comme ceux des forces accélératrices, cependant, lorsqu'on ne demande que la vitesse totale imprimée, on peut se dispenser de considérer ses accroissements comme successifs ; et l'on peut, tout de suite, regarder les forces d'impulsion comme équivalentes aux mouvements imprimés.

Soient donc P, Q, R, ... les forces d'impulsion (^{211}) appliquées à un corps quelconque m du système, suivant les lignes p, q, r, ... ; supposons que la vitesse imprimée à ce corps soit décomposée en trois vitesses représentées par $\overline{x}$, $\overline{y}$, $\overline{z}$, suivant les directions des axes des coordonnées x, y, z ; on aura, comme dans l'article 5, en changeant les forces accélératrices $\frac{d^2x}{dt^2}$, $\frac{d^2y}{dt^2}$, $\frac{d^2z}{dt^2}$ dans les vitesses $\overline{x}$, $\overline{y}$, $\overline{z}$, l'équation générale

$$\mathbf{S}\, m(\overline{x}\,\delta x + \overline{y}\,\delta y + \overline{z}\,\delta z) + \mathbf{S}\,(\mathrm{P}\,\delta p + \mathrm{Q}\,\delta q + \mathrm{R}\,\delta r + ...) = 0.$$

Cette équation donnera autant d'équations particulières qu'il y restera de variations indépendantes après avoir réduit toutes les variations marquées par δ au plus petit nombre possible, d'après les conditions du système.

SECTION IV. — ÉQUATIONS DIFFÉRENTIELLES POUR LA SOLUTION DE TOUS LES PROBLÈMES DE DYNAMIQUE.

. . . .

2. La formule [obtenue dans la deuxième Section] est composée de deux parties différentes qu'il faut considérer séparément.

La première contient les termes $\mathbf{S}\, m\left(\dfrac{d^2x}{dt^2}\delta x + \dfrac{d^2y}{dt^2}\delta y + \dfrac{d^2z}{dt^2}\delta z\right)$ qui proviennent uniquement des forces résultantes de l'inertie des corps.

La seconde est composée des termes $\mathbf{S}\, m(\mathrm{P}\,\delta p + \mathrm{Q}\,\delta q + \mathrm{R}\,\delta r + ...)$ dus aux forces accélératrices P, Q, R, ... qu'on suppose agir effectivement sur chaque corps suivant les lignes p, q, r, ... et qui tendent à diminuer ces lignes. La somme de ces deux quantités, étant égalée à zéro, constitue la formule générale de la Dynamique (Section II, art. 5).

(^{211}) Ce que nous appelons aujourd'hui les *impulsions des forces*.

3. Considérons d'abord la quantité $d^2x\,\delta x + d^2y\,\delta y + d^2z\,\delta z$; il est clair que, si l'on y ajoute celle-ci $dx\,d\,\delta x + dy\,d\,\delta y + dz\,d\,\delta z$, la somme sera intégrable et aura pour intégrale

$$dx\,\delta x + dy\,\delta y + dz\,\delta z \quad (^{272}).$$

D'où il suit qu'on a

$$d^2x\,\delta x + d^2y\,\delta y + d^2z\,\delta z = d_{|}(dx\,\delta x + dy\,\delta y + dz\,\delta z)$$
$$- dx\,d\,\delta x - dy\,d\,\delta y - dz\,d\,\delta z.$$

Or, le double signe $d\delta$ étant équivalent à δd par les principes connus $(^{273})$, la quantité $dx\,d\,\delta x + dy\,d\,\delta y + dz\,d\,\delta z$ peut se réduire à la forme

$$dx\,\delta\,dx + dy\,\delta\,dy + dz\,\delta\,dz,$$

c'est-à-dire à

$$\frac{1}{2}\,\delta(dx^2 + dy^2 + dz^2).$$

Ainsi on aura cette réduction

$$d^2x\,\delta x + d^2y\,\delta y + d^2z\,\delta z$$
$$= d(dx\,\delta x + dy\,\delta y + dz\,\delta z) - \frac{1}{2}\,\delta(dx^2 + dy^2 + dz^2),$$

par laquelle on voit que, pour calculer la quantité proposée $d^2x\,\delta x + d^2y\,\delta y + d^2z\,\delta z$, il suffit de calculer ces deux-ci, qui ne contiennent que des différences premières,

$$dx\,\delta x + dy\,\delta y + dz\,\delta z, \quad dx^2 + dy^2 + dz^2,$$

et de différentier ensuite l'une par rapport à d et l'autre par rapport à δ.

4. Supposons donc qu'il s'agisse de substituer, à la place des variables x, y, z, des fonctions données d'autres variables ξ, ψ, φ, ...; différentiant ces fonctions, on aura des expressions de la forme

$$dx = A\;d\xi + B\;d\psi + C\;d\varphi + ...,$$
$$dy = A'\;d\xi + B'\;d\psi + C'\;d\varphi + ...,$$
$$dz = A''\;d\xi + B''\;d\psi + C''\;d\varphi + ...,$$

dans lesquelles A, A', A'', B, B', ... seront des fonctions connues

---

$(^{272})$ Les x, y, z, ... sont des fonctions du temps. Les δx, δy, δz, ... sont des fonctions infiniment petites du temps.

$(^{273})$ *Voir* note 276.

de mêmes variables ξ, ψ, φ, ...; et les valeurs de δx, δy, δz seront exprimées aussi de la même manière, en changeant seulement d en δ (^{274}).

Faisant ces substitutions dans la quantité $dx\,\delta x + dy\,\delta y + dz\,\delta z$, elle deviendra de cette forme

$$F\,d\xi\,\delta\xi + G(d\xi\,\delta\psi + d\psi\,\delta\xi) + H\,d\psi\,\delta\psi + I(d\xi\,\delta\varphi + d\varphi\,\delta\xi) + \ldots,$$

où F, G, H, I, ... seront des fonctions finies de ξ, ψ, φ, ...

Donc, changeant δ en d, on aura aussi la valeur de $dx^2 + dy^2 + dz^2$, laquelle sera

$$F\,d\xi^2 + 2G\,d\xi\,d\psi + H\,d\psi^2 + I\,d\xi\,d\varphi + \ldots.$$

Qu'on différentie par d la première de ces deux quantités, on aura la différentielle

$$d(F\,d\xi)\,\delta\xi + F\,d\xi\,d\,\delta\xi + d(G\,d\xi)\,\delta\psi + d(G\,d\psi)\,\delta\xi$$
$$+ G\,d\xi\,d\,\delta\psi + G\,d\psi\,d\,\delta\xi + d(H\,d\psi)\,\delta\psi + H\,d\psi\,d\,\delta\psi + \ldots;$$

différentiant ensuite la seconde par δ, on aura celle-ci :

$$\delta F\,d\xi^2 + 2F\,d\xi\,\delta\,d\xi + 2\delta G\,d\xi\,d\psi + 2G\,d\psi\,\delta\,d\xi$$
$$+ 2G\,d\xi\,\delta\,d\psi + \delta H\,d\psi^2 + 2H\,d\psi\,\delta\,d\psi + \ldots.$$

Si donc on retranche la moitié de cette dernière différentielle de la première et qu'on observe que $d\delta$ et δd sont la même chose (^{275}), on aura

$$d(F\,d\xi)\,\delta\xi - \frac{1}{2}\delta F\,d\xi^2 + d(G\,d\xi)\,\delta\psi + d(G\,d\psi)\,\delta\xi - \delta G\,d\xi\,d\psi$$
$$+ d(H\,d\psi)\,\delta\psi - \frac{1}{2}\delta H\,d\psi^2 + \ldots$$

pour la valeur transformée de la quantité $d^2x\,\delta x + d^2y\,\delta y + d^2z\,\delta z$.

Or il est visible que cette valeur peut se déduire immédiatement de la dernière différentielle, en divisant tous les termes par 2, en changeant les signes de ceux qui ne contiennent pas la double caractéristique δd et en effaçant dans les autres le d après le δ pour l'appliquer aux quantités qui multiplient les doubles différences affectées de $d\delta$. Ainsi le terme $\delta F\,d\xi^2$ donne $-\frac{1}{2}\delta F\,d\xi^2$, le terme $2F\,d\xi\,\delta\,d\xi$ donnera $d(F\,d\xi)\,\delta\xi$, le terme $2\delta G\,d\xi\,d\psi$

donnera $- \delta G \, d\xi \, d\psi$, le terme $2 G \, d\psi \, \delta \, d\xi$ donnera $d(G \, d\psi) \delta \xi$, et ainsi des autres.

8. D'où il s'ensuit que, si l'on désigne par Φ la fonction de ξ, ψ, φ, ... et de $d\xi$, $d\psi$, $d\varphi$, ..., dans laquelle se transforme la quantité $\frac{1}{2}(dx^2 + dy^2 + dz^2)$ par la substitution des valeurs de x, y, z, en ξ, ψ, φ, ..., on aura, en général, cette transformée

$$d^2 x \, \delta x + d^2 y \, \delta y + d^2 z \, \delta z$$
$$= \left(- \frac{\delta \Phi}{\delta \xi} + d \frac{\delta \Phi}{\delta \, d\xi} \right) \delta \xi + \left(- \frac{\delta \Phi}{\delta \psi} + d \frac{\delta \Phi}{\delta \, d\psi} \right) \delta \psi + \dots$$

en dénotant, suivant l'usage, par $\frac{\delta \Phi}{\delta \xi}$ le coefficient de $\delta \xi$ dans la différence $\delta \Phi$, par $\frac{\delta \Phi}{\delta \, d\xi}$ le coefficient de $\delta \, d\xi$ dans la même différence, et ainsi des autres.

....

9. A l'égard de la quantité $P \, \delta p + Q \, \delta q + R \, \delta r + \dots$, elle est toujours facile à réduire en fonction de ξ, ψ, φ, ..., puisqu'il ne s'agit que d'y réduire séparément les expressions des distances p, q, r, ... et des forces P, Q, R, ... Mais cette opération devient encore plus facile lorsque les forces sont telles que la somme des moments, c'est-à-dire la quantité $P \, \delta p + Q \, \delta q + R \, \delta r + \dots$ est intégrable, ce qui, comme nous l'avons déjà observé, est probablement le cas de la nature.

Car, supposant $d\Pi = P \, dp + Q \, dq + R \, dr + \dots$, on aura Π exprimé par une fonction finie de p, q, r, ...; par conséquent, on aura aussi

$$\delta \Pi = P \, \delta p + Q \, \delta q + R \, \delta r + \dots.$$

Multipliant par m et prenant la somme pour tous les corps du système, on aura

$$\text{S} \, m (P \, \delta p + Q \, \delta q + R \, \delta r - \dots) = \text{S} \, m \, \delta \Pi = \delta \, \text{S} \, m \Pi,$$

puisque le signe S est indépendant du signe δ.

Il n'y aura ainsi qu'à chercher la valeur de la quantité $\text{S} \, m \Pi$ en fonction de ξ, ψ, φ, ..., ce qui ne demande que la substitution des valeurs de x, y, z, ... et ξ, ψ, φ, ... dans les expressions de p, q, r, ..., et, cette valeur de $\mathbf{S}\, m\Pi$ étant nommée V, on aura immédiatement

$$\delta V = \frac{\partial V}{\partial \xi}\, \delta\xi + \frac{\partial V}{\partial \psi}\, \delta\psi + \frac{\partial V}{\partial \varphi}\, \delta\varphi + \ldots.$$

10. De cette manière, la formule générale de la Dynamique (art. 2) sera transformée en celle-ci :

$$\Xi\, \delta\xi + \Psi\, \delta\psi + \Phi\, \delta\varphi + \ldots = 0,$$

dans laquelle on aura

$$\Xi = d\,\frac{\delta T}{\delta\, d\xi} - \frac{\delta T}{\delta\xi} + \frac{\delta V}{\delta\xi},$$
$$\ldots\ldots\ldots\ldots\ldots\ldots\ldots,$$

en supposant

$$T = \frac{1}{2}\mathbf{S}\, m\left(\frac{dx^2}{dt^2} + \frac{dy^2}{dt^2} + \frac{dz^2}{dt^2}\right), \qquad V = \mathbf{S}\, m\Pi$$

et

$$d\Pi = P\, dp + Q\, dq + R\, dr + \ldots,$$
$$\ldots\ldots\ldots\ldots\ldots\ldots\ldots\ldots\ldots\ldots\ldots\ldots\ldots$$

Or si, dans le choix des nouvelles variables ξ, ψ, φ, ..., on a eu égard aux équations de condition données par la nature du système proposé, en sorte que ces variables soient maintenant tout à fait indépendantes les unes des autres et que, par conséquent, leurs variations $\delta\xi$, $\delta\psi$, $\delta\varphi$, ... demeurent absolument indéterminées, on aura sur-le-champ les équations particulières

$$\Xi = 0, \qquad \Psi = 0, \qquad \Phi = 0, \qquad \ldots,$$

lesquelles serviront à déterminer le mouvement du système, puisque ces équations sont en même nombre que les variables ξ, ψ, φ, ..., d'où dépend la position du système à chaque instant ([276]).

([276]) Dans le cas des liaisons holonomes, les $x, y, z, \ldots$ s'expriment en fonction d'un certain nombre de variables ξ, ψ, φ, ... et les δx, δy, ... en fonction des variations $\delta\xi$, $\delta\psi$, $\delta\rho$, ... qui sont indépendantes. C'est le seul cas que Lagrange ait en vue.

Dans le cas des liaisons non holonomes, les $\delta\xi$, $\delta\psi$, $\delta\varphi$, ... indépendants sont moins nombreux que les ξ, ψ, φ, ... La démonstration de Lagrange cesse d'être valable : le point sur lequel il est impossible de l'accommoder à ce cas est le suivant : on ne peut pas, avec les liaisons non holonomes, avoir à la fois $d\delta x = \delta dx$ (note 273) et $d\delta\xi = \delta d\xi$ (note 275). Les équations de Lagrange sont donc inapplicables à ce cas.

Les termes dont se sert Lagrange (note 274) semblent exclure les liaisons dépendant du temps, où les expressions des dx, dy, ... contiennent des termes en dt que ne contiennent pas celles des δx, δy, ... En réalité, la démonstration

11. Mais, quoiqu'on puisse toujours ramener la question à cet état, puisqu'il ne s'agit que d'éliminer, par les équations de condition, autant de variables qu'elles permettent de le faire et de prendre ensuite pour ξ, ψ, φ, ... les variables restantes, il peut néanmoins y avoir des cas où cette voie soit trop pénible et où il soit à propos, pour ne pas trop compliquer le calcul, de conserver un plus grand nombre de variables ([277]). Alors les équations de condition auxquelles on n'aura pas encore satisfait devront être employées à éliminer, dans la formule générale, quelques-unes des variations $\delta\xi$, $\delta\psi$, ...; mais, au lieu de l'élimination actuelle, on pourra aussi faire usage de la méthode des multiplicateurs, exposée dans la première Partie (Section IV).

Soient $L = o$, $M = o$, $N = o$, ... les équations dont il s'agit, réduites en fonction de ξ, ψ, φ, ..., en sorte que L, M, N, ... soient des fonctions données de ces variables. On aura l'équation générale

$$\Xi\,\delta\xi + \Psi\,\delta\psi + \ldots + \lambda\,\delta L + \mu\,\delta M + \nu\,\delta N + \ldots = o,$$

laquelle, devant être vérifiée indépendamment des variations $\delta\xi$, $\delta\psi$, $\delta\varphi$, ..., donnera ces équations particulières pour le mouvement du système

$$\Xi + \lambda\frac{\delta L}{\delta\xi} + \mu\frac{\delta M}{\delta\xi} + \nu\frac{\delta N}{\delta\xi} + \ldots = o,$$

$$\Psi + \lambda\frac{\delta L}{\delta\psi} + \mu\frac{\delta M}{\delta\psi} + \nu\frac{\delta N}{\delta\psi} + \ldots = o,$$

$$\Phi + \lambda\frac{\delta L}{\delta\varphi} + \mu\frac{\delta M}{\delta\varphi} + \nu\frac{\delta N}{\delta\varphi} + \ldots = o,$$

$$\ldots\ldots\ldots\ldots\ldots\ldots\ldots\ldots\ldots\ldots\ldots\ldots,$$

d'où il faudra ensuite éliminer les inconnues λ, μ, ν, ce qui diminuera d'autant le nombre des équations; mais, en y ajoutant les équations de condition qui doivent nécessairement avoir lieu, on aura toujours autant d'équations que de variables.

---

s'applique aux liaisons dépendant du temps. Cette importante remarque, qui contient toute une méthode pour traiter les problèmes de mouvement relatif, a été faite pour la première fois par Vieille [*Sur les équations différentielles de la Dynamique* (*Journal de Liouville*, 1849)].

([277]) La méthode qui va être exposée ici, et qui est un mélange de l'emploi des équations de Lagrange et de la méthode des multiplicateurs, peut s'appliquer au cas des systèmes non holonomes, ξ, ψ, φ, ... étant des paramètres en fonction desquels on peut exprimer les coordonnées de tous les points, mais liés entre eux par des relations différentielles sans facteur intégrant.

§ 4. — Les représentations géométriques.

Les méthodes de Lagrange sont exclusivement analytiques : dans la Mécanique moderne, on fait souvent jouer un rôle important aux représentations géométriques; par exemple, la figuration des forces par les vecteurs est naturelle et très ancienne. Ce mode de représentation a été beaucoup généralisé, notamment par Poinsot, qui a introduit la notion des couples, et par tous les savants qui ont créé le calcul géométrique (Saint-Venant, Grassmann, Hamilton). Nous empruntons à Poinsot (1777-1859) un exposé, fait d'après cette méthode, du théorème des moments des quantités de mouvement (Mémoire *Sur la précession des équinoxes*, 1857, paru dans la *Connaissance des Temps*).

DE LA VARIATION DU COUPLE QUI ANIME UN CORPS ([278]), LORSQUE CE CORPS REÇOIT L'ACTION CONTINUELLE D'UN COUPLE ACCÉLÉRATEUR QUI TROUBLE A CHAQUE INSTANT L'AXE ET LA GRANDEUR DU COUPLE ACQUIS.

1. Considérons un corps libre de figure quelconque, qui tourne actuellement autour de son centre de gravité O, et représentons par la ligne terminée OG l'axe et la grandeur du couple G qui anime ce corps.

Si le corps était abandonné à lui-même, et qu'à une époque quelconque du mouvement on voulût rechercher le couple résultant de toutes les forces qui animent alors toutes les molécules, on retrouverait précisément le même couple dont il est actuellement animé; de sorte que ni l'axe ni la grandeur de ce couple G n'auraient subi aucune altération dans tout le cours du mouvement : et c'est en quoi consiste le principe de la conservation des couples, ou des aires qui en sont la mesure en Dynamique.

2. Mais, si au lieu d'être abandonné à lui-même le corps reçoit, à chaque instant dt, l'action d'un couple accélérateur g ([279]), l'axe

---

([278]) C'est ce que nous appelons aujourd'hui le *moment de la quantité de mouvement*.

([279]) Pour se faire une idée précise de ce qu'on entend ici par le couple accélérateur g, il faut, comme dans la théorie des forces accélératrices, considérer g comme le couple fini qui proviendrait, dans l'unité de temps, d'un couple infiniment petit qui s'ajouterait continuellement à lui-même dans cet espace de temps qui est pris pour unité (*note de Poinsot*). g est le *moment des forces extérieures*.

§ 4. — Les représentations géométriques.

Les méthodes de Lagrange sont exclusivement analytiques: dans la Mécanique moderne, on fait souvent jouer un rôle important aux représentations géométriques; par exemple, la figuration des forces par les vecteurs est naturelle et très ancienne. Ce mode de représentation a été beaucoup généralisé, notamment par Poinsot, qui a introduit la notion des couples, et par tous les savants qui ont créé le calcul géométrique (Saint-Venant, Grassmann, Hamilton). Nous empruntons à Poinsot (1777-1859) un exposé, fait d'après cette méthode, du théorème des moments des quantités de mouvement (Mémoire *Sur la précession des équinoxes*, 1857, paru dans la *Connaissance des Temps*).

DE LA VARIATION DU COUPLE QUI ANIME UN CORPS ([278]), LORSQUE CE CORPS REÇOIT L'ACTION CONTINUELLE D'UN COUPLE ACCÉLÉRATEUR QUI TROUBLE A CHAQUE INSTANT L'AXE ET LA GRANDEUR DU COUPLE ACQUIS.

1. Considérons un corps libre de figure quelconque, qui tourne actuellement autour de son centre de gravité O, et représentons par la ligne terminée OG l'axe et la grandeur du couple G qui anime ce corps.

Si le corps était abandonné à lui-même, et qu'à une époque quelconque du mouvement on voulût rechercher le couple résultant de toutes les forces qui animent alors toutes les molécules, on retrouverait précisément le même couple dont il est actuellement animé; de sorte que ni l'axe ni la grandeur de ce couple G n'auraient subi aucune altération dans tout le cours du mouvement : et c'est en quoi consiste le principe de la conservation des couples, ou des aires qui en sont la mesure en Dynamique.

2. Mais, si au lieu d'être abandonné à lui-même le corps reçoit, à chaque instant dt, l'action d'un couple accélérateur g ([279]), l'axe

---

([278]) C'est ce que nous appelons aujourd'hui le *moment de la quantité de mouvement*.

([279]) Pour se faire une idée précise de ce qu'on entend ici par le couple accélérateur g, il faut, comme dans la théorie des forces accélératrices, considérer g comme le couple fini qui proviendrait, dans l'unité de temps, d'un couple infiniment petit qui s'ajouterait continuellement à lui-même dans cet espace de temps qui est pris pour unité (*note de Poinsot*). g est le *moment des forces extérieures*.

et la grandeur du couple G varieront — de

§ 4. — Les représentations géométriques.

Les méthodes de Lagrange sont exclusivement analytiques: dans la Mécanique moderne, on fait souvent jouer un rôle important aux représentations géométriques; par exemple, la figuration des forces par les vecteurs est naturelle et très ancienne. Ce mode de représentation a été beaucoup généralisé, notamment par Poinsot, qui a introduit la notion des couples, et par tous les savants qui ont créé le calcul géométrique (Saint-Venant, Grassmann, Hamilton). Nous empruntons à Poinsot (1777-1859) un exposé, fait d'après cette méthode, du théorème des moments des quantités de mouvement (Mémoire *Sur la précession des équinoxes*, 1857, paru dans la *Connaissance des Temps*).

DE LA VARIATION DU COUPLE QUI ANIME UN CORPS ([278]), LORSQUE CE CORPS REÇOIT L'ACTION CONTINUELLE D'UN COUPLE ACCÉLÉRATEUR QUI TROUBLE A CHAQUE INSTANT L'AXE ET LA GRANDEUR DU COUPLE ACQUIS.

1. Considérons un corps libre de figure quelconque, qui tourne actuellement autour de son centre de gravité O, et représentons par la ligne terminée OG l'axe et la grandeur du couple G qui anime ce corps.

Si le corps était abandonné à lui-même, et qu'à une époque quelconque du mouvement on voulût rechercher le couple résultant de toutes les forces qui animent alors toutes les molécules, on retrouverait précisément le même couple dont il est actuellement animé; de sorte que ni l'axe ni la grandeur de ce couple G n'auraient subi aucune altération dans tout le cours du mouvement : et c'est en quoi consiste le principe de la conservation des couples, ou des aires qui en sont la mesure en Dynamique.

2. Mais, si au lieu d'être abandonné à lui-même le corps reçoit, à chaque instant dt, l'action d'un couple accélérateur g ([279]), l'axe

---

([278]) C'est ce que nous appelons aujourd'hui le *moment de la quantité de mouvement*.

([279]) Pour se faire une idée précise de ce qu'on entend ici par le couple accélérateur g, il faut, comme dans la théorie des forces accélératrices, considérer g comme le couple fini qui proviendrait, dans l'unité de temps, d'un couple infiniment petit qui s'ajouterait continuellement à lui-même dans cet espace de temps qui est pris pour unité (*note de Poinsot*). g est le *moment des forces extérieures*.

et la grandeur du couple G varieront à chaque instant; et ce sont ces variations qu'il faut déterminer d'après l'intensité et la direction donnée du couple accélérateur g qui agit sans cesse sur le mobile.

Or il est évident que, si l'on prend sur l'axe Og du couple accélérateur une ligne infiniment petite O$\gamma = g\,dt$, et qui marque ainsi l'axe et la grandeur du couple imprimé en un instant, le couple acquis G, qui est actuellement représenté par la ligne OG, sera, au bout d'un instant dt, représenté par la diagonale OG′ du parallélogramme OGG′γ construit sur les deux lignes OG et Oγ. Et de même, dans l'instant suivant, il sera représenté par la diagonale d'un nouveau parallélogramme construit sur OG′ et sur la ligne Oγ' qui représentera l'action du couple accélérateur dans cet instant; et ainsi de suite. On pourra donc trouver l'axe et la grandeur du couple qui anime le corps au bout d'un temps quelconque t, comme on trouverait le mouvement d'un point qui aurait reçu une impulsion primitive représentée par G et qui serait soumis à l'action d'une force accélératrice représentée par g. En cherchant la courbe que ce point décrit dans l'espace, on aurait, dans la direction de la tangente, celle de l'axe du couple G et, dans la vitesse du point, la grandeur de ce même couple.

. . . .

et la grandeur du couple G varieront à chaque instant; et ce sont ces variations qu'il faut déterminer d'après l'intensité et la direction donnée du couple accélérateur g qui agit sans cesse sur le mobile.

Or il est évident que, si l'on prend sur l'axe Og du couple accélérateur une ligne infiniment petite $O\gamma = g\,dt$, et qui marque ainsi l'axe et la grandeur du couple imprimé en un instant, le couple acquis G, qui est actuellement représenté par la ligne OG, sera, au bout d'un instant dt, représenté par la diagonale OG' du parallélogramme OGG'γ construit sur les deux lignes OG et Oγ. Et de même, dans l'instant suivant, il sera représenté par la diagonale d'un nouveau parallélogramme construit sur OG' et sur la ligne Oγ' qui représentera l'action du couple accélérateur dans cet instant; et ainsi de suite. On pourra donc trouver l'axe et la grandeur du couple qui anime le corps au bout d'un temps quelconque t, comme on trouverait le mouvement d'un point qui aurait reçu une impulsion primitive représentée par G et qui serait soumis à l'action d'une force accélératrice représentée par g. En cherchant la courbe que ce point décrit dans l'espace, on aurait, dans la direction de la tangente, celle de l'axe du couple G et, dans la vitesse du point, la grandeur de ce même couple.

. . . .

CHAPITRE II.
LA MÉCANIQUE CLASSIQUE ET LE COURANT ÉNERGÉTIQUE.

§ 1. — Les idées énergétiques retenues dans les principes.

Nous avons vu l'influence des idées énergétiques sur le développement de la Mécanique classique. Cette influence, d'ailleurs, n'a pas été uniquement occasionnelle et provisoire : la Mécanique classique a conservé, parmi ses principes fondamentaux, quelques-unes des idées énergétiques.

Par exemple, c'est par la propriété énergétique de ne pas travailler que se distinguent les forces de liaison.

Mais c'est surtout la notion d'inertie qui est une idée énergétique. Cette notion s'exprime, dans la Mécanique newtonienne, non seulement par la loi habituellement désignée sous le nom de *principe de l'inertie,* mais encore par celle de l'égalité entre l'action et la réaction (*voir* notes 14 et 23).

Un corps, dit Mac-Laurin ([250]), ne change jamais son état de lui-même, mais il résiste par son inertie à toute action qui tend à produire quelque altération dans son mouvement. Lorsque deux corps se rencontrent, chacun s'efforce de persévérer dans son état et résiste à tout changement; ... les changements produits dans les mouvements de chacun d'eux sont égaux, mais ils se font en directions contraires. L'un n'acquiert aucune force nouvelle qui ne soit perdue par un autre dans la même direction ; ... d'où il suit que, quoique par le choc ([251]) le mouvement passe de l'un à l'autre, cependant, la somme de leurs mouvements, estimés dans une direction donnée, est toujours la même et qu'elle est inaltérable par leurs actions mutuelles.... *Ainsi, cette loi de l'égalité entre*

([250]) *Exposé des découvertes philosophiques de Newton,* Ouvrage posthume de Mac-Laurin (1698-1746).

([251]) On va voir plus loin que Mac-Laurin n'a pas en vue seulement le choc.

l'action et la réaction sert à rendre la loi d'inertie plus géné-
rale et à l'étendre à un nombre de corps quelconque. Car
comme, par celle-ci, un corps persévère dans son état de repos ou
de mouvement uniforme en ligne droite jusqu'à ce qu'il soit affecté
de quelque cause externe, de même, par la loi de l'égalité entre
l'action et la réaction, la somme des mouvements d'un nombre quelconque de corps, estimés dans une direction donnée, persévère la
même, malgré les chocs ou l'action mutuelle des corps particuliers,
jusqu'à ce que quelque influence externe vienne à les déranger.

Dans ce passage, Mac-Laurin signale un lien entre le principe de l'inertie et celui de l'action et de la réaction. Pour
nous, ce lien s'explique par le fait que ces principes expriment
tous les deux les idées énergétiques.

C'est ainsi qu'on y trouve la trace de la notion de *force*
des corps en mouvement, force ne se modifiant que par l'influence des corps étrangers. Certains esprits se sont même
plu à considérer le fait de l'égalité entre l'action et la réaction
comme une manifestation de la conservation de cette force,
ce qu'en perd un corps étant gagné par l'autre. On peut voir
quelque chose de cette manière de penser dans la citation
précédente de Mac-Laurin et dans les raisonnements par lesquels Wallis est parvenu à la loi de la conservation de la
quantité de mouvement dans le choc (Iʳᵉ Partie, Liv. II,
Chap. II, § 1) (²⁸²). Toutefois ce point de vue n'est pas très

_____

(²⁸²) Rappelons aussi les expressions de Benedetti : *Tout agent souffre dans*
son action (Iʳᵉ Partie, Liv. II, Chap. I, § 1).

Il est intéressant de signaler que Kant place le principe de l'égalité de l'action
et de la réaction (avec celui de la conservation de la masse) parmi les jugements
synthétiques *a priori* que comprend la Physique (*Critique de la raison pure,*
Introduction). Kant considère donc comme une loi rationnelle que l'action d'un
corps sur un autre doit être égale à la réaction du second sur le premier, et la
place qu'il donne à ce principe, à côté de celui de la conservation de la masse
semble bien indiquer qu'il y voit la manifestation de *la conservation de la force.*

Nous ne savons si Kant entend par principe de l'égalité de l'action et de la
réaction le principe tel qu'il a été énoncé par Newton. S'il en est ainsi, son affirmation de la rationalité de cette loi ne saurait être admise. Peut-être faut-il
interpréter sa pensée autrement. Peut-être veut-il dire simplement que la loi
d'égalité est, dans la pensée, une condition essentielle des notions d'action et de
réaction, de même que la loi de la conservation est, dans la pensée, une condition essentielle de la notion de masse. Quant à savoir si ces notions peuvent s'appliquer à la réalité, et surtout quel phénomène réel peut correspondre à l'action ou
à la réaction, ce serait une autre question, et justiciable seulement de l'expérience.

satisfaisant. Il est bien vrai que la conservation de la force a été posée par Descartes comme une conséquence de la seule existence des *lois,* qui permet d'affirmer que quelque chose doit rester constant (I, note 96). Mais nous savons, d'autre part, que le quelque chose qui doit correspondre à la notion vague de force du mouvement ne doit pas être pris quelconque et qu'il faut le choisir indifférent à la direction (I, notes 91 et 183). Or, ce n'est pas ce qu'on fait quand on envisage le principe de réaction sous le biais que nous venons de dire. Ce principe n'est donc pas une reconstruction entièrement satisfaisante de l'idée vague de *conservation de la force*.

Il est plus instructif d'examiner les conceptions énergétiques du point de vue de l'*impossibilité du mouvement perpétuel,* idée suivie par Huygens, assez voisine d'ailleurs de celle de *conservation de la force,* mais plus physique et plus précise. Dans les raisonnements par lesquels il étaye l'égalité de l'action et de la réaction pour le cas des attractions à distance, Newton se pose en somme la question de savoir ce que peut faire un système sous la seule influence de ses actions intérieures : c'est l'embryon des démonstrations par lesquelles on établit aujourd'hui, en invoquant l'impossibilité du mouvement perpétuel, l'existence du potentiel dans les systèmes conservatifs. Nous montrerons plus loin que le principe de réaction peut se déduire de l'existence du potentiel, mais que la réciproque n'est pas vraie. En un certain sens, ledit principe est donc une expression incomplète de l'impossibilité du mouvement perpétuel.

Nous avons, dans le Chapitre III du Livre I, aperçu, sous un aspect un peu différent, la parenté entre le principe de l'inertie et le principe de réaction. En tenant compte de ce que nous venons de dire ici, on voit qu'on peut énoncer comme suit la remarque qui commence le paragraphe 4 dudit Chapitre : « La Mécanique n'exige la considération des repères privilégiés (temps et espace absolus) que dans sa partie énergétique. » Et c'est dès lors le lieu de rappeler que, dans l'étude

_____

(23) Ire Partie, Liv. II, Chap. II, § 3.

l'action et la réaction sert à rendre la loi d'inertie plus générale et à l'étendre à un nombre de corps quelconque. Car comme, par celle-ci, un corps persévère dans son état de repos ou de mouvement uniforme en ligne droite jusqu'à ce qu'il soit affecté de quelque cause externe, de même, par la loi de l'égalité entre l'action et la réaction, la somme des mouvements d'un nombre quelconque de corps, estimés dans une direction donnée, persévère la même, malgré les chocs ou l'action mutuelle des corps particuliers, jusqu'à ce que quelque influence externe vienne à les déranger.

Dans ce passage, Mac-Laurin signale un lien entre le principe de l'inertie et celui de l'action et de la réaction. Pour nous, ce lien s'explique par le fait que ces principes expriment tous les deux les idées énergétiques.

C'est ainsi qu'on y trouve la trace de la notion de *force des corps en mouvement,* force ne se modifiant que par l'influence des corps étrangers. Certains esprits se sont même plu à considérer le fait de l'égalité entre l'action et la réaction comme une manifestation de la conservation de cette force, ce qu'en perd un corps étant gagné par l'autre. On peut voir quelque chose de cette manière de penser dans la citation précédente de Mac-Laurin et dans les raisonnements par lesquels Wallis est parvenu à la loi de la conservation de la quantité de mouvement dans le choc (Ire Partie, Liv. II, Chap. II, § 1) (^{282}). Toutefois ce point de vue n'est pas très

(^{282}) Rappelons aussi les expressions de Benedetti : *Tout agent souffre dans son action* (Ire Partie, Liv. II, Chap. I, § 1).

Il est intéressant de signaler que Kant place le principe de l'égalité de l'action et de la réaction (avec celui de la conservation de la masse) parmi les jugements synthétiques *a priori* que comprend la Physique (*Critique de la raison pure,* Introduction). Kant considère donc comme une loi rationnelle que l'action d'un corps sur un autre doit être égale à la réaction du second sur le premier, et la place qu'il donne à ce principe, à côté de celui de la conservation de la masse semble bien indiquer qu'il y voit la manifestation de *la conservation de la force.*

Nous ne savons si Kant entend par principe de l'égalité de l'action et de la réaction le principe tel qu'il a été énoncé par Newton. S'il en est ainsi, son affirmation de la rationalité de cette loi ne saurait être admise. Peut-être faut-il interpréter sa pensée autrement. Peut-être veut-il dire simplement que la loi d'égalité est, dans la pensée, une condition essentielle des notions d'action et de réaction, de même que la loi de la conservation est, dans la pensée, une condition essentielle de la notion de masse. Quant à savoir si ces notions peuvent s'appliquer à la réalité, et surtout quel phénomène réel peut correspondre à l'action ou à la réaction, ce serait une autre question, et justiciable seulement de l'expérience.

qu'elles produisent; que j'aie entièrement proscrit les forces inhérentes au corps en mouvement, êtres obscurs et métaphysiques,
qui ne sont capables que de répandre les ténèbres sur une science
claire par elle-même.

C'est par cette raison que j'ai cru ne devoir point entrer dans
l'examen de la fameuse question des forces vives. Cette question,
qui depuis 30 ans partage les géomètres, consiste à savoir si la
force des corps en mouvement est proportionnelle au produit de
la masse par la vitesse ou au produit de la masse par le carré de
la vitesse : par exemple, si un corps double d'un autre, et qui a
trois fois autant de vitesse, a dix-huit fois autant de force ou six
fois autant seulement. Malgré les disputes que cette question
a causées, l'inutilité parfaite dont elle est pour la Mécanique
m'a engagé à n'en faire aucune mention dans l'Ouvrage que je
donne aujourd'hui : je ne crois pas néanmoins devoir passer entièrement sous silence une opinion dont Leibniz a cru pouvoir se
faire honneur comme d'une découverte; que le grand Bernouilli a
depuis si savamment et si heureusement approfondie ([281]); que
Mac-Laurin a fait tous ses efforts pour renverser, et à laquelle
enfin les écrits d'un grand nombre de mathématiciens illustres ont
contribué à intéresser le public. Ainsi, sans fatiguer le lecteur par le
détail de tout ce qui a été dit sur cette question, il ne sera pas
hors de propos d'exposer ici très succinctement les principes qui
peuvent servir à la résoudre.

Quand on parle de la force des corps en mouvement, ou l'on
n'attache point d'idée nette au mot qu'on prononce, ou l'on ne
peut entendre par là, en général, que la propriété qu'ont les corps
qui se meuvent de vaincre les obstacles qu'ils rencontrent ou de
leur résister. Ce n'est donc ni par l'espace qu'un corps parcourt
uniformément, ni par le temps qu'il emploie à le parcourir, ni
enfin par la considération simple, unique et abstraite de sa masse
et de sa vitesse qu'on doit estimer immédiatement la force; c'est
uniquement par les obstacles qu'un corps rencontre et par la résistance que lui font ces obstacles. Plus l'obstacle qu'un corps peut
vaincre, ou auquel il peut résister, est considérable, plus on peut

---

([281]) Voir le discours sur les *Lois de la communication du mouvement*, qui a
mérité l'éloge de l'Académie en l'année 1726, où le P. Mazière remporta le prix.
La raison pour laquelle la pièce de M. Bernouilli ne fut point couronnée se trouve
dans l'éloge que j'ai publié de ce grand géomètre quelques mois après sa mort,
arrivée au commencement de 1748. (*Note de d'Alembert.*)

des hypothèses d'Huygens sur le choc des corps ([283]), nous avons montré que l'adoption de la loi de l'égalité entre l'action et la réaction permettait d'énoncer la conservation des forces vives dans le choc par rapport à un système d'axes quelconques, c'est-à-dire qu'on pouvait remplacer la considération des repères absolus par l'affirmation de l'égalité entre l'action et la réaction, comme si cette loi contenait implicitement l'absolu éliminé du choix des axes.

§ 2. — Les idées énergétiques éliminées des principes.

Si la Mécanique classique a conservé quelques-unes des idées énergétiques, elle ne les a pas conservées toutes.

Nous avons dit que la loi de l'égalité entre l'action et la réaction n'exprimait qu'incomplètement l'impossibilité du mouvement perpétuel.

D'autre part, la Mécanique classique se rattache au courant statique, et le courant énergétique peut y être considéré comme arrêté en ce sens que les notions fondamentales y sont celles de force statique ou de masse et d'accélération, tandis que celle de force des corps en mouvement n'y joue d'autre rôle que d'y laisser une trace et n'est pas indispensable à l'intelligence des principes.

Voici ce que dit d'Alembert sur la force des corps en mouvement dans le discours préliminaire de son *Traité de Dynamique* :

A l'égard des démonstrations de ces principes en eux-mêmes, le plan que j'ai suivi pour leur donner toute la clarté et la simplicité dont elles m'ont paru susceptibles a été de les déduire toujours de la considération seule du mouvement, envisagé de la manière la plus simple et la plus claire. Tout ce que nous voyons bien distinctement dans le mouvement d'un corps, c'est qu'il parcourt un certain espace et qu'il emploie un certain temps à le parcourir. C'est donc de cette seule idée qu'on doit tirer tous les principes de la Mécanique quand on veut les démontrer d'une manière nette et précise; ainsi on ne sera point surpris qu'en conséquence de cette réflexion j'aie, pour ainsi dire, détourné la vue de dessus les causes motrices pour n'envisager uniquement que le mouvement

Il faut avouer cependant que l'opinion de ceux qui regardent la force comme le produit de la masse par la vitesse peut avoir lieu non seulement dans le cas de l'équilibre, mais aussi dans celui du mouvement retardé, si dans ce dernier cas on mesure la force, non par la quantité absolue des obstacles, mais par la somme des résistances de ces mêmes obstacles. Car on ne saurait douter que cette somme de résistances ne soit proportionnelle à la quantité de mouvement, puisque, de l'aveu de tout le monde, la quantité de mouvement que le corps perd à chaque instant est proportionnelle au produit de la résistance par la durée infiniment petite de l'instant, et que la somme de ces produits est évidemment la résistance totale. Toute la difficulté se réduit donc à savoir si l'on doit mesurer la force par la quantité absolue des obstacles ou par la somme de leurs résistances. Il paraîtrait plus naturel de mesurer la force de cette dernière manière ; car un obstacle n'est tel qu'en tant qu'il résiste, et c'est, à proprement parler, la somme des résistances qui est l'obstacle vaincu ; d'ailleurs, en estimant ainsi la force, on a l'avantage d'avoir pour l'équilibre et pour le mouvement retardé une mesure commune ; néanmoins, comme nous n'avons d'idée précise et distincte du mot de force qu'en restreignant ce terme à exprimer un effet, je crois qu'on doit laisser chacun le maître de se décider comme il voudra là-dessus, et toute la question ne peut plus consister que dans une discussion métaphysique très futile ou dans une dispute de mots plus indigne encore d'occuper des philosophes.

Tout ce que nous venons de dire suffit assez pour le faire sentir à nos lecteurs. Mais une réflexion bien naturelle achèvera de les en convaincre. Soit qu'un corps ait une simple tendance à se mouvoir avec une certaine vitesse, tendance arrêtée par quelque obstacle ; soit qu'il se meuve réellement et uniformément avec cette vitesse ; soit enfin qu'il commence à se mouvoir avec cette même vitesse, laquelle se consume et s'anéantisse peu à peu par quelque cause que ce puisse être ; dans tous les cas, l'effet produit par le corps est différent, mais le corps considéré en lui-même n'a rien de plus dans un cas que dans un autre ; seulement l'action de

---

pas raisonner uniquement sur des idées claires. Nous ne faisons d'ailleurs cette remarque que pour montrer combien l'analyse rigoureuse des notions fondamentales de la Mécanique était difficile, puisque d'Alembert lui-même, dont la présente citation montre la précision et la rectitude d'esprit, a pu s'y laisser égarer.

la cause qui produit l'effet est différemment appliquée. Dans le premier cas, l'effet se réduit à une simple tendance qui n'a point proprement de mesure précise, puisqu'il n'en résulte aucun mouvement; dans le second, l'effet est l'espace parcouru uniformément dans un temps donné, et cet effet est proportionnel à la vitesse; dans le troisième, l'effet est l'espace parcouru jusqu'à l'extinction totale du mouvement, et cet effet est comme le carré de la vitesse. Or, ces différents effets sont évidemment produits par une même cause; donc ceux qui ont dit que la force était tantôt comme la vitesse, tantôt comme son carré, n'ont pu entendre parler que de l'effet quand ils se sont exprimés de la sorte. Cette diversité d'effets provenant tous d'une même cause peut servir, pour le dire en passant, à faire voir le peu de justesse et de précision de l'axiome prétendu, si souvent mis en usage, sur la proportionnalité des causes à leurs effets.

Enfin, ceux mêmes qui ne seraient pas en état de remonter jusqu'aux principes métaphysiques de la question des forces vives verront aisément qu'elle n'est qu'une dispute de mots s'ils considèrent que les deux partis sont d'ailleurs entièrement d'accord sur les principes fondamentaux de l'équilibre et du mouvement. Qu'on propose le même problème de Mécanique à résoudre à deux géomètres, dont l'un soit adversaire et l'autre partisan des forces vives; leurs solutions, si elles sont bonnes, seront toujours parfaitement d'accord; la question de la mesure des forces est donc entièrement inutile à la Mécanique, et même sans aucun objet réel. Aussi n'aurait-elle pas sans doute enfanté tant de volumes si l'on se fût attaché à distinguer ce qu'elle renfermait de clair et d'obscur. En s'y prenant ainsi, on n'aurait eu besoin que de quelques lignes pour décider la question, mais il semble que la plupart de ceux qui ont traité cette manière aient craint de la traiter en peu de mots.

Mais, même parmi les idées énergétiques que la Mécanique classique n'a pas retenues dans ses principes fondamentaux, il y en avait de justes et de fécondes. Il convient de voir sous quelle forme elle les a retrouvées et quel rôle elle leur fait jouer. C'est ce que nous allons examiner en étudiant le théorème des forces vives.

Le théorème des forces vives a été, nous le savons, posé

comme un principe distinct par Huygens, adopté et développé par Leibniz et Jean Bernouilli. La Mécanique organisée le déduit de ses principes.

On n'a commencé à développer cette déduction que dans des cas particuliers. Le *Traité de Dynamique* de d'Alembert (1re édition, 1743) contient une démonstration du théorème des forces vives, mais longue et non générale. Rappelons aussi que Courtivron, en 1749, dans le Mémoire où il a exposé son principe d'équilibre qui se rattache à celui des forces vives, l'a démontré, et avec lui le théorème des forces vives, dans quelques cas particuliers (*voir* I, note 212).

C'est Lagrange qui a opéré le rattachement définitif du théorème des forces vives aux principes. Il l'a fait en ces termes :

En général, de quelque manière que les différents corps qui composent un système soient disposés ou liés entre eux, pourvu que cette disposition soit indépendante du temps, c'est-à-dire que les équations de condition entre les coordonnées des différents corps ne renferment point la variable t, il est clair qu'on pourra toujours, dans la formule générale de la Dynamique ([286]), supposer les variations δx, δy, δz égales aux différentielles dx, dy, dz, qui représentent les espaces effectifs parcourus par les corps dans l'instant dt, tandis que les variations dont nous parlons doivent représenter les espaces quelconques que les corps pourraient parcourir dans le même instant, eu égard à leur disposition mutuelle.

Cette supposition n'est que particulière et ne peut fournir, par conséquent, qu'une seule équation ; mais, étant indépendante de la forme du système, elle a l'avantage de donner une équation générale pour le mouvement de quelque système que ce soit.

Substituant donc dans la formule de l'article 5 (Sect. préc.), à la place des variations δx, δy, δz, les différentielles dx, dy, dz, et par conséquent aussi les différentielles dp, dq, dr, ..., au lieu des variations δp, δq, δr, ... qui dépendent de δx, δy, δz, ..., on aura cette équation générale, pour quelque système de corps que

---

([286]) C'est la formule de la Section II de la IIᵉ Partie de la *Mécanique analytique*. (*Voir* Chapitre précédent.)

ce soit :

$$S\left(\frac{dx\,d^2x + dy\,d^2y + dz\,d^2z}{dt^2} + \mathrm{P}\,dp + \mathrm{Q}\,dq + \mathrm{R}\,dr + \ldots\right) m = 0.$$

Dans le cas où la quantité $\mathrm{P}\,dp + \mathrm{Q}\,dq + \mathrm{R}\,dr + \ldots$ est inté-grale ([287]), lequel a lieu lorsque les forces P, Q, R, ... tendent à des centres fixes ou à des corps du même système, et sont fonc-tions des distances p, q, r, ..., en faisant

$$\mathrm{P}\,dp + \mathrm{Q}\,dq + \mathrm{R}\,dr + \ldots = d\Pi,$$

l'équation précédente devient

$$S\left(\frac{dx\,d^2x + dy\,d^2y + dz\,d^2z}{dt^2} + d\Pi\right) m = 0,$$

dont l'intégrale est

$$S\left(\frac{dx^2 + dy^2 + dz^2}{2\,dt^2} + \Pi\right) m = \mathrm{H},$$

dans laquelle H désigne une constante arbitraire égale à la valeur du premier membre de l'équation dans un instant donné.

Cette dernière équation renferme le principe connu sous le nom de *conservation des forces vives*. En effet, $dx^2 + dy^2 + dz^2$ étant le carré de l'espace que le corps parcourt dans l'instant dt, $\frac{dx^2 + dy^2 + dz^2}{dt^2}$ sera le carré de sa vitesse, et $\frac{dx^2 + dy^2 + dz^2}{dt^2} m$ sa force vive. Donc $S\left(\frac{dx^2 + dy^2 + dz^2}{dt^2}\right) m$ sera la somme des forces vives de tous les corps ou la force vive de tout le système, et l'on voit par l'équation dont il s'agit que cette force vive est égale à la quantité $2\mathrm{H} - 2\,S\,\Pi m$, laquelle dépend simplement des forces accélératrices qui agissent sur les corps, et nullement de leur liaison mutuelle, de sorte que la force vive du système est à chaque instant la même que les corps auraient acquise si, étant animés par les mêmes puissances, ils s'étaient mus librement chacun

---

([287]) C'est là un point important. *Voir* les observations qui suivent cette cita-tion. Il serait plus exact de dire d'ailleurs : dans le cas où la quantité

$$S\,m\,(\mathrm{P}\,dp + \mathrm{Q}\,dq + \ldots)$$

est intégrale.

sur la ligne qu'il a décrite. C'est ce qui a fait donner le nom de *conservation des forces vives* à cette propriété du mouvement ([288]).

Le système envisagé dans la démonstration ci-dessus étant supposé soumis uniquement à ses actions intérieures, au lieu d'admettre que la quantité $\mathsf{S}\, m(\mathrm{P}\, dp + \mathrm{Q}\, dq + \ldots)$ est intégrale, imaginons qu'elle se compose de deux parties : l'une, $\mathsf{S}\, d(m\Pi)$, qui soit intégrale, et l'autre, $\mathsf{S}\, d'\mathrm{N}$, qui ne le soit pas, mais qui soit toujours nulle ou négative. Le théorème des forces vives s'exprime alors, en désignant par v la vitesse, par l'équation

(1) $$d\,\mathsf{S}\left(\tfrac{1}{2}v^2 + \Pi\right)m + \mathsf{S}\, d'\mathrm{N} = 0.$$

Imaginons, en outre, que $\mathsf{S}\, m\Pi$ soit tel qu'il ne dépende que de la configuration du système et non de sa position absolue dans l'espace.

L'équation (1) contient alors l'impossibilité du mouvement perpétuel. Elle montre, en effet, qu'un système isolé, uniquement soumis à ses actions intérieures, s'il repasse, au cours de son mouvement, par sa configuration primitive, ne peut avoir, à ce second passage, une force vive supérieure à celle qu'il avait lors du premier : la force vive doit ou bien être restée la même (cas particulier de $d'\mathrm{N} = 0$; impossibilité du perpétuel moteur, mais possibilité du perpétuel mobile), ou bien avoir diminué (impossibilité du perpétuel mobile).

La même équation contient aussi l'idée de la conservation

([288]) C'est bien sous cette forme que le principe des forces vives a été découvert par Huygens. On a vu (Iʳᵉ Partie, Liv. II, Chap. III) qu'Huygens a admis que, si l'on rendait libres à un moment donné les points dont la liaison constituait le pendule composé, ils pourraient, en vertu des vitesses acquises, remonter à des hauteurs telles que leur centre de gravité atteindrait la hauteur d'où il était descendu. Il résulte des lois de l'ascension des graves que c'est là admettre qu'à un instant quelconque la somme des forces vives des points est égale au poids du corps multiplié par la hauteur d'où le centre de gravité est descendu. C'est donc bien dire que les forces vives acquises dans la descente dépendent du travail de la pesanteur seule et non des liaisons (*voir* I, note 183).

On remarquera d'ailleurs que le fait que la quantité $\mathrm{P}\, dp + \mathrm{Q}\, dq + \mathrm{R}\, dr + \ldots$ est intégrale est inutile pour la propriété sur laquelle Lagrange insiste ici, à savoir que les forces de liaison ne travaillent pas.

de la force des corps en mouvement. Prenons le cas particulier de $d'N = 0$. L'expression $\mathbf{S}\left(\frac{1}{2}v^2 + \Pi\right)m$ reste donc constante : elle peut alors être prise comme définition de *la force du système en mouvement*, et cette force ne dépend pas, Lagrange le remarque explicitement plus haut, des liaisons, c'est-à-dire des circonstances qui produisent de simples déviations des trajectoires; elle est indifférente à la direction. Dans le cas de $d'N \neq 0$, la conservation de la force disparaît. On sait qu'on parvient à la retrouver en fixant son attention non seulement sur les mouvements locaux, mais encore sur les phénomènes calorifiques qui les accompagnent, et en introduisant la notion d'équivalence entre la chaleur et le travail.

Voilà donc retrouvées les idées fondamentales du courant énergétique. Mais grâce à quoi? Grâce à deux choses. Grâce d'abord à une sorte d'élargissement de la Mécanique, dont nous venons de dire qu'elle ne doit pas se borner à la considération des mouvements locaux, qu'elle doit envisager aussi les phénomènes calorifiques si elle veut parler de la conservation de la force en général. Grâce ensuite, et inversement, à une restriction de la Mécanique, puisque nous avons fait certaines hypothèses sur la quantité $P\,dp + Q\,dq + R\,dr + \ldots$, c'est-à-dire sur la nature des forces. A ce dernier point de vue, la conservation de la force des corps en mouvement et l'impossibilité du mouvement perpétuel se présentent donc, dans la Mécanique classique, comme des propriétés particulières de certaines forces.

Or, l'expérience montre que les hypothèses faites plus haut sur $\mathbf{S}\,m(P\,dp + Q\,dq + \ldots)$ sont toujours vérifiées dans la nature. En effet, de même que ces hypothèses conduisent à l'impossibilité du mouvement perpétuel, réciproquement l'impossibilité du mouvement perpétuel, entendue d'une manière suffisamment large, les entraîne. Montrons-le et, pour cela, appliquons au système considéré ci-dessus, en sus de ses actions intérieures dont le travail est

$$-\mathbf{S}\,m(P\,dp + Q\,dq + \ldots),$$

d'autres forces dont le travail sera $d\bar{\varepsilon}$. Nous admettrons que, lorsque le système revient à sa configuration primitive, la force vive ne peut avoir augmenté du fait des actions intérieures, ce qui s'énoncera d'une manière précise en disant que l'augmentation de force vive est au plus égale au travail des forces extérieures $\int d\bar{\varepsilon}$. Il suit alors de l'équation des forces vives que $\mathbf{S}\, m(\mathrm{P}\, dp + \mathrm{Q}\, dq + \ldots)$ est de la forme $\mathbf{S}[d(m\Pi) + d'\mathrm{N}]$, où $\mathbf{S}\, m\Pi$ et $d'\mathrm{N}$ jouissent des propriétés énoncées plus haut ([289])([290]).

Plaçons-nous dans le cas particulier de $d'\mathrm{N} = 0$. L'impossibilité du mouvement perpétuel exige alors que

$$\mathbf{S}\, m(\mathrm{P}\, dp + \ldots)$$

soit de la forme

$$\mathbf{S}\, d(m\Pi).$$

Nous allons voir que le principe de l'égalité de l'action et de la réaction s'en déduit pour les systèmes de points ([291]). $\mathbf{S}\, m\Pi$ ne dépend, en effet, que de la configuration du système : c'est donc une fonction V des distances mutuelles r_{12}, r_{13}, \ldots, r_{23}, r_{24}, \ldots des points constitutifs M_1, M_2, M_3, \ldots. Le travail élémentaire des actions intérieures est donc

$$-\frac{\partial \mathrm{V}}{\partial r_{12}}\left(\frac{\partial r_{12}}{\partial x_1}dx_1 + \frac{\partial r_{12}}{\partial y_1}dy_1 + \frac{\partial r_{12}}{\partial z_1}dz_1 \right.$$
$$\left. + \frac{\partial r_{12}}{\partial x_2}dx_2 + \frac{\partial r_{12}}{\partial y_2}dy_2 + \frac{\partial r_{12}}{\partial z_2}dz_2\right) - \ldots,$$

([289]) En toute rigueur, on ne peut affirmer sur $d'\mathrm{N}$ que la propriété suivante : $\int d'\mathrm{N}$ est négatif pour tout cycle fermé. Pour pouvoir dire que $d'\mathrm{N}$ est toujours négatif, il faut invoquer d'autres faits. Il est inutile que nous entrions ici dans le détail.

([290]) Le raisonnement par lequel Newton étudie la loi de l'action et de la réaction dans le cas des actions à distance (note 22) est un cas particulier de celui-là. Chez Newton, $d\bar{\varepsilon}$ est nul et la force vive nulle dans l'état initial. Dès lors, la force vive ne peut augmenter.

([291]) Les considérations qui vont suivre sont empruntées au Mémoire de Helmholtz sur la *Conservation de la force*.

ou encore

$$-\frac{1}{r_{12}}\frac{\partial V}{\partial r_{12}}[(x_1 - x_2)(dx_1 - dx_2) + (y_1 - y_2)(dy_1 - dy_2)$$
$$+ (z_1 - z_2)(dz_1 - dz_2)] - \ldots$$

Il y a donc une force s'exerçant sur M_1, dirigée suivant $M_1 M_2$ et égale à $\frac{1}{r_{12}}\frac{\partial V}{\partial r_{12}}$, et une force égale et contraire s'exerçant sur M_2 et dirigée suivant $M_2 M_1$. C'est le principe de l'égalité de l'action et de la réaction. Et puisqu'il se déduit ici de l'existence de la fonction $\int m\Pi$, sans que d'ailleurs la réciproque soit vraie, on voit que nous avions raison de dire (§ 1) qu'en un sens l'égalité de l'action et de la réaction est l'expression incomplète de l'impossibilité du mouvement perpétuel ([292]).

Nous avons parlé déjà (Liv. II, Chap. I) de la nécessité d'élargir, dans un certain sens, la Mécanique classique pour pouvoir l'appliquer à des systèmes plus compliqués que les systèmes de points. Nous venons de rencontrer tout à l'heure la même nécessité en montrant que la considération simultanée des phénomènes calorifiques et des phénomènes de mouvement permettait d'énoncer dans toute sa généralité une loi importante, celle de la conservation de la force. Mais on voit, par la discussion qui précède, qu'à cet élargissement dans un sens doit s'ajouter une restriction dans un autre, puisque la Mécanique est trop générale dans les propriétés qu'elle attribue à la force.

Pour ces diverses raisons, il sera convenable, en vue de serrer la réalité de plus près, de donner aux idées essentielles du courant énergétique une place comparable à celle qu'ont prise les idées essentielles du courant statique, de les recevoir au nombre des principes. C'est ce que fera la Thermodynamique. Sous la forme de l'équivalence, la conservation de la force sera réintroduite dans la Science comme vérité fondamentale par Mayer, Helmholtz et Joule. L'impossibilité du

---

([292]) *Voir* la note 290· Remarquer d'ailleurs qu'en un autre sens la loi de l'égalité de l'action et de la réaction contient autre chose que l'impossibilité du mouvement perpétuel, car elle est vraie aussi pour les forces dont le travail est $d'N$.

perpétuel moteur sera à la base de l'œuvre de S. Carnot ([293]).
L'impossibilité du perpétuel mobile ou, ce qui revient au
même, le signe toujours négatif de $d'N$ sera admis comme
principe premier (sous une forme à la vérité un peu différente) par Clausius.

([293]) L'impossibilité du perpétuel moteur joue, dans les raisonnements de
Carnot, comme il est facile de le voir par une analyse rigoureuse, le rôle de notre
principe actuel de la conservation de l'énergie; d'autre part, c'est Carnot qui est
le père de notre second principe et de la notion de réversibilité. Même donc en
faisant abstraction des notes posthumes de ce savant, où se trouve consignée la loi
de l'équivalence, il faut dire que les *Réflexions sur la puissance motrice du feu*
contiennent réellement l'amorce des *deux* principes de la Thermodynamique.

CHAPITRE III.

LE POINT DE VUE FINALISTE ET LES PROPRIETÉS
DE MAXIMUM ET DE MINIMUM.

§ 1. — Le principe de la moindre action.

Voici la démonstration générale par laquelle Lagrange a rattaché aux lois fondamentales de la Mécanique le principe de la moindre action ([204]) (*Mécanique analytique*, 2ᵉ Partie, Sect. III).

39. Nous allons maintenant considérer le quatrième principe, celui de la moindre action.

En nommant u la vitesse de chaque corps m du système, on a

$$u^2 = \frac{dx^2}{dt^2} + \frac{dy^2}{dt^2} + \frac{dz^2}{dt^2},$$

et l'équation des forces vives devient

$$S\, m\left(\frac{u^2}{2} + \Pi\right) = H,$$

laquelle, étant différentiée par rapport à la caractéristique δ, donne

$$S\, m(u\,\delta u + \delta\Pi) = 0.$$

Or, Π étant une fonction de p, q, r, ..., on a

$$\delta\Pi = P\,\delta p + Q\,\delta q + R\,\delta r + \ldots.$$

Donc

$$S\, m(P\,\delta p + Q\,\delta q + R\,\delta r + \ldots) = -S\, mu\,\delta u.$$

---

perpétuel moteur sera à la base de l'œuvre de S. Carnot ([293]).
L'impossibilité du perpétuel mobile ou, ce qui revient au
même, le signe toujours négatif de $d'N$ sera admis comme
principe premier (sous une forme à la vérité un peu différente) par Clausius.

_____

([293]) L'impossibilité du perpétuel moteur joue, dans les raisonnements de
Carnot, comme il est facile de le voir par une analyse rigoureuse, le rôle de notre
principe actuel de la conservation de l'énergie; d'autre part, c'est Carnot qui est
le père de notre second principe et de la notion de réversibilité. Même donc en
faisant abstraction des notes posthumes de ce savant, où se trouve consignée la loi
de l'équivalence, il faut dire que les *Réflexions sur la puissance motrice du feu*
contiennent réellement l'amorce des *deux* principes de la Thermodynamique.

CHAPITRE III.

LE POINT DE VUE FINALISTE ET LES PROPRIÉTÉS DE MAXIMUM ET DE MINIMUM.

---

§ 1. — Le principe de la moindre action.

Voici la démonstration générale par laquelle Lagrange a rattaché aux lois fondamentales de la Mécanique le principe de la moindre action ([291]) (*Mécanique analytique*, 2ᵉ Partie, Sect. III).

39. Nous allons maintenant considérer le quatrième principe, celui de la moindre action.

En nommant u la vitesse de chaque corps m du système, on a

$$u^2 = \frac{dx^2}{dt^2} + \frac{dy^2}{dt^2} + \frac{dz^2}{dt^2},$$

et l'équation des forces vives devient

$$\mathbf{S}\, m\left(\frac{u^2}{2} + \Pi\right) = \mathrm{H},$$

laquelle, étant différentiée par rapport à la caractéristique δ, donne

$$\mathbf{S}\, m(u\,\delta u + \delta\Pi) = 0.$$

Or, Π étant une fonction de p, q, r, ..., on a

$$\delta\Pi = \mathrm{P}\,\delta p + \mathrm{Q}\,\delta q + \mathrm{R}\,\delta r + \dots$$

Donc

$$\mathbf{S}\, m(\mathrm{P}\,\delta p + \mathrm{Q}\,\delta q + \mathrm{R}\,\delta r + \dots) = -\mathbf{S}\, m u\,\delta u.$$

([291]) *Cf.* le passage signalé par la note 261.

Et cette équation aura toujours lieu, pourvu que

$$P\,dp + Q\,dq + R\,dr + \ldots$$

soit une quantité intégrale et que la liaison des corps soit indépendante du temps; elle cesserait d'être vraie si l'une des conditions n'avait pas lieu.

Qu'on substitue maintenant l'expression précédente dans la formule générale de la Dynamique (Sect. II, art. 5), elle deviendra

$$S\,m\left(\frac{d^2x}{dt^2}\delta x + \frac{d^2y}{dt^2}\delta y + \frac{dt^2z}{dt^2}\delta z - u\,\delta u\right) = 0.$$

Or,

$$d^2x\,\delta x + d^2y\,\delta y + d^2z\,\delta z$$
$$= d(dx\,\delta x + dy\,\delta y + dz\,\delta z) - dx\,d\delta x - dy\,d\delta y - dz\,d\delta z.$$

Mais, parce que les caractéristiques d et δ représentent des différences ou variations tout à fait indépendantes les unes des autres, les quantités $d\delta x$, $d\delta y$, $d\delta z$ doivent être la même chose que δdx, δdy, δdz. D'ailleurs il est visible que

$$dx\,\delta dx + dy\,\delta dy + dz\,\delta dz = \tfrac{1}{2}\delta(dx^2 + dy^2 - dz^2).$$

Donc, on aura

$$d^2x\,\delta x + d^2y\,\delta y + d^2z\,\delta z$$
$$= d(dx\,\delta x + dy\,\delta y + dz\,\delta z) - \tfrac{1}{2}\delta(dx^2 + dy^2 + dz^2).$$

Soit s l'espace ou l'arc décrit par le corps m dans le temps t; on aura

$$ds = \sqrt{dx^2 + dy^2 + dz^2}, \qquad dt = \frac{ds}{u}.$$

Donc

$$d^2x\,\delta x + d^2y\,\delta y + d^2z\,\delta z = d(dx\,\delta x + dy\,\delta y + dz\,\delta z) - ds\,\delta ds;$$

et, de là,

$$\frac{d^2x}{dt^2}\delta x + \frac{d^2y}{dt^2}\delta y + \frac{d^2z}{dt^2}\delta z = \frac{d(dx\,\delta x + dv\,\delta v + dz\,\delta z)}{dt^2} - u^2\frac{\delta ds}{ds}.$$

Ainsi, la formule générale dont il s'agit deviendra

$$S\,m\left[\frac{d(dx\,\delta x + dv\,\delta v + dz\,\delta z)}{dt^2} - u^2\frac{\delta ds}{ds} - u\,\delta u\right] = 0;$$

ou, en multipliant tous les termes par l'élément constant $dt = \dfrac{ds}{u}$, et remarquant que $u\,\delta ds + ds\,\delta u = \delta(u\,ds)$,

$$\mathbf{S}\,m\left[\frac{d(dx\,\delta x + dy\,\delta y + dz\,\delta z)}{dt} - \delta(u\,ds)\right] = 0.$$

Comme le signe intégral $\mathbf{S}$ n'a aucun rapport aux signes différentiels d et δ, on peut faire sortir ceux-ci hors de celui-là; et l'équation précédente prendra cette forme

$$d\,\mathbf{S}\,m\left(\frac{dx}{dt}\,\delta x + \frac{dy}{dt}\,\delta y + \frac{dz}{dt}\,\delta z\right) - \delta\,\mathbf{S}\,mu\,ds = 0.$$

Intégrons par rapport au signe différentiel d, et dénotons cette intégration par le signe intégral ordinaire $\int$; nous aurons

$$\mathbf{S}\,m\left(\frac{dx}{dt}\,\delta x + \frac{dy}{dt}\,\delta y + \frac{dz}{dt}\,\delta z\right) - \int \delta\,\mathbf{S}\,mu\,ds = \text{const.}$$

Or, le signe $\int$, dans l'expression

$$\int \delta\,\mathbf{S}\,mu\,ds,$$

ne pouvant regarder que les variables u et s, et n'ayant aucune relation avec les signes $\mathbf{S}$ et δ, il est clair que cette expression est la même chose que celle-ci,

$$\delta\,\mathbf{S}\,m\int u\,ds,$$

et, si l'on suppose que, dans les points où commencent les intégrales $\int u\,ds$, on ait

$$\delta x = 0, \quad \delta y = 0, \quad \delta z = 0,$$

il faudra que la constante arbitraire soit nulle, parce que le premier membre de l'équation devient nul dans ces points. Ainsi on aura, dans ce cas,

$$\delta\,\mathbf{S}\,m\int u\,ds = \mathbf{S}\,m\left(\frac{dx}{dt}\,\delta x + \frac{dy}{dt}\,\delta y + \frac{dz}{dt}\,\delta z\right).$$

Donc, si l'on suppose de plus que les variations soient aussi nulles pour les points où les intégrales $\int u\,ds$ finissent, on aura simplement

$$\delta \, \mathbf{S} \, m \int u \, ds = 0,$$

c'est-à-dire que la variation de la quantité $\mathbf{S} \, m \int u \, ds$ sera nulle ; par conséquent, cette quantité sera un maximum ou un minimum.

De là résulte donc ce théorème général :

Dans le mouvement d'un système quelconque de corps animés par des forces mutuelles d'attraction, ou tendantes à des centres fixes, et proportionnelles à des fonctions quelconques des distances, les courbes décrites par les différents corps, et leurs vitesses, sont nécessairement telles que la somme des produits de chaque masse par l'intégrale de la vitesse multipliée par l'élément de la courbe est un maximum ou un minimum, pourvu que l'on regarde les premiers et les derniers points de chaque courbe comme donnés, en sorte que les variations des coordonnées répondantes à ces points soient nulles.

C'est le théorème dont nous avons parlé à la fin de la première Section, sous le nom de *principe de la moindre action* ([295]).

. . . .

[Toutes les fois que le principe de la moindre action est vrai, c'est-à-dire toutes les fois qu'il y a un potentiel, il fournit toutes les équations qui sont nécessaires pour déterminer le mouvement du système.]

41. Au reste, puisque $ds = u \, dt$, la formule

$$\mathbf{S} \, m \int u \, ds,$$

_____

([295]) L'intégrale $\mathbf{S} \, m \int u \, ds$ est un maximum ou un minimum, si on la compare aux intégrales analogues relatives à tout autre mouvement du système qui serait produit par les mêmes forces et dans lequel, malgré l'introduction de liaisons nouvelles laissant subsister le principe des forces vives, les positions initiales et finales resteraient les mêmes. Peut-être cet énoncé, qui résulte évidemment de la démonstration, n'est-il pas rendu assez explicite dans le texte.

(J. Bertrand.)

On pourra consulter, au sujet de ce principe, un article d'Olinde Rodrigues inséré dans la *Correspondance de l'École Polytechnique*, t. III, p. 159, et les *Vorlesungen über Dynamik* de Jacobi.   (Gaston Darboux.)

qui est un maximum ou un minimum, peut aussi se mettre sous la forme

$$ S m \int u^2 dt \quad \text{ou} \quad \int dt\, S mu^2, $$

dans laquelle $S mu^2$ exprime la force vive de tout le système dans un instant quelconque. Ainsi le principe dont il s'agit se réduit proprement à ce que la somme des forces vives instantanées de tous les corps, depuis le moment où ils partent des points donnés jusqu'à celui où ils arrivent à d'autres points donnés, soit un maximum ou un minimum. On pourrait l'appeler, avec plus de fondement, le *principe de la plus grande* ou *plus petite force vive*, et cette manière de l'envisager aurait l'avantage d'être générale, tant pour le mouvement que pour l'équilibre, puisque nous avons vu, dans la troisième Section de la première Partie, que la force vive d'un système est toujours la plus grande ou la plus petite dans la situation d'équilibre ([290]).

Maupertuis avait appliqué son principe de la moindre action au choc des corps, mais d'une manière fort vague. C'est Carnot qui a énoncé et démontré avec précision le principe dans ce cas; et il a retrouvé là un minimum de force vive. Nous avons donné ce résultat de Carnot plus haut (note 239).

Nous nous contenterons de mentionner sans démonstration — on trouvera celle-ci dans tous les Traités classiques — un principe analogue à celui de la moindre action, donné par Hamilton.

Désignons par T la force vive, par $-S m(P \delta p + \dots)$ le travail virtuel des forces agissant sur un système. Envisageons l'intégrale

$$ \int_{t_0}^{t_1} \left[\delta T - S m (P \delta p + \dots) \right] dt $$

prise entre deux instants t_0 et t_1 du mouvement, les variations δx, δy, δz, ... étant compatibles avec les liaisons et

---

([290]) Lagrange fait ici allusion au principe de Courtivron (I, notes 79 et 210).

s'annulant aux instants t_0 et t_1. Le principe d'Hamilton apprend que cette intégrale est nulle.

Quand $\mathbf{S}\, m(\mathrm{P}\,\delta p + \ldots)$ est une différentielle exacte, le principe s'écrit

$$\delta \int_{t_0}^{t_1} \left(\mathrm{T} - \mathbf{S}\, m\Pi\right) dt = 0$$

et l'intégrale $\int_{t_0}^{t_1} \left(\mathrm{T} - \mathbf{S}\, m\Pi\right) dt$ est maxima ou minima.

§ 2. — Le principe de la moindre contrainte.

Gauss (1777-1855) a résumé (*Journal de Crelle*, t. 4) les lois de l'équilibre et du mouvement dans un énoncé général qui met en évidence une propriété de minimum, et auquel il a donné le nom de *principe de la moindre contrainte* (*kleinster Zwang*). Nous citons la traduction de J. Bertrand.

Le nouveau principe est le suivant :

Le mouvement d'un système de points matériels liés entre eux d'une manière quelconque et soumis à des influences quel-conques se fait, à chaque instant, dans le plus parfait accord possible avec le mouvement qu'ils auraient s'ils devenaient tous libres, c'est-à-dire avec la plus petite contrainte possible, en prenant pour mesure de la contrainte subie pendant un instant infiniment petit la somme des produits de la masse de chaque point par le carré de la quantité dont il s'écarte de la position qu'il aurait prise s'il eût été libre.

Soient :

m, m', m'' les masses des points ;

a, a', a'' leurs positions respectives ;

b, b', b'' les places qu'ils occuperaient après un temps infiniment petit dt en vertu des forces qui les sollicitent et de la vitesse acquise au commencement de cet instant.

L'énoncé précédent revient à dire que les positions c, c', c'', ... qu'ils prendront seront, parmi toutes celles que permettent les liaisons, celles pour lesquelles la somme

$$m.\overline{bc}^{\,2} + m'.\overline{b'c'}^{\,2} + m''.\overline{b''c''}^{\,2} + \ldots$$

sera un minimum.

L'équilibre est un cas particulier de la loi générale; il aura lieu lorsque, les points étant sans vitesse, la somme

$$m.\overline{ab}^{\,2} + m'.\overline{a'b'}^{\,2} + \ldots$$

sera un minimum, ou, en d'autres termes, lorsque la conservation du système dans l'état de repos sera *plus près* du mouvement libre que chacun tend à prendre que tout déplacement possible qu'on imaginerait. La démonstration du principe se fait facilement comme il suit.

La force qui sollicite le point m pendant l'instant dt est évidemment composée : 1° d'une force qui, s'adjoignant à l'effet de la vitesse acquise, mènerait le point de a en c; 2° d'une force qui, prenant le point au repos en c, le ferait, dans le même temps, parvenir de c en b. Ceci s'applique évidemment aux autres points ([207]).

En vertu du principe de d'Alembert, les points m, m', m''. ... seraient en équilibre s'ils se trouvaient, dans les positions c, c', c''. .... sous l'influence des secondes forces ci-dessus mentionnées qui agissent suivant cb, $c'b'$, ... et sont proportionnelles à ces petites lignes. Il faut donc, d'après le principe des vitesses virtuelles, que la somme des moments virtuels de ces forces soit nulle pour tous les déplacements compatibles avec les liaisons, ou mieux, que cette somme ne puisse jamais devenir positive.

Soient donc γ, γ', γ'', ... des positions que les points m, m', m''. ... puissent prendre sans violer les liaisons du système, et θ, θ', θ'', ... les angles que $c\gamma$, $c'\gamma'$, $c''\gamma''$. ... font respectivement avec cb, $c'b'$, $c''b''$, ...; il faut que

$$\sum m.cb.c\gamma \cos\theta$$

soit nul ou négatif.

_____

([2]) Gauss emploie exactement la décomposition de d'Alembert. Il décompose le mouvement que tendent à imprimer les forces données en deux : le mouvement réellement pris et un mouvement détruit par les liaisons.

Mais il est clair qu'on a

$$\overline{\gamma b}^2 = \overline{cb}^2 + \overline{c\gamma}^2 - 2\overline{cb}.\overline{c\gamma}\cos\theta,$$

et, par suite,

$$\sum m.\overline{\gamma b}^2 = \sum m.\overline{cb}^2 + \sum m.\overline{c\gamma}^2 - 2\sum m.cb.c\gamma\cos\theta;$$

donc

$$\sum m.\overline{\gamma b}^2 = \sum m.\overline{cb}^2 + \sum m.\overline{c\gamma}^2 - 2\sum m.cb.c\gamma\cos\theta;$$

et, par suite,

$$\sum m.\overline{\gamma b}^2 - \sum m.\overline{cb}^2$$

est toujours positif, d'où il résulte que $\sum m.\overline{\gamma b}^2$ est toujours plus grand que $\sum m.\overline{cb}^2$, c'est-à-dire que $\sum m.\overline{cb}^2$ est toujours un minimum.

C. Q. F. D.

Il est bien remarquable que les mouvements libres, lorsqu'ils sont incompatibles avec la nature du système, sont précisément modifiés de la même manière que les géomètres, dans leurs calculs, modifient les résultats obtenus directement en leur appliquant la méthode des moindres carrés pour les rendre compatibles avec les conditions nécessaires qui leur sont imposées par la nature de la question.

On pourrait poursuivre cette analogie, mais cela n'entre pas dans le but que je me propose en ce moment.

En désignant par X, Y, Z les composantes sur trois axes rectangulaires des forces données, par $\frac{d^2x}{dt^2}$, $\frac{d^2y}{dt^2}$, $\frac{d^2z}{dt^2}$ celles de l'accélération, on voit que le principe de Gauss exprime que l'expression

$$\sum m\left[\left(\frac{X}{m} - \frac{d^2x}{dt^2}\right)^2 + \left(\frac{Y}{m} - \frac{d^2y}{dt^2}\right)^2 + \left(\frac{Z}{m} - \frac{d^2z}{dt^2}\right)^2\right],$$

où l'on considère les coordonnées des points et leurs vitesses comme constantes, mais les accélérations comme variables, est minima.

Nous rappellerons en terminant que l'idée de *contrainte dans un déplacement* se trouve sous une forme vague chez certains précurseurs (*voir* I, note 41).

§ 3. — Abandon du point de vue finaliste.

Depuis Lagrange, qui a exprimé avec une grande netteté le point de vue nouveau ([298]), on ne voit plus, dans les théorèmes analogues à ceux que nous venons de rappeler, que des « résultats des lois connues de la Mécanique » et l'on n'y cherche aucune signification métaphysique touchant la sagesse du créateur ou l'économie de la nature.

Prenons d'ailleurs le principe de la moindre action. La variation de l'intégrale $S m \int u\,ds$ est nulle pour le mouvement réel. Mais cela ne veut pas dire que l'intégrale soit minima; elle peut être maxima, et même n'être ni l'un ni l'autre. Quand un point qui ne reçoit l'action d'aucune force se déplace sur une sphère, il décrit un grand cercle d'une vitesse uniforme. L'intégrale $\int u\,ds$ se réduit à $u \int ds$, et le principe apprend que la variation de l'arc de trajectoire compris entre deux points est nulle. Or, si cet arc est supérieur à 180°, il n'est certainement pas minimum. Y a-t-il dès lors économie ou prodigalité de la part de la nature ([299])?

Donc abandon complet des notions métaphysiques de cette espèce. Néanmoins on peut toujours se demander si le fait, pour les lois de la Mécanique, de pouvoir être mises sous forme de propriétés de maximum ou de minimum n'est pas la manifestation de quelque chose de remarquable.

Voici quelques citations de M. Mach sur ce sujet ([300]).

On a donc jusqu'ici démontré qu'en égalant à zéro la variation de la somme $\int u\,ds$ ([301]), on obtient les équations ordinaires du

---

([298]) *Voir* le passage compris entre les notes 259 et 261.
([299]) *Cf.* MACH, *La Mécanique*, traduction française, p. 430.
([300]) MACH, *La Mécanique*, traduction française, p. 352, 359, 430.
([301]) Pour un point.

mouvement. Or, les propriétés du mouvement des corps et de leurs trajectoires peuvent toujours s'exprimer en égalant à zéro des expressions différentielles. De plus, la condition à laquelle la variation d'une intégrale est nulle s'exprime en égalant à zéro une équation différentielle. On peut donc, sans aucun doute, imaginer *nombre d'autres* expressions intégrales qui, par leurs variations, conduiront aux équations ordinaires du mouvement, sans que, pour cela, elles aient *nécessairement* une signification *physique* particulière.

. . . .

Les principes d'équilibre et de mouvement de la Mécanique peuvent être exprimés sous forme de lois d'isopérimètres. La conception anthropomorphique n'est ici essentielle en rien; prenons, par exemple, le principe des travaux virtuels. Dès qu'on a reconnu le travail A comme déterminante de la vitesse ([302]), on voit aisément que, du moment où *il n'y a aucun travail* effectué pour les passages du système à toutes les conformations voisines, aucune vitesse ne peut être acquise, et que, par suite, l'équilibre subsiste. La condition d'équilibre est donc $\delta A = 0$; elle n'exige pas précisément que A soit maximum ou minimum. Ces lois ne sont pas rigoureusement limitées au domaine de la Mécanique. Elles peuvent être très générales. Lorsque la variation d'un phénomène B dépend d'un phénomène A, la condition pour que B soit dans un certain état est $\delta A = 0$.

Mais maintenant nous voyons clairement ce qu'il reste de *remarquable* dans le principe de la moindre action et les principes analogues. Le travail élémentaire δA n'est pas toujours une différentielle exacte; il est remarquable que, dans certains cas, il le soit et qu'on puisse parler du travail A. De même, tout à l'heure, quand nous cherchions avec M. Mach à remonter, des équations différentielles du mouvement des corps, à la connaissance des intégrales dont la variation était nulle moyennant lesdites équations différentielles, nous nous posions un problème qui était l'inverse du calcul des variations, comme le calcul intégral est l'inverse du calcul diffé-

---

([302]) *Cf.* note 201.

rentiel. Rien ne dit qu'il soit toujours possible. Et il est précisément *remarquable* qu'on puisse trouver des intégrales, où les fonctions sous le signe $\int$ ne contiennent que les coordonnées des points et leurs dérivées premières, qui répondent à la question posée.

Il y a là vraiment quelque chose qui est une loi intéressante de la nature. L'analogie est remarquable avec le fait que l'on peut trouver, pour exprimer la force d'un corps en mouvement qui se conserve, une expression ne contenant que les coordonnées et leurs dérivées premières. Il y a d'ailleurs plus que de l'analogie, il y a certainement un lien, dont la nature, je l'avoue, ne m'apparaît pas très clairement, entre cette propriété et les propriétés énergétiques. Ce n'est, en effet, que lorsque les forces dérivent d'un potentiel qu'on peut trouver comme solution de notre problème une intégrale portant sur des fonctions finies des coordonnées et des vitesses : qu'on se reporte au principe de la moindre action et au principe d'Hamilton.

Le principe de la moindre contrainte de Gauss donne, il est vrai, une expression qui est minima, même quand les forces n'admettent pas de potentiel. Mais ici la question n'est plus la même. D'abord cette expression n'est pas une intégrale. Ensuite, elle contient les dérivées secondes des coordonnées. L'existence d'un tel minimum ne doit pas surprendre. Soient ξ, φ, ... les paramètres définissant un système matériel. Le principe d'inhérédité (Livre I, Chapitre III, § 4) s'exprime en écrivant

$$\frac{d^2\xi}{dt^2} = \mathrm{F}\left(\xi, \varphi, \dots, \frac{d\xi}{dt}, \dots, \mathrm{H}\right),$$

$$\frac{d^2\varphi}{dt^2} = \Phi\left(\xi, \varphi, \dots, \frac{d\xi}{dt}, \dots, \mathrm{H}\right).$$

J'ai désigné par H l'ensemble des variables qui fixent l'état et les vitesses des systèmes en relation avec le système étudié.

Les équations précédentes définissent le mouvement de notre système. Or, elles peuvent s'énoncer en disant que l'expression

$$\left(\frac{d^2\xi}{dt^2} - \mathrm{F}\right)^2 + \left(\frac{d^2\varphi}{dt^2} - \Phi\right)^2 + \ldots,$$

où les variables sont $\frac{d^2\xi}{dt^2}$, $\frac{d^2\varphi}{dt^2}$, …, est minima.

Voilà, non pas le théorème de Gauss, mais une forme analogue, et l'on voit qu'ici l'existence d'un minimum n'a rien de surprenant.

Le point de vue finaliste nous apparaît donc aujourd'hui comme déplacé en Mécanique. Comment se fait-il dès lors qu'il ait pu conduire à des théorèmes exacts ? A cette question, il faut répondre, avec M. Mach ([303]), que la conception finaliste n'a donné que le *mode* d'expression des théorèmes et non leur *contenu* qui a été fourni par l'observation.

([303]) *La Mécanique,* traduction française, p. 430.

CHAPITRE IV.

LA MÉCANIQUE DE HERTZ.

———

§ 1. — Critique du système classique.

Dans un Ouvrage posthume intitulé *Die Prinzipien der Mechanik in neuem Zusammenhang dargestellt* ([304]), le physicien allemand Hertz a développé un mode d'exposition nouveau de la Mécanique.

Cet Ouvrage est précédé d'une introduction où Hertz explique les raisons pour lesquelles il a cru devoir abandonner les modes d'exposition imaginés avant lui et ce qu'il a recherché en construisant le sien.

[Le principal objet de la connaissance de la nature est la prévision de l'avenir, d'après le passé. Pour l'atteindre, nous employons le procédé suivant :]

Nous construisons, des objets extérieurs, certaines images ou symboles intérieurs, et cela de telle sorte que les conséquences logiquement nécessaires de nos images soient toujours les images des conséquences naturellement nécessaires des objets représentés.

[Nous pouvons d'ailleurs nous former, d'un même objet, plusieurs images différentes. Toutes n'offrent pas au même degré les qualités requises de semblables représentations, qui sont : l'admissibilité logique (*Zulässigkeit*), c'est-à-dire l'absence de contradiction avec les lois de notre esprit; l'exactitude (*Richtigkeit*), c'est-à-dire l'accord avec la nature; l'*utilité* ou *commodité* (*Zweckmässigkeit*), c'est-à-dire le fait de refléter le plus grand nombre possible de rapports entre les objets réels. Nous nous

---

([304]) Volume III des *OEuvres complètes de H. Hertz,* chez Johann Ambrosius Barth, Leipzig, 1894. Cet Ouvrage est précédé d'une préface de H. von Helmholtz.

proposons d'examiner les principes de la Mécanique à ce triple point de vue.

Le mode d'exposition habituel de la Mécanique nous fournit un premier système d'images. En négligeant des différences de détail, il est le même dans tous les Traités. Il prend pour concepts fondamentaux l'espace, la masse, la force, cette dernière étant introduite comme une cause de mouvement existant avant le mouvement et indépendamment de lui. Ces quatre concepts sont reliés par les lois de Newton, auxquelles il faut ajouter le principe de d'Alembert qui fait connaître l'influence des liaisons spatiales solides (*starre räumliche Verbindungen*) (³⁰⁵). Ce sont là les propositions fondamentales, indépendantes les unes des autres. Tout le reste est développement déductif.

Au point de vue de l'*admissibilité logique* (*Zulässigkeit*), on ne saurait être entièrement satisfait de ce système.] On doit, dès le début, être surpris de la facilité avec laquelle on peut rattacher aux lois fondamentales des considérations qui, sans sortir de la manière habituelle de parler de la Mécanique, mettent cependant dans un embarras certain une pensée claire. Cherchons à expliquer cette affirmation par un exemple. Faisons tourner une pierre au bout d'une corde; nous exerçons, pour cela, comme on sait, une force sur la pierre; cette force retire continuellement la pierre de la trajectoire rectiligne et, si nous changeons cette force, la masse de la pierre et la longueur de la corde, nous trouvons toujours que le mouvement de la pierre se fait conformément à la deuxième loi de Newton. Mais la troisième loi exige une réaction opposée à la force que notre main exerce sur la pierre. A la question relative à cette réaction répond l'affirmation bien connue : la pierre agit sur la main par la force d'inertie et cette force d'inertie est exactement opposée à la force exercée par nous. Cette manière de parler est-elle admissible? Ce que nous appelons maintenant *force d'inertie* ou *force centrifuge,* est-ce autre chose que l'inertie de la pierre? Pouvons-nous, sans troubler la clarté de nos représentations, compter deux fois l'action de l'inertie, une première fois comme masse, une seconde fois comme force? Dans nos lois du mouvement, la force était la cause de mouvement, existant avant le mouvement. Pouvons-nous, sans embrouiller nos concepts, parler maintenant de forces qui naissent seulement avec le mouve-

---

(³⁰⁵) *Voir* note 200.

ment, qui sont une conséquence du mouvement? Pouvons-nous nous donner les apparences d'avoir déjà, dans nos lois, affirmé quelque chose touchant ces forces d'une nouvelle espèce? pouvons-nous nous donner les apparences de posséder le pouvoir de leur attribuer les propriétés des forces par le seul octroi du nom de *force?* Manifestement, il faut répondre non à ces questions; il ne nous reste que l'explication suivante : la désignation de la force d'inertie comme une force est impropre; son nom est, comme celui des forces vives, un legs de l'histoire, et les raisons d'utilité excusent plus qu'elles ne justifient l'emploi de ce nom. Mais que deviennent alors les exigences de la troisième loi, qui veut une force, exercée par la pierre inanimée sur la main, et qui n'est satisfaite que par une force réelle, non par un simple nom?

[Sans rechercher d'autres exemples, nous remarquerons combien est embarrassée, même chez les plus grands auteurs, l'exposition des principes de la Mécanique. Combien sont vagues les définitions de Newton pour la masse, de Lagrange pour la force !

Nous n'irons pas jusqu'à nier complètement l'admissibilité logique du système classique. Les imprécisions logiques que nous avons signalées peuvent ne porter que sur les traits accessoires arbitrairement ajoutés par nous au contenu essentiel donné par la nature. Mais, même si l'on admet la possibilité de trouver un arrangement satisfaisant des définitions et des propositions, il faut reconnaître qu'il reste beaucoup à faire dans cette voie (³⁰⁶).

Au point de vue de l'*exactitude,* on peut dire que la Mécanique est d'accord avec notre expérience actuelle. Mais il faut faire une réserve pour l'expérience à venir, parce que ce qui vient de l'expérience peut être renversé par elle : ne nous laissons pas tromper par le fait que, dans nos principes, les éléments expérimentaux sont comme cachés et fondus avec les éléments immuables et logiquement nécessaires. Au point de vue de l'exactitude, l'imprécision logique a sans doute un avantage : on a confiance dans l'adaptation du système aux expériences futures parce qu'on se réserve de faire une définition d'un fait d'expérience, ou inversement. Mais l'exactitude ainsi entendue n'est pas très satisfaisante.

(³⁰⁶) Sans contester les défauts logiques du système classique, il me semble que Hertz leur attribue trop d'importance. (*Voir* Livre I, Chap. II, § 7, et *voir* aussi § 3 du présent Chapitre.) D'ailleurs j'avoue que je ne suis pas très frappé par ses considérations sur la fronde.

Au point de vue de la commodité et de l'utilité, c'est-à-dire du nombre de rapports vrais mis en lumière par la théorie, nous remarquerons d'abord que la Mécanique classique ne contient pas toutes les propriétés des mouvements naturels. Le concept de force est trop large; nous savons aujourd'hui que toutes les forces obéissent à la loi de la conservation de l'énergie. De même, on peut considérer comme une liaison toute équation de condition écrite entre les coordonnées des points : or il est probable que toutes ces liaisons ne peuvent pas être réalisées dans la nature. Voilà donc des rapports que la Mécanique classique ne met pas en évidence ([307]).

Pour achever de juger la commodité de la théorie, il faut se demander si elle est simple. Or il est incontestable qu'elle introduit beaucoup de représentations parasites. Les forces dont se sert notre Mécanique pour traiter les questions physiques ressemblent souvent à des roues tournant à vide. Ainsi, dans la Mécanique céleste, l'observation directe ne porte jamais sur les forces de gravitation; elle atteint seulement les positions des astres. C'est seulement dans le rattachement des expériences futures aux expériences passées qu'elles s'introduisent comme grandeurs auxiliaires, pour disparaître ensuite ([308]). Encore dans cet exemple les représentations parasites sont-elles commodes et peu nombreuses. Mais souvent on en fait abus. Voici un morceau de fer en repos sur une table. Comment décrivons-nous ce phénomène simple? En disant que chaque atome de fer est soumis à tout un ensemble de forces de la part du reste de l'univers (gravitation, forces électriques et magnétiques) et que, malgré toutes ces causes de mouvement, le repos n'est pas troublé parce que les forces se détruisent. Est-ce là une conception simple ([309])?]

... Même si les reproches que nous faisons à l'exposition habituelle de la Mécanique sont reconnus fondés, ils ne doivent pas assurément nous faire penser que cette exposition doit perdre ou perdra sa place privilégiée; mais ils nous justifient suffisamment de tourner les yeux vers d'autres systèmes qui présentent des avantages aux points de vue que nous avons signalés, et qui serrent de plus près les choses à représenter.

([307]) Non seulement la Mécanique est trop large sur certains points, mais encore elle est trop étroite sur d'autres. (*Cf.* Livre II, Chap. I, et Livre III, Chap. II, § 2.)

([308]) *Voir* Saint-Venant, note 94.

([309]) Mais est-il bien sûr que le repos du fer soit un phénomène simple?

[Hertz examine alors le *système énergétique*, fondé principalement par Helmholtz, où la notion d'*énergie* remplace celle de *force*. Nous ne pouvons nous arrêter ici à la critique qu'il en fait. Disons seulement qu'il insiste sur la nécessité et la difficulté de définir l'énergie dans chaque cas.]

§ 2. — Le système de Hertz.

Un troisième arrangement des principes de la Mécanique est celui qui est exposé en détail dans la partie principale du présent Ouvrage, mais dont nous allons présenter ici les principaux traits.... Il diffère des deux premiers systèmes par le fait qu'il procède seulement de trois représentations fondamentales : le temps, l'espace, la masse. Il considère que son objet est d'exposer les rapports entre ces trois concepts et entre ces trois seulement. Un quatrième concept, comme ceux de force ou d'énergie, qui entraînaient tout à l'heure les difficultés, est écarté en tant que concept fondamental autonome. La remarque que trois concepts indépendants entre eux sont nécessaires et aussi suffisants pour le développement de la Mécanique a déjà été faite par Kirchhoff dans son Traité. Assurément l'absence de diversité, qui se trouve ainsi dans les concepts fondamentaux, ne peut pas subsister sans une addition. Dans notre exposition, nous cherchons à combler les lacunes qui en résultent en utilisant une hypothèse qui n'est pas faite ici pour la première fois, mais qu'on n'a pas l'habitude d'introduire jusque dans les éléments de la Mécanique et dont nous pouvons éclaircir la nature de la façon suivante.

Si nous cherchons à comprendre les mouvements des corps qui nous entourent et à les ramener à des règles simples et claires, mais en ne considérant que ce que nous avons immédiatement sous les yeux, notre recherche échoue en général. Nous nous assurons bientôt que leur ensemble, ce que nous pouvons voir et saisir, ne forme pas un monde soumis à des lois, dans lequel les mêmes états entraînent toujours les mêmes conséquences. Nous nous convainquons que la variété du monde réel doit être plus grande que celle du monde qui tombe immédiatement sous nos sens. Si nous voulons obtenir une image du monde fermée sur elle-même, soumise à des lois, nous devons, derrière les choses que nous voyons, conjecturer d'autres choses invisibles et chercher, derrière les barrières de nos sens, des acteurs cachés. Ces influences profondes, nous les reconnaissions dans les deux premières expositions; nous les considérions comme des êtres d'une espèce propre et particulière, et nous créions, pour les introduire dans notre image, les concepts de force et d'énergie. Mais une autre voie s'ouvre à nous. Nous pouvons accorder que quelque chose de caché agit et cependant nier que ce quelque chose appartienne à une catégorie particulière. Nous sommes libres d'admettre que ce qui est caché n'est autre chose que mouvement et masse, que ce qui est caché est constitué par des masses et des mouvements ne différant pas des masses et des mouvements visibles et ayant seulement d'autres relations avec nous et avec notre mode habituel de perception. Nous supposons donc qu'il est possible d'ajouter, aux masses visibles de l'univers, d'autres masses soumises aux mêmes lois, de telle sorte que, par là, l'univers devienne compréhensible et régi par des lois; nous supposons que cela est possible tout à fait généralement et dans tous les cas et que les apparences ne peuvent être produites par aucune autre cause que par celle-là. Ce que nous sommes habitués à désigner par les noms de *force* et d'*énergie* n'est alors pour nous rien de plus qu'une action de masse et de mouvement; mais il n'est pas nécessaire que ce soit toujours l'action d'une masse ou d'un mouvement perceptible à des sens grossiers. On a l'habitude d'appeler *dynamique* une telle explication de la force par les phénomènes du mouvement, et l'on peut bien dire que la Physique moderne est très favorable aux explications de cette espèce. [Citons par exemple les travaux de Maxwell sur l'électricité, de lord Kelvin sur l'éther gyrostatique, de Helmholtz sur les mouvements cycliques.]

. . . .

[Pour Hertz un système matériel se compose donc de masses assujetties à certaines liaisons solides (*starre Verbindungen*) exprimées par des équations. Voici ce qu'il dit de la masse ([310]).]

Notre expérience ne peut atteindre le temps, l'espace et la masse en général, mais seulement des temps déterminés, des grandeurs spatiales déterminées, des masses déterminées. Tout temps, toute grandeur spatiale ou toute masse déterminée peut être le résultat d'une expérience déterminée. Nous faisons de ces concepts des symboles pour les objets de l'expérience externe en stipulant quelles

---

([310]) Il me semble que la définition qui va suivre pour la masse est assez peu claire.

sont les perceptions sensibles par lesquelles nous voulons définir
des temps, des grandeurs spatiales, des masses déterminées....

Nous définissons la durée du temps à l'aide du chronomètre....

Nous définissons les rapports de l'espace d'après les lois de la
Géométrie pratique au moyen de la règle divisée....

Nous définissons les masses qui se meuvent avec les corps pal-
pables au moyen de la balance....

Les masses des corps cachés ne peuvent être définies que par
hypothèse.

[*Systèmes isolés.* — Hertz étudie d'abord la loi du mouvement
des systèmes isolés. Il la pose *a priori* comme *loi fondamentale*.
Nous la déduirons ici des lois connues de la Mécanique ([311]).

Le principe de Gauss pour un système isolé peut s'écrire

$$(1) \qquad S\, m\left[\frac{d^2x}{dt^2}\, \delta\!\left(\frac{d^2x}{dt^2} \right) + \frac{d^2y}{dt^2}\, \delta\!\left(\frac{d^2y}{dt^2} \right) + \frac{d^2z}{dt^2}\, \delta\!\left(\frac{d^2z}{dt^2} \right) \right] = 0.$$

Les δ doivent être pris sans faire varier x, y, z, ... $\dfrac{dx}{dt}$, $\dfrac{dy}{dt}$,
$\dfrac{dz}{dt}$, ... Ils doivent en outre être compatibles avec les liaisons
qui sont supposées indépendantes du temps.

Mais appelons *trajectoire* d'un système l'ensemble de ses positions successives, chaque position constituant un *point* x, y, z. ....
Définissons la *masse* du système M par

$$M = S\, m,$$

la *longueur de la trajectoire* S par

$$M\, dS^2 = \sum m\, (dx^2 + dy^2 + dz^2)$$

et la *vitesse* du système V par

$$V = \frac{dS}{dt} = \sqrt{\frac{\text{force vive}}{M}}.$$

Dans le mouvement réel, V est constant, par l'équation des
forces vives appliquée à un système isolé. Quand on prend les δ

([311]) *Voir* un article critique de M. Combebiac sur le Livre de Hertz : *Les idées
de Hertz sur la Mécanique* (*L'enseignement mathématique*, 15 juillet 1902).

sans faire varier ni les coordonnées ni les vitesses, V ne change pas. Considérons alors x, y, z, ... comme des fonctions de S dont les dérivées par rapport à S seront distinguées par des accents. On a évidemment

$$\frac{dx}{dt} = x'V, \qquad \frac{dy}{dt} = y'V, \qquad \frac{dz}{dt} = z'V,$$

$$\frac{d^2x}{dt^2} = x''V^2, \qquad \frac{d^2y}{dt^2} = y''V^2, \qquad \frac{d^2z}{dt^2} = z''V^2.$$

L'équation (1) s'écrit alors

$$\delta \,\mathbf{S}\, m(x''^2 + y''^2 + z''^2) = 0.$$

Hertz appelle *courbure* d'une trajectoire la quantité c définie par

$$M\,c^2 = \mathbf{S}\, m(x''^2 + y''^2 + z''^2),$$

et il dit que deux trajectoires sont *tangentes* en un point quand, en ce point, les x', y', z', ... sont les mêmes.

La loi du mouvement d'un système isolé peut alors s'énoncer ainsi :

« Le système parcourt avec une vitesse V constante une trajectoire de moindre courbure (*geradeste Bahn*), c'est-à-dire une trajectoire dont la courbure en un point quelconque est moindre que celle de toute trajectoire tangente. »

C'est cette loi que Hertz pose *a priori* comme *principe fondamental* et qu'il donne non pas pour un principe métaphysique, mais pour un fait susceptible au besoin d'être vérifié sur des modèles.

Systèmes non isolés. — Les systèmes non isolés sont considérés comme des parties de systèmes isolés.

Un système observable quelconque est toujours une partie d'un système isolé, l'autre partie pouvant être cachée. Les forces qui agissent sur lui seront l'action, s'exerçant grâce aux liaisons, des masses et mouvements de la partie cachée. C'est dans cette voie que Hertz développe son explication de la force et de ses propriétés ([312]).]

([312]) En somme, toutes les forces sont ramenées par Hertz aux réactions des liaisons solides. A rapprocher des idées de Carnot (note 88).

· Nous avons vu que la Mécanique de Reech comprenait deux parties : l'une

§ 3. — Dernières remarques.

Je ne suivrai pas Hertz plus loin; je ne montrerai pas comment il définit la force, comment il retrouve la conservation de l'énergie, parce que cela m'entraînerait hors du cadre de mon étude. Ce que j'avais en vue, c'était l'analyse des notions fondamentales de la Mécanique classique et l'exposition des lois auxquelles l'observation montre qu'elles sont soumises. Avec Hertz il ne s'agit plus de cela, mais bien d'une interprétation de ces notions et de ces lois. Par là, son Livre appartient à une science plus avancée que celle où j'ai voulu me borner dans mon travail. Pour aller plus loin, on serait conduit à mettre en regard du système de Hertz l'interprétation si remarquable de la Mécanique que les physiciens modernes, à la suite de Lorentz, fondent sur l'électromagnétisme. C'est un sujet où je n'entrerai pas.

Je ne crois pas, en limitant ainsi mon étude, encourir le reproche de m'attarder à des vieilleries. Quelle que soit l'interprétation de la Mécanique qui doive sortir des travaux mo-

---

essentielle, la mécanique du fil; l'autre, non essentielle, assimilant les actions « mystérieusement agissantes » à des forces produites par des fils. On peut dire que cette seconde Partie ramène toutes les forces à des liaisons.

Mais il y a une grande différence entre la pensée de Reech et celle de Hertz. Hertz affirme que les forces sont réellement produites par des liaisons. Reech ne semble voir dans son assimilation qu'une image destinée à éclaircir, en le comparant à une expérience simple, le mode d'action des forces *mystérieusement agissantes*.

D'ailleurs, les liaisons auxquelles Hertz et Reech ramènent les forces ne sont pas les mêmes. Hertz explique tout par des *liaisons de Lagrange* (voir Livre II, Chap. I); les liaisons de Reech ne sont pas de cette espèce. Pour Hertz un fil élastique n'est pas un phénomène simple; pour expliquer l'élasticité, il faut faire intervenir des masses cachées.

La tendance de Hertz à tout ramener à des liaisons *solides* est cartésienne; c'est une manifestation plus ou moins consciente de cette idée que la seule propriété de la matière est l'étendue. De même Varignon, parlant du choc des corps élastiques, disait : « Il faut toujours en venir aux petits corps durs qui causent le ressort. » De même Huygens, expliquant l'élasticité de l'éther par le mouvement d'une matière plus subtile (*Traité de la Lumière*, p. 13). De même encore lord Kelvin, considérant l'élasticité des corps comme un mode de mouvement (*Conférences scientifiques et allocutions*, Traduction Lugol, p. 93).

dernes, il sera toujours bon d'étudier cette Mécanique au point
de vue modeste où je me suis placé ici, *qui réserve entière-*
ment la possibilité de toute interprétation, et que je voudrais préciser en terminant.

De ce point de vue, les notions et les lois de la Mécanique sont le fruit des premières expériences, des expériences
les plus élémentaires, sur les mouvements naturels ; elles
sont destinées à être complétées et perfectionnées à la suite
d'expériences plus savantes. On ne doit pas s'étonner, dans
ces conditions, si, comme le remarque Hertz, elles ne sont
pas toutes les lois des mouvements naturels et si, comme
nous y avons insisté à plusieurs reprises, elles ne sont pas
les lois de tous les mouvements naturels. Il faut les considérer comme une première expression, approchée et incomplète, applicable seulement à des cas simples, quoique déjà
très importants, de vérités plus générales et plus subtiles, et
ne pas voir en elles les lois fondamentales de tous les phénomènes.

Partant de là, il nous est possible d'ailleurs de perfectionner notre connaissance du monde sans que nous soyons
en mesure d'*interpréter* ces lois de la Mécanique classique,
simplement en les *utilisant* pour étudier les lois plus cachées
de l'univers. Les connaissances simples peuvent servir à
débrouiller les éléments des connaissances compliquées : c'est
la base de la méthode expérimentale. L'emploi d'un appareil
de physique pour étudier un phénomène suppose connues
les lois d'autres phénomènes qui jouent un rôle dans le
fonctionnement de l'appareil : l'usage du galvanomètre
balistique pour étudier l'électricité suppose connues les principales propriétés du mouvement des corps solides. De
même c'est par le travail des forces, les forces étant produites par des poids ou des fils tendus, qu'on peut le mieux
éclairer la notion d'énergie ; historiquement, cette notion
n'est devenue féconde que lorsqu'elle a été illustrée par celle
de potentiel.

Dans cet ordre d'idées, la connaissance des lois de la Mécanique classique est et restera longtemps le premier pas à faire

pour pénétrer dans la connaissance des mouvements naturels. Je ne conteste pas les objections auxquelles se heurte le système classique et je comprends parfaitement qu'on cherche à le perfectionner ou même à le changer. Mais toute théorie, pour être viable, devra le retrouver comme première approximation, et j'estime que, longtemps encore, l'étude des lois simples qu'il met en lumière sera la meilleure introduction à celle des phénomènes si complexes de l'univers.

Je ne crois pas d'ailleurs qu'il faille trop s'arrêter à la critique touchant les défauts logiques du système. J'ai déjà eu l'occasion de m'expliquer là-dessus. Il me semble qu'en faisant un emploi suffisamment large du procédé formel, à la manière de Kirchhoff par exemple, on évite assez bien ces défauts. L'imprécision logique apparaît surtout quand on veut un mode d'exposition mettant en évidence le rôle de l'expérience dans l'acquisition des concepts et des principes. Or, de cela, il faut, je crois, prendre son parti; on retrouvera probablement la même chose dans toutes les théories physiques, et d'autant plus, sans doute, que la théorie sera plus simple. Le recours à l'expérience suppose en effet l'emploi d'appareils, lequel suppose connues les lois physiques de leur fonctionnement; la Physique s'appuie ainsi sur elle-même, d'où cette absence de logique qui, naturellement, éclatera surtout dans l'étude des phénomènes élémentaires. Ne peut-on pas dire qu'il y a défaut de logique chez Hertz lui-même? Est-il logique de mettre au début de la Mécanique la définition de la masse par la balance, comme si le fonctionnement de la balance ne dépendait pas des lois de la Mécanique? Est-il logique, après cette définition, de parler de masses cachées que la balance est impuissante à déceler? Encore ici, la logique parfaite ne peut s'atteindre qu'en éliminant le côté expérimental de la question et posant la masse *a priori* comme un coefficient, à la manière de Kirchhoff.

Pascal, parlant d'une géométrie où l'on définirait tous les termes et où l'on démontrerait toutes les propositions, s'exprime ainsi : « Certainement cette méthode serait belle, mais elle est absolument impossible; car il est évident que les premiers termes qu'on voudrait définir en supposeraient de précédents pour servir à leur explication, et que, de même, les premières propositions qu'on voudrait prouver en supposeraient d'autres qui les précédassent; et ainsi il est clair qu'on n'arriverait jamais aux premières. » L'usage des appareils introduit une difficulté de même espèce dans la Philosophie naturelle. Je ne pense pas qu'il y ait lieu de s'en inquiéter outre mesure.

FIN.

TABLE DES AUTEURS ET DES OUVRAGES CITÉS.

Ce Volume, consacré à l'*Organisation de la Mécanique*, contient des citations empruntées aux auteurs et aux Ouvrages suivants (*) :

D'ALEMBERT, *Traité de Dynamique*, p. 37, 49, 137, 197, 199, 243.

ANDRADE, *Leçons de Mécanique physique*, p. 146.

BARRÉ DE SAINT-VENANT. *Voir* Saint-Venant.

BERNOUILLI (DANIEL), *Examen principiorum mechanicæ et demonstrationes geometricæ de compositione et resolutione virium*, p. 58.

BLONDLOT, *Exposé des principes de la Mécanique*, p. 143.

CARNOT (LAZARE), *Principes fondamentaux de l'équilibre et du mouvement*, p. 38, 72, 194, 203.

EULER, *Mechanica, sive motus scientia analytice exposita*, p. 37, 40, 134.

FOURIER, *Mémoire sur la Statique*, p. 166, 183.

GAUSS, *Ueber ein neues allgemeines Grundgesetz der Mechanik*, p. 262.

HERTZ, *Die Prinzipien der Mechanik in neuem Zusammenhang dargestellt*, p. 269, 273.

KIRCHHOFF, *Mechanik*, p. 88.

LAGRANGE, *Mécanique analytique*, p. 159, 175, 182, 196, 201, 210, 218, 250, 257.

LAMY, *Nouvelle manière de démontrer les principaux théorèmes des éléments de Mécanique*, p. 34.

(*) Les chiffres arabes renvoient aux pages.

FIN DE LA TABLE DES MATIÈRES.

41463   Paris. — Imprimerie GAUTHIER-VILLARS, quai des Grands-Augustins, 55.

TABLE DES MATIÈRES.